GUSTAV DOETSCH

—

HANDBUCH DER LAPLACE-TRANSFORMATION

BAND III

HANDBUCH DER LAPLACE-TRANSFORMATION

BAND III

ANWENDUNGEN DER LAPLACE-TRANSFORMATION

2. ABTEILUNG

VON

GUSTAV DOETSCH

ORD. PROFESSOR AN DER UNIVERSITÄT FREIBURG I. BR.

Springer Basel AG

1956

ISBN 978-3-0348-4036-1   ISBN 978-3-0348-4108-5 (eBook)
DOI 10.1007/978-3-0348-4108-5

Vorwort

—

Der vorliegende Band III bildet mit dem früher erschienenen Band II ein Ganzes, was auch äusserlich dadurch zum Ausdruck kommt, dass die Teile und Kapitel anschliessend an die von Band II weiternumeriert sind. Gegenüber der früheren Darstellung in meiner Monographie «Theorie und Anwendung der Laplace-Transformation» von 1937 hat sich auch in diesem Band der Stoff auf allen Gebieten stark ausgeweitet. Manches ist ausführlicher dargestellt, anderes ganz neu hinzugekommen, wie die Kapitel über partielle Differentialgleichungen mit variablen Koeffizienten, Kompatibilitätsbedingungen für Randwertprobleme, Differenzengleichungen, Integralgleichungen im unendlichen Intervall, verschiedene mit Laplace-Transformation lösbare Integralgleichungen und ganze Funktionen vom Exponentialtypus. Letztere bieten ein schier unerschöpfliches Feld für Anwendungen der Laplace-Transformation, und die dargestellten Untersuchungen möchten zu weiteren Forschungen auf diesem Gebiet anregen.

Bei den Funktionalgleichungen sei besonders auf die Differenzengleichungen verwiesen, deren Behandlung mit Laplace-Transformation hier zum erstenmal in Buchform vollständig dargestellt ist. An Hand der Theorie der Kettenleiter, der Schrittregler und ähnlicher Probleme ist in letzter Zeit in der Technik ein neues Interesse an den Differenzengleichungen erwacht, und für die hier vorliegenden Fragen dürfte insbesondere das 22. Kapitel brauchbare Methoden liefern.

Bei den partiellen Differentialgleichungen ist die Distributionstheorie noch nicht verwendet. Einerseits lagen bei Abfassung des Manuskripts die grundlegenden Arbeiten von L. Schwartz und J. L. Lions über die Benutzung der Distributionstheorie in dem Gebiet «Laplace-Transformation und partielle Differentialgleichungen» noch nicht vor, andererseits haben gerade diese Arbeiten gezeigt, dass die Durchführung nicht ohne einen beträchtlichen Apparat möglich und keineswegs so einfach ist, wie manche Bearbeiter des Grenzgebiets zwischen Mathematik und Physik sich das vorzustellen scheinen. Wie schon im Vorwort zum II. Band angekündigt, hoffe ich die Laplace-Transformation und die Differentialgleichungen auf dem Boden der Distributionstheorie in einem gesonderten Band darstellen zu können, wenn diese Dinge hinreichend ausgereift sind und es sich herausgestellt hat, welche der heute vorliegenden Begründungen der Distributionstheorie sich am besten für diesen Zweck eignet.

Zu dem Stil des nunmehr fertig vorliegenden Werkes möchte ich bemerken, dass ich mich immer bemüht habe, sowohl dem reinen Mathematiker (hinsichtlich der Strenge) als auch dem Praktiker (hinsichtlich der Verwendbarkeit der Resultate) gerecht zu werden. Besonders mit Rücksicht auf den letzteren sind alle Ergebnisse so formuliert, dass sie ohne zeitraubendes Nachschlagen auf vorhergehenden Seiten unmittelbar benützt werden können.

Am Schluss von Band III sind in einem Nachtrag zu Band I einige seit dem Erscheinen dieses Bandes gefundene theoretische Eigenschaften der Laplace-Transformation zusammengestellt, von denen es wünschenswert erschien, dass sie möglichst bald allgemein bekannt würden. Teilweise werden sie bereits in Band III verwendet.

Das Literaturverzeichnis bringt die in Band II und III zitierten Arbeiten, aber auch inzwischen erschienene Beiträge zu dem Stoff von Band I. Arbeiten von Autoren, die bereits in Band I genannt wurden, sind anschliessend weiternumeriert. Die Literaturverzeichnisse von Band I und III zusammen umfassen über 500 Titel.

Bei Abschluss des ganzen Werkes möchte ich meinem Verleger, Herrn Dr. h. c. Albert Birkhäuser, nochmals für seine Bereitwilligkeit, ein so umfangreiches Unternehmen durchzuführen, und für die sorgfältige Drucklegung und vorzügliche Ausstattung meinen Dank aussprechen.

Freiburg i. B.,   GUSTAV DOETSCH
Riedbergstrasse 8
Im April 1956.

Bezeichnungen und Verweise

Die in Band I, S. 13, 14 angeführten Bezeichnungen werden auch in Band III benutzt.

Da die Kapitel von Band II und III durchnumeriert sind, wird bei Verweisen auf Paragraphen dieser Bände die Bandnummer nicht angegeben. Band II enthält das 1. bis 16. Kapitel, Band III das 17. bis 32. Kapitel der «Anwendungen». Daher ist z. B. 6.3 (= 6. Kap., § 3) in Band II, 26.2 (= 26. Kap., § 2) in Band III zu finden.

Bei Verweisen auf Band I und auf einzelne Seiten von Band II wird die Bandnummer durch eine römische Zahl gekennzeichnet. Satz 2 [I 6. 3] bedeutet also Satz 2 in Band I, 6. Kap., § 3, und II, S. 79 bedeutet Band II, S. 79.

Inhaltsverzeichnis

—

IV. TEIL

Partielle Differentialgleichungen

V. TEIL

Differenzengleichungen

VI. TEIL

Integralgleichungen und Integralrelationen

VII. TEIL

Ganze Funktionen vom Exponentialtypus und endliche Laplace-Transformation

Partielle Differentialgleichungen

17. KAPITEL

Allgemeines über partielle Differentialgleichungen und ihre Integration vermittels Laplace-Transformation

§ 1. Rand- und Anfangswertprobleme und der Sinn der Randbedingungen

Ist für eine Funktion $U(x, y, \ldots)$ von mehreren Variablen eine partielle Differentialgleichung in einem Gebiet $\mathfrak{G}$ des $xy\ldots$-Raumes vorgelegt, so müssen zur Charakterisierung einer bestimmten Lösung auf der Berandung von $\mathfrak{G}$ die Werte der Funktion oder gewisser Ableitungen oder auch Kombinationen dieser Grössen gegeben sein. Diese gegebenen Werte heissen *Randwerte* und das durch die Differentialgleichung und die Randwerte bestimmte Problem ein *Randwertproblem*. Bei vielen aus der mathematischen Physik stammenden derartigen Problemen zerfallen die Variablen in zwei Gruppen: die räumlichen Variablen x, y, z und die zeitliche Variable t. Wenn der Variabilitätsbereich der x, y, z der ganze Raum ist, während der Vorgang von einem bestimmten Zeitpunkt $t = 0$ an, also für $t \geq 0$, beobachtet wird, so ist der einzige Rand des Gesamtraumes $xyzt$ das Gebilde $t = 0$ (also z. B., wenn nur zwei räumliche Variable x, y vorkommen, die durch $t = 0$ charakterisierte xy-Ebene). In diesem Fall sind nur die Werte von U oder gewisser Ableitungen für $t = 0$, die sogenannten *Anfangswerte*, vorzugeben, und das Problem heisst dann ein (reines) *Anfangswertproblem* oder *Cauchysches Problem*. Variieren x, y, z nur in einem Teil des xyz-Raumes, während t in $t \geq 0$ variiert, so sind im allgemeinen Randwerte auf der Begrenzung jenes Teils und Anfangswerte auf $t = 0$ vorzugeben (also z. B. wenn zwei räumliche Variablen x, y vorkommen und in einer Kreisfläche variieren: die von t abhängigen Werte von U auf der Kreisperipherie und die von xy abhängigen Werte für $t = 0$, d. h. insgesamt die Werte auf der Oberfläche des durch den Kreis und das Intervall $t \geq 0$ bestimmten Zylinders des xyt-Raumes). Man hat es dann mit einem Problem zu tun, bei dem *Rand-* und *Anfangswerte* gegeben sind. Natürlich sind Anfangswerte auch «Randwerte», ihre besondere Bezeichnung nimmt nur Bezug auf die eigenartige Bedeutung der Variablen t als Zeit und die Tatsache, dass t gerade in dem Intervall $t \geq 0$ variiert (unabhängig von x, y, z).

Welche Randwerte zu einer partiellen Differentialgleichung gegeben werden können, um eine bestimmte Lösung zu charakterisieren, lässt sich nicht allgemein sagen und muss in jedem einzelnen Fall untersucht werden. Die Theorie der $\mathfrak{L}$-Transformation liefert zu diesem schwierigen Problem einen Beitrag, der im 20. Kapitel dargestellt ist.

Wenn es bei *gewöhnlichen* Differentialgleichungen gelingt, die Lösung explizit anzuschreiben, so stellt diese meistens die vorgeschriebenen Randwerte (d. h. die an den Endpunkten des Integrationsintervalls gegebenen Werte) der Funktion und ihrer Ableitungen wirklich dar, wenn man die Randpunkte in den Lösungsausdruck einsetzt. Bei *partiellen* Differentialgleichungen dagegen hat der Lösungsausdruck fast immer für die Randpunkte überhaupt keinen Sinn. Daher darf das Wort Randwert nicht in der naiven Bedeutung eines «Wertes in dem Randpunkt» verstanden werden. Dasjenige, was in Wahrheit verlangt

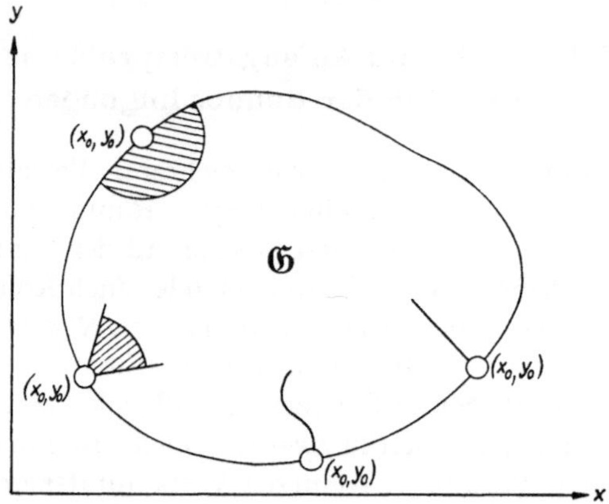

Figur 1

werden kann, ist, dass *die Lösung U im offenen Innern von* 𝕰 *der Differentialgleichung genügt und an die vorgegebenen Randwerte* (eventuell auch mit ihren Ableitungen) *stetig anschliesst, also gegen sie konvergiert, wenn ein Punkt aus dem Innern heraus gegen den Randpunkt strebt.*

Diese Konvergenz kann aber nun in ganz *verschiedener Weise* verstanden werden. Wir müssen diese Frage etwas ausführlich diskutieren, weil sie früher zum Schaden der Präzision der Resultate meist ausser acht gelassen wurde, und weil sie für die später anzuwendende Methode von besonderer Bedeutung ist. Es genügt dabei, wenn wir den Fall zweier unabhängiger Variablen x, t und nur die Funktion U (nicht auch die Ableitungen) betrachten [1].

1. Da es sich um eine Funktion von zwei Variablen handelt, liegt es nahe, an eine Konvergenz im *zweidimensionalen* Sinn zu denken, d. h. zu definieren:

$$\lim U(x, y) = U_0 \quad \text{für } (x, y) \to (x_0, y_0) = \text{Randpunkt,}$$

wenn sich zu jedem $\varepsilon > 0$ ein $\delta > 0$ so bestimmen lässt, dass

$$|U(x, y) - U_0| < \varepsilon$$

ausfällt für alle dem Innern von 𝕰 angehörigen (x, y) mit

$$|x - x_0|^2 + |y - y_0|^2 < \delta.$$

Ist $U(x, y)$ im Innern von $\mathfrak{G}$ zweidimensional stetig und sind die Rand-werte U_0 in sich stetig, so bedeutet diese Definition von Konvergenz, dass die durch $U(x, y)$ im Innern und durch die Werte U_0 auf dem Rande definierte Funktion in dem durch den Rand abgeschlossenen Bereich $\mathfrak{G}$ zweidimensional stetig ist. – In diesem Sinn wird der Anschluss an die Randwerte in rein *mathematischen* Untersuchungen meist verstanden (*«spezielle» Problemstellung*).

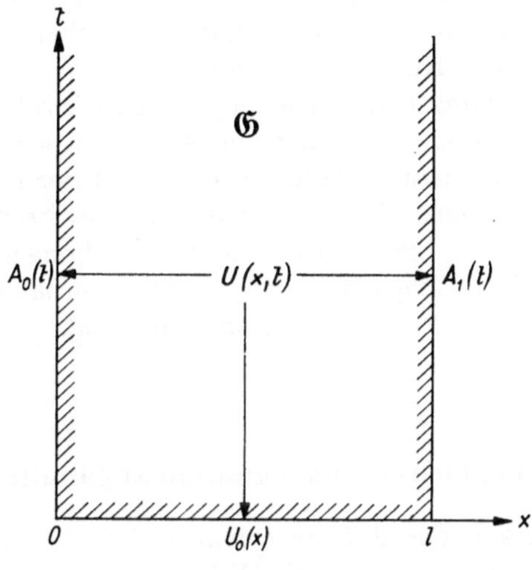

Figur 2

2. Die Konvergenz gegen die Randwerte kann aber auch in allgemeinerer Weise verstanden werden, nämlich dass $\lim U(x, y) = U_0$ sein soll, wenn (x, y) nicht aus einer zweidimensionalen, in $\mathfrak{G}$ vollen Umgebung heraus gegen (x_0, y_0) strebt, sondern nur innerhalb eines gewissen Winkelraums mit dem Scheitel (x_0, y_0) oder noch allgemeiner längs einer Kurve oder eines Strahls, also *ein-dimensional*. Letzteres ist die Art, die vom Standpunkt der *Physik* aus ange-bracht ist. Wenn z. B. $U(x, t)$ die Temperatur eines eindimensionalen Körpers (Stab) mit der Raumkoordinate x $(0 \leq x \leq l)$ zur Zeit $t \geq 0$ ist, so ist das Gebiet $\mathfrak{G}$ ein Halbstreifen der xt-Ebene (Figur 2), und die Randwerte bestehen aus den Randtemperaturen $U(0, t) = A_0(t)$ und $U(l, t) = A_1(t)$ und der Anfangs-temperatur $U(x, 0) = U_0(x)$. Soll in der Ecke $x = 0$, $t = 0$ die Funktion $U(x, t)$ zweidimensional stetig an den Randwert anschliessen, so müsste dieser zum mindesten eindeutig definiert, also $U_0(0) = A_0(0)$ sein. In der Praxis ist dies im allgemeinen nicht erfüllt, denn es wäre ein Zufall, wenn der die Randtemperatur $A_0(t)$ erzeugende Wärmespender dieselbe Temperatur hätte wie das Ende $x = 0$ des Stabes zu Beginn des Experiments[2]. Im Falle $U_0(0) \neq A_0(0)$ kann zwei-dimensionale Konvergenz von vornherein nicht verlangt werden. Fordert man aber stetigen Anschluss an die Randwerte nur bei senkrechtem, eindimensio-nalem Streben gegen den Rand, so ist eine Verschiedenheit der Randwerte $U_0(0)$

und $A_0(0)$ durchaus möglich, denn die Ecken des Halbstreifens sind auf eindimensionalen Wegen normal zum Rand von innen heraus überhaupt nicht er-
reichbar (*«allgemeine» Problemstellung*).

Obwohl natürlich die unter 1. angegebene spezielle Problemstellung in manchen Untersuchungen ihre Berechtigung hat, wollen wir im folgenden die unter
2. geschilderte allgemeine Problemstellung zugrunde legen. Dabei ist nicht gesagt, dass die eindimensionalen Wege, längs deren die Innenpunkte gegen die
Randpunkte streben, immer normal zum Rand verlaufen müssen. Wir werden
sehen, dass manche Randwertprobleme nur dann lösbar werden, wenn man für
diese Wege auch andere Richtungen wählt.

Jedenfalls ist es, damit man von einer Funktion wirklich sagen kann, sie sei
eine *Lösung des Problems*, notwendig, die Art der Konvergenz zu präzisieren
und auch im übrigen genau festzulegen, was sonst noch von der Lösung verlangt wird, z. B. Existenz oder sogar Stetigkeit gewisser Ableitungen, unter
Umständen sogar solcher, die in der Differentialgleichung gar nicht vorkommen,
weil sonst der Begriff «Lösung einer partiellen Differentialgleichung unter Randbedingungen» überhaupt keinen eindeutigen Sinn hat.

§ 2. Die der Laplace-Transformation zugänglichen Probleme

Die Verwendbarkeit der $\mathfrak{L}$-Transformation bei gewöhnlichen Differentialgleichungen beruht darauf, dass sie die Differentiation in die Multiplikation mit
einer Variablen verwandelt. Diese Eigenschaft lässt sich natürlich auch bei partiellen Differentialgleichungen benutzen und führt hier zu sehr viel wichtigeren
Resultaten. Da eine solche Gleichung aber mehrere Variablen enthält, muss zunächst entschieden werden, *in bezug auf welche Variable* die Transformation
ausgeübt werden soll. Es ist klar, dass das Intervall, in dem die betreffende
Variable in der Differentialgleichung variiert, mit dem Integrationsintervall
der Transformation übereinstimmen muss. Man kann daher die $\mathfrak{L}$-Transfor-
mation nur auf eine Variable anwenden, die in dem *einseitig unendlichen Intervall* $t \geqq 0$ variiert. Ferner treten bei Anwendung von Regel XIII auf die Ab-
leitung $\partial^\nu U/\partial t^\nu$ die Werte von $U, \partial U/\partial t, \ldots$ für $t = 0$ auf, und zwar in dem Sinne
von Grenzwerten der Funktionen $U, \partial U/\partial t, \ldots$ für $t \to +0$ bei Festhaltung der
übrigen Variablen. Das sind aber gerade die Randwerte oder spezieller die
Anfangswerte dieser Funktionen, wenn diese als Grenzwerte im eindimensionalen Sinn, und zwar bei Annäherung normal zum Rand verstanden werden.
Die Methode der $\mathfrak{L}$-Transformation ist also denjenigen Problemen angepasst,
die zum mindesten in bezug auf eine Variable *Anfangswertprobleme* sind und bei
denen der Grenzübergang bezüglich dieser Variablen eindimensional und senkrecht zum Rand zu verstehen ist[3]. – Die betreffende Variable braucht natürlich
nicht immer die Zeit zu sein.

Ein wesentlicher Vorteil der Methode ist (wie bei den gewöhnlichen Differentialgleichungen), dass die *Anfangswerte* nach Ausführung der Transformation

nicht mehr nebenher laufen, sondern *in die Bildgleichung eingetreten* sind, also automatisch berücksichtigt werden. Es erhebt sich natürlich die Frage, ob bei der Transformation nicht vielleicht *mehr* Anfangswerte benötigt werden, als nach der Natur des Problems gegeben sein dürfen, und wie man solche *abundante Randwerte* eliminiert. Dieser Frage werden wir bei der Behandlung spezieller Differentialgleichungen und allgemein im 20. Kapitel nachgehen.

Was den Gleichungstyp anlangt, so muss, damit die $\mathfrak{L}$-Transformation möglich ist, die partielle Differentialgleichung *linear* sein. Hängen die Koeffizienten nicht von der zu transformierenden Variablen t ab, so werden alle Ableitungen nach t entfernt, und die Bildgleichung ist wieder eine lineare Differentialgleichung, die aber *eine Variable weniger* enthält. So wird also z. B. aus einer partiellen Differentialgleichung mit zwei unabhängigen Variablen eine gewöhnliche Differentialgleichung, was eine ausserordentliche Vereinfachung des Problems darstellt. – Sind die Koeffizienten Polynome in t, so treten nach Regel XV in der Bildgleichung auch Ableitungen nach der neuen Variablen s auf. Die Anzahl der Variablen wird also nicht verringert, die Differentialgleichung kann aber unter Umständen *einfacher* werden (siehe 19.2). – Besonders leicht zu behandeln sind natürlich die Differentialgleichungen mit *konstanten* Koeffizienten.

§ 3. Allgemeine Richtlinien für die Lösung eines Rand- und Anfangswertproblems vermittels $\mathfrak{L}$-Transformation

Um den Gang der Lösung eines Rand- und Anfangswertproblems vermittels $\mathfrak{L}$-Transformation zu erläutern, genügt es, eine *Differentialgleichung zweiter Ordnung mit zwei unabhängigen Variablen* x, t zugrunde zu legen. Damit die Anzahl der unabhängigen Variablen in der Bildgleichung niedriger als in der Originalgleichung ist, sollen die *Koeffizienten* mit Ausnahme des von U unabhängigen Gliedes die zu transformierende Variable t nicht enthalten. Die Gleichung hat dann die Form

$$(1) \quad \begin{cases} A_1(x)\,\dfrac{\partial^2 U}{\partial x^2} + A_2(x)\,\dfrac{\partial^2 U}{\partial x\,\partial t} + A_3(x)\,\dfrac{\partial^2 U}{\partial t^2} \\[2mm] + B_1(x)\,\dfrac{\partial U}{\partial x} + B_2(x)\,\dfrac{\partial U}{\partial t} + C(x)\,U = F(x, t). \end{cases}$$

Da t in dem festen, von x unabhängigen Intervall $t \geqq 0$ variieren muss, kann das Grundgebiet $\mathfrak{G}$ der Integration nur ein *Halbstreifen*

$$x_0 \leqq x \leqq x_1, \quad t \geqq 0$$

sein. (Kämen statt x zwei Variable x, y vor, so wäre das Intervall $x_0 \leqq x \leqq x_1$ durch ein einfach zusammenhängendes Gebiet der xy-Ebene zu ersetzen.) Es kann $x_0 = -\infty$ und $x_1 = +\infty$ sein.

Wenn die Punkte x_0, x_1 endlich sind, so sei auf den Rändern $x = x_0$, $x = x_1$ je eine *lineare Randbedingung* vorgeschrieben, etwa eine Beziehung zwischen U und $\partial U/\partial x$. Mit Rücksicht auf das in §1 Gesagte formulieren wir sie so: Es sei

$$(2,0) \qquad \lim \alpha_0\, U(x,t) + \lim \beta_0\, \frac{\partial U}{\partial x} = A_0(\tau) \qquad (\tau > 0),$$

wenn der Punkt (x,t) $(x_0 < x < x_1, t > 0)$ gegen den Randpunkt (x_0, τ), und

$$(2,1) \qquad \lim \alpha_1\, U(x,t) + \lim \beta_1\, \frac{\partial U}{\partial x} = A_1(\tau) \qquad (\tau > 0),$$

wenn der Punkt (x,t) gegen den Randpunkt (x_1, τ) eindimensional in einer bestimmten Richtung strebt $(\alpha_0, \beta_0, \alpha_1, \beta_1 = \text{const})$. Siehe Figur 3.

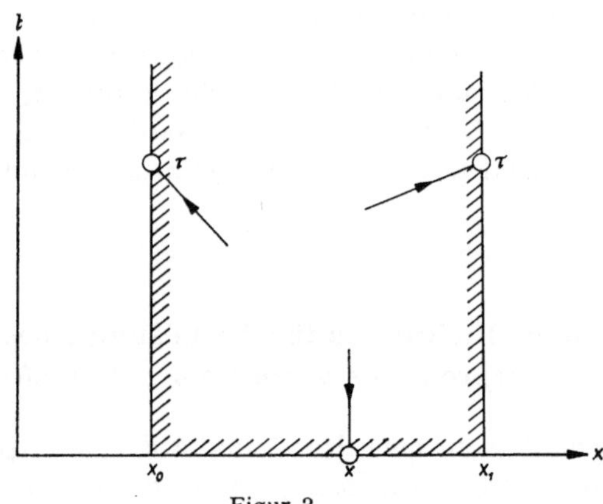

Figur 3

Auf dem Rande $t = 0$ seien gewisse *Anfangsbedingungen* vorgeschrieben. Ihre Anzahl (ein oder zwei) hängt von den Koeffizienten der Gleichung ab. Wir schreiben zwei Bedingungen an, von denen evtl. eine wegfällt. Es sei

$$(3,0) \qquad \lim_{t \to +0} U(x,t) = U_0(x)$$

$$(3,1) \qquad \lim_{t \to +0} \frac{\partial U}{\partial x} = U_1(x) \qquad (x_0 < x < x_1).$$

Nach dem in §1 Gesagten ist hier der Grenzübergang eindimensional normal zum Rand zu vollziehen, also bei festem x.

Um auf (1) die $\mathfrak{L}$-Transformation anwenden zu können, müssen wir zunächst annehmen, dass $\partial^2 U/\partial t^2$ *und $F(x,t)$ in Abhängigkeit von t für jedes feste x in* $x_0 < x < x_1$ *eine $\mathfrak{L}$-Transformierte besitzen.* Darüber hinaus müssen aber noch zwei wichtige Voraussetzungen gemacht werden, denen, wie sich später zeigen wird, nicht alle Lösungen von (1) genügen und deren Diskussion uns zu wichtigen Erkenntnissen führen wird. Wir formulieren sie als Voraussetzungen V_1 und V_2.

Voraussetzung V_1. *Die $\mathfrak{L}$-Transformation sei mit den Differentiationen nach der Variablen x (allgemein: nach den nichttransformierten Variablen) vertauschbar:*

$$\mathfrak{L}\left\{\frac{\partial U}{\partial x}\right\} = \frac{\partial}{\partial x}\,\mathfrak{L}\{U\}, \qquad \mathfrak{L}\left\{\frac{\partial^2 U}{\partial x^2}\right\} = \frac{\partial^2}{\partial x^2}\,\mathfrak{L}\{U\}.$$

Dann entspricht, wenn

$$\mathfrak{L}\{U(x, t)\} = u(x, s), \qquad \mathfrak{L}\{F(x, t)\} = f(x, s)$$

gesetzt wird, der Gleichung (1) nach Regel XIII die Bildgleichung

$$A_1(x)\,\frac{\partial^2 u(x, s)}{\partial x^2} + A_2(x)\,\frac{\partial}{\partial x}\left[s\,u(x, s) - U_0(x)\right]$$
$$+ A_3(x)\left[s^2\,u(x, s) - U_0(x)\,s - U_1(x)\right]$$
$$+ B_1(x)\,\frac{\partial u(x, s)}{\partial x} + B_2(x)\left[s\,u(x, s) - U_0(x)\right] + C(x)\,u(x, s) = f(x, s),$$

welche als gewöhnliche Differentialgleichung geschrieben werden kann, weil Ableitungen nach der Variablen s nicht vorkommen, diese also nur die Rolle eines Parameters spielt:

$$(4) \quad \begin{cases} A_1(x)\,\dfrac{d^2 u}{dx^2} + \left[A_2(x)\,s + B_1(x)\right]\dfrac{du}{dx} + \left[A_3(x)\,s^2 + B_2(x)\,s + C(x)\right]u \\[2mm] \qquad = f(x, s) + \left[A_3(x)\,s + B_2(x)\right]U_0(x) + A_2(x)\,U_0'(x) + A_3(x)\,U_1(x) \end{cases}$$

$[U_0(x)$ muss differenzierbar sein]. – Enthält U mehr als zwei Variablen, so entsteht an Stelle von (4) eine partielle Differentialgleichung mit weniger Variablen.

Die Anfangsbedingungen (3) sind in die Bildgleichung eingetreten und werden also automatisch berücksichtigt. Wir müssen nun noch die Randbedingungen (2) in solche für $u(x, s)$ überführen. Das gelingt, wenn wir eine weitere Voraussetzung machen, zu der wir vorab folgendes bemerken: Nach (2, 0) hat $U(x, t)$ einen Grenzwert, wenn (x, t) in bestimmter Richtung gegen den Randpunkt (x_0, τ) strebt. Es ergibt sich so eine Grenzfunktion $\hat{U}(\tau)$ $(0 < \tau < \infty)$. Wir setzen voraus, dass diese eine $\mathfrak{L}$-Transformierte $\mathfrak{L}\{\hat{U}\}$ besitzt, die wir auch sinnfällig mit $\mathfrak{L}\left\{\lim_{x \to x_0} U\right\}$ bezeichnen können, wenn wir uns dabei merken, dass der Grenzwert $\lim U$ eventuell nicht auf normalen, sondern schrägen Wegen zustande gekommen ist. Andererseits können wir bei festem x die $\mathfrak{L}$-Transformierte $\mathfrak{L}\{U(x, t)\} = u(x, s)$ bilden und den Grenzwert $\lim_{x \to x_0} \mathfrak{L}\{U(x, t)\}$ $= \lim_{x \to x_0} u(x, s)$ bilden. Was wir nun voraussetzen, ist, dass dieser Grenzwert existiert und gleich $\mathfrak{L}\{\hat{U}\}$ ist; analog für $\partial U/\partial x$ und den Grenzübergang am rechten Rand. Dies können wir kurz so ausdrücken:

Voraussetzung V_2. *Die $\mathfrak{L}$-Transformation sei mit dem Grenzübergang an den Funktionen $U(x, t)$ und $\partial U/\partial x$ gegen den linken und rechten Rand**)

---

*) Wenn statt x zwei Variablen x, y vorkommen, die in einem Gebiet der $x\,y$-Ebene variieren, so handelt es sich um den Grenzübergang gegen den Mantel des Zylinders mit jenem Gebiet als Basis.

vertauschbar:

$$\mathfrak{L}\left\{\lim_{x \to x_0} U(x, t)\right\} = \lim_{x \to x_0} \mathfrak{L}\left\{U(x, t)\right\},$$

$$\mathfrak{L}\left\{\lim_{x \to x_0} \frac{\partial U}{\partial x}\right\} = \lim_{x \to x_0} \mathfrak{L}\left\{\frac{\partial U}{\partial x}\right\}.$$

Nach V_1 ist dann auch

$$\mathfrak{L}\left\{\lim_{x \to x_0} \frac{\partial U}{\partial x}\right\} = \lim_{x \to x_0} \frac{\partial}{\partial x} \mathfrak{L}\left\{U\right\}.$$

Analog für $x \to x_1$. (Die Existenz der Grenzwerte in diesen Gleichungen wird vorausgesetzt.) Vgl. hierzu S. 34–36.

Unter der Voraussetzung V_2 folgt aus (2), wenn

$$\mathfrak{L}\left\{A_0\right\} = a_0(s), \quad \mathfrak{L}\left\{A_1\right\} = a_1(s)$$

gesetzt wird:

$$(5,0) \qquad \lim_{x \to x_0} \alpha_0 \, u(x, s) + \lim_{x \to x_0} \beta_0 \, \frac{\partial u}{\partial x} = a_0(s),$$

$$(5,1) \qquad \lim_{x \to x_1} \alpha_1 \, u(x, s) + \lim_{x \to x_1} \beta_1 \, \frac{\partial u}{\partial x} = a_1(s).$$

Damit ist das *ursprüngliche Rand- und Anfangswertproblem* (1), (2), (3) reduziert auf die *Differentialgleichung* (4) *unter den Randbedingungen* (5). Lässt dieses Randwertproblem sich lösen und ist die Lösung eine $\mathfrak{L}$-Transformierte, so erhält man aus ihr durch Umkehrung der $\mathfrak{L}$-Transformation die Lösung des ursprünglichen Problems[4].

Schema

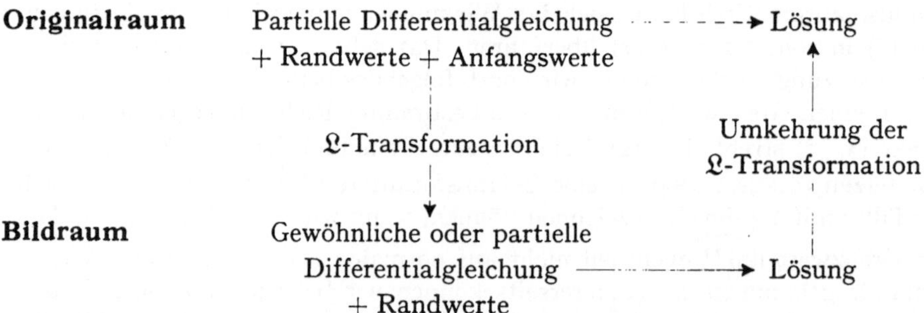

Bei dieser Methode mussten, wie bei jeder Methode, eine Reihe von Voraussetzungen gemacht werden, wie Existenz von $\mathfrak{L}$-Transformierten[5] und die Voraussetzungen V_1, V_2. Wenn ein Lösungsausdruck gefunden ist, so kann man sich davon befreien, indem man wieder das *Fortsetzungsprinzip* (siehe II, S. 259) anwendet und untersucht, unter welchen allgemeinsten Bedingungen der gefundene Ausdruck eine Lösung ist[6].

Ausser dieser Lösung können, wie wir an Beispielen sehen werden, durchaus *noch andere* existieren, für welche einige oder alle Voraussetzungen unserer

Methode nicht zutreffen, so dass sie auf diesem Wege überhaupt nicht gefunden werden können. Dabei werden vor allem die Voraussetzungen V_1 und V_2 eine Rolle spielen. Selbstverständlich hängt das eng mit der Frage zusammen, ob die Lösung des gestellten Problems *eindeutig* ist oder nicht, wobei es wesentlich darauf ankommt, in welchem Sinn die Randbedingungen verstanden werden.

Wenn $A_3(x) \not\equiv 0$ ist, tritt in der Bildgleichung ausser dem Anfangswert U_0 auch der Anfangswert U_1 auf*). Bei gewissen unter die Form (1) fallenden Typen darf aber U_1 nicht vorgegeben werden. Man muss also in diesen Fällen U_1 eliminieren. Auf welche Weise das geschehen kann, wird im 20. Kapitel dargelegt werden.

Da man die Methode nur anwenden wird, wenn das transformierte Problem im Bildraum lösbar ist, so besteht die *schwierigste Aufgabe* meist darin, *zu der gefundenen Bildfunktion u die Originalfunktion U zu bestimmen*. In vielen Fällen kann das unmittelbar an Hand der heutzutage sehr umfangreichen *Tabellenwerke*[7] geschehen, die zu Hunderten von Bildfunktionen die Originalfunktionen liefern. Wenn die Bildfunktion hier nicht zu finden ist, so können oft *Reihenentwicklungen* (vgl. insbesondere Satz 2 und 3 [I 8.3]) weiterhelfen. Das wichtigste Hilfsmittel jedoch zur Gewinnung der Originalfunktion ist die *komplexe Umkehrformel* (Satz 3 [I 4.4], Satz 1 [I 4.5])

$$U(x, t) = \frac{1}{2 \pi i} \int\limits_{\alpha - i\infty}^{\alpha + i\infty} e^{ts}\, u(x, s)\, ds.$$

Diese Darstellung von $U(x, t)$ durch ein komplexes Integral ist zwar an sich praktisch unbrauchbar, sie kann aber als Ausgangspunkt für andere Darstellungen dienen, die Auskunft über das funktiontheoretische Verhalten von U geben und auch für numerische Berechnungen geeignet sind. Wenn nämlich $u(x, s)$ in der Halbebene $\Re s < \alpha$ nur *Singularitäten eindeutigen Charakters* besitzt, so kann man bei geeignetem Verhalten von $u(x, s)$ im Unendlichen das Integral durch Residuenrechnung auswerten und $U(x, t)$ als *konvergente Reihe von Exponentialfunktionen*[8] darstellen (siehe I 7.3) oder auch eine *asymptotische Entwicklung* von demselben Typus gewinnen (siehe 6.2). Ist die am weitesten rechts gelegene Singularität eine *Verzweigungsstelle*, so kann man in sehr allgemeinen Fällen eine *asymptotische Entwicklung* von $U(x, t)$ für $t \to \infty$ aufstellen (siehe 7.3 und 7.4). Besonders in komplizierten Fällen ist die Methode von 7.4, die sehr wenig Voraussetzungen macht, oft das einzige Mittel, um zu Aussagen über die Lösung $U(x, t)$ zu gelangen, die theoretisch und praktisch brauchbar sind. Diese Methode sollte daher viel häufiger angewendet werden, als es bisher geschehen ist. Siehe hierzu 18.6.

---

*) Würde U_0 nicht auftreten, so müssten A_2, A_3 und B_2 identisch verschwinden, die Gleichung (1) enthielte also gar keine Ableitungen nach t und wäre eine gewöhnliche Differentialgleichung.

18. KAPITEL

Partielle Differentialgleichungen zweiter Ordnung mit konstanten Koeffizienten

Wir betrachten zunächst die Differentialgleichung 17. 3 (1) im Fall konstanter Koeffizienten; die Funktion $F(x, t)$ kann beliebig sein. Hier lässt sich die Lösung des Rand- und Anfangswertproblems explizit angeben. Sie fällt je nach dem Typ der Gleichung ganz verschieden aus. Die Gleichung heisst vom *elliptischen*, *parabolischen* oder *hyperbolischen Typ*, je nachdem

$$A_1 A_3 - \left(\frac{A_2}{2}\right)^2 > 0, \quad = 0 \text{ oder } < 0$$

ist. Wir behandeln für jeden Typ die Standardform.

§ 1. Die Wärmeleitungs- oder Diffusionsgleichung (Parabolischer Typ)

An erster Stelle betrachten wir eine Gleichung parabolischen Typs, weil bei ihr unsere Methode in geradezu idealer Weise funktioniert[9]. Es handelt sich um die Gleichung

$$(1) \qquad \frac{\partial^2 U}{\partial x^2} - \frac{\partial U}{\partial t} = -\Phi(x, t).$$

Sie beschreibt die *Temperatur eines linearen Wärmeleiters**) (eines Stabes von verschwindender Dicke oder eines ebenen oder räumlichen Mediums, dessen Temperatur nur von einer Koordinate abhängt) an der Abszisse x zur Zeit t, wenn im Innern Wärmequellen der Stärke $\Phi(x, t)$ vorliegen (z. B. hervorgerufen durch einen in dem Stab fliessenden Strom). Der Stab reiche von $x = 0$ bis $x = l \leq \infty$, die Zeit durchlaufe das Intervall $0 \leq t < \infty$. Die *Randbedingungen* haben eine einfache physikalische Bedeutung: Wird an einem Rand, z. B. $x = 0$, die Funktion U vorgegeben, so ist dort ein Wärmespender von bekannter Temperatur angebracht (Randwert erster Art); wird $\partial U/\partial x$ gegeben, so ist die Wärmeabgabe nach aussen an dieser Stelle vorgeschrieben (Randwert zweiter Art); ist eine lineare Relation zwischen U und $\partial U/\partial x$ gegeben wie in 17. 3 (2),

---

*) $\partial^2 U/\partial x^2$ hat eigentlich den Faktor $k/(\varrho c)$, wo k die Leitfähigkeit, ϱ die Dichte, c die spezifische Wärme ist. Wenn diese Grössen konstant sind, so kann man den Faktor durch passende Wahl der Einheiten für x und t zu 1 machen.

so ist die Beziehung zwischen Randtemperatur und Wärmeabgabe vorge-schrieben (Randwert dritter Art). Wir behandeln den Fall der Randwerte erster Art (Figur 2, S. 15):

$$(2) \qquad \lim_{x \to +0} U(x, t) = A_0(t), \qquad \lim_{x \to l-0} U(x, t) = A_1(t) \quad (t > 0).$$

Was die *Anfangsbedingungen* angeht, so ist aus physikalischen Gründen plausibel, dass hier *eine* Bedingung genügt, nämlich die Vorgabe der Anfangs-temperatur:

$$(3) \qquad \lim_{t \to +0} U(x, t) = U_0(x) \quad (0 < x < l).$$

In der Tat wird sich zeigen, dass unsere Methode auch keine weitere Bedingung benötigt.

In der *Theorie der Diffusion* und der *Brownschen Bewegung* in einem ein-dimensionalen Raum, auf die wir in 19.2 zurückkommen, bedeutet $U(x, t)$ die Dichte der Wahrscheinlichkeit dafür, dass ein Partikel sich zur Zeit t an der Stelle x befindet. $U_0(x)$ ist die Wahrscheinlichkeitsdichte für $t = 0$. Die spezielle Randbedingung $\lim_{x \to +0} U(x, t) = 0$ bedeutet, dass eine absorbierende, und $\lim_{x \to +0} \partial U/\partial x = 0$, dass eine reflektierende Schranke in $x = 0$ vorliegt. Die allge-meine homogene Bedingung $\lim_{x \to +0} \alpha_0 U(x, t) + \lim_{x \to +0} \beta_0 \partial U/\partial x = 0$ charakterisiert eine elastische Schranke.

Unter den Voraussetzungen von 17.3 lautet hier die *Bildgleichung*

$$(4) \qquad \frac{d^2 u}{dx^2} - s\, u = -\varphi(x, s) - U_0(x)$$

und die *Randbedingungen*:

$$(5) \qquad \lim_{x \to +0} u(x, s) = a_0(s), \qquad \lim_{x \to l-0} u(x, s) = a_1(s).$$

Das Problem (4), (5) zerlegen wir, indem wir das eine Mal $\varphi(x, s) + U_0(x) \equiv 0$, das andere Mal $a_0(s) = a_1(s) \equiv 0$ voraussetzen. Die allgemeine Lösung ist die Summe der beiden Teillösungen.

1. Der Wärmeleiter ohne innere Quellen und mit verschwindender Anfangstemperatur

Wenn

$$\Phi(x, t) \equiv 0, \quad U_0(x) \equiv 0,$$

also $\varphi(x, s) + U_0(x) \equiv 0$ ist, so ist die Differentialgleichung (4) homogen:

$$\frac{d^2 u}{dx^2} - s\, u = 0.$$

Sie hat die Fundamentallösungen

$$(6) \qquad u_0(x, s) = \frac{e^{(l-x)\sqrt{s}} - e^{-(l-x)\sqrt{s}}}{e^{l\sqrt{s}} - e^{-l\sqrt{s}}} = \frac{\sinh(l-x)\sqrt{s}}{\sinh l\sqrt{s}},$$

$$(7) \qquad u_1(x, s) = \frac{e^{x\sqrt{s}} - e^{-x\sqrt{s}}}{e^{l\sqrt{s}} - e^{-l\sqrt{s}}} = \frac{\sinh x\sqrt{s}}{\sinh l\sqrt{s}}$$

mit den Randwerten

$$u_0(0, s) = 1, \quad u_0(l, s) = 0;$$

$$u_1(0, s) = 0, \quad u_1(l, s) = 1.$$

Daher lautet die Lösung, die den Randbedingungen (5) genügt:

$$(8) \qquad u(x, s) = a_0(s)\, u_0(x, s) + a_1(s)\, u_1(x, s).$$

Hierzu ist die Originalfunktion zu bestimmen, was nach dem Faltungssatz sofort möglich ist, wenn die Originalfunktionen zu $u_0(x, s)$ und $u_1(x, s)$ bekannt sind. In der Bezeichnung von I, S. 281 ist

$$u_0(x, s) = -\frac{1}{2}\left[\frac{\partial f_3(v, l^2 s)}{\partial v}\right]_{v = x/2l} \qquad \text{für } 0 \leqq x \leqq 2l,$$

$$u_1(x, s) = -\frac{1}{2}\left[\frac{\partial f_3(v, l^2 s)}{\partial v}\right]_{v = (l-x)/2l} \qquad \text{für } -l \leqq x \leqq l,$$

wo $f_3(v, s) = \mathfrak{L}\{\vartheta_3(v, t)\}$ $(0 \leqq v \leqq 1)$ ist. Da man leicht nachweist, dass im Innern des Intervalls $0 < v < 1$ die $\mathfrak{L}$-Transformation mit der Differentiation nach v vertauschbar ist*), so erhält man nach Regel IV:

$$(9) \qquad \begin{cases} U_0(x, t) = -\dfrac{1}{2l^2}\left[\dfrac{\partial\vartheta_3(v, t/l^2)}{\partial v}\right]_{v = x/2l} \\[2ex] \qquad = -\dfrac{1}{l}\dfrac{\partial\vartheta_3(x/2l, t/l^2)}{\partial x} \quad \text{für } 0 < x < 2l, \end{cases}$$

$$(10) \qquad \begin{cases} U_1(x, t) = -\dfrac{1}{2l^2}\left[\dfrac{\partial\vartheta_3(v, t/l^2)}{\partial v}\right]_{v = (l-x)/2l} \\[2ex] \qquad = \dfrac{1}{l}\dfrac{\partial\vartheta_3((l-x)/2l, t/l^2)}{\partial x} \quad \text{für } -l < x < l. \end{cases}$$

Da die $\mathfrak{L}$-Integrale dieser Funktionen absolut konvergieren, so gehört nach

---

*) An den Endpunkten des Intervalls trifft das nicht zu, denn für $v = 0$ und $v = 1$ ist

$$\frac{\partial\vartheta_3(v, t)}{\partial v} = -\sum_{n=1}^{\infty} 4\,n\,\pi \sin 2\,n\,\pi\,v\, e^{-n^2\pi^2 t}$$

gleich 0, die zugehörige $\mathfrak{L}$-Transformierte also auch, während

$$\frac{\partial f_3(v, s)}{\partial v} = 2\,\frac{\sinh(2\,v - 1)\sqrt{s}}{\sinh\sqrt{s}}$$

gleich -2 bzw. $+2$ ist.

Regel XVI zu (8) die Originalfunktion*)

$$(11) \qquad U(x, t) = A_0(t) * U_0(x, t) + A_1(t) * U_1(x, t) \qquad (0 < x < l),$$

was explizit so geschrieben werden kann:

$$(12) \qquad \begin{cases} U(x, t) = \dfrac{2\,\pi}{l^2} \left\{ A_0(t) * \sum_{n=1}^{\infty} n \sin n \dfrac{\pi}{l} x \, e^{-n^2(\pi^2/l^2)t} \right. \\[2mm] \qquad\qquad \left. - A_1(t) * \sum_{n=1}^{\infty} (-1)^n \sin n \dfrac{\pi}{l} x \, e^{-n^2(\pi^2/l^2)t} \right\}. \end{cases}$$

Diese Lösung wurde abgeleitet unter der Voraussetzung, dass eine Lösung existiert, für die $\mathfrak{L}\{\partial^2 U/\partial t^2\}$ existiert, und dass die anderen in 17.3 aufgeführten Bedingungen erfüllt sind. Wir befreien uns nun durch das Fortsetzungsprinzip von diesen Voraussetzungen, indem wir untersuchen, unter welchen allgemeinsten Bedingungen für A_0 und A_1 die Funktion (11) eine Lösung des Problems ist. Wir wollen dies hier in aller Ausführlichkeit machen, damit der Leser in späteren Fällen die entsprechenden Untersuchungen selbständig durchführen kann. Es seien zwei Eigenschaften der Funktion $U_0(x, t)$ vorausgeschickt, die auch später noch eine Rolle spielen werden.

Hilfssatz 1. *Die Funktion $U_0(x, t)$ genügt für $0 < x < l$, $t > 0$ der Differentialgleichung $\partial U^2/\partial x^2 - \partial U/\partial t = 0$.*

Beweis: Die nach x oder t gliedweise differenzierte Reihe für $U_0(x, t)$ [siehe (12)] konvergiert für $t \geq t_0 > 0$ in x und t gleichmässig, die gliedweise Differentiation ist also nach Anhang I, Nr. 18 erlaubt. Jedes Glied erfüllt die Differentialgleichung, also auch $U_0(x, t)$.

Hilfssatz 2. *Die Funktion $U_0(x, t)$ strebt bei festem $t > 0$ für $x \to +0$ und $x \to l - 0$ gegen 0, ferner bei festem x $(0 < x < l)$ für $t \to +0$ gegen 0. Das gleiche gilt für alle Ableitungen nach t.*

Beweis: Die Reihe für $U_0(x, t)$ ist bei festem $t > 0$ gleichmässig in $0 \leq x \leq l$ konvergent. Für $x \to 0$ und $x \to l$ strebt jedes einzelne Glied gegen 0, also nach Anhang I, Nr. 17 auch die Reihe. – Ferner ergibt sich aus der in I, S. 297 abgeleiteten zweiten Reihendarstellung von $\vartheta_3(v, t)$:

$$(13) \qquad U_0(x, t) = \frac{e^{-x^2/4t}}{2\sqrt{\pi}\, t^{3/2}} \sum_{n=-\infty}^{+\infty} (x + 2\,n\,l)\, e^{-(nlx+n^2l^2)/t}.$$

Die Reihe konvergiert bei jedem festen x gleichmässig für $0 < t \leq t_0$, und alle Glieder ausser dem mit dem Index $n = 0$ streben für $t \to 0$ gegen 0. Infolgedessen konvergiert die Reihe für $t \to 0$ gegen x und die Funktion $U(x, t)$ wegen des Faktors vor der Reihe gegen 0. – Für die Ableitungen nach t verläuft der Beweis analog.

Bei der Betrachtung von (11) können wir uns auf den ersten Summanden beschränken, weil der zweite aus dem ersten durch Ersatz von x durch $l - x$ hervorgeht.

---

*) $U_0(x, t)$ und $U_1(x, t)$ haben den Charakter von Greenschen Funktionen.

Satz 1. a) *Die Funktion* $U(x, t) = A_0(t) * U_0(x, t)$ *genügt in dem offenen Halbstreifen* $0 < x < l,\ t > 0$ *der homogenen Differentialgleichung*

$$\frac{\partial^2 U}{\partial x^2} - \frac{\partial U}{\partial t} = 0.$$

b) *Bei festem* $x\ (0 < x < l)$ *gilt* $U(x, t) \to 0$ *für* $t \to +0$.

c) *An jeder Stelle* $t > 0$, *wo* $A_0(t)$ *nach links stetig ist, gilt* $U(x, t) \to A_0(t)$ *für* $x \to +0$.

d) *Für jedes feste* $t > 0$ *gilt* $U(x, t) \to 0$ *für* $x \to l - 0$.

Beweis: a) Das Integral

$$U(x, t) = \int_0^{\cdot} A_0(t - \tau)\, U_0(x, \tau)\, d\tau$$

darf bei festem $t > 0$ nach dem Parameter $x\ (0 < x < l)$ unter dem Integralzeichen differenziert werden [auch bei nicht stetigem, nur integrablem $A_0(t)$] *):

$$\frac{\partial^2 U}{\partial x^2} = \int_0^{t} A_0(t - \tau)\, \frac{\partial^2 U_0(x, \tau)}{\partial x^2}\, d\tau.$$

Ferner ist nach Satz 9 [I 2.14], wenn man berücksichtigt, dass nach Hilfssatz 2 der Grenzwert von U_0 für $t \to 0$ gleich 0 ist:

$$\frac{\partial U}{\partial t} = \int_0^{t} A_0(t - \tau)\, \frac{\partial U_0(x, \tau)}{\partial \tau}\, d\tau.$$

Auf Grund von Hilfssatz 1 ergibt sich die Behauptung a).

Die Behauptung b) folgt leicht aus der entsprechenden Aussage über $U_0(x, t)$ in Hilfssatz 2.

c) Unter Verwendung von (13) kann man $U(x, t)$ in der Gestalt schreiben:

$$U(x, t) = \int_0^{t} A_0(t - \tau)\, \frac{x}{2\sqrt{\pi}\,\tau^{3/2}}\, e^{-x^2/4\tau}\, d\tau$$

$$+ \frac{1}{2\sqrt{\pi}} \int_0^{t} A_0(t - \tau) \sum_{n=1}^{\infty} \tau^{-3/2} \left[(2nl + x)\, e^{-(2nl+x)^2/4\tau} - (2nl - x)\, e^{-(2nl-x)^2/4\tau} \right] d\tau.$$

Das erste Integral hat die Form

$$\int_0^{\tilde{}} \Phi(\tau)\, \psi(x, \tau)\, d\tau,$$

<hr>

*) $\int_a^b f(x, \tau)\, d\tau$ ist nach x unter dem Integral differenzierbar, wenn $f(x, \tau)$ und $\partial f/\partial x$ für jedes feste x in $x_0 \leqq x \leqq x_1$ integrabel in $a \leqq \tau \leqq b$ sind und $\partial^2 f/\partial x^2$ in $(x_0, x_1; a, b)$ beschränkt ist [10].

wenn

$$\Phi(\tau) = A_0(t - \tau) \quad \text{für } 0 \leqq \tau < t, \quad \Phi(\tau) = 0 \quad \text{für } \tau \geqq t$$

gesetzt wird. Ist A_0 in t nach links stetig, so $\Phi(\tau)$ in 0 nach rechts. Also strebt das erste Integral nach Satz 1 [I 13.2] für $x \to +0$ gegen $\Phi(0) = A_0(t)$. Das zweite Integral verschwindet bei diesem Grenzübergang. Denn die in ihm vorkommende Reihe konvergiert gleichmässig für $0 < \tau \leqq t$ und $0 \leqq x \leqq l$. Für $x \to 0$ streben die einzelnen Glieder gegen 0, also strebt auch der Summenwert gleichmässig in τ gegen 0, folglich auch das Integral.

d) Wir schreiben $U(x, t)$ in der Form

$$U(x, t) = \frac{1}{2\sqrt{\pi}} \int_0^t A_0(t - \tau)$$

$$\times \sum_{n=0}^{\infty} \tau^{-3/2} \left[(2\,n\,l + x)\, e^{-(2nl + x)^2/4\tau} - \big(2\,(n+1)\,l - x\big)\, e^{-[2(n+1)l - x]^2/4\tau} \right] d\tau.$$

Die Reihe konvergiert gleichmässig für $0 < \tau \leqq t$ und $0 \leqq x \leqq l$; für $x \to l$ streben die Glieder gegen 0, also konvergiert die Summe gleichmässig in τ gegen 0 und folglich auch das Integral.

Damit ergibt sich:

Satz 2. *Die Differentialgleichung* (1) *im Falle* $\Phi(x, t) \equiv 0$ *hat unter den Randbedingungen* (2) *und der Anfangsbedingung* (3) *mit* $U_0(x) \equiv 0$ *die Lösung* (11) *bzw.* (12), *wenn* $A_0(t)$ *und* $A_1(t)$ *für* $t > 0$ *nach links stetig sind.*

Würde man in (12) unmittelbar die Randpunkte einsetzen, statt die obigen Grenzübergänge gegen die Ränder vorzunehmen, so würde man für $x = 0$ und $x = l$ den Wert $U = 0$ statt $A_0(t)$ bzw. $A_1(t)$ und für $t = 0$ etwas Sinnloses erhalten.

2. Der Wärmeleiter mit verschwindenden Randtemperaturen

Wenn

$$A_0(t) \equiv 0, \quad A_1(t) \equiv 0,$$

dagegen $U_0(x)$ und $\Phi(x, t)$ beliebig sind, so liegt im Bildraum die inhomogene Gleichung (4) unter den Randbedingungen

$$\lim_{x \to +0} u(x, s) = 0, \quad \lim_{x \to l-0} u(x, s) = 0$$

vor. Die Lösung lässt sich vermittels der zu diesen Randbedingungen gehörigen Greenschen Funktion

$$(14) \qquad \gamma(x, \xi; s) = \begin{cases} \dfrac{\sinh(l - \xi)\sqrt{s}\,\sinh x\sqrt{s}}{\sqrt{s}\,\sinh l\sqrt{s}} & (0 \leqq x \leqq \xi \leqq l) \\[3mm] \dfrac{\sinh(l - x)\sqrt{s}\,\sinh \xi\sqrt{s}}{\sqrt{s}\,\sinh l\sqrt{s}} & (0 \leqq \xi \leqq x \leqq l) \end{cases}$$

in der Form darstellen:

$$(15) \qquad u(x, s) = \int_0^l \gamma(x, \xi; s)\, \varphi(\xi, s)\, d\xi + \int_0^l \gamma(x, \xi; s)\, U_0(\xi)\, d\xi.$$

Die Aufgabe der Rückübersetzung von $u(x, s)$ in $U(x, t)$ besteht in der Bestimmung der Originalfunktion zu $\gamma(x, \xi; s)$. Dazu zerlegen wir γ so:

$$\gamma(x, \xi; s) = \begin{cases} \dfrac{\cosh(x - \xi + l)\sqrt{s}}{2\sqrt{s}\,\sinh l\sqrt{s}} - \dfrac{\cosh(x + \xi - l)\sqrt{s}}{2\sqrt{s}\,\sinh l\sqrt{s}} & (0 \le x \le \xi \le l) \\[3mm] \dfrac{\cosh(x - \xi - l)\sqrt{s}}{2\sqrt{s}\,\sinh l\sqrt{s}} - \dfrac{\cosh(x + \xi - l)\sqrt{s}}{2\sqrt{s}\,\sinh l\sqrt{s}} & (0 \le \xi \le x \le l). \end{cases}$$

Die einzelnen Brüche sind die $\mathfrak{L}$-Transformierten gewisser ϑ_3-Funktionen. Da $\vartheta_3(v, t)$ in verschiedenen v-Intervallen verschiedene $\mathfrak{L}$-Transformierte besitzt (siehe I, S. 281/282), so sind folgende Wertbereiche zu beachten:

$$\text{Für} \quad 0 \le x \le \xi \le l \quad \text{ist} \quad -\frac{1}{2} \le \frac{x - \xi}{2l} \le 0, \quad 0 \le \frac{x + \xi}{2l} \le 1,$$

$$\text{für} \quad 0 \le \xi \le x \le l \quad \text{ist} \quad 0 \le \frac{x - \xi}{2l} \le \frac{1}{2}, \quad 0 \le \frac{x + \xi}{2l} \le 1.$$

Unter Beachtung von Regel IV ergibt sich zu $\gamma(x, \xi; s)$ die Originalfunktion:

$$\Gamma(x, \xi; t) = \frac{1}{2l}\left[\vartheta_3\!\left(\frac{x - \xi}{2l}, \frac{t}{l^2}\right) - \vartheta_3\!\left(\frac{x + \xi}{2l}, \frac{t}{l^2}\right)\right]$$

$$(16,0) \qquad = \frac{2}{l}\sum_{n=1}^{\infty} e^{-n^2(\pi^2/l^2)t}\, \sin n\frac{\pi}{l}x\, \sin n\frac{\pi}{l}\xi$$

$$(16,1) \qquad = \frac{1}{2\sqrt{\pi t}}\sum_{n=-\infty}^{+\infty} \left(e^{-(x-\xi+2nl)^2/4t} - e^{-(x+\xi+2nl)^2/4t}\right).$$

Wenn die $\mathfrak{L}$-Transformation mit dem Integral nach ξ vertauschbar ist, so gehört zu (15) folgende Originalfunktion [dem Produkt $\gamma(x, \xi; s)\, \varphi(\xi, s)$ entspricht die Faltung $\Gamma(x, \xi; t) * \Phi(\xi, t)$]:

$$(17) \qquad U(x, t) = \int_0^l d\xi \int_0^t \Gamma(x, \xi; t - \tau)\, \Phi(\xi, \tau)\, d\tau + \int_0^l \Gamma(x, \xi; t)\, U_0(\xi)\, d\xi.$$

Durch eine ähnliche Diskussion wie bei Satz 1 kann man nun wieder zeigen, dass die Funktion (17) unter weiten Voraussetzungen über $U_0(x)$ und $\Phi(x, t)$, die auf die $\mathfrak{L}$-Transformation keinen Bezug nehmen, eine Lösung darstellt. Was insbesondere die Tatsache angeht, dass das zweite Glied in (17) für $t \to 0$ gegen $U_0(x)$ strebt, so ist zu beachten, dass für das Verhalten von $\Gamma(x, \xi; t)$ für kleine

t nach $(16,1)$ das Summenglied $(n = 0)$

$$\frac{1}{2\sqrt{\pi t}}\, e^{-(x-\xi)^2/4t}$$

ausschlaggebend ist und dass

$$\int_0^{\cdot} \frac{1}{2\sqrt{\pi t}}\, e^{-(x-\xi)^2/4t}\, U_0(\xi)\, d\xi$$

nach Satz 2 [I 14. 1] an jeder Stetigkeitsstelle von $U_0(x)$ für $t \to 0$ gegen $U_0(x)$ strebt.

Satz 3. *Die Differentialgleichung* (1) *hat unter den Randbedingungen* (2) *mit* $A_0(t) = A_1(t) \equiv 0$ *und der Anfangsbedingung* (3) *die Lösung* (17), *wenn* $U_0(x)$ *in* $0 < x < l$ *stetig und* $\Phi(x, t)$ *in dem Halbstreifen* $0 \leq x \leq l$, $t \geq 0$ *zweidimensional stetig ist.*

Die Lösung des durch (1), (2), (3) bestimmten allgemeinen Problems erhält man durch Superposition der speziellen Lösungen (12) und (17).

Es ist bemerkenswert, dass bei der Methode der $\mathfrak{L}$-Transformation die Lösung der inhomogenen Gleichung ($\Phi(x,\, t) \not\equiv 0$) nicht schwieriger ist als die der homogenen Gleichung mit nicht identisch verschwindender Anfangstemperatur $U_0(x)$, da in der Bildgleichung $U_0(x)$ und $\mathfrak{L}\{\Phi(x, t)\}$ gleichberechtigt als Funktionen von x auftreten[11].

3. Der unendlich lange Wärmeleiter

Wenn $l = \infty$ ist, d. h. wenn die Differentialgleichung (1) in der Viertelebene $x > 0$, $t > 0$ integriert werden soll, so erhebt sich die Frage, ob für $x = \infty$ eine Randbedingung vorgegeben werden kann und von welcher Art sie sein darf. Diese Frage behandeln wir hier nicht[12], sondern machen in den Lösungen von Satz 2 und 3 den Grenzübergang $l \to \infty$ und stellen fest, dass wir dann Lösungen für $x > 0$, $t > 0$ erhalten, was nicht selbstverständlich ist, da nicht a priori sicher ist, dass die Lösung eines Grenzfalls der Grenzfall der Lösung ist. Da es viel einfacher ist, führen wir den Grenzübergang im Bildbereich aus, bestimmen dann die zugehörige Originalfunktion und überzeugen uns, dass wir eine Lösung in $x > 0$, $t > 0$ erhalten haben. (In gewissen Funktionsräumen [vgl. I, S. 432] ist die $\mathfrak{L}$-Transformation eine stetige Operation, so dass der Grenzfunktion einer Schar von Originalfunktionen die Grenzfunktion der Bildfunktionen entspricht.) Es ist

$$(18) \quad \left\{ \begin{aligned} &\lim_{l \to \infty} u_0(x, s) = e^{-x\sqrt{s}}, \quad \lim_{l \to \infty} u_1(x, s) = 0, \\[2mm] &\lim_{l \to \infty} \gamma(x, \xi; s) = \frac{1}{2\sqrt{s}} \left(e^{-|x-\xi|\sqrt{s}} - e^{-|x+\xi|\sqrt{s}} \right) \end{aligned} \right.$$

(letzteres erkennt man, wenn man $\gamma(x, \xi; s)$ durch Exponentialfunktionen ausdrückt). Hierzu gehören die Originalfunktionen (siehe I, S. 51)

$$(19) \quad \begin{cases} \lim_{l\to\infty} U_0(x,t) = \psi(x,t), \quad \lim_{l\to\infty} U_1(x,t) = 0, \\[2mm] \lim_{l\to\infty} \Gamma(x,\xi;t) = \frac{1}{2}\left[\chi(x-\xi,t) - \chi(x+\xi,t)\right]. \end{cases}$$

Macht man in (11) und (17) den Grenzübergang $l \to \infty$ und verwendet dabei diese Funktionen, so bekommt man in (17) Integrale, die ins Unendliche zu erstrecken sind. Man muss daher über $U_0(x)$ und $\Phi(x,t)$ noch die Voraussetzung hinzufügen, dass diese Integrale konvergieren und sich unter dem Integralzeichen differenzieren lassen. Dass die Lösung die richtigen Rand- und Anfangswerte liefert, wurde schon oben bewiesen, denn die Funktionen (19) sind gerade diejenigen Glieder der bei endlichem l auftretenden Reihen (13) und (16,1), die für die Grenzübergänge $x \to 0$ und $t \to 0$ ausschlaggebend waren. Wir erhalten also:

Satz 4. *Die Differentialgleichung* (1) *hat in dem Grundgebiet* $x > 0$, $t > 0$ *unter den Rand- und Anfangsbedingungen*

$$\lim_{x\to+0} U(x,t) = A_0(t), \quad \lim_{t\to+0} U(x,t) = U_0(x)$$

die Lösung

$$(20) \quad \begin{aligned} U(x,t) = {}& A_0(t) * \psi(x,t) + \frac{1}{2}\int_0^\infty \left[\chi(x-\xi,t) - \chi(x+\xi,t)\right] U_0(\xi)\, d\xi \\[2mm] & + \frac{1}{2}\int_0^\infty d\xi \int_0^t \left[\chi(x-\xi,t-\tau) - \chi(x+\xi,t-\tau)\right] \Phi(\xi,\tau)\, d\tau, \end{aligned}$$

wenn $A_0(t)$ *für* $t > 0$, $U_0(x)$ *für* $x > 0$, $\Phi(x,t)$ *für* $x > 0$, $t > 0$ *(letzteres zweidimensional) stetig ist und* $U_0(x)$ *und* $\Phi(x,t)$ *sich für* $x \to \infty$ *so verhalten, dass die Integrale konvergieren und sich unter dem Integral differenzieren lassen.*

Über die Frage, ob auch eine Lösung existiert, wenn $U_0(x)$ und $\Phi(x,t)$ sich so verhalten, dass die Integrale in (20) nicht konvergieren, und wie sich eine solche Lösung darstellen lässt, können wir nichts aussagen.

Besonders im Hinblick auf die Bedeutung der homogenen Gleichung (1) $(\Phi(x,t) \equiv 0)$ in der Diffusionstheorie (vgl. 19.2) sei noch vermerkt, dass eine Lösung in der *Halbebene* $-\infty < x < +\infty$, $t > 0$ unter der alleinigen Anfangsbedingung $\lim_{t\to 0} U(x,t) = U_0(x)$ durch

$$(21) \quad U(x,t) = \int_{-\infty}^{+\infty} \frac{1}{2\sqrt{\pi t}}\, e^{-(x-\xi)^2/4t}\, U_0(\xi)\, d\xi$$

(Existenz des Integrals vorausgesetzt) gegeben wird. Dieses Resultat erhält man durch Anwendung der $\mathfrak{L}_{\mathrm{II}}$-Transformation *hinsichtlich der Variablen* x auf Gleichung (1). Mit

$$\mathfrak{L}_{\mathrm{II}}\{U(x,t)\} = u(s,t)$$

ergibt sich nämlich unter der Voraussetzung

$$U(-\infty, t) = U_x(-\infty, t) = 0$$

nach Regel XIII a die Bildgleichung

$$s^2 u(s, t) - \frac{du}{dt} = 0$$

unter der Anfangsbedingung

$$\lim_{t \to +\infty} u(s, t) = u_0(s) = \mathfrak{L}_{\mathrm{II}}\{U_0(x)\}$$

Der Lösung

$$u(s, t) = u_0(s)\, e^{t s^2}$$

entspricht nach Regel XVI a wegen (vgl. I, S. 194)

$$\mathfrak{L}_{\mathrm{II}}\left\{\frac{1}{2\sqrt{\pi t}}\, e^{-x^2/4t}\right\} = e^{t s^2}$$

die Faltung (21).

§ 2. Die Ein- oder Vieldeutigkeit der Lösung der Wärmeleitungsgleichung

In § 1 haben wir für das Randwertproblem erster Art der Gleichung 18.1 (1) eine Lösung erhalten. Es fragt sich, ob sie die einzig mögliche ist. Für die Beantwortung dieser Frage ist ausschlaggebend, in welchem Sinn die Randwerte verstanden werden. Für die *spezielle* Problemstellung (siehe 17.1) kann man die Eindeutigkeit der Lösung beweisen, wenn man noch voraussetzt, dass $\partial U/\partial t$ im Innern des Streifens $0 < x < l$, $t > 0$ stetig ist[13]. Sonstige in der Literatur vorkommende Eindeutigkeitsbeweise scheinen, oberflächlich betrachtet, auf die *allgemeine* Problemstellung anwendbar zu sein. Bei näherem Zusehen aber erweisen sie sich nicht einmal für die spezielle Problemstellung als stichhaltig, bzw. nur dann als richtig, wenn man eine grössere Anzahl von zusätzlichen Voraussetzungen über die Lösung macht, die in den betreffenden Darstellungen nicht formuliert werden und zu der Randwertaufgabe in keiner inneren Beziehung stehen[14]. Es liegt daher die Vermutung nahe, dass die Lösung unter Zugrundelegung der allgemeinen Problemstellung gar nicht eindeutig ist. Um zu zeigen, dass dies in der Tat der Fall ist, genügt es, *Lösungen der homogenen Gleichung* anzugeben, deren *Rand- und Anfangswerte verschwinden*, denn wenn man solche Lösungen zu den in § 1 aufgestellten addiert, so wird die Erfüllung der Differentialgleichung und der Rand- und Anfangsbedingungen nicht gestört.

Auf derartige Lösungen wird man ganz naturgemäss geführt, wenn man sich daran erinnert, dass die benutzte Methode wesentlich davon Gebrauch machte, dass die in 17.3 formulierte Voraussetzung V_2 von der Lösung $U(x, t)$ erfüllt wird, d.h.

$$\lim_{x \to +0} \mathfrak{L}\{U(x, t)\} = \mathfrak{L}\{\lim_{x \to +0} U(x, t)\}.$$

Diese Voraussetzung kann so formuliert werden, dass die $\mathfrak{L}$-Transformation auf der Schar $U(x, t)$ $(0 \leq x < l)$ mit $U(0, t) = \lim_{x \to +0} U(x, t) = A_0(t)$ an der «Stelle» $A_0(t) = U(0, t)$ *stetig* ist, wenn der Konvergenzbegriff im Sinne der punktweisen Konvergenz verstanden wird. Es ist aber leicht durch Beispiele (siehe I, S. 432) zu belegen, dass bei diesem Konvergenzbegriff, der gerade der allgemeinen Problemstellung zugrunde liegt, die $\mathfrak{L}$-Transformation im allgemeinen *nicht stetig* ist. Wenn nun die $\mathfrak{L}$-Transformation auf der Schar $U(x, t)$ an der dem Parameterwert 0 entsprechenden Stelle unstetig ist, so ist im Bildbereich nicht $\lim_{x \to +0} u(x, s) = \mathfrak{L}\{A_0(t)\} = a_0(s)$, sondern

$$\lim_{x \to +0} u(x, s) = a(s),$$

wo $a(s) \not\equiv a_0(s)$. Die Bildgleichung hat dann, wenn wir $\Phi(x, t) \equiv 0$, $U_0(x) \equiv 0$ und $A_1(t) \equiv 0$ annehmen, die Lösung

$$\tilde{u}(x, s) = a(s) \, u_0(x, s).$$

Ist $\tilde{u}(x, s)$ eine $\mathfrak{L}$-Transformierte, so ist ihre Originalfunktion $\tilde{U}(x, t)$ eine von der früheren verschiedene Lösung, womit die Mehrdeutigkeit konstatiert wäre. Wenn nun $a(s)$ eine $\mathfrak{L}$-Transformierte mit der Originalfunktion $A(t)$ ist, so ist

$$\tilde{U}(x, t) = A(t) * U_0(x, t),$$

und diese Funktion hat nach Satz 1 [18.1] für $x \to +0$ den Randwert $A(t)$ und nicht den vorgeschriebenen Randwert $A_0(t)$. Die Möglichkeit, dass $a(s)$ eine $\mathfrak{L}$-Transformierte ist, scheidet also aus. Es kann aber durchaus sein, dass $a(s) \, u_0(x, s)$ eine $\mathfrak{L}$-Transformierte ist, obwohl $a(s)$ keine solche ist. Wählen wir z.B. $a(s) \equiv 1$, so ist das keine $\mathfrak{L}$-Transformierte, wohl aber $\tilde{u}(x, s) = u_0(x, s)$. Zu ihr gehört als Originalfunktion

$$\tilde{U}(x, t) = U_0(x, t).$$

Diese Funktion ist nach Hilfssatz 1 und 2 [18.1] tatsächlich eine Lösung der homogenen Wärmeleitungsgleichung, deren *Rand- und Anfangswerte sämtlich verschwinden*. Bei ihr entsprechen die Randwerte im Original- und Bildraum einander *nicht*, denn es ist

$$\lim_{x \to +0} U_0(x, t) = 0, \qquad \lim_{x \to +0} u_0(x, s) = 1.$$

Wir wollen jede Lösung der homogenen Gleichung mit den Rand- und Anfangswerten 0 eine *singuläre Lösung* nennen[15]. Sie gibt Veranlassung zu einer Unendlichvieldeutigkeit der Lösung, denn man kann sie, mit einer beliebigen

Konstanten multipliziert, zu einer bestimmten Lösung der (homogenen oder inhomogenen) Gleichung addieren, ohne das Erfülltsein der Differentialgleichung und die Rand- und Anfangswerte zu ändern.

Weitere singuläre Lösungen erhält man durch die Annahme $a(s) \equiv s^n$. Diese Funktionen sind keine $\mathfrak{L}$-Transformierten, wohl aber

$$\tilde{u}(x, s) = s^n u_0(x, s) \qquad (n = 0, 1, \ldots).$$

Hierzu gehören nach Regel XIII die Originalfunktionen

$$(1) \qquad \tilde{U}(x, t) = \frac{\partial^n U_0(x, t)}{\partial t^n},$$

weil nach Hilfssatz 2 [18.1] die Grenzwerte für $t \to 0$ aller Ableitungen von $U_0(x, t)$ nach t gleich 0 sind. Diese Funktionen genügen der homogenen Wärmeleitungsgleichung, weil U_0 es tut, und haben die Rand- und Anfangswerte 0, sind also singuläre Lösungen. Bei ihnen ist

$$\lim_{x \to +0} \tilde{U}(x, t) = 0, \qquad \lim_{x \to +0} \tilde{u}(x, s) = s^n.$$

Einen anderen Typus von singulären Lösungen erhält man durch die Annahme $a(s) \equiv e^{-t_0 s}(t_0 > 0)$. Nach Regel III ist

$$(2) \qquad \tilde{U}(x, t) = \begin{cases} 0 & \text{für } 0 < t \leqq t_0 \\ U_0(x, t - t_0) & \text{für } t > t_0. \end{cases}$$

Diese Funktion erfüllt die homogene Differentialgleichung, insonderheit auch auf der Strecke $0 < x < l, t = t_0$, denn dort ist $\partial^2 \tilde{U}/\partial x^2 = 0$, und nach Anhang I, Nr. 19 und Hilfssatz 2 [18.1] auch $\partial \tilde{U}/\partial t = 0$.

Im Falle des Grundgebietes $0 < x < \infty$, $t > 0$ erhält man entsprechend folgende singuläre Lösungen:

$$(3) \qquad \psi(x, t), \quad \frac{\partial^n \psi(x, t)}{\partial t^n}, \quad \begin{cases} 0 & \text{für } 0 < t \leqq t_0 \\ \psi(x, t - t_0) & \text{für } t > t_0. \end{cases}$$

Vom Standpunkt der *speziellen* Problemstellung sind diese Funktionen *keine* Lösungen, denn z. B. $U_0(x, t)$ hat in dem Eckpunkt $x = 0, t = 0$ keinen Grenzwert bei zweidimensionaler Annäherung. Diese Funktion verhält sich nämlich dort wie [siehe das Glied $n = 0$ in der Entwicklung 18.1 (13)]

$$\psi(x, t) = \frac{x}{2 \sqrt{\pi}\, t^{3/2}}\, e^{-x^2/4t},$$

und ψ verhält sich z. B. längs der Kurve $x/\sqrt{t} = $ const wie $1/t$, strebt also gegen ∞, und längs der Kurve $x^2/\sqrt{t} = $ const wie $t^{-5/4} e^{-1/4\sqrt{t}}$, strebt also gegen 0.

Die physikalische Bedeutung der oben angegebenen singulären Lösungen erkennt man am einfachsten, wenn man sich der in 13.4 eingeführten *Impulsfunktion* $\delta(t)$ bedient. Da $\mathfrak{L}\{\delta\} = 1$ ist, so bedeutet $a_0(s) = 1$, dass als Randerregung $A_0(t)$ die Impulsfunktion $\delta(t)$ vorliegt, d.h. es wird dem Ende $x = 0$ in verschwindend kurzer Zeit die endliche Wärmemenge 1 (Integral der Temperatur) zugeführt, was eine unendlich hohe Temperatur bedingt[16]. Man könnte diesen Vorgang als «*Wärmeexplosion*» deuten. $U_0(x, t)$ ist die Temperaturverteilung, die sich bei einer solchen am Ende $x = 0$ zur Zeit $t = 0$ erfolgenden Explosion herausbildet. Weiterhin ist $s^n = \mathfrak{L}\{\delta^{(n)}\}$, also entspricht

$$\frac{\partial^n U_0(x, t)}{\partial t^n}$$

der Randerregung $A_0(t) \equiv \delta^{(n)}(t)$, d. h. einem Mehrfachpol (Dipol usw.) der Temperatur in $x = 0$, $t = 0$. – Da $\delta(t)$ und seine Ableitungen für $t > 0$ gleich 0 sind, erklärt es sich, dass bei den Lösungen, die diesen Randerregungen entsprechen (U_0 und seine Ableitungen) als Randwert für $x \to +0$ bei $t > 0$ der Wert 0 herauskommt.

Da die *Physik* es oft mit Erscheinungen von explosionsartigem Charakter zu tun hat, sind für sie die oben angegebenen singulären Lösungen (die auch als Greensche Funktionen angesprochen werden können) und damit auch die Auffassung der Randwerte im Sinne der allgemeinen Problemstellung unentbehrlich. Dabei muss man es in Kauf nehmen, dass diese Lösungen die bei Anwendung der $\mathfrak{L}$-Transformation gemachte Voraussetzung V_2 nicht erfüllen. Vom *mathematischen* Standpunkt aus wäre es befriedigender, wenn der Begriff des Randwertes so definiert werden könnte, dass die *Vertauschbarkeit der $\mathfrak{L}$-Transformation mit dem Grenzübergang* stets gewährleistet wäre. Dies ist in der Tat möglich, wenn man die betrachteten Funktionen auf einen *metrischen Raum* beschränkt, in dem die $\mathfrak{L}$-Transformation *stetig* ist, falls man die Konvergenz im Sinne der Metrik dieses Raumes definiert. Legt man für die Originalfunktionen den Raum $L^2(0, \infty)$ zugrunde, so ist unter «Konvergenz» die quadratische Mittelkonvergenz zu verstehen, d.h. $U(x, t) \to A_0(t)$ für $x \to 0$ bedeutet:

$$(4) \qquad \int_0^\infty |U(x, t) - A_0(t)|^2 \, dt \to 0 \quad \text{für} \quad x \to 0.$$

Nun ist nach der Cauchy-Schwarzschen Ungleichung (Anhang I, Nr. 9) für $\mathfrak{R}s > 0$:

$$|u(x, s) - a_0(s)|^2 = \left| \int_0^\infty e^{-st}[U_0(x, t) - A_0(t)] \, dt \right|^2$$

$$\leq \int_0^\infty e^{-2\mathfrak{R}st} \, dt \int_0^\infty |U(x, t) - A_0(t)|^2 \, dt,$$

so dass aus (4) für jedes feste $s > 0$ folgt:

$$(5) \qquad u(x, s) \to a_0(s) \quad \text{für } x \to 0.$$

Dies ist die bei unserer Methode benutzte Randbedingung 18. 1 (5) für die Bild-funktion, die sich also hier zwangsläufig ergibt.

Beschränkt man die Originalfunktionen auf den Raum $L^1(0, \infty)$, so ist $U(x, t) \to A_0(t)$ zu definieren durch

$$(6) \qquad \int_0^\infty |U(x, t) - A_0(t)| \, dt \to 0,$$

und wegen

$$|u(x, s) - a_0(s)| = \left| \int_0^\infty e^{-st} [U_0(x, t) - A_0(t)] \, dt \right|$$

$$\leq \int_0^\infty |U_0(x, t) - A_0(t)| \, dt \quad \text{für } \Re s > 0$$

folgt wiederum (5).

Der für die $\mathfrak{L}$-Transformation wichtigste Raum, den wir U nennen wollen[17], besteht aus denjenigen Funktionen $F(t)$, die in jedem endlichen Intervall $0 \leq t \leq T$ integrierbar sind und für die

$$\int_0^\infty F(t) \, dt = \lim_{T \to \infty} \int_0^T F(t) \, dt$$

existiert. (Sie wurden in I 2.1 als J-Funktionen bezeichnet.) Dieser Raum wird normiert und damit metrisiert (vgl. I, S. 24) durch die Definition

$$(7) \qquad \|F\| = \underset{0 \leq t < \infty}{\text{obere Grenze}} \left| \int_0^t F(\tau) \, d\tau \right|.$$

Diese Zahl existiert, weil $\int_0^t F(\tau) \, d\tau$ stetig ist und für $t \to \infty$ einen Grenzwert hat. Man zeigt leicht, dass (7) die an eine Norm bzw. Metrik zu stellenden An-forderungen (siehe I, S. 24) erfüllt. Konvergenz von $U(x, t)$ gegen $A_0(t)$ bedeutet in dieser Metrik:

$$(8) \qquad \underset{0 \leq t < \infty}{\text{obere Grenze}} \left| \int_0^t [U(x, \tau) - A_0(\tau)] \, d\tau \right| \to 0,$$

d. h. gleichmässige Konvergenz der Integrale $\int_0^t U(x, \tau) \, d\tau$ gegen das Integral $\int_0^t A_0(\tau) \, d\tau$ im ganzen Intervall $0 \leq t < \infty$.

Wenn

$$\int\limits_0^\infty U(x,t)\,dt \quad \text{und} \quad \int\limits_0^\infty A_0(t)\,dt$$

konvergieren, so existieren $\mathfrak{L}\{U(x,t)\}$ und $\mathfrak{L}\{A_0(t)\}$ für $s=0$, lassen sich also nach Satz 5 [I 2.2] für $\mathfrak{R}s>0$ durch die absolut konvergenten Integrale

$$s\int\limits_0^\infty e^{-st}\,dt\int\limits_0^t U(x,\tau)\,d\tau \quad \text{und} \quad s\int\limits_0^\infty e^{-st}\,dt\int\limits_0^t A_0(\tau)\,d\tau$$

darstellen. Daher ist für $\mathfrak{R}s>0$:

$$|u(x,s)-a_0(s)| = \left| s\int\limits_0^\infty e^{-st}\,dt\int\limits_0^t [U(x,\tau)-A_0(\tau)]\,d\tau \right|$$

$$\leqq |s|\cdot \underset{0\leqq t<\infty}{\text{obere Grenze}}\left|\int\limits_0^t [U(x,\tau)-A_0(\tau)]\,d\tau\right|\cdot\int\limits_0^\infty e^{-\mathfrak{R}st}\,dt,$$

so dass aus (8) wieder (5) folgt.

Bei Beschränkung der Lösung und der Randfunktionen auf die Räume L^2, L^1 (allgemeiner L^p mit $p\geqq 1$) oder U ist also die Voraussetzung V_2 automatisch erfüllt, wenn man den Begriff des Randwertes durch bzw. (4), (6), (8) definiert.

Die oben angegebenen singulären Lösungen, die bei punktweiser Konvergenz die Randwerte 0 haben, gehören zwar zu den Räumen L^2, L^1 und U, besitzen aber bei Zugrundelegung der entsprechenden Konvergenzbegriffe nicht die Randfunktion 0, denn z. B. für $\psi(x,t)$ gilt:

$$\int\limits_0^\infty |\psi(x,t)|^2\,dt = \int\limits_0^\infty \frac{x^2}{4\pi t^3}\,e^{-x^2/2t}\,dt = \frac{1}{\pi x^2}\to\infty,$$

$$\int\limits_0^\infty |\psi(x,t)|\,dt = \int\limits_0^\infty \frac{x}{2\sqrt{\pi}\,t^{3/2}}\,e^{-x^2/4t}\,dt = 1,$$

$$\underset{0\leqq t<\infty}{\text{obere Grenze}}\left|\int\limits_0^t \psi(x,\tau)\,dt\right| = 1.$$

Der Abstand $\|\psi(x,t)-0\|$ konvergiert in keinem Fall gegen 0.

Auf die angegebenen singulären Lösungen und damit auf die unendliche Vieldeutigkeit der Lösung sind wir dadurch gekommen, dass wir Lösungen konstruierten, die die Voraussetzung V_2 verletzten. Es gibt aber auch *singuläre Lösungen*, für welche *die Voraussetzung V_1 nicht erfüllt* ist[18]. Wir betrachten die zu dem Grundintervall $0\leqq x\leqq l/m$ ($m=$ positive ganze Zahl) gehörige Greensche Funktion U_0, die wir zum Unterschied von der zu $0\leqq x\leqq l$ gehörigen mit $U_0^*(x, t)$ bezeichnen. Diese setzen wir in der x-Richtung analytisch fort und nennen die entstehende Funktion $U^*(x, t)$. Der expliziten Darstellung

$$U_0^*(x, t) = \frac{2\,\pi\,m^2}{l^2} \sum_{n=1}^{\infty} n\, e^{-n^2\,(m^2\,\pi^2/l^2)\,t} \sin n\,\frac{m\,\pi}{l}\,x$$

entnimmt man, dass $U^*(x, t)$ so definiert ist:

$$U^*(x, t) = \begin{cases} U_0^*(x, t) & \text{für } 0 \le x \le \dfrac{l}{m} \\[2ex] -U_0^*\!\left(2\,\dfrac{l}{m} - x, t\right) & \text{für } \dfrac{l}{m} \le x \le 2\,\dfrac{l}{m} \\[2ex] U_0^*\!\left(x - 2\,\dfrac{l}{m}, t\right) & \text{für } 2\,\dfrac{l}{m} \le x \le 3\,\dfrac{l}{m} \\[1ex] \cdots\cdots\cdots\cdots\cdots\cdots\cdots\cdots\cdots \end{cases}$$

Auf Grund von Hilfssatz 1 und 2 [18. 1] überzeugt man sich, dass $U^*(x, t)$ in dem Streifen $0 < x < l,\ t > 0$, insbesondere auch auf den Geraden $x = v\ (l/m)$, mitsamt $\partial U^*/\partial x$, $\partial^2 U^*/\partial x^2$, $\partial U^*/\partial t$ stetig ist und die homogene Gleichung 18. 1 (1) erfüllt und dass $U^*(x, t)$ bei normaler Annäherung an die Ränder gegen 0 strebt, also eine singuläre Lösung darstellt. (Für $m = 2$ ist, wie man nachrechnet, U^* nur eine Linearkombination bereits bekannter singulärer Lösungen, nämlich $U_0(x, t) - U_0(l - x, t)$, für $m > 2$ aber nicht.) Wir betrachten nun z. B. für $m = 3$

$$u^*(x, s) = \mathfrak{L}\{U^*(x, t)\}.$$

Diese Funktion kann vermittels der $\mathfrak{L}$-Transformierten

$$u_0^*(x, s) = \mathfrak{L}\{U_0^*(x, t)\},$$

die für $0 \le x \le l/3$ definiert ist, folgendermassen ausgedrückt werden:

$$u^*(x, s) = \begin{cases} u_0^*(x, s) & \text{für } 0 < x < \dfrac{l}{3} \\[2ex] -u_0^*\!\left(2\,\dfrac{l}{3} - x, s\right) & \text{für } \dfrac{l}{3} < x < 2\,\dfrac{l}{3} \\[2ex] u_0^*\!\left(x - 2\,\dfrac{l}{3}, s\right) & \text{für } 2\,\dfrac{l}{3} < x < l. \end{cases}$$

Wegen

$$u_0^*(x, s) \to 1 \quad \text{für } x \to 0, \qquad u_0^*(x, s) \to 0 \quad \text{für } x \to \frac{l}{3}$$

gilt:

$$\lim_{x \to 2l/3 - 0} u^*(x, s) = -1, \qquad \lim_{x \to 2l/3 + 0} u^*(x, s) = 0.$$

$u^*(x, s)$ ist also für $x = 2\,l/3$ nicht einmal stetig, geschweige denn differenzierbar. Die Voraussetzung V_1 ist somit für $U^*(x, t)$ nicht erfüllt.

§ 3. Die Wellengleichung und die Telegraphengleichung
(Hyperbolischer Typ)

Bei der Gleichung von parabolischem Typ ergab sich für den von den Randwerten herrührenden Bestandteil der Lösung im Bildraum ein Produkt aus dem Randwert und einer universellen Funktion, dem im Originalraum die Faltung aus der Randfunktion und einer Greenschen Funktion entsprach. Bei der Gleichung von hyperbolischem Typ dagegen werden im Bildraum Produkte auftreten, die sich nicht in Faltungen übersetzen lassen, weil der eine Faktor keine $\mathfrak{L}$-Transformierte ist. Sie können nur im ganzen übersetzt werden und geben Veranlassung zu Lösungsbestandteilen, die von ganz anderer Art sind als die Lösung der Gleichung von parabolischem Typ.

Als Standardbeispiel betrachten wir die sogenannte *Telegraphengleichung*, welche die Vorgänge in einer *elektrischen Leitung* beschreibt, die so ausgedehnt ist, dass man die elektrischen Konstanten nicht mehr wie in 13.2 als in einzelnen Punkten konzentriert, sondern über die ganze Leitung kontinuierlich verteilt annehmen muss. Dieselbe Gleichung tritt auch bei Schwingungen in anderen eindimensionalen Medien auf, z.B. bei den Drehwellen von elastischen Stäben, den longitudinalen Luftschwingungen in Röhren usw.

Der Ort auf der Doppelleitung werde durch die Koordinate x bestimmt. An den Anfangsklemmen sei $x = 0$, an den Endklemmen $x = l$. Die Zeit sei t. Die auf die Längeneinheit bezogenen Leitungskonstanten, die von x und t unabhängig sein sollen, bezeichnen wir so:

$$\text{Widerstand } R, \text{ Induktivität } L, \text{ Kapazität } C, \text{ Ableitung } G.$$

An der Stelle x herrsche die Stromstärke $I(x, t)$, die an der Stelle x zwischen Hin- und Rückleitung bestehende Spannung sei $P(x, t)$. Für diese Grössen gelten die Gleichungen

$$(1) \qquad \left\{ \begin{aligned} -\frac{\partial P}{\partial x} &= R\,I + L\,\frac{\partial I}{\partial t}\,, \\ -\frac{\partial I}{\partial x} &= G\,P + C\,\frac{\partial P}{\partial t}\,. \end{aligned} \right.$$

Schreibt man die erste Gleichung in der Form

$$\frac{\partial P}{\partial x} = -\left(R + L\,\frac{\partial}{\partial t} \right) I\,,$$

differenziert sie nach x:

$$\frac{\partial^2 P}{\partial x^2} = -\left(R + L\,\frac{\partial}{\partial t} \right) \frac{\partial I}{\partial x}$$

und setzt $\partial I/\partial x$ aus der zweiten Gleichung ein, so erhält man eine Gleichung, die nur P enthält:

$$\frac{\partial^2 P}{\partial x^2} = \left(R + L\,\frac{\partial}{\partial t}\right)\left(G + C\,\frac{\partial}{\partial t}\right) P.$$

Eliminiert man auf analoge Weise P, so erhält man offenbar dieselbe Gleichung für I. Wir benutzen daher für P und I promiscue den Buchstaben U und schreiben die Gleichung in der Form

(2)
$$\frac{\partial^2 U}{\partial x^2} - a\,\frac{\partial^2 U}{\partial t^2} - b\,\frac{\partial U}{\partial t} - c\,U = 0$$

mit

(3)
$$a = LC, \quad b = RC + LG, \quad c = RG.$$

Dies ist die *Telegraphengleichung*[19]. Ihrer physikalischen Bedeutung nach sind

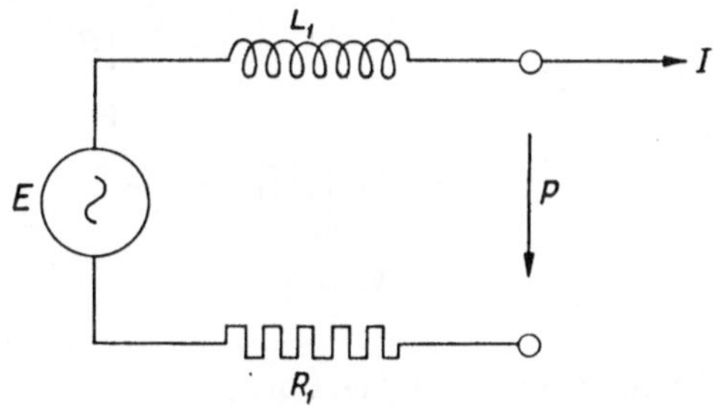

Figur 4

die drei Konstanten a, b, c positiv. Für die mathematische Behandlung ist nur wichtig, dass $a > 0$ ist, denn dies bedingt den hyperbolischen Charakter der Gleichung. Im Falle $a = 0$ ist sie von parabolischem Typ und daher im wesentlichen durch § 1 erledigt. Für $b = c = 0$ geht (1) in die sogenannte *Wellenglei-chung* über[20].

Anfangsbedingungen: Zur Zeit $t = 0$ sei die in der Leitung vorhandene Stromstärke und Spannung gegeben. Man kann dann $(\partial I/\partial t)_{t=0}$ und $(\partial P/\partial t)_{t=0}$ vermittels der Gleichungen (1) ausrechnen und verfügt also, gleichgültig ob U die Stromstärke oder die Spannung bedeutet, über folgende Anfangswerte:

(4)
$$\lim_{t \to +0} U(x, t) = U_0(x), \quad \lim_{t \to +0} \frac{\partial U}{\partial t} = U_1(x) \qquad (0 < x < l).$$

Randbedingungen: Die Leitung wird an den Eingangsklemmen aus einem Netz gespeist, das eine elektromotorische Kraft $E(t)$ und eine (konzentrierte) Induktivität L_1, Kapazität C_1 und Widerstand R_1 enthält, die noch in verschiedener Weise (in Serie oder parallel) geschaltet sein können. In dem Beispiel von Figur 4 gilt für $x = 0$:

$$E - R_1 I - L_1\,\frac{\partial I}{\partial t} = P.$$

In dem Beispiel von Figur 5 dagegen ist für $x = 0$

$$\frac{dE}{dt} - \left(L_1 \frac{\partial^2}{\partial t^2} + R_1 \frac{\partial}{\partial t} + \frac{1}{C_1}\right) I = \frac{\partial P}{\partial t}$$

[vgl. hierzu 13.2(2)] [21]. Allgemein hat die Randbedingung für $x = 0$ die Form

$$D_1 E - D_2 I = D_3 P,$$

wo D_1, D_2, D_3 gewisse Differentialoperatoren sind. Entsprechend sind die Endklemmen mit einem Verbrauchernetz verbunden, das keine EMK enthält, so-

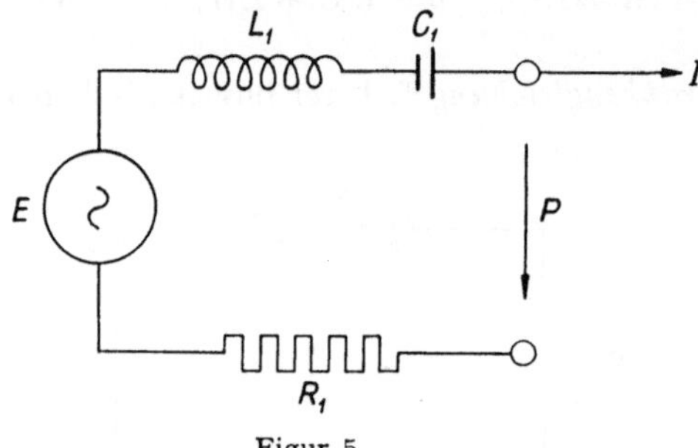

Figur 5

dass die Randbedingung für $x = l$ die Form

$$D_4 I = D_5 P$$

hat. Wir wollen uns im folgenden auf den Fall beschränken, dass der Wert von $U(x,t)$ für $x = 0$ und $x = l$ gegeben ist:

$$\text{(5)} \qquad \lim_{x \to +0} U(x,t) = A_0(t), \qquad \lim_{x \to l-0} U(x,t) = A_1(t) \qquad (t > 0).$$

Es handelt sich also um die Integration von Gleichung (2) mit $a > 0$ unter den Anfangsbedingungen (4) und den Randbedingungen (5).

Unter den Voraussetzungen von 17.3 ergibt sich die *Bildgleichung*

$$\text{(6)} \qquad \frac{d^2 u}{dx^2} - (a s^2 + b s + c) u = - (a s + b) U_0(x) - a U_1(x)$$

unter den *Randbedingungen*

$$\text{(7)} \qquad \lim_{x \to +0} u(x,s) = a_0(s), \qquad \lim_{x \to l-0} u(x,s) = a_1(s).$$

Man zerlegt das Problem am besten wie in §1 in zwei Teilprobleme:
1. Die homogene Gleichung $[U_0(x) = U_1(x) \equiv 0]$ unter beliebigen Randbedingungen.
2. Die inhomogene Gleichung unter verschwindenden Randbedingungen.

$U_0(x) = U_1(x) \equiv 0$ bedeutet für das ursprüngliche Problem im Originalraum, dass die Leitung zum Zeitpunkt $t = 0$ strom- und spannungslos ist. Die Zerlegung besagt also, dass man folgende Probleme getrennt behandelt:

1. Das Verhalten einer ursprünglich strom- und spannungsfreien Leitung unter dem Einfluss beliebiger Randerregungen (Einschaltvorgang).
2. Der Ausschwingvorgang einer Leitung, die von früher her eine gewisse Strom- und Spannungsverteilung hat und sich selbst, ohne Randerregungen, überlassen wird.

Das weitaus wichtigere ist das erste Problem, das wir zunächst behandeln.

1. Einschaltvorgang [22]

Wir können uns auf den Fall $A_0(t) \not\equiv 0$, $A_1(t) \equiv 0$ beschränken, da die Lösung für $A_0(t) \equiv 0$, $A_1(t) \not\equiv 0$ aus der für diesen Fall durch den Ersatz von x durch $l - x$ hervorgeht und die Lösung für den allgemeinen Fall durch Superposition der beiden speziellen Lösungen entsteht. Es liegt also jetzt im Bildraum die Differentialgleichung

$$\frac{d^2 u}{dx^2} - (a s^2 + b s + c)\, u = 0$$

vor unter den Randbedingungen

$$u(0,\, s) = a_0(s), \quad u(l,\, s) = 0.$$

Setzen wir zur Abkürzung

$$(8) \qquad a s^2 + b s + c = Q(s),$$

so lautet die Lösung:

$$(9) \qquad u(x,\, s) = a_0(s)\, u_0(x,\, s)$$

mit

$$(10) \qquad u_0(x,\, s) = \frac{e^{(l-x)\sqrt{Q}} - e^{-(l-x)\sqrt{Q}}}{e^{l\sqrt{Q}} - e^{-l\sqrt{Q}}} = \frac{\sinh(l-x)\sqrt{Q}}{\sinh l \sqrt{Q}} \qquad (0 \leqq x \leqq l).$$

$u_0(x,\, s)$ ist im allgemeinen keine $\mathfrak{L}$-Transformierte, so dass man zur Gewinnung von $U(x,\, t)$ nicht den Faltungssatz anwenden kann und $u(x,\, s)$ im ganzen übersetzen muss. Dazu entwickeln wir $u_0(x,\, s)$ in eine Reihe:

$$u_0(x,\, s) = \frac{e^{-x\sqrt{Q}} - e^{-(2l-x)\sqrt{Q}}}{1 - e^{-2l\sqrt{Q}}} = \left(e^{-x\sqrt{Q}} - e^{-(2l-x)\sqrt{Q}}\right) \sum_{n=0}^{\infty} e^{-2nl\sqrt{Q}}$$

$$(11) \qquad = \sum_{n_1=0}^{\infty} e^{-(2n_1 l + x)\sqrt{Q}} - \sum_{n_2=1}^{\infty} e^{-(2n_2 l - x)\sqrt{Q}}.$$

Für hinreichend grosse positive s ist der Hauptzweig von $\sqrt{Q(s)}$ positiv, folglich die Reihe konvergent.

Der Behandlung des allgemeinen Falls schicken wir zwei Spezialfälle voraus.

1. *Verlustfreie Leitung (Wellengleichung)*

In dem Spezialfall $b = c = 0$ liegt die Wellengleichung

$$(12) \qquad \frac{\partial^2 U}{\partial x^2} = a\,\frac{\partial^2 U}{\partial t^2} \qquad\qquad (a > 0)$$

vor, wie sie z. B. den Schwingungen einer Saite zugrunde liegt. Bei der elektrischen Leitung ist dann nach (3)

$$R\,C + L\,G = 0, \qquad R\,G = 0,$$

folglich entweder $\quad R = 0, \ G \neq 0, \quad$ woraus $L = 0$ folgt;

oder $\qquad\quad G = 0, \ R \neq 0, \quad$ woraus $C = 0$ folgt;

oder $\qquad\quad R = 0, \ G = 0, \quad$ wobei $\quad L$ und C beliebig sind.

Da $a = L\,C \neq 0$ sein soll, sind die beiden ersten Möglichkeiten auszuschliessen. Der Fall $b = c = 0$ bedeutet also, dass Widerstand und Ableitung zu vernachlässigen sind, d. h. dass die Leitung *verlustfrei* ist.

Es ist jetzt

$$\sqrt{Q(s)} = \sqrt{a}\,s \qquad\qquad \left(\sqrt{a} > 0\right),$$

so dass das einzelne Glied in $u_0(x, s)$ die Gestalt $e^{-\alpha s}$ ($\alpha \geqq 0$) hat. Ihm entspricht keine Originalfunktion, wohl aber dem Produkt $a_0(s)\,e^{-\alpha s}$ nach Regel III die Funktion $A_0(t - \alpha)$, wenn man $A_0(t) = 0$ für $t \leqq 0$ definiert. Falls die gliedweise Rücktransformation erlaubt ist, ergibt sich somit zu (9) die Originalfunktion

$$(13) \qquad U(x, t) = \sum_{n_1 = 0}^{\infty} A_0\!\left(t - (2\,n_1\,l + x)\,\sqrt{a}\right) - \sum_{n_2 = 1}^{\infty} A_0\!\left(t - (2\,n_2\,l - x)\,\sqrt{a}\right)$$

mit

$$A_0(t) = 0 \quad \text{für } t \leqq 0.$$

Für ein *festes Wertepaar* (x, t) stehen in Wahrheit nur die *endlich vielen Glieder* da, deren Argumente > 0 sind, also die Glieder mit Indizes

$$n_1 < \frac{t - x\sqrt{a}}{2\,l\sqrt{a}}, \qquad n_2 < \frac{t + x\sqrt{a}}{2\,l\sqrt{a}}.$$

Gemäss dem *Fortsetzungsprinzip* untersuchen wir nun, unter welchen allgemeinsten Bedingungen (13) eine Lösung darstellt. Dazu deuten wir die Funktion (13) zunächst physikalisch. Verfolgen wir einmal den Weg eines bestimmten

Randwertes $A_0(t_0)$, so tritt dieser in allen Punkten (x, t) der Raum-Zeit-Welt, für die

$$t - (2\,n_1\,l + x)\,\sqrt{a} = t_0 \text{ ist, mit positivem Vorzeichen,}$$

$$t - (2\,n_2\,l - x)\,\sqrt{a} = t_0 \text{ ist, mit negativem Vorzeichen}$$

auf. Diese Gleichungen stellen Gerade dar mit dem Steigungsmass $\sqrt{a}$ bzw.

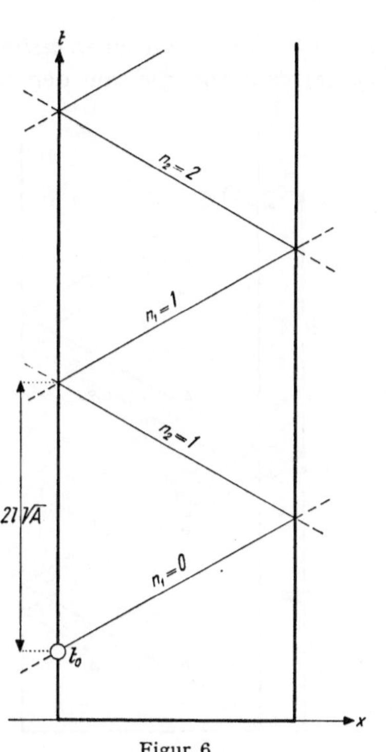

Figur 6

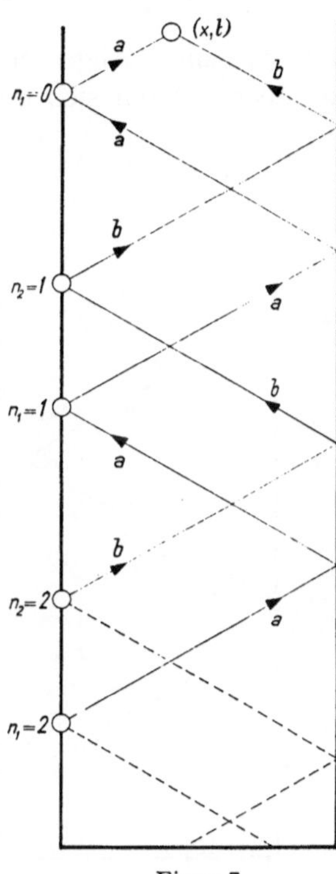

Figur 7

$-\sqrt{a}$ [die Charakteristiken der Differentialgleichung (12)], welche den Rand $x = 0$ in den Ordinaten

$$t = t_0 + 2\,n_1\,l\,\sqrt{a} \qquad \text{bzw.} \qquad t = t_0 + 2\,n_2\,l\,\sqrt{a},$$

den Rand $x = l$ in den Ordinaten

$$t = t_0 + (2\,n_1 + 1)\,l\,\sqrt{a} \qquad \text{bzw.} \qquad t = t_0 + (2\,n_2 - 1)\,l\,\sqrt{a}$$

$$\left.\begin{matrix}\\\\\\\\\end{matrix}\right\} \quad \begin{matrix} n_1 \geqq 0, \\[4pt] n_2 \geqq 1 \end{matrix}$$

schneiden. Die für uns allein in Frage kommenden, in dem Streifen $0 \leqq x \leqq l$ liegenden Stücke schliessen sich zu einer aufwärtssteigenden Zickzacklinie zusammen, längs deren sich die Randerregung $A_0(t_0)$ fortbewegt (Figur 6). Physikalisch ergibt das eine Fortpflanzung jeder Randerregung ins Innere der

Leitung nach Art einer *fortschreitenden Welle:* Die Erregung wandert mit wachsender Zeit vom linken Ende zum rechten, wird dort *reflektiert*, wobei sich das Vorzeichen umkehrt (Phasensprung um π), wandert zum linken Ende zurück, um dort abermals unter Wechsel des Vorzeichens reflektiert zu werden, usw. Die *Fortpflanzungsgeschwindigkeit* ist

$$(14) \qquad v = \left| \frac{dx}{dt} \right| = \frac{1}{\sqrt{a}} = \frac{1}{\sqrt{LC}} .$$

Richten wir unser Augenmerk auf eine *feste Stelle x* zu einer *bestimmten Zeit t*, so superponieren sich dort alle Randerregungen, die von den beiden

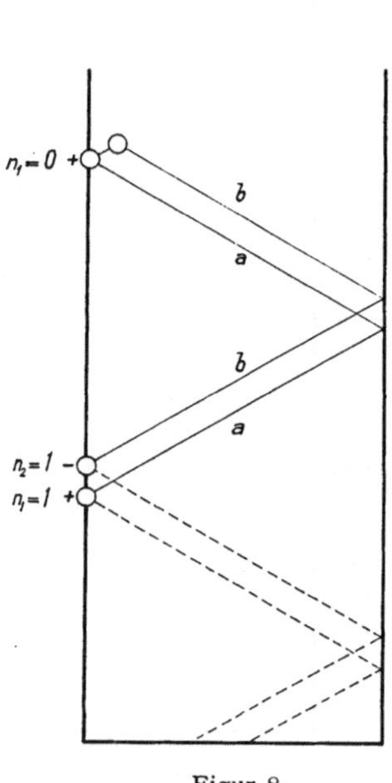

Figur 8

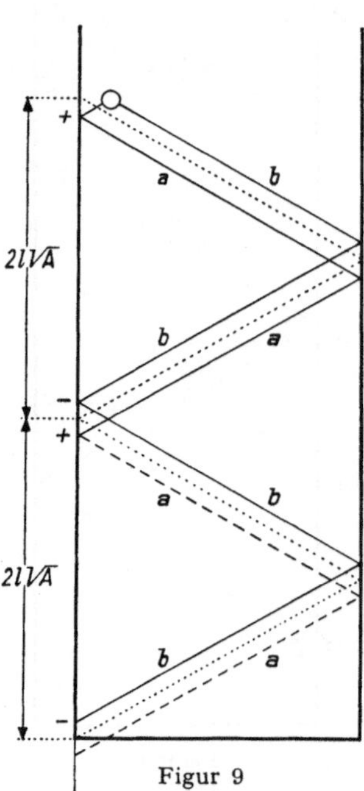

Figur 9

durch (x, t) gehenden Zickzacklinien a, b (Figur 7) herangetragen werden; die auf Stücken von a herangewanderten mit *positivem* Vorzeichen (sie sind eine gerade Anzahl von Malen reflektiert worden), die auf b ankommenden (ungeradzahlig oft reflektierten) mit *negativem* Vorzeichen. Es sind das diejenigen Randerregungen, die Zeit gehabt haben, sich direkt oder durch Reflexion mit der Geschwindigkeit $1/\sqrt{a}$ bis zur Stelle x fortzupflanzen und gerade im Moment t dort einzutreffen. Es sind, wie oben bei (13) bemerkt, immer nur endlich viele; aber je grösser t bei festem x ist, um so mehr sind es.

Mit Rücksicht auf die weiter unten behandelten Fälle sei noch bemerkt, dass keine Dämpfung stattfindet, auch keine Diffusion, d. h. eine Randerregung zerstreut sich nicht über die ganze Leitung, sondern macht sich geballt immer nur dann bemerkbar, wenn die Welle sie über den betreffenden Punkt hinwegträgt.

An Hand dieses Bildes übersieht man nun leicht, unter welchen *Voraussetzungen* die Funktion (13) eine Lösung des durch die Gleichung (12) und die Bedingungen

$$(15) \qquad \lim_{t \to +0} U(x, t) = 0, \qquad \lim_{t \to +0} \frac{\partial U}{\partial t} = 0 \qquad (0 < x < l);$$

$$(16) \qquad \lim_{x \to +0} U(x, t) = A_0(t), \qquad \lim_{t \to l-0} U(x, t) = 0 \qquad (t > 0)$$

gestellten Problems ist. Der partiellen *Differentialgleichung* genügt (13) nur dann, wenn $A_0(t)$ zweimal differenzierbar ist. Wenn dies an einer Stelle t_0 nicht erfüllt ist, wird (13) längs der ganzen von $(0, t_0)$ ausgehenden Zickzacklinie die Differentialgleichung nicht im strengen Sinn erfüllen (Irregularitäten auf dem Rand pflanzen sich also längs der Charakteristiken ins Innere fort). – *Die Anfangsbedingungen* (15) sind immer erfüllt, denn unterhalb der von $x = 0$, $t = 0$ ausgehenden Zickzacklinie ist $U(x, t) \equiv 0$, also auch $\partial U / \partial t \equiv 0$. – Bei den *Randbedingungen* (16) können wir uns auf den Rand $x = 0$ beschränken; für $x = l$ gilt Analoges. Lässt man den Punkt (x, t) gegen den linken Rand (senkrecht) wandern (Figur 8), so rücken die Randstellen, von denen die superponierten Erregungen herrühren, paarweise zusammen, mit Ausnahme der dem Index $n_1 = 0$ entsprechenden, von der eine direkte, nichtreflektierte Welle ausgeht. Da die von den Randstellenpaaren herrührenden Erregungen mit entgegengesetzten Vorzeichen behaftet sind, heben sie sich beim Grenzübergang auf, wenn $A_0(t)$ stetig ist. Es bleibt also nur $A_0(t)$ übrig. Dies gilt jedoch nicht, wenn der Punkt $(0, t)$ auf dem von $(0, 0)$ ausstrahlenden Zickzackweg liegt, d. h. wenn t ein Multiplum von $2l\sqrt{a}$ ist (Figur 9). In diesem Fall kommt am untersten Ende der von (x, t) ausgehenden Zickzackwege kein Paar zustande, da zwar der Weg b noch positive, der Weg a aber negative t trifft, wo $A_0(t) = 0$ ist. Wenn $A_0(t)$ in $t = 0$ vorhanden und stetig ist, so strebt $U(x, t)$ für $x \to 0$ gegen $A_0(t) - A_0(0)$.

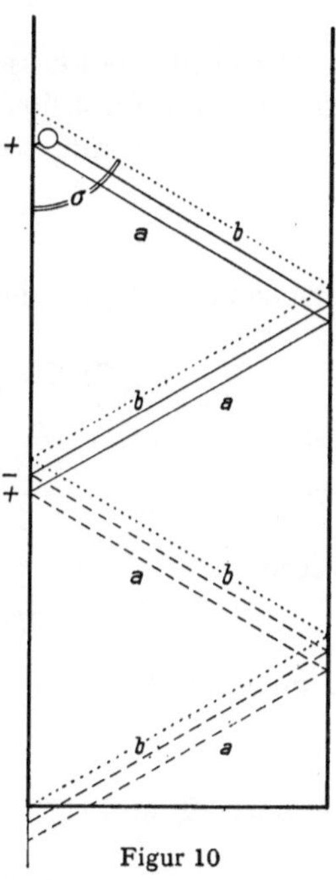

Figur 10

Dieses unerwünschte Auftreten von $-A_0(0)$ lässt sich nun aber dadurch eliminieren, dass die *senkrechte Richtung*, in der (x, t) gegen den Rand strebte, *durch eine andere ersetzt wird*. Wandert nämlich (x, t) gegen den Randpunkt $n\,2l\sqrt{a}$ längs eines Strahles innerhalb des in Figur 10 gekennzeichneten Sektors σ, so endigen beide von (x, t) ausgehenden Zickzackwege a, b bei negativen t, so dass diese Randwerte beide nicht in Frage kommen. Beim Grenzübergang bleibt also nur $A_0(t)$ übrig.

Dieser Grenzübergang in einer nicht zum Rand normalen Richtung ist somit derjenige, welcher dem Problem angepasst ist, und er hat einen guten *physikalischen Sinn:* Längs eines Strahles innerhalb σ ist

$$\left|\frac{dx}{dt}\right| < \frac{1}{\sqrt{a}},$$

d. h. der das Erfülltsein der Randbedingung feststellende Beobachter bewegt sich *mit geringerer Geschwindigkeit* als die Welle. Bewegt er sich dagegen mit grösserer Geschwindigkeit (längs der Normalen ist seine Geschwindigkeit sogar unendlich), so fängt er den Stoss $-A_0(0)$ gerade noch ein.

2. *Verzerrungsfreie Leitung*

Der vorige Fall liess sich deshalb so einfach erledigen, weil $Q(s)$ das Quadrat einer linearen Funktion von s war. Allgemein trifft dies dann und nur dann zu, wenn die Diskriminante von Q:

$$d = a\,c - \left(\frac{b}{2}\right)^2$$

verschwindet. Das bedeutet für die Leitungskonstanten:

$$LCRG - \frac{1}{4}\,(RC + LG)^2 = -\frac{1}{4}\,(RC - LG)^2 = 0,$$

also

(17)
$$RC = LG.$$

Wegen

$$Q(s) = \frac{1}{a}\left\{\left(a\,s + \frac{b}{2}\right)^2 + \left[a\,c - \left(\frac{b}{2}\right)^2\right]\right\}$$

ist im Falle $d = 0$:

$$\sqrt{Q(s)} = \sqrt{a}\,s + \frac{b}{2\sqrt{a}},$$

also nach (9) und (11):

$$u(x, s) = \sum_{n_1=0}^{\infty} e^{-(b/2\sqrt{a})(2n_1 l + x)}\, a_0(s)\, e^{-(2n_1 l + x)\sqrt{a}\,s}$$

$$-\sum_{n_2=1}^{\infty} e^{-(b/2\sqrt{a})(2n_2 l - x)}\, a_0(s)\, e^{-(2n_2 l - x)\sqrt{a}\,s}.$$

Die gliedweise Übersetzung ergibt:

(18)
$$U(x, t) = \sum_{n_1=0}^{\infty} e^{-(b/2\sqrt{a})(2n_1 l + x)}\, A_0\!\left(t - (2n_1 l + x)\sqrt{a}\right)$$

$$-\sum_{n_2=1}^{\infty} e^{-(b/2\sqrt{a})(2n_2 l - x)}\, A_0\!\left(t - (2n_2 l - x)\sqrt{a}\right).$$

Physikalisch bedeutet diese Lösung, dass jede Randerregung sich mit der

Geschwindigkeit $1/\sqrt{a}$ fortpflanzt und immer wieder unter Umkehrung des Vorzeichens an den Enden reflektiert wird. Nur wird sie jetzt für $b > 0$ *gedämpft*. Verfolgt man einen Randwert längs eines Zickzackweges, d. h. lässt man in dem Glied mit $n_1 = 0$ das x von 0 bis l wachsen, dann in dem Glied mit $n_2 = 1$ von l bis 0 abnehmen, dann in dem Glied mit $n_1 = 1$ wieder von 0 bis l wachsen usw., so steigt das logarithmische Dekrement der Dämpfung stetig von 0 auf $(b/2\sqrt{a})\, l$, dann von diesem Wert auf $(b/2\sqrt{a})\, 2\, l$, dann auf $(b/2\sqrt{a})\, 3\, l$ usw.

Hinsichtlich der Erfüllung der Differentialgleichung und der Rand- und Anfangsbedingungen gilt offenbar dasselbe wie unter Nr. 1.

Obwohl in diesem Fall keine der Leitungskonstanten verschwindet, haben wir hier im wesentlichen *dieselben Verhältnisse wie bei der verlustfreien Leitung*, nämlich eine reine Wellenfortpflanzung: Eine Randerregung macht sich an einer inneren Stelle nur dann bemerkbar, wenn sie von der Welle über den Punkt hinweggetragen wird. Man kann dies erst voll würdigen, wenn man die allgemeine Lösung (siehe Nr. 3) kennt, bei der jede Erregung, wenn sie einen Punkt passiert, einen *Rückstand* hinterlässt. Hierdurch wird z. B. bei der Übertragung von Signalen (Nachrichtentechnik) eine sehr unerwünschte gegenseitige Störung der Zeichen hervorgerufen, die man als *Verzerrung* bezeichnet. Im Gegensatz hierzu ist die Leitung, wenn ihre Konstanten in der Beziehung (17) zueinander stehen, *verzerrungsfrei*. Es ist das Verdienst von O. HEAVISIDE, erkannt zu haben, dass die Übertragung nicht dadurch verbessert wird, dass man z. B. die Selbstinduktion möglichst klein macht, sondern dass man sie in ein bestimmtes Verhältnis zu den anderen Konstanten setzt. Diese damals nicht anerkannte Forderung wurde dann später durch PUPIN vermittels der nach ihm benannten Spulen verwirklicht.

Die für die Dämpfung verantwortliche Grösse ist allgemein

$$\frac{b}{2\sqrt{a}} = \frac{RC + LG}{\sqrt{LC}} = \frac{1}{2}\sqrt{LC}\left(\frac{R}{L} + \frac{G}{C}\right),$$

also bei Bestehen der Gleichung (17) gleich $R\sqrt{C/L}$.

3. *Allgemeiner Fall*

Bei beliebigen Konstanten a, b, c gehen wir von der bekannten Formel für die Besselsche Funktion J_0 aus [23]:

$$\int_\alpha^\infty e^{-\sigma\tau} J_0\left(k\sqrt{\tau^2 - \alpha^2}\right) d\tau = \frac{e^{-\alpha\sqrt{\sigma^2 + k^2}}}{\sqrt{\sigma^2 + k^2}} \qquad (\alpha \geq 0,\ \sigma > 0,\ k \text{ beliebig}),$$

die wir nach α differenzieren, wobei wir $J_0'(z) = -J_1(z)$ benutzen:

$$k\,\alpha \int_\alpha^\infty e^{-\sigma\tau}\, \frac{J_1\left(k\sqrt{\tau^2 - \alpha^2}\right)}{\sqrt{\tau^2 - \alpha^2}}\, d\tau - e^{-\sigma\alpha} = -e^{-\alpha\sqrt{\sigma^2 + k^2}}.$$

Setzt man hierin

$$\sigma = \sqrt{a}\, s + \frac{b}{2\sqrt{a}}, \quad k^2 = \frac{d}{a}, \quad \sqrt{a}\,\tau = t,$$

so ergibt sich:

$$e^{-\alpha\sqrt{Q(s)}} = e^{-\alpha\,(b/2\sqrt{a})}\, e^{-\alpha\sqrt{a}\,s} - \alpha\sqrt{\frac{d}{a}} \int\limits_{\alpha\sqrt{a}}^{\infty} e^{-st}\, e^{-(b/2a)t}\, \frac{J_1\!\left((\sqrt{d}/a)\,\sqrt{t^2 - a\,\alpha^2}\right)}{\sqrt{t^2 - a\,\alpha^2}}\, dt.$$

Diese Formel besagt: $e^{-\alpha\sqrt{Q(s)}}$ zerfällt in einen ersten Summanden, der dieselbe Gestalt wie die in dem Spezialfall der verzerrungsfreien Leitung auftretende Funktion hat und keine $\mathfrak{L}$-Transformierte ist, und in einen zweiten Summanden, der die $\mathfrak{L}$-Transformierte zu folgender Originalfunktion ist*):

$$(19) \qquad V(t, \alpha) = \begin{cases} 0 & \text{für } 0 < t < \alpha\sqrt{a} \\[2ex] -\alpha\sqrt{\dfrac{d}{a}}\, e^{-(b/2a)t}\, \dfrac{J_1\!\left((\sqrt{d}/a)\,\sqrt{t^2 - a\,\alpha^2}\right)}{\sqrt{t^2 - a\,\alpha^2}} & \text{für } t \geqq \alpha\sqrt{a}. \end{cases}$$

Bei der gliedweisen Transformation von (9) und (11) muss man also jeweils bei dem ersten Summanden die Regel III, bei dem zweiten die Regel XVI anwenden und erhält:

$$(20) \qquad U(x, t) = \sum_{n_1 = 0}^{\infty} e^{-(b/2\sqrt{a})\,(2n_1 l + x)}\, A_0\!\left(t - (2n_1 l + x)\sqrt{a}\right)$$

$$- \sum_{n_2 = 1}^{\infty} e^{-(b/2\sqrt{a})\,(2n_2 l - x)}\, A_0\!\left(t - (2n_2 l - x)\sqrt{a}\right)$$

$$- \sqrt{\frac{d}{a}} \sum_{n_1 = 0}^{\infty} (2n_1 l + x) \int\limits_{(2n_1 l + x)\sqrt{a}}^{t} A_0(t - \tau)\, e^{-(b/2a)\tau}\, \frac{J_1\!\left((\sqrt{d}/a)\,\sqrt{\tau^2 - a\,(2n_1 l + x)^2}\right)}{\sqrt{\tau^2 - a\,(2n_1 l + x)^2}}\, d\tau$$

$$+ \sqrt{\frac{d}{a}} \sum_{n_2 = 1}^{\infty} (2n_2 l - x) \int\limits_{(2n_2 l - x)\sqrt{a}}^{t} A_0(t - \tau)\, e^{-(b/2a)\tau}\, \frac{J_1\!\left((\sqrt{d}/a)\,\sqrt{\tau^2 - a\,(2n_2 l - x)^2}\right)}{\sqrt{\tau^2 - a\,(2n_2 l - x)^2}}\, d\tau$$

$$\text{mit } A_0(t) = 0 \quad \text{für } t \leqq 0.$$

Es ergibt sich also zunächst derselbe gedämpfte reine Fortpflanzungs- und Reflexionsvorgang wie bei der verzerrungsfreien Leitung; diesem überlagert sich aber eine durch die Integrale dargestellte «*Verzerrung*», an der sämtliche

---

*) Ist $d < 0$, was z. B. bei $G = 0$, also $c = 0$ vorkommt, so ist das Argument von J_1 rein imaginär. Nun ist aber

$$J_1(i\,z) = i \sum_{\nu = 0}^{\infty} \frac{(z/2)^{2\nu+1}}{\nu!\,(\nu + 1)!},$$

also $\sqrt{d}\,J_1(i\,z)$ wieder reell.

Randerregungen, die sich bis zur Zeit t an der Stelle x bemerkbar machen konnten, beteiligt sind. Man sieht das deutlicher, wenn man z. B. die Integrale in der ersten Summe in der Form schreibt:

$$e^{-(b/2a)t} \int_0^{t-(2n_1 l+x)\sqrt{a}} A_0(\tau)\, e^{(b/2a)\tau}\, \frac{J_1((\sqrt{d}/a)\sqrt{(t-\tau)^2-a(2n_1 l+x)^2})}{\sqrt{(t-\tau)^2-a(2n_1 l+x)^2}}\, d\tau.$$

Für $n_1 = 0$ kommen alle $A_0(\tau)$ mit $0 \leqq \tau \leqq t - x\sqrt{a}$ vor, d. h. alle Erregungen, die durch direkte Fortpflanzung bis zur Zeit t an die Stelle x gelangt waren; für $n_1 = 1$ alle $A_0(\tau)$ mit $0 \leqq \tau \leqq t - (2l+x)\sqrt{a}$, d. h. alle Erregungen, die nach zweimaliger Reflexion bis zur Zeit t an die Stelle x gekommen waren, usw. (siehe Figur 7).

Wie früher kann man auch hier verifizieren, dass (20) eine Lösung des Problems darstellt, wenn $A_0(t)$ zweimal differenzierbar ist.

Auch bei der Telegraphengleichung gibt es wie bei der Wärmeleitungsgleichung nicht identisch verschwindende Lösungen, für die alle *Rand- und Anfangswerte* A_0, A_1, U_0, U_1 *verschwinden*[24]. Man erhält solche, indem man als Randwert A_0 in (20) die Impulsfunktion $\delta(t)$ und ihre Ableitungen einführt, d. h. $a_0(s) = s^n$ $(n = 0, 1, \dots)$ setzt, wodurch die Funktion

$$(21) \qquad \tilde{U}(x, t) = \sum_{n_1=0}^{\infty} V(t, 2 n_1 l + x) - \sum_{n_2=1}^{\infty} V(t, 2 n_2 l - x)$$

und ihre Ableitungen nach t entstehen. *Ein Unterschied gegenüber der Wärmeleitungsgleichung* ist jedoch bemerkenswert. Bei dieser waren diese singulären Lösungen in der Umgebung des Eckpunktes $x = 0$, $t = 0$ beliebig grosser und beliebig kleiner Werte fähig, während die Funktion (20), die in der Umgebung dieses Punktes mit dem ersten Reihenglied $V(t, x)$ identisch ist, unterhalb der Geraden $t = x\sqrt{a}$ verschwindet und oberhalb wegen des Faktors x in der Umgebung von $x = 0$, $t = 0$ klein ist, weil $J_1(k z)/z$ für $z \to 0$ den Grenzwert $k/2$ hat, also beschränkt ist.

2. Ausschwingvorgang

Durch die Lösung (20) ist das erste der S. 41 genannten Probleme erledigt. Es ist noch das zweite zu betrachten, das dem Ausschwingvorgang einer im Moment $t = 0$ abgeschalteten Leitung entspricht, d. h. bei dem

$$A_0(t) \equiv 0, \quad A_1(t) \equiv 0, \quad U_0(x) \text{ und (oder) } U_1(x, t) \not\equiv 0$$

ist. Im Bildbereich liegt also die inhomogene Gleichung (6) unter den Randbedingungen

$$\lim_{x \to +0} u(x, s) = 0, \quad \lim_{x \to l-0} u(x, s) = 0$$

vor. Die Lösung kann man aus 18.1 (14) und (15) entnehmen, wenn man dort s durch $Q(s)$ und $\varphi(x, s) + U_0(x)$ durch $(a s + b) U_0(x) + a U_1(x)$ ersetzt. Das ergibt:

$$(22) \qquad u(x, s) = \int_0^l \gamma(x, \xi; s) \left[(a s + b) U_0(\xi) + a U_1(\xi) \right] d\xi$$

mit

$$(23) \qquad \gamma(x, \xi; s) = \begin{cases} \dfrac{\sinh (l - x) \sqrt{Q(s)} \, \sinh \xi \sqrt{Q(s)}}{\sqrt{Q(s)} \, \sinh l \sqrt{Q(s)}} & (0 \leqq \xi \leqq x \leqq l) \\[2em] \dfrac{\sinh (l - \xi) \sqrt{Q(s)} \, \sinh x \sqrt{Q(s)}}{\sqrt{Q(s)} \, \sinh l \sqrt{Q(s)}} & (0 \leqq x \leqq \xi \leqq l). \end{cases}$$

Die Originalfunktion zu γ kann man durch Reihenentwicklung gewinnen, doch sind die notwendigen Rechnungen so umfangreich, dass wir uns darauf beschränken, nur den Fall $l = \infty$ zu behandeln. Dann ist

$$(24) \qquad \gamma(x, \xi; s) = \frac{1}{2 \sqrt{Q(s)}} \left(e^{-|x - \xi| \sqrt{Q(s)}} - e^{-|x + \xi| \sqrt{Q(s)}} \right).$$

Zu der Funktion

$$\frac{1}{2 s} \left(e^{-|x - \xi| s} - e^{-|x + \xi| s} \right)$$

gehört die Originalfunktion

$$(25) \qquad \frac{1}{2} \left[U(t - |x - \xi|) - U(t - |x + \xi|) \right],$$

wo $U(t)$ den Einheitsstoss (siehe II, S. 264) bedeutet. Ersetzt man in einer Bildfunktion $f(s)$ die Variable s durch $\sqrt{Q(s)} = \sqrt{a s^2 + b s + c}$, so entspricht dieser Operation im Originalbereich der Übergang von $F(t)$ zu*)

$$\frac{1}{\sqrt{a}} \, e^{-(b/2 a) t} F\left(\frac{t}{\sqrt{a}} \right) - \frac{1}{a} \sqrt{\frac{d}{a}} \, e^{-(b/2 a) t} \int_0^t J_1\left(\frac{\sqrt{d}}{a} \tau \right) F\left(\sqrt{\frac{t^2 - \tau^2}{a}} \right) d\tau.$$

Damit kann man aus (25) die Originalfunktion zu (24) gewinnen, so dass man

---

*) Der Beweis ergibt sich in derselben Art wie der von Satz 4 [I 2.16] aus der Korrespondenz

$$e^{-\tau \sqrt{a s^2 + b s + c}} - e^{-\sqrt{a} \tau [s + (b/2 a)]} \;\bullet\!\!-\!\!\circ\; \begin{cases} 0 & \text{für } \dfrac{t}{\sqrt{a}} < \tau \\[2em] -\dfrac{\sqrt{d}}{a} \, e^{-(b/2 a) t} \dfrac{\tau}{\sqrt{(t^2/a) - \tau^2}} J_1\left(\sqrt{\dfrac{d}{a}} \sqrt{\dfrac{t^2}{a} - \tau^2} \right) & \\[2em] & \text{für } \dfrac{t}{\sqrt{a}} \geqq \tau. \end{cases}$$

(22) in den Originalraum übersetzen kann. Es ergibt sich, $b/2\,a = k$ gesetzt [25]:

$$(26) \qquad U(x, t) = \frac{1}{2}\, e^{-kt}\left[U_0\!\left(x + \frac{t}{\sqrt{a}}\right) + U_0\!\left(x - \frac{t}{\sqrt{a}}\right)\right]$$

$$+ \frac{b}{4\sqrt{a}}\, e^{-kt} \int\limits_{x-(t/\sqrt{a})}^{x+(t/\sqrt{a})} U_0(\xi)\,d\xi - \frac{b\sqrt{d}}{4\,a^{3/2}}\, e^{-kt} \int\limits_0^t J_1\!\left(\frac{\sqrt{d}}{a}\,\tau\right) d\tau \int\limits_{x-\sqrt{(t^2-\tau^2)/a}}^{x+\sqrt{(t^2-\tau^2)/a}} U_0(\xi)\,d\xi$$

$$- \frac{\sqrt{d}}{2\,a}\, t\, e^{-kt} \int\limits_0^t \frac{J_1(\tau\sqrt{d}/a)}{\sqrt{t^2-\tau^2}} \left[U_0\!\left(x + \sqrt{\frac{t^2-\tau^2}{a}}\right) + U_0\!\left(x - \sqrt{\frac{t^2-\tau^2}{a}}\right)\right] d\tau$$

$$+ \frac{\sqrt{a}}{2}\, e^{-kt} \int\limits_{x-(t/\sqrt{a})}^{x+(t/\sqrt{a})} U_1(\xi)\,d\xi - \frac{1}{2}\sqrt{\frac{d}{a}}\, e^{-kt} \int\limits_0^t J_1\!\left(\frac{\sqrt{d}}{a}\,\tau\right) d\tau \int\limits_{x-\sqrt{(t^2-\tau^2)/a}}^{x+\sqrt{(t^2-\tau^2)/a}} U_1(\xi)\,d\xi,$$

wo

$$U_0(-x) = -U_0(x), \qquad U_1(-x) = -U_1(x)$$

zu setzen ist [26].

§ 4. Die Potentialgleichung (Elliptischer Typ)

Bei den bisher behandelten Typen durften die Anfangswerte, die bei der Transformation der gegebenen Differentialgleichung in den Bildraum gebraucht wurden, auch wirklich unabhängig gegeben werden. Beim elliptischen Typ wird uns zum erstenmal der Fall entgegen treten, dass man *bei der Transformation mehr Anfangswerte braucht, als gegeben sein dürfen.*

Wir betrachten die Potentialgleichung

$$(1) \qquad \frac{\partial^2 U}{\partial x^2} + \frac{\partial^2 U}{\partial t^2} = 0$$

in dem Halbstreifen $0 < x < 0,\ t > 0$. Bei der Anwendung der $\mathfrak{L}$-Transformation bezüglich t brauchen wir die Anfangswerte

$$(2) \qquad \lim_{t \to +0} U(x, t) = U_0(x), \qquad \lim_{t \to +0} \frac{\partial U}{\partial t} = U_1(x).$$

Ferner sollen die Werte auf den Rändern $x = 0$ und $x = l$ gegeben sein:

$$(3) \qquad \lim_{x \to +0} U(x, t) = A_0(t), \qquad \lim_{x \to l-0} U(x, t) = A_1(t).$$

Im Bildraum erhalten wir die Differentialgleichung

$$(4) \qquad \frac{d^2 u}{d x^2} + s^2\, u = U_0(x)\, s + U_1(x)$$

mit den Randbedingungen

$$(5) \qquad \lim_{x \to +0} u(x, s) = a_0(s), \qquad \lim_{x \to l-0} u(x, s) = a_1(s).$$

Bekanntlich ist aber die Lösung der Potentialgleichung schon bestimmt, wenn entweder auf allen Rändern der Wert der Funktion (Dirichletsches Problem) oder der der Normalableitung (Neumannsches Problem) oder auf gewissen Rändern der Wert der Funktion, auf den übrigen der Wert der Normalableitung (gemischtes Problem) gegeben ist. Eine der beiden Funktionen $U_0(x)$, $U_1(x)$ ist also «*abundant*»; sie kann nicht unabhängig gegeben werden, sondern ist schon durch die übrigen Randbedingungen bestimmt. Es ist nun ein wichtiger Vorzug der Methode der $\mathfrak{L}$-Transformation, dass sie automatisch dazu führt, *den abundanten Randwert zu eliminieren*, und so einen Beitrag zu dem schwierigen und nicht allgemein gelösten Problem beisteuert, welche Randwerte bei einer partiellen Differentialgleichung vorgegeben werden können. Wir werden diese Frage im 20. Kapitel von einem allgemeineren Standpunkt aus behandeln; in dem speziellen Fall der Potentialgleichung führen wir die Elimination mit möglichst wenig Aufwand an Theorie auf dem kürzesten Wege durch [27].

Die Lösung der Randwertaufgabe (4), (5) kann man aus den Formeln 18.1 (6)–(8) und (14), (15) entnehmen, indem man dort $-s$ durch s^2 und $-\varphi(x, s) - U_0(x)$ durch $U_0(x) s + U_1(x)$ ersetzt:

$$(6) \quad u(x, s) = a_0(s) \, \frac{\sin (l - x)\, s}{\sin l\, s} + a_1(s) \, \frac{\sin x\, s}{\sin l\, s} - \int_0^l \gamma(x, \xi; s) \left[U_0(\xi)\, s + U_1(\xi) \right] d\xi$$

mit

$$(7) \qquad \gamma(x, \xi; s) = \begin{cases} \dfrac{\sin (l - x)\, s \, \sin \xi\, s}{s \, \sin l\, s} & \text{für } 0 \leqq \xi \leqq x \leqq l \\[2mm] \dfrac{\sin (l - \xi)\, s \, \sin x\, s}{s \, \sin l\, s} & \text{für } 0 \leqq x \leqq \xi \leqq l. \end{cases}$$

Während in den früheren Fällen $u(x, s)$ eine $\mathfrak{L}$-Transformierte war, trifft dies für (6) im allgemeinen nicht zu. Denn diese Funktion hat Pole in den Nullstellen von $\sin l\, s$ (ausser $s = 0$), d. h. in $s = n\,\pi/l$ ($n = \pm 1, \pm 2, \ldots$); es gibt daher keine rechte Halbebene, in der $u(x, s)$ analytisch ist, was eine notwendige Bedingung für eine $\mathfrak{L}$-Transformierte darstellt. (Bei der Wärmeleitungsgleichung hat die Bildfunktion die Pole $s = -n^2\,(\pi^2/l^2)$, die alle in der linken Halbebene liegen. Bei der Telegraphengleichung sind die Pole die Punkte s, die den Gleichungen $a\, s^2 + b\, s + c = -n^2\,(\pi^2/l^2)$ genügen, also

$$s = -\frac{b}{2\,a} \pm \frac{1}{a} \, \sqrt{-d - a\, n^2 \, \frac{\pi^2}{l^2}}\;;$$

für $a > 0$ liegen sie bis auf höchstens endlich viele auf einer Vertikalen.) Wenn wir solche Lösungen $U(x, t)$ der ursprünglichen Gleichung suchen, die eine für $\mathfrak{R}\, s > 0$ existierende $\mathfrak{L}$-Transformierte besitzen, so muss *der Zähler der auf den gemeinsamen Nenner* $\sin l\, s$ *gebrachten Funktion* (6) *in den Punkten* $s = n(\pi/l)$

($n = 1, 2, \ldots$) *der rechten Halbebene verschwinden:*

$$a_0\left(n\,\frac{\pi}{l}\right)\sin\,(l-x)\,n\,\frac{\pi}{l} + a_1\left(n\,\frac{\pi}{l}\right)\sin x\,n\,\frac{\pi}{l}$$

$$-\int_0^x \frac{\sin\,(l-x)\,n\,\pi/l\,\sin\xi\,n\,\pi/l}{n\,\pi/l}\left[U_0(\xi)\,n\,\frac{\pi}{l} + U_1(\xi)\right]d\xi$$

$$-\int_x^l \frac{\sin\,(l-\xi)\,n\,\pi/l\,\sin x\,n\,\pi/l}{n\,\pi/l}\left[U_0(\xi)\,n\,\frac{\pi}{l} + U_1(\xi)\right]d\xi = 0.$$

Nach Division durch $\sin x\,n\,\pi/l$ und Ersatz von a_0 und a_1 durch $\mathfrak{L}$-Integrale über A_0 und A_1 nimmt diese Gleichung die Form an:

$$(8)\qquad \begin{cases} \displaystyle\int_0^l U_0(\xi)\,\sin n\,\frac{\pi}{l}\,\xi\,d\xi + \frac{1}{n\,\pi/l}\int_0^l U_1(\xi)\,\sin n\,\frac{\pi}{l}\,\xi\,d\xi \\[2mm] \displaystyle -\int_0^\infty e^{-n\,(\pi/l)\,t}\,A_0(t)\,dt + (-1)^n\int_0^\infty e^{-n\,(\pi/l)\,t}\,A_1(t)\,dt = 0 \quad (n = 1, 2, \ldots). \end{cases}$$

Diese Relation besagt, dass für eine Lösung $U(x, t)$, die die Voraussetzungen unserer Methode erfüllt, *die Randwerte U_0, U_1, A_0, A_1 nicht beliebig vorgegeben werden können, sondern dass immer drei von ihnen den vierten bestimmen.* Sind z. B. U_0, A_0, A_1 gegeben, so ergeben sich aus (8) die Fourier-Koeffizienten von U_1 hinsichtlich des zum Intervall $(0, l)$ passenden Orthogonalsystems $\sin n\,(\pi/l)\,x$. Da dieses System z. B. hinsichtlich der Klasse C aller stetigen Funktionen und der Klassen L, L^2 vollständig ist (siehe Anhang I, Nr. 50), so kann es höchstens eine Funktion aus diesen Räumen geben, welche jene Fourier-Koeffizienten besitzt.

Ebenso ergibt sich aus U_1, A_0, A_1 das U_0, aber auch aus U_0, U_1, A_0 das A_1, weil A_1 durch die Werte von a_1 in den äquidistanten Stellen $s = n\,(\pi/l)$ vollständig bestimmt ist (siehe Satz 4 [I 2.9]); zur Berechnung von A_1 eignet sich vor allem die Formel von Satz 1 [I 8.1]. Dies ist ein *bemerkenswertes Resultat,* weil es zeigt, dass die Lösung der Potentialgleichung auch bestimmt ist, wenn *auf einem Teil des Randes kein Wert,* dafür *auf einem anderen Teil sowohl die Funktion als ihre Normalableitung gegeben sind.*

Die Übersetzung von (6) in den Originalraum ist hier nicht so glatt und allgemein möglich wie in den früheren Fällen, sondern wir müssen insbesondere über A_0 und A_1 engere Voraussetzungen machen. Wir nehmen zunächst an, dass die komplexe Umkehrformel anwendbar ist:

$$(9)\qquad U(x, t) = \frac{1}{2\,\pi\,i}\int_{\alpha-i\infty}^{\alpha+i\infty} e^{ts}\,u(x, s)\,ds.$$

Da bei Erfüllung der Bedingung (8) die Funktion $u(x, s)$ für $\Re s > 0$ analytisch ist, wenn $a_0(s)$ und $a_1(s)$ diese Eigenschaft haben, so kann α jeden Wert > 0 bedeuten. Wir nehmen nun weiter an, dass sich das Integral (9) durch Residuenrechnung auswerten lässt (siehe I 7.3). Um nicht auch noch Singularitäten von $a_0(s)$ und $a_1(s)$ berücksichtigen zu müssen, nehmen wir an, dass $a_0(s)$ und $a_1(s)$ auch für $\Re s \leq 0$, also in der ganzen Ebene analytisch sind. Dazu genügt es z. B., dass

$$A_0(t) = O\!\left(e^{-t^{1+\delta}}\right) \quad \text{und} \quad A_1(t) = O\!\left(e^{-t^{1+\delta}}\right) \quad \text{für } t \to \infty \quad (\delta > 0)$$

ist. Wir stellen nun die Residuen der einzelnen Bestandteile von $u(x, s)$ in den einfachen Polen $s = n\,\pi/l$ $(n = -1, -2, \ldots)$ nach der Formel fest:

$$\text{Residuum von } \frac{f_1(s)}{f_2(s)} \quad \text{in } s_0 \text{ ist gleich } \frac{f_1(s_0)}{f_2'(s_0)},$$

wenn $f_1(s_0) \neq 0$ und s_0 einfache Nullstelle von f_2 ist.

$$a_0(s)\,\frac{\sin(l-x)\,s}{\sin l\,s}: \quad \text{Residuum} = a_0\!\left(n\,\frac{\pi}{l}\right)\frac{\sin(l-x)\,n\,\pi/l}{l\cos l\,n\,\pi/l}$$

$$= -\frac{1}{l}\,a_0\!\left(n\,\frac{\pi}{l}\right)\sin n\,\frac{\pi}{l}\,x,$$

$$a_1(s)\,\frac{\sin x\,s}{\sin l\,s}: \quad \text{Residuum} = a_1\!\left(n\,\frac{\pi}{l}\right)\frac{\sin x\,n\,\pi/l}{l\cos l\,n\,\pi/l}$$

$$= (-1)^n\,\frac{1}{l}\,a_1\!\left(n\,\frac{\pi}{l}\right)\sin n\,\frac{\pi}{l}\,x,$$

$$\gamma(x,\xi;s): \quad \text{Residuum} = \frac{\sin(l-x)\,n\,\pi/l\,\sin\xi\,n\,\pi/l}{n\,(\pi/l)\,l\cos l\,n\,\pi/l}$$

$$= -\frac{1}{l}\,\frac{\sin n\,(\pi/l)\,x\,\sin n\,(\pi/l)\,\xi}{n\,\pi/l},$$

$$s\,\gamma(x,\xi;s): \quad \text{Residuum} = -\frac{1}{l}\,\sin n\,\frac{\pi}{l}\,x\,\sin n\,\frac{\pi}{l}\,\xi.$$

Um das Residuum von $e^{ts}\,u(x, s)$ zu erhalten, ist jeweils noch der Faktor $e^{n\,(\pi/l)\,t}$ hinzuzufügen. Wenn man n durch $-n$ ersetzt und n die Werte $1, 2, \ldots$ durchlaufen lässt, so erhält man als Residuensumme:

$$U(x, t) = \frac{1}{l}\sum_{n=1}^{\infty} e^{-n\,(\pi/l)\,t}\,\sin n\,\frac{\pi}{l}\,x\left\{a_0\!\left(-n\,\frac{\pi}{l}\right) - (-1)^n\,a_1\!\left(-n\,\frac{\pi}{l}\right)\right.$$

$$\left. + \int_0^l U_0(\xi)\,\sin n\,\frac{\pi}{l}\,\xi\,d\xi - \frac{1}{n\,\pi/l}\int_0^l U_1(\xi)\,\sin n\,\frac{\pi}{l}\,\xi\,d\xi\right\}.$$

Setzt man hierin den Wert des Fourier-Koeffizienten von U_1 aus (8) ein, so ergibt sich:

$$U(x, t) = \frac{1}{l}\sum_{n=1}^{\infty} e^{-n\,(\pi/l)\,t}\,\sin n\,\frac{\pi}{l}\,x\left\{2\int_0^l U_0(\xi)\,\sin n\,\frac{\pi}{l}\,\xi\,d\xi\right.$$

$$\left. + \left[a_0\!\left(-n\,\frac{\pi}{l}\right) - a_0\!\left(n\,\frac{\pi}{l}\right)\right] - (-1)^n\left[a_1\!\left(-n\,\frac{\pi}{l}\right) - a_1\!\left(n\,\frac{\pi}{l}\right)\right]\right\}.$$

Explizit ist

$$a_0\left(-n\,\frac{\pi}{l}\right) - a_0\left(n\,\frac{\pi}{l}\right) = \int_0^\infty \left(e^{n\,(\pi/l)\,\tau} - e^{-n\,(\pi/l)\,\tau}\right) A_0(\tau)\,d\tau = 2\int_0^\infty A_0(\tau)\,\sinh n\,\frac{\pi}{l}\,\tau\,d\tau,$$

so dass man endgültig erhält:

$$(10)\qquad U(x,t) = \frac{2}{l}\sum_{n=1}^\infty e^{-n\,(\pi/l)\,t}\,\sin n\,\frac{\pi}{l}\,x\left\{\int_0^l U_0(\xi)\,\sin n\,\frac{\pi}{l}\,\xi\,d\xi\right.$$

$$\left. + \int_0^\infty \left[A_0(\tau) - (-1)^n A_1(\tau)\right]\sinh n\,\frac{\pi}{l}\,\tau\,d\tau\right\}.$$

Für $A_0 \equiv A_1 \equiv 0$ ist das ein klassisches Resultat[28], das die Lösung des Problems liefert, wenn $U_0(x)$ durch seine Fourier-Reihe darstellbar ist. Es wäre nun weiter zu untersuchen, unter welchen Voraussetzungen über $A_0(t)$ der Bestandteil

$$\frac{2}{l}\sum_{n=1}^\infty e^{-n\,(\pi/l)\,t}\,\sin n\,\frac{\pi}{l}\,x\int_0^\infty A_0(\tau)\,\sinh n\,\frac{\pi}{l}\,\tau\,d\tau$$

für $x \to 0$ gegen $A_0(t)$ und für $x \to l$ gegen 0 strebt. Offenbar muss $A_0(t)$ für $t \to +\infty$ sehr stark gegen 0 streben, damit die Reihe überhaupt konvergiert.

§ 5. Eine Differentialgleichung mit gebietsweise verschiedenen konstanten Koeffizienten

Wir behandeln noch ein Beispiel, bei dem die Differentialgleichung zwar konstante Koeffizienten hat, die Werte dieser Konstanten aber in zwei Teilen

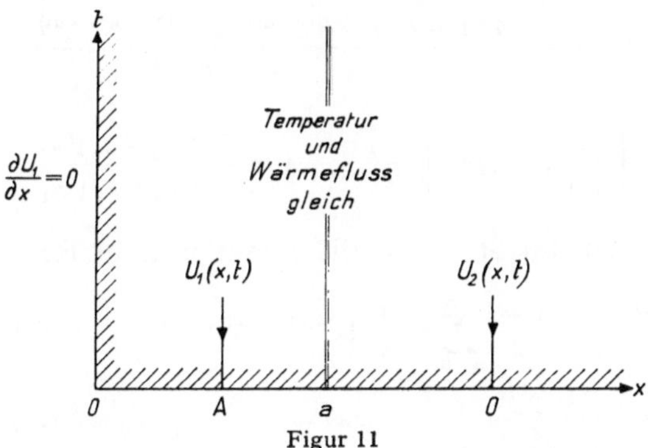

Figur 11

des Grundgebiets verschieden sind. Ein solches Problem bietet den klassischen Methoden besondere Schwierigkeiten dar, während es mit der $\mathfrak{L}$-Transformation ganz leicht zu lösen ist.

Ein einseitig unendlich langer linearer Wärmeleiter (vgl. § 1) bestehe in den Intervallen $0 \leq x \leq a$ und $a \leq x$ aus zwei verschiedenen Materialien. Das linke Stück habe die konstante Anfangstemperatur A, das rechte die Anfangstemperatur 0. Am linken Ende finde keine Wärmeabgabe statt [29]. An der Übergangsstelle $x = a$ müssen die Temperaturen und der Wärmefluss in beiden Richtungen dieselben Werte haben (Figur 11). Bezeichnen wir die Temperatur in dem linken Teil mit $U_1(x, t)$, in dem rechten mit $U_2(x, t)$, so lautet die mathematische Formulierung des Problems:

$$\varkappa_1 \frac{\partial^2 U_1}{\partial x^2} - \frac{\partial U_1}{\partial t} = 0 \quad (0 < x < a), \qquad\qquad \varkappa_2 \frac{\partial^2 U_2}{\partial x^2} - \frac{\partial U_2}{\partial t} = 0 \quad (x > a);$$

$$U_1(x, +0) = A, \qquad\qquad\qquad\qquad U_2(x, +0) = 0;$$

$$\frac{\partial}{\partial x} U_1(+0, t) = 0;$$

$$U_1(a - 0, t) = U_2(a + 0, t), \qquad\qquad k_1 \frac{\partial}{\partial x} U_1(a - 0, t) = k_2 \frac{\partial}{\partial x} U_2(a + 0, t).$$

Hierbei bedeuten k_1, k_2 die Leitfähigkeiten und $\varkappa_1$, $\varkappa_2$ die Diffusionskoeffizienten. Im Bildraum ergibt sich das Problem:

$$\varkappa_1 \frac{d^2 u_1}{dx^2} - s\, u_1 = -A \quad (0 < x < a), \qquad\qquad \varkappa_2 \frac{d^2 u_2}{dx^2} - s\, u_2 = 0 \quad (x > a);$$

$$\frac{d}{dx} u_1(0, s) = 0;$$

$$u_1(a, s) = u_2(a, s), \qquad\qquad k_1 \frac{d}{dx} u_1(a, s) = k_2 \frac{d}{dx} u_2(a, s).$$

Die Lösungen u_1 und u_2 lassen sich leicht berechnen:

$$u_1(x, s) = \frac{A}{s} \left(1 - \frac{1 - \lambda}{2} \frac{e^{-\alpha(a - x)} + e^{-\alpha(a + x)}}{1 - \lambda e^{-2\alpha a}} \right) \qquad (0 < x < a)$$

$$u_2(x, s) = \frac{A}{s} \frac{1 + \lambda}{2} \frac{e^{-\alpha \mu (x - a)} - e^{-\alpha[2a + \mu(x - a)]}}{1 - \lambda e^{-2\alpha a}} \qquad (x > a)$$

mit

$$\alpha = \sqrt{\frac{s}{\varkappa_1}}, \qquad \mu = \sqrt{\frac{\varkappa_1}{\varkappa_2}}, \qquad \lambda = \frac{k_1 \sqrt{\varkappa_2} - k_2 \sqrt{\varkappa_1}}{k_1 \sqrt{\varkappa_2} + k_2 \sqrt{\varkappa_1}}.$$

Da $|\lambda| < 1$, kann man für $\Re \sqrt{s} > 0$ die Funktionen in Reihen entwickeln:

$$u_1(x, s) = \frac{A}{s} - A \frac{1 - \lambda}{2} \sum_{n=0}^{\infty} \lambda^n \frac{1}{s} \left\{ e^{-\alpha[(2n+1)a - x]} + e^{-\alpha[(2n+1)a + x]} \right\},$$

$$u_2(x, s) = A \frac{1 + \lambda}{2} \sum_{n=0}^{\infty} \lambda^n \frac{1}{s} \left\{ e^{-\alpha[2na + \mu(x-a)]} - e^{-\alpha[(2n+2)a + \mu(x-a)]} \right\}.$$

Für die Funktion

$$\operatorname{erfc} x = \frac{2}{\sqrt{\pi}} \int_x^{\infty} e^{-u^2}\, du$$

gilt:

$$\mathfrak{L}\left\{\operatorname{erfc}\frac{b}{2\sqrt{t}}\right\} = \frac{1}{s}\,e^{-b\sqrt{s}} \qquad (b \geqq 0).$$

Unter der vorläufigen Annahme, dass gliedweise Übersetzung erlaubt ist, ergibt sich:

$$U_1(x, t) = A - A\,\frac{1-\lambda}{2}\sum_{n=0}^{\infty}\lambda^n\left\{\operatorname{erfc}\frac{(2\,n+1)\,a-x}{2\sqrt{\varkappa_1 t}} + \operatorname{erfc}\frac{(2\,n+1)\,a+x}{2\sqrt{\varkappa_1 t}}\right\},$$

$$U_2(x, t) = A\,\frac{1+\lambda}{2}\sum_{n=0}^{\infty}\lambda^n\left\{\operatorname{erfc}\frac{2\,n\,a+\mu\,(x-a)}{2\sqrt{\varkappa_1 t}} - \operatorname{erfc}\frac{(2\,n+2)\,a+\mu\,(x-a)}{2\sqrt{\varkappa_1 t}}\right\}.$$

Diese Funktionen sind nun in der Tat Lösungen unseres Problems. Wir betrachten bei der Verifikation zunächst U_1. Bei festem x $(0 \leqq x \leqq a)$ und festem t $(t \geqq 0)$*) ist der Koeffizient von λ^n in Abhängigkeit von n monoton abnehmend und beschränkt**). Da $\sum\lambda^n$ konvergiert, so konvergiert nach dem Satz von Abel (vgl. in Anhang I, Nr. 44 das Analogon für Integrale) die Reihe für $U_1(x, t)$ bei festem $t > 0$ gleichmässig in $0 \leqq x \leqq a$ und bei festem x $(0 \leqq x < a)$ gleichmässig in $t \geqq 0$. Da die Glieder stetig sind, ist auch die Summe stetig, und der Grenzwert für $t \to 0$ gleich dem Wert für $t = 0$, also $U_1(x, +0) = A$. Analoges gilt für U_2, also ist $U_2(x, +0) = 0$. Setzt man ferner zur Abkürzung

$$\operatorname{erfc}\frac{2\,n\,a}{2\sqrt{\varkappa_1 t}} = P_n,$$

so ist

$$U_1(a - 0, t) - U_2(a + 0, t) = U_1(a, t) - U_2(a, t)$$

$$= A - A\,\frac{1-\lambda}{2}\sum_{n=0}^{\infty}\lambda^n\,(P_n + P_{n+1}) - A\,\frac{1+\lambda}{2}\sum_{n=0}^{\infty}\lambda^n\,(P_n - P_{n+1})$$

$$= A\left(1 - \sum_{n=0}^{\infty}\lambda^n P_n + \lambda\sum_{n=0}^{\infty}\lambda^n P_{n+1}\right)$$

$$= A\left(-\sum_{n=0}^{\infty}\lambda^n P_n + 1 + \sum_{n=1}^{\infty}\lambda^n P_n\right) = 0.$$

Wie man leicht nachrechnet, genügt jedes Reihenglied in U_1 bzw. U_2 der entsprechenden Wärmeleitungsgleichung, also auch die Summe, da man analog zu oben leicht nachweisen kann, dass die durch Differenzieren entstehenden Reihen in x- bzw. t-Intervallen gleichmässig konvergieren. Weiterhin ist

$$k_1\frac{\partial}{\partial x}\,U_1(a - 0, t) - k_2\frac{\partial}{\partial x}\,U_2(a + 0, t)$$

$$= \frac{A}{4\sqrt{t}}\left[\frac{k_1}{\sqrt{\varkappa_1}}\,(1-\lambda) - \frac{k_2}{\sqrt{\varkappa_2}}\,(1+\lambda)\right]\sum_{n=0}^{\infty}\lambda^n\left\{-e^{-(n^2 a^2)/\varkappa_1 t} + e^{-[(n+1)^2 a^2]/\varkappa_1 t}\right\}.$$

---

*) Für $t = 0$ ist das Argument von erfc gleich ∞ und erfc $\infty = 0$.

**) Das Glied $n = 0$, das für $x = a$, $t = 0$ sinnlos wird, kann ausser Betracht bleiben, verhindert aber später, dass wir gleichzeitig $x = a$, $t = 0$ setzen können.

Da der Faktor in eckigen Klammern auf Grund der Definition von λ verschwindet, ist der ganze Ausdruck gleich 0. Schliesslich ist

$$\frac{\partial}{\partial x}\, U_1(x, t)$$

$$= -A\,\frac{1-\lambda}{2}\sum_{n=0}^{\infty}\lambda^n\,\frac{2}{\sqrt{\pi}}\left\{e^{-[(2n+1)a-x]^2/4\varkappa_1 t}-e^{-[(2n+1)a+x]^2/4\varkappa_1 t}\right\}\frac{1}{2\sqrt{\varkappa_1 t}}\,,$$

also $(\partial/\partial x)\, U_1(0, t) = 0$. Damit sind alle Bedingungen verifiziert.

§ 6. Die Verwendung der komplexen Umkehrformel

Wie an den voraufgehenden Beispielen[30] deutlich geworden ist, besteht der schwierigste Teil der Methode immer in der Zurückübersetzung der Bildfunktion in den Originalraum. Schon in 17.3 wurde darauf hingewiesen, dass hierzu häufig mit Erfolg die komplexe Umkehrformel verwendet werden kann, wenn sich diese in Form einer konvergenten Reihe oder asymptotisch auswerten lässt. Wie dies im einzelnen zu geschehen hat, wurde in I 7.3 und in dem Teil über asymptotische Entwicklungen (6. bis 8. Kapitel) ausführlich auseinandergesetzt. Insbesondere wurde in I 7.3, S. 279 ein Beispiel für den Funktionentyp, der im Gebiet der Wärmeleitungs- und Telegraphengleichung häufig auftritt (Quotient zweier Hyperbelfunktionen), in aller Strenge durchgeführt, so dass wir das hier nicht zu wiederholen brauchen. Es sei darum nur noch ein Beispiel behandelt, bei dem *mehrere Methoden kombiniert* erscheinen.

Es soll die Temperatur eines einseitig unendlichen, linearen Wärmeleiters mit der Anfangstemperatur 0 bestimmt werden, wenn an den Anfangspunkt die Temperatur $\cos\omega\, t$ angelegt wird. Wir wissen bereits durch Satz 4 [18. 1], dass die Lösung lautet:

$$(1)\qquad\qquad U(x, t) = \cos\omega\, t * \psi(x, t).$$

Wir wollen sie jetzt aber durch Auswertung der komplexen Umkehrformel gewinnen, wobei sie in einer Form erscheinen wird, die physikalisch anschaulicher ist.

Das Problem lautet im Originalraum:

$$\frac{\partial^2 U}{\partial x^2} - \frac{\partial U}{\partial t} = 0 \qquad\qquad (x > 0,\ t > 0);$$

$$U(+0, t) = \cos\omega\, t, \qquad U(x, +0) = 0,$$

und im Bildraum:

$$\frac{d^2 u}{dx^2} - s\, u = 0 \qquad\qquad (x > 0);$$

$$u(+0, s) = \frac{s}{s^2 + \omega^2}\,.$$

Die Bildfunktion ist also

$$u(x, s) = \frac{s}{s^2 + \omega^2}\, e^{-x\sqrt{s}},$$

die Originalfunktion

$$(2)\qquad U(x, t) = \frac{1}{2\pi i} \int_{\alpha - i\infty}^{\alpha + i\infty} e^{ts}\, \frac{s}{s^2 + \omega^2}\, e^{-x\sqrt{s}}\, ds \qquad\qquad (\alpha > 0).$$

$u(x, s)$ hat einfache Pole in $s = \pm i\,\omega$ und einen Verzweigungspunkt in $s = 0$. Zur Auswertung des Integrals[31] betrachten wir die in Figur 12 dargestellte

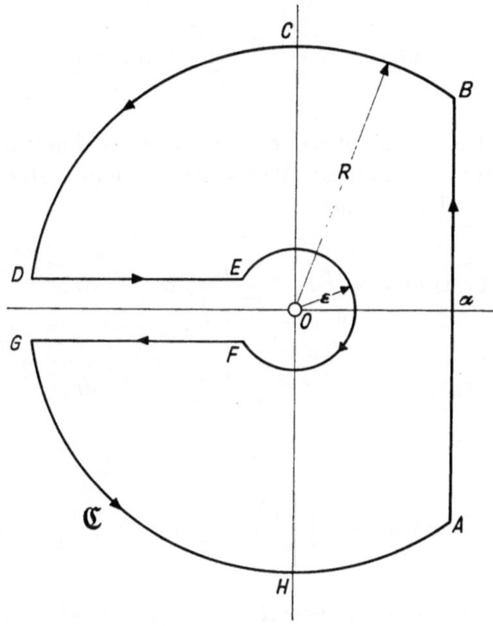

Figur 12

geschlossene Kurve ℭ, bestehend aus einer Vertikalen bei $s = \alpha$, zwei Kreisbogen vom Radius ε und R und zwei Horizontalen über und unter der reellen Achse. Im Innern von ℭ ist $u(x, s)$ eindeutig, daher ist

$$\frac{1}{2\pi i} \int_{\mathfrak{C}} e^{ts}\, u(x, s)\, ds = \text{Summe der Residuen von } e^{ts}\, u(x, s) \text{ in } \pm i\,\omega$$

$$= e^{i\omega t}\, \frac{1}{2}\, e^{-x\sqrt{i\omega}} + e^{-i\omega t}\, \frac{1}{2}\, e^{-x\sqrt{-i\omega}}$$

$$= \frac{1}{2}\left\{ e^{i\omega t - x\sqrt{\omega}\,(\cos\pi/4 + i\sin\pi/4)} + e^{-i\omega t - x\sqrt{\omega}\,(\cos\pi/4 - i\sin\pi/4)} \right\}$$

$$= e^{-x\sqrt{\omega/2}}\, \cos\left(\omega t - x\sqrt{\frac{\omega}{2}}\right).$$

Auf den Kreisbogen CD und GH ist $\Re \sqrt{s} > 0$ (unter $\sqrt{s}$ der Hauptzweig verstanden), also strebt auf ihnen $u(x, s)$ gleichmässig gegen 0 für $R \to \infty$, so dass nach Satz 1 [I 4.7] der Integralbeitrag über diese Bogen bei $t > 0$ für $R \to \infty$ gegen 0 konvergiert. Dasselbe gilt für die Beiträge über die Bogen BC und HA, weil $u(x, s)$ auf ihnen gegen 0 strebt und e^{ts} beschränkt bleibt; ferner auch für den Beitrag über den Kreisbogen EF, wenn $\varepsilon \to 0$, weil der Integrand beschränkt ist. Es ergibt sich also durch den Grenzübergang $\varepsilon \to 0$, $R \to \infty$:

$$U(x, t) = \frac{1}{2\pi i} \int_{\alpha - i\infty}^{\alpha + i\infty} e^{ts}\, u(x, s)\, ds = e^{-x\sqrt{\omega/2}} \cos\left(\omega t - x \sqrt{\frac{\omega}{2}}\right)$$

$$- \frac{1}{2\pi i} \int_{-\infty}^{0} e^{ts}\, u(x, s)\, ds - \frac{1}{2\pi i} \int_{0}^{-\infty} e^{ts}\, u(x, s)\, ds,$$

wobei das erste Integral über das obere, das zweite über das untere Ufer der negativ reellen Achse zu erstrecken ist. Wir setzen in dem ersten $s = r\, e^{i\pi}$, in dem zweiten $s = r\, e^{-i\pi}$ und erhalten:

$$\int_{-\infty}^{0} e^{ts}\, u(x, s)\, ds = -\int_{0}^{\infty} e^{-tr}\, \frac{r}{r^2 + \omega^2}\, e^{-ix\sqrt{r}}\, dr,$$

$$\int_{0}^{-\infty} e^{ts}\, u(x, s)\, ds = \int_{0}^{\infty} e^{-tr}\, \frac{r}{r^2 + \omega^2}\, e^{+ix\sqrt{r}}\, dr,$$

also insgesamt:

$$(3) \qquad U(x, t) = e^{-x\sqrt{\omega/2}} \cos\left(\omega t - x\sqrt{\frac{\omega}{2}}\right) - \frac{1}{\pi} \int_{0}^{\infty} e^{-tr}\, \frac{r}{r^2 + \omega^2}\, \sin x \sqrt{r}\, dr.$$

Diese Form der Lösung ist anschaulicher als (1), weil sie zeigt, dass an einer festen Stelle x die Temperatur, abgesehen von dem durch das Integral dargestellten Term, der für wachsendes t gegen 0 konvergiert, dieselbe Schwingung vollführt wie am Anfangspunkt, nur um den Faktor $e^{-x\sqrt{\omega/2}}$ gedämpft und um $x\sqrt{\omega/2}$ phasenverschoben.

Den durch das Integral dargestellten *Ausgleichsvorgang* kann man leicht in eine *asymptotische Reihe* entwickeln, indem man Satz 4 [3.1] anwendet. Die Funktion $[r/(r^2 + \omega^2)] \sin x \sqrt{r}$ wird in der Umgebung von $r = 0$ durch eine Reihe nach Potenzen von $r^{1/2}$ dargestellt; deren gliedweise Übersetzung durch die $\mathfrak{L}$-Transformation liefert die asymptotische Entwicklung des Integrals. Zu derselben Entwicklung wäre man gelangt, wenn man das obige Integral über den Weg $DEFG$ beibehalten und Satz 2 [7.4] angewendet hätte. (Vgl. hierzu die Reduktion des $\mathfrak{W}$-Integrals auf $\mathfrak{L}$-Integrale in II, S. 161.)

Es sei noch auf *eine Möglichkeit bei Verwendung der komplexen Umkehrformel* hingewiesen: Wie in 17.3 betont wurde, muss streng genommen der gefundene Lösungsausdruck immer daraufhin untersucht werden, ob er die Differentialgleichung und die Rand- und Anfangsbedingungen befriedigt. Erscheint die Lösung in Gestalt des komplexen Umkehrintegrals, so handelt es sich darum, unter welchen Umständen dieses unter dem Integralzeichen nach x und t differenziert werden kann und welches seine Grenzwerte für gewisse Grenzübergänge in x und t sind. Es läuft dies darauf hinaus, das Erfülltsein der Bedingungen für die Originalfunktion unmittelbar aus dem Charakter der unter dem komplexen Integral stehenden, meist viel einfacheren Bildfunktion zu erschliessen. Unter Beschränkung auf gewisse Klassen von Bildfunktionen lassen sich hierüber allgemeine Sätze aufstellen, die wir aber hier aus Raumgründen nicht anführen können [32].

Da die Lösung bei Verwendung der Umkehrformel in Gestalt eines komplexen Integrals erscheint, könnte man sie auch von vornherein als ein solches ansetzen. Dieser Ansatz und die Auswertung des Integrals durch Deformation des Integrationsweges bzw. Residuenrechnung ist in der Technik unter dem Namen «*funktionentheoretische Methode*» bekannt. Da ihr die schon bei den gewöhnlichen Differentialgleichungen in 15.4 erwähnten Schwächen anhaften, empfiehlt es sich, immer zuerst das Problem durch die $\mathfrak{L}$-Transformation in den Bildraum zu übersetzen und das komplexe Integral nur zur Rückübersetzung der Lösung zu benutzen. Wesentliche Vorteile kann auch hier wie in 15.4 der Ersatz des geradlinigen Integrationsweges durch einen winkelförmigen bieten.

19. KAPITEL

Partielle Differentialgleichungen mit variablen Koeffizienten

§ 1. Eine Gleichung mit Koeffizienten, die von den nichttransformierten Variablen abhängen

Wie in 17.3 gezeigt wurde, ist die Methode der $\mathfrak{L}$-Transformation auch auf Gleichungen anwendbar, deren Koeffizienten Funktionen derjenigen Variablen sind, die nicht transformiert werden. Prinzipiell ändert sich nichts gegenüber dem im vorigen Kapitel behandelten Fall konstanter Koeffizienten, nur ist die Bildgleichung komplizierter und nicht immer explizit lösbar, so dass man tiefere Theorien heranziehen muss[33].

Wir zeigen das an folgendem Beispiel: Die Differentialgleichung

$$(1) \qquad \frac{\partial}{\partial x}\left(p(x)\,\frac{\partial U}{\partial x}\right) - q(x)\,\frac{\partial U}{\partial t} = \Phi(x,\,t)$$

sei in $0 < x < l,\, t > 0$ unter der Anfangsbedingung

$$(2) \qquad U(x,\,+0) = U_0(x)$$

und den Randbedingungen

$$(3) \qquad \begin{cases} \alpha_0\,U(+0,\,t) + \beta_0\,\dfrac{\partial U}{\partial x}\,(+0,\,t) = 0\,, \\[2ex] \alpha_1\,U(l-0,\,t) + \beta_1\,\dfrac{\partial U}{\partial x}\,(l-0,\,t) = 0 \end{cases}$$

zu integrieren. Die Funktionen $p(x),\, p'(x),\, q(x),\, \Phi(x,t),\, U_0(x)$ seien stetig und

$$p(x) > 0\,, \qquad q(x) > 0 \qquad\qquad \text{in } 0 \leqq x \leqq l.$$

Das entsprechende Problem im Bildraum lautet:

$$(4) \qquad \frac{\partial}{\partial x}\left(p(x)\,\frac{du}{dx}\right) - s\,q(x)\,u = \varphi(x,\,s) - q(x)\,U_0(x)\,,$$

$$(5) \qquad \begin{cases} \alpha_0\,u(+0,\,s) + \beta_0\,\dfrac{du}{dx}\,(+0,\,s) = 0\,, \\[2ex] \alpha_1\,u(l-0,\,s) + \beta_1\,\dfrac{du}{dx}\,(l-0,\,s) = 0\,. \end{cases}$$

Dies ist ein Sturm-Liouvillesches Randwertproblem, für das folgender allgemeine Satz bekannt ist[34]:

Die gewöhnliche Differentialgleichung

$$\frac{d}{dx}\left(p(x)\,\frac{du}{dx}\right) + \lambda\,q(x)\,u = \psi(x)$$

sei im Intervall $0 \leqq x \leqq l$ unter homogenen Randbedingungen vorgelegt. $p(x)$, $p'(x)$, $q(x)$, $\psi(x)$ seien dort stetig und $p(x) > 0$, $q(x) > 0$. Dann hat das homogene Problem (d. h. bei dem auch die Differentialgleichung homogen ist: $\psi(x) \equiv 0$) für eine Folge von positiven Parameterwerten $\lambda = \lambda_n \to \infty$ (die Eigenwerte) je eine Lösung $u_n(x) \not\equiv 0$ (die zu λ_n unter den Randbedingungen gehörige Eigenfunktion). Die $u_n(x)$ bilden ein vollständiges Orthogonalsystem mit der Gewichtsfunktion $q(x)$, das normiert gedacht werden kann:

$$\int_0^l q(x)\,u_i(x)\,u_k(x)\,dx = \begin{cases} 0 & \text{für } i \neq k \\ 1 & \text{für } i = k. \end{cases}$$

Für $\lambda = \lambda_n$ hat die inhomogene Gleichung im allgemeinen keine Lösung. Für $\lambda \neq \lambda_n$ hat sie genau eine Lösung, die so entwickelt werden kann*):

$$u(x) = \sum_{n=0}^{\infty} \frac{c_n}{\lambda - \lambda_n}\,u_n(x) \quad \text{mit} \quad c_n = \int_0^l \psi(x)\,u_n(x)\,dx.$$

Auch jede andere zweimal stetig differenzierbare Funktion, die den Randbedingungen des Eigenwertproblems genügt, ist in Fourierscher Weise in eine absolut und gleichmässig konvergierende Reihe nach den Eigenfunktionen $u_n(x)$ entwickelbar.

In der Gleichung (4) ist der Parameter λ gleich $-s$. Wenn wir $u(x, s)$ in einer s-Halbebene mit positiver Abzisse betrachten, so kann $-s$ keinen der positiven Eigenwerte λ_n annehmen. Wir erhalten daher, wenn $U_0(x)$ und $\varphi(x, s)$ nicht beide identisch verschwinden, die Lösung von (4), (5) in der Form

$$u(x, s) = -\sum_{n=0}^{\infty} \frac{c_n}{s + \lambda_n}\,u_n(x)$$

mit

$$c_n = \int_0^l \left[\varphi(x, s) - q(x)\,U_0(x)\right] u_n(x)\,dx,$$

also

$$(6) \quad u(x, s) = \sum_{n=0}^{\infty} u_n(x)\left\{\frac{1}{s + \lambda_n}\int_0^l q(x)\,U_0(x)\,u_n(x)\,dx - \int_0^l u_n(x)\,\frac{1}{s + \lambda_n}\,\varphi(x, s)\,dx\right\}.$$

---

*) Statt durch eine Reihe nach Eigenfunktionen kann $u(r)$ auch vermittels einer Greenschen Funktion in Integralform dargestellt werden[35], wovon wir im Fall konstanter Koeffizienten verschiedentlich Gebrauch gemacht haben.

Durch gliedweise Übersetzung und Anwendung des Faltungssatzes ergibt sich:

(7)

$$U(x, t) = \sum_{n=0}^{\infty} e^{-\lambda_n t} u_n(x) \left\{ \int_0^l q(x)\, U_0(x)\, u_n(x)\, dx + \int_0^l u_n(x)\, dx \int_0^t e^{\lambda_n \tau}\, \Phi(x, \tau)\, d\tau \right\},$$

und diese Reihe konvergiert nach dem obigen Satz absolut und gleichmässig in x. Damit diese Lösung praktisch brauchbar ist, muss es natürlich möglich sein, die Eigenwerte λ_n und Eigenfunktionen $u_n(x)$ explizit zu berechnen [36].

In der partiellen Differentialgleichung (1) trat nur die erste Ableitung nach t auf, was zur Folge hatte, dass der *Parameter s* in der Bildgleichung (4) nur *linear* vorkam. Enthält die Differentialgleichung ausserdem die zweite Ableitung nach t, wie es z. B. bei der Telegraphengleichung zutrifft, so tritt s in der Bildgleichung *linear und quadratisch* auf. Auch für diesen Fall ist ein Satz über die Darstellung der Lösung der inhomogenen Gleichung vermittels der Eigenfunktionen bzw. einer Greenschen Funktion bekannt [37], der in ähnlicher Weise wie oben verwendet werden kann [38].

§ 2. Eine Gleichung mit Koeffizienten, die von der transformierten Variablen abhängen (Singuläre Fokker-Plancksche Gleichung)

Wenn die Koeffizienten der partiellen Differentialgleichung die zu transformierende Variable in Form von Potenzen enthalten, so treten in der Bildgleichung Ableitungen nach s auf (siehe das analoge Vorkommnis bei gewöhnlichen Differentialgleichungen in 15. 1). Die Anzahl der Variablen, nach denen differenziert wird, ist also in der Bildgleichung nicht verringert. Es kann aber sein, dass die Differentialgleichung vereinfacht wird, z. B. dass ihre Ordnung erniedrigt wird. Als Beispiel führen wir einen singulären Fall der verallgemeinerten Diffusionsgleichung an, die in neueren Untersuchungen der reinen und angewandten Mathematik eine bedeutende Rolle spielt [39].

Bei einem *Diffusionsprozess* allgemeiner Art im eindimensionalen Raum sei die Lage eines Partikels zur Zeit t durch $X(t)$ gegeben. Die Dichte der *Wahrscheinlichkeit des Übergangs* von einem Ort y während der Zeit t zu einem Ort x sei $U(y; t, x)$, d. h. wenn zur Zeit t_0 die Lage des Partikels durch $X(t_0) = y$ gegeben ist, so ist die Wahrscheinlichkeit dafür, dass nach Ablauf der Zeit t das Partikel zwischen den Punkten a und b liegt, also $a < X(t_0 + t) < b$ ist, gleich

(1)
$$\int_a^b U(y; t, x)\, dx.$$

(Dies soll für jedes beliebige t_0 gelten. Der Prozess heisst dann «zeitlich homogen».) Wenn die Anfangslage $X(0)$ eine zufällige Variable mit der Wahrscheinlichkeitsdichte $F(x)$ ist, so ist die zu $X(t)$ gehörige Wahrscheinlichkeitsdichte gleich

$$(2) \qquad \int\limits_{-\infty}^{+\infty} U(y; t, x)\, F(y)\, dy.$$

[Vgl. hierzu den Spezialfall 18.1 (21) für die Gaußsche Verteilung als Übergangswahrscheinlichkeit.]

Nach den allgemeinen Vorstellungen über den stochastischen Prozeß, der durch die Diffusion dargestellt wird, ergibt sich für $U(y; t, x)$ bei festem x in Abhängigkeit von t und y die Differentialgleichung [40]

$$(3) \qquad \frac{\partial U}{\partial t} = A(y)\, \frac{\partial^2 U}{\partial y^2} + B(y)\, \frac{\partial U}{\partial y}.$$

Sie heisst die *erste Diffusionsgleichung* oder auch, weil sie sich auf die Ausgangslage y bezieht, die Rückwärtsgleichung. Hierin bedeutet A den Diffusionskoeffizienten und B die sogenannte Drift (die das Partikel abtreibt). Bei den meisten Diffusionsproblemen, aber nicht immer, erfüllt $U(y; t, x)$ bei festem y in Abhängigkeit von t und x die zu (3) adjungierte Gleichung

$$(4) \qquad \frac{\partial U}{\partial t} = \frac{\partial^2}{\partial x^2}\, [A(x)\, U] - \frac{\partial}{\partial x}\, [B(x)\, U],$$

welche die *zweite Diffusionsgleichung* oder, weil sie sich auf die erreichte Lage x bezieht, die Vorwärtsgleichung heisst. Sie ist auch als *Fokker-Plancksche Gleichung* [41] bekannt. Mit dieser beschäftigen wir uns im folgenden.

Wenn X in $-\infty < X < +\infty$ variiert, so liegen keine Randbedingungen vor. Ist aber $0 < X < \infty$ oder $x_0 < X < x_1$, so ist bei *allgemeinen* Koeffizienten A, B die Frage völlig offen, *ob und welche Randbedingungen* gestellt werden können. Das Beispiel, das wir behandeln werden, zeigt, dass merkwürdige Abweichungen von den Verhältnissen, die man in der Wärmeleitung, wo die Gleichungen (3), (4) ebenfalls vorkommen, gewöhnt ist, auftreten können. In der *Physik* ist der Koeffizient A immer wesentlich positiv. In neueren Anwendungen der Diffusionstheorie in der *Biologie* kann aber A für $x = 0$ auch den Wert 0 erreichen, was ein singuläres Verhalten der Gleichung in diesem Punkt bedingt. Hier bedeutet $X(t)$ den Umfang einer *Population* (von Menschen, Pflanzen usw.), so dass $0 < X < \infty$, und der stochastische Prozess wird beschrieben durch die zwei Diffusionsgleichungen, in denen

$$A(x) = a\,x, \qquad B(x) = b\,x + c \qquad\qquad (a > 0)$$

ist. Diesen Fall wollen wir nun mit $\mathfrak{L}$-Transformation behandeln [42].

Gegeben ist also die *partielle Differentialgleichung* für $U(t, x)$:

$$(5) \qquad \frac{\partial U}{\partial t} = \frac{\partial^2}{\partial x^2}\, [a\,x\,U] - \frac{\partial}{\partial x}\, [(b\,x + c)\, U] \qquad\qquad (x > 0,\, t > 0)$$

mit $a > 0$. Als *Anfangsbedingung* schreiben wir vor:

$$(6) \qquad \lim_{t \to +0} U(t, x) = U_0(x) \qquad (x > 0).$$

Die Frage der *Randbedingungen* lassen wir vorläufig offen.

Da beide Variable von 0 bis ∞ laufen, kann man auf jede von ihnen die $\mathfrak{L}$-Transformation anwenden. Aus Gründen, die gleich ersichtlich werden, soll diesmal nach x transformiert werden:

$$\mathfrak{L}_x\{U(t, x)\} = u(t, s).$$

Wir setzen voraus, dass

$$U(t, x), \quad \frac{\partial U}{\partial t}, \quad \frac{\partial}{\partial x}\,(x\,U)$$

$\mathfrak{L}_x$-*Transformierte für* $\Re s > 0$ *besitzen.* Dagegen kann es sein, dass $\partial U/\partial x$ keine $\mathfrak{L}_x$-Transformierte hat, weil $U(t, x) \to \infty$ für $x \to 0$. Deshalb führen wir auf der rechten Seite von (5) die Differentiationen nicht aus und transformieren nicht gliedweise, sondern behandeln die rechte Seite als Ganzes in der Form

$$(7) \qquad \frac{\partial}{\partial x}\left\{\frac{\partial}{\partial x}\,(a\,x\,U) - (b\,x + c)\,U\right\}.$$

Ehe wir hierauf Regel XII anwenden, überzeugen wir uns zunächst, dass*)

$$\lim_{x \to 0}\left\{\frac{\partial}{\partial x}\,(a\,x\,U) - (b\,x + c)\,U\right\} = -F(t)$$

existiert. Dies ist deshalb der Fall, weil $\partial U/\partial t$, also nach (5) auch der Ausdruck (7) bis $x = 0$ integrabel ist. Es ergibt sich, da die $\mathfrak{L}_x$-Transformierte von $\partial U/\partial t$, also auch die von (7) existiert:

$$\frac{\partial u}{\partial t} = s\,\mathfrak{L}_x\left\{a\,\frac{\partial}{\partial x}\,(x\,U) - (b\,x + c)\,U\right\} + F(t).$$

Da vorausgesetzt wurde, dass $\mathfrak{L}_x\{\partial/\partial x\,(x\,U)\}$ existiert, ist $\partial/\partial x\,(x\,U)$ bei $x = 0$ integrabel; also hat $x\,U$ für $x \to 0$ einen Grenzwert, der nur 0 sein kann, weil sonst U bei $x = 0$ nicht integrabel wäre. Folglich ist nach Regel XII und XV:

$$\mathfrak{L}_x\left\{\frac{\partial}{\partial x}\,(x\,U)\right\} = s\,\mathfrak{L}_x\{x\,U\} = -s\,\frac{\partial u}{\partial s}.$$

Es ergibt sich somit:

$$\frac{\partial u}{\partial t} = s\left\{-a\,s\,\frac{\partial u}{\partial s} + b\,\frac{\partial u}{\partial s} - c\,u\right\} + F(t)$$

oder

$$(8) \qquad \frac{\partial u}{\partial t} + s\,(a\,s - b)\,\frac{\partial u}{\partial s} + c\,s\,u = F(t) \qquad (t > 0,\ s > 0).$$

---

*) $F(t)$ kann auf Grund von (5) als «Abfluss» an der Stelle $x = 0$ gedeutet werden.

Zu dieser partiellen Differentialgleichung erster Ordnung tritt, $\mathfrak{L}_x\{U_0(x)\} = u_0(s)$ gesetzt, die Randbedingung

$$(9) \qquad \lim_{t \to 0} u(t,\,s) = u_0(s)\,.$$

Die Lösung dieses Problems lässt sich nach bekannten Methoden finden, sie lautet:

$$(10) \qquad u(t,\,s) = \left(\frac{b}{a\,s\,(e^{bt}-1)+b}\right)^{c/a} u_0\!\left(\frac{b\,s\,e^{bt}}{a\,s\,(e^{bt}-1)+b}\right)$$
$$+ \int_0^t F(\tau)\left(\frac{b}{a\,s\,(e^{b\,(t-\tau)}-1)+b}\right)^{c/a} d\tau\,,$$

wobei für $b = 0$ der Grenzwert zu nehmen ist.

Damit $u(t,\,s)$ eine $\mathfrak{L}$-Transformierte sein kann, muss notwendig $u(t,\,s) \to 0$ für $s \to \infty$ gelten. Für $c \leq 0$ muss erst recht

$$\left(a\,s\,(e^{bt}-1)+b\right)^{c/a} u(t,\,s)$$

$$= b^{c/a}\left\{u_0\!\left(\frac{b\,s\,e^{bt}}{a\,s\,(e^{bt}-1)+b}\right) + \int_0^t F(\tau)\left(\frac{a\,s\,(e^{bt}-1)+b}{a\,s\,(e^{b\,(t-\tau)}-1)+b}\right)^{c/a} d\tau\right\}$$

gegen 0 streben. Man kann den Grenzübergang unter dem Integral ausführen, weil der Faktor von $F(\tau)$ beschränkt ist (Anhang I, Nr. 32), und erhält:

Satz 1. *Damit $u(t,\,s)$ im Falle $c \leq 0$ eine $\mathfrak{L}$-Transformierte sein kann, muss $F(t)$ notwendig die Integralgleichung erfüllen:*

$$(11) \qquad u_0\!\left(\frac{b}{a\,(1-e^{-bt})}\right) + \int_0^t F(\tau)\left(\frac{e^{bt}-1}{e^{b\,(t-\tau)}-1}\right)^{c/a} d\tau = 0\,.$$

Ist $c > 0$, so sind in (10) der Faktor von u_0 und der Faktor von $F(\tau)$ bei festem t und τ die $\mathfrak{L}$-Transformierten von positiven Funktionen, denn sie sind von der Gestalt

$$\left(\frac{1}{\alpha\,s+\beta}\right)^{\gamma} \qquad\qquad (\gamma > 0)\,,$$

können also aus

$$\frac{1}{s^{\gamma}} = \mathfrak{L}\left\{\frac{t^{\gamma-1}}{\Gamma(\gamma)}\right\}$$

durch lineare Substitution gewonnen werden. Bei stetigem $F(t)$ kann die $\mathfrak{L}$-Transformation mit $\int_0^t$ vertauscht werden. Setzen wir weiterhin voraus, dass die Anfangswerte $U_0(x)$ positiv sind (wie es der Natur des Problems entspricht), so ist $u_0(s)$ vollmonoton, d. h. $(-1)^n u_0^{(n)}(s) \geq 0$ (s reell). Das Argument $\psi(s)$ von u_0 in (10) ist absolut monoton, d. h. $\psi^{(n)}(s) \geq 0$. Daher ist $u_0(\psi(s))$ vollmonoton, also nach I, S. 294 als $\mathfrak{L}_S$-Integral einer nicht abnehmenden Funktion darstellbar, mithin, wenn diese differenzierbar ist, als $\mathfrak{L}$-Integral einer positiven Funktion. Dem Produkt zweier $\mathfrak{L}$-Transformierten entspricht die Faltung der Originalfunktionen, diese ist ebenfalls positiv. – Denkt man sich die Originalfunktion zu $u(t, s)$ hingeschrieben und macht den Grenzübergang $t \to 0$, so verschwindet das Integral, und es bleibt die Originalfunktion des ersten Summanden, der für $t \to 0$ gegen $u_0(s)$ konvergiert, übrig, d. h. $U_0(t)$. Wir erhalten also:

Satz 2. *Wenn $c > 0$, $U_0(x) \geq (x)$ und $F(t)$ stetig ist, so ist die durch* (10) *definierte Funktion die $\mathfrak{L}$-Transformierte einer Lösung $U(t, x)$ mit den Anfangswerten $U_0(x)$. Wenn $F(t) \geq 0$ ist, so ist auch $U(t, x) \geq 0$.*

Wir setzen nun speziell $F(t) \equiv 0$ voraus, was eine *Randbedingung* für $x = 0$ darstellt*). Wenn

$$\int\limits_0^\infty U_0(x)\, dx$$

konvergiert, d. h. wenn $\mathfrak{L}\{U_0\} = u_0(s)$ auch für $s = 0$ existiert, so folgt aus (10): $u(t, 0) = u_0(0)$, d. h.

$$(12) \qquad \int\limits_0^\infty U(t, x)\, dx = \int\limits_0^\infty U_0(x)\, dx \, .$$

Ferner wenden wir Satz 4 [I 14. 1] an, um den Grenzwert von $U(t, x)$ für $x \to 0$, falls er existiert, zu bestimmen, und erhalten so:

Satz 3. *Wenn $c > 0$, $U_0(x) \geq 0$, $F(t) \equiv 0$ ist, so ist* (10) *die $\mathfrak{L}$-Transformierte einer nichtnegativen Lösung $U(x, t)$ mit der Eigenschaft* (12). *Sie ist also «normerhaltend». Wenn $\lim\limits_{x \to 0} U(t, x)$ existiert, so hat er den Wert:*

$$(13) \qquad U(t, +0) = \begin{cases} \infty & \textit{für } 0 < c < a \\[2mm] 0 & \textit{für} \quad\quad c > a \\[2mm] \dfrac{b}{a\,(e^{bt}-1)}\; u_0\!\left(\dfrac{b\,e^{bt}}{a\,(e^{bt}-1)}\right) & \textit{für} \quad\quad c = a\,. \end{cases}$$

Wenn $F(t) \geq 0$ ist, ohne identisch zu verschwinden, so ist $U(x, t)$ «normvergrössernd».

Das letztere folgt daraus, dass der zweite, von $F(t)$ abhängige Summand in (10) die Anfangswerte 0 hat, dagegen für $t > 0$ positiv ist, so dass seine Norm für $t > 0$ positiv ist.

Die weitere Diskussion, die wir aus Raumgründen nicht bringen können, ergibt folgendes Resultat:

Satz 4. *Im Falle $c \leq 0$ bestimmen die Anfangswerte $U_0(x)$ allein schon die Lösung, so dass bei $x = 0$ keine Randbedingung gestellt werden kann. Ist $U_0(x) \geq 0$, so ist auch $U(x, t) \geq 0$, und die Lösung ist «normverkleinernd».*

Satz 5. *Im Falle $0 < c < a$ gibt es eine Lösung mit vorgeschriebenen Anfangswerten und der Randbedingung $F(t) \equiv 0$ (reflektierende Barriere in $x = 0$); wenn*

---

*) Sie bedeutet in der Sprache der Diffussionstheorie, dass $x = 0$ eine «reflektierende» Barriere ist.

$U_0(x) \geqq 0$ *ist, so ist auch* $U(x, t) \geqq 0$, *und die Lösung ist «normerhaltend». Es gibt unendlich viele weitere, die Positivität erhaltende, aber «normverkleinernde» Lösungen; nur eine von ihnen hat die Eigenschaft* $U(t, +0) < \infty$ *(sie entspricht einer «absorbierenden» Barriere in* $x = 0$).

Satz 6. *Im Falle* $c > a$ *gibt es eine die Positivität und Norm erhaltende Lösung; bei ihr ist* $U(t, +0) \equiv 0$, $F(t) \equiv 0$. *Alle anderen Lösungen [mit beliebig vorgeschriebenem* $F(t)$*] nehmen entweder auch negative Werte an oder sind für gewisse* t *normvergrössernd* [43].

20. KAPITEL

Eindeutigkeitssätze und Kompatibilitätsbedingungen
für die Rand- und Anfangswerte

§ 1. Die in der $\mathfrak{L}$-Transformation liegenden Möglichkeiten zur Ableitung von Eindeutigkeitssätzen und Kompatibilitätsbedingungen

In diesem Kapitel wollen wir einige Fragen, die uns in Spezialfällen schon früher begegnet sind, von einem allgemeineren Standpunkt aus behandeln.

Wenn das durch die Gleichungen 17. 3 (1), (2), (3) formulierte Rand- und Anfangswertproblem durch $\mathfrak{L}$-Transformation hinsichtlich t in den Bildraum transformiert wird, und wenn die in 17. 3 angegebenen Bedingungen der Existenz von $\mathfrak{L}\{\partial^2 U/\partial t^2\}$, $\mathfrak{L}\{F(x, t)\}$ und die Voraussetzungen V_1, V_2 erfüllt sind, so gehen die Anfangsbedingungen in die Bildgleichung ein, und es entsteht ein Randwertproblem mit reduzierter Variablenzahl, also ein wesentlich einfacheres Problem, über das u. U. weitgehende Ergebnisse bekannt sind. Man kann sich nun von vornherein auf eine bestimmte *Klasse $\mathfrak{K}$ von Lösungsfunktionen* beschränken, für welche die Voraussetzungen von 17. 3 eo ipso erfüllt sind. Dann muss, falls eine Lösung U aus $\mathfrak{K}$ existiert, ihre $\mathfrak{L}$-Transformierte u dem Randwertproblem im Bildraum genügen. Ist nun z. B. bekannt, dass letzteres genau eine oder höchstens eine Lösung hat, so kann das ursprüngliche Problem höchstens eine Lösung aus der Klasse $\mathfrak{K}$ haben. Man erhält somit auf diese Weise einen *Eindeutigkeitssatz* für das ursprüngliche Rand- und Anfangswertproblem.

Weiterhin ist zu beachten, dass das *Randwertproblem im Bildraum* einen *Parameter*, nämlich s, enthält. Für sehr allgemeine Klassen von Differentialgleichungen ist nun bekannt, dass das homogene Problem (Gleichung und Randbedingungen homogen) für gewisse Werte des Parameters, die Eigenwerte, nicht identisch verschwindende Lösungen hat, während das inhomogene Problem für diese Eigenwerte im allgemeinen keine Lösung besitzt, sondern nur bei Erfüllung gewisser Bedingungen. Wie wir sehen werden, ist in unserem Fall das Problem im Bildraum immer inhomogen. Wenn nun die s-Halbebene, in der die $\mathfrak{L}$-Transformierte existieren muss, durch die Natur der Klasse $\mathfrak{K}$ festliegt, und wenn in ihr Eigenwerte von s liegen, so müssen, damit das Problem im Bildbereich auch für diese s eine Lösung hat, jene Bedingungen erfüllt sein. Wie sich zeigen wird, führt das auf gewisse *Relationen zwischen den gegebenen Rand- und Anfangswerten*, die erfüllt sein müssen, damit für das ursprüngliche Problem eine Lösung aus $\mathfrak{K}$ existiert: die sogenannten *Kompatibilitäts- (Verträglichkeits-) Bedingungen*.

Wir führen dieses Programm nun für ein allgemeines Rand- und Anfangs-wertproblem durch, das die Beispiele im 18. Kapitel als spezielle Fälle umfasst.

§ 2. Eindeutigkeitssatz und Lösbarkeitsbedingungen für ein Randwertproblem in einer speziellen Klasse von Lösungen

Wir legen ein Rand- und Anfangswertproblem zugrunde, das hinreichend allgemein ist, um alle Wesenszüge der Methode daran aufzeigen zu können, und trotzdem so speziell, dass man die massgebenden Grössen explizit bestimmen kann [44].

Es sei die *Differentialgleichung* mit konstanten Koeffizienten und beliebigem Absolutglied für die Funktion $U(x, t)$

$$(1) \qquad \frac{\partial^2 U}{\partial x^2} + c_2 \frac{\partial^2 U}{\partial t^2} + c_1 \frac{\partial U}{\partial t} + c_0 U = F(x, t)$$

in dem Halbstreifen*)

$$0 < x < \pi, \quad t > 0$$

gegeben unter den *Randbedingungen*

$$(2) \qquad U(+0, t) = A_0(t), \quad U(l - 0, t) = A_1(t)$$

und den *Anfangsbedingungen*

$$(3) \qquad U(x, +0) = U_0(t), \quad \frac{\partial U}{\partial x}(x, +0) = U_1(t).$$

Es sei nun $\mathfrak{M}$ die Klasse derjenigen Funktionen $V(x, t)$, die in $0 < x < \pi$, $t > 0$ für jedes $\delta > 0$ eine Ungleichung der Form

$$|V(x, t)| < M(\delta)\, e^{\delta t}$$

befriedigen, wobei $M(\delta)$ von V abhängen kann, aber von x unabhängig ist.

Es sei $\mathfrak{M}_0$ die Klasse der Funktionen $V(t)$, die in $t > 0$ für jedes $\delta > 0$ einer Abschätzung

$$|V(t)| < M(\delta)\, e^{\delta t}$$

genügen.

Als Klasse $\mathfrak{R}$ bezeichnen wir die Funktionen $U(x, t)$, bei denen

$$U(x, t), \quad \frac{\partial U}{\partial x}, \quad \frac{\partial^2 U}{\partial x^2}, \quad \frac{\partial^2 U}{\partial t^2}$$

in $0 < x < \pi, t > 0$ zweidimensional stetig sind und zur Klasse $\mathfrak{M}$ gehören.

---

*) Wir geben dem x-Intervall die Länge π, um die Schreibweise der später auftretenden Eigen-funktionen zu vereinfachen.

Für ein $U(x, t)$ aus $\mathfrak{K}$ existiert $\mathfrak{L}\{\partial^2 U/\partial t^2\}$ für $0 < x < \pi$ und jedes s mit $\mathfrak{R}s > 0$, also auch $\mathfrak{L}\{\partial U/\partial t\}$ und $\mathfrak{L}\{U\}$. Ferner ist

$$\mathfrak{L}\left\{\frac{\partial^2 U}{\partial x^2}\right\} = \frac{\partial^2}{\partial x^2}\,\mathfrak{L}\{U\},$$

weil $\mathfrak{L}\{\partial U/\partial x\}$ und $\mathfrak{L}\{\partial^2 U/\partial x^2\}$ gleichmässig in x konvergieren (Anhang I, Nr. 18).

Wenn $A_0(t)$ und $A_1(t)$ zur Klasse $\mathfrak{M}_0$ gehören, so ist für $\mathfrak{R}s > 0$

$$\lim_{x \to +0} \mathfrak{L}\{U(x, t)\} = \mathfrak{L}\{\lim_{x \to +0} U(x, t)\} = \mathfrak{L}\{A_0\},$$

$$\lim_{x \to l-0} \mathfrak{L}\{U(x, t)\} = \mathfrak{L}\{\lim_{x \to l-0} U(x, t)\} = \mathfrak{L}\{A_1\},$$

wobei die Grenzübergänge $x \to +0$, $x \to l - 0$ im Sinne der allgemeinen Problemstellung (siehe 17.1), d. h. eindimensional verstanden werden können. Denn bei festem s und $\delta < \mathfrak{R}s$ ist

$$\left|e^{-st}\,U(x, t)\right| < M(\delta)\,e^{-(\mathfrak{R}s-\delta)t},$$

also ist nach Anhang I, Nr. 31 der Grenzübergang mit dem $\mathfrak{L}$-Integral vertauschbar.

Daher sind alle in 17.3 gemachten Voraussetzungen erfüllt, *wenn $A_0(t)$ und $A_1(t)$ zur Klasse $\mathfrak{M}_0$, $F(x, t)$ zur Klasse $\mathfrak{M}$ gehören und wir nur solche Lösungen $U(x, t)$ in Betracht ziehen, die zur Klasse $\mathfrak{K}$ gehören.* Wir erhalten unter diesen Voraussetzungen durch $\mathfrak{L}$-Transformation folgendes Problem im Bildraum:

$$(4) \qquad \frac{d^2u}{dx^2} + (c_2\,s^2 + c_1\,s + c_0)\,u = f(x, s) + (c_2\,s + c_1)\,U_0(x) + c_2\,U_1(x),$$

$$(5) \qquad u(+0, s) = a_0(s), \qquad u(l - 0, s) = a_1(s).$$

Es hat die Gestalt:

$$(6) \qquad \frac{d^2u}{dx^2} + \lambda\,u = \psi(x) \qquad\qquad (0 < x < \pi),$$

$$(7) \qquad u(+0) = a_0, \qquad u(l - 0) = a_1,$$

wo λ ein komplexer Parameter ist, und stellt den einfachsten Fall eines *Sturm-Liouvilleschen Randwertproblems**) (vgl. S. 63) dar. Bekanntlich gilt:

Ist sowohl die Gleichung (6) wie die Randbedingung (7) homogen, d. h. $\psi(x) \equiv 0$, $a_0 = a_1 = 0$, so heisst das Randwertproblem homogen, in jedem anderen Fall inhomogen. Das homogene Problem hat im allgemeinen keine

---

*) Hätten wir die Koeffizienten von (1) als Funktionen von x angenommen oder statt einer räumlichen Variablen x deren drei (x, y, z) und somit ΔU statt $\partial^2 U/\partial x^2$ eingeführt, so wären wir ebenfalls auf ein Sturm-Liouvillesches Randwertproblem, aber von komplizierterer Natur gekommen, dessen theoretische Lösung in grossen Zügen ebenso lautet wie die des obigen einfachen Problems. Nur lassen sich die Eigenwerte und Eigenfunktionen nicht allgemein explizit bestimmen.

Lösung ausser der trivialen $u(x) \equiv 0$, die wir nicht als Lösung zählen. Nur für unendlich viele reelle Werte $\lambda = \lambda_n$ mit $\lambda_1 < \lambda_2 < \cdots \to \infty$, die Eigenwerte des Problems, hat es je eine Lösung $u_n(x) \not\equiv 0$, die zu λ_n gehörige Eigenfunktion (und mit dieser auch die Lösungen $c\, u_n(x)$, $c = $ beliebige Konstante). Es ist

$$\lambda_n = n^2, \quad u_n(x) = \sin\sqrt{\lambda_n}\, x = \sin n\, x \qquad (n = 1, 2, \ldots).$$

Ist das homogene Problem nicht lösbar, d. h. $\lambda \neq \lambda_n$, so hat das inhomogene genau eine Lösung. Ist das homogene Problem lösbar, d. h. $\lambda = \lambda_n$, so hat das inhomogene im allgemeinen keine Lösung; notwendig und hinreichend für die Lösbarkeit des inhomogenen Problems für $\lambda = \lambda_n$ ist die Bedingung:

$$\int\limits_0^\pi \psi(x)\, u_n(x)\, dx - \frac{\lambda_n}{\pi} \int\limits_0^\pi \left[a_0\,(\pi - x) + a_1\, x \right] u_n(x)\, dx = 0$$

oder explizit:

$$(8) \qquad \int\limits_0^\pi \psi(x) \sin n\, x\, dx - n \left[a_0 - (-1)^n\, a_1 \right] = 0.$$

Es gibt dann sogar unendlich viele Lösungen, nämlich mit einer $u^*(x)$ auch alle $u(x) = u^*(x) + c\, u_n(x)$, $c = $ beliebige Konstante.

Das Problem (4), (5) kann, weil mindestens einer der Koeffizienten c_1, c_2 von 0 verschieden sein muss, nur dann homogen sein, wenn f, U_0, U_1, a_0, a_1 identisch verschwinden. In diesem Fall hat das Problem nur die triviale Lösung $u(x, s) \equiv 0$, weil eine Lösung, die lediglich für die diskreten Werte s mit $c_2\, s^2 + c_1\, s + c_0 = \lambda_n$ existiert, nicht in Frage kommt.

Wir brauchen uns also nur mit dem inhomogenen Problem zu beschäftigen. Dieses hat für alle s mit $\Re s > 0$, für die $c_2\, s^2 + c_1\, s + c_0 \neq \lambda_n$ ist, genau eine Lösung, also höchstens eine Lösung für alle s mit $\Re s > 0$. Folglich hat auch das ursprüngliche Problem im Originalraum höchstens eine Lösung, und wir erhalten den Eindeutigkeitssatz:

Satz 1. *Bei dem durch* (1), (2), (3) *gestellten Rand- und Anfangswertproblem sollen* $A_0(t)$, $A_1(t)$ *zur Klasse* $\mathfrak{M}_0$, $F(x, t)$ *zur Klasse* $\mathfrak{M}$ *gehören. Dann hat das Problem höchstens eine Lösung aus der Klasse* $\mathfrak{R}$.

Wir können nun notwendige Bedingungen dafür aufstellen, dass das Problem wirklich eine Lösung aus $\mathfrak{R}$ hat, wenn nicht alle Rand- und Anfangswerte und $F(x, t)$ identisch verschwinden. Das Problem (4), (5) im Bildraum ist dann inhomogen und hat infolgedessen für alle s mit $\Re s > 0$, für die $c_2\, s^2 + c_1\, s + c_0 \neq \lambda_n$ ist, genau eine Lösung. Damit aber das ursprüngliche Problem eine Lösung aus $\mathfrak{R}$ haben kann, muss das transformierte Problem für alle s mit $\Re s > 0$ lösbar sein. Wenn es s-Werte mit $\Re s > 0$ gibt, für die

$$(9) \qquad c_2\, s^2 + c_1\, s + c_0 = \lambda_n = n^2 \qquad (n = 1, 2, \ldots)$$

ist, so muss dazu die Gleichung (8) erfüllt sein. Bezeichnen wir die Wurzeln von

(9) in folgender Weise ($n = 1, 2, \ldots$):

$$
(10) \quad
\begin{cases}
s_n^{(1)} = \dfrac{1}{2\,c_2}\left(-c_1 + \sqrt{4\,c_2\,n^2 + c_1^2 - 4\,c_0\,c_2}\,\right) \\[3mm]
s_n^{(2)} = \dfrac{1}{2\,c_2}\left(-c_1 - \sqrt{4\,c_2\,n^2 + c_1^2 - 4\,c_0\,c_2}\,\right) \\[6mm]
s_n^{(1)} = \dfrac{n^2 - c_0}{c_1}
\end{cases}
\quad
\begin{aligned}
&\text{für } c_2 \neq 0, \\[6mm]
&\text{für } c_2 = 0,\ c_1 \neq 0,
\end{aligned}
$$

so muss also für diejenigen unter den $s_n^{(i)}$ ($i = 1, 2$), für die

$$
(11) \qquad\qquad\qquad \Re s_n^{(i)} > 0
$$

ist, folgende Lösbarkeitsbedingung erfüllt sein:

$$
(12) \quad \int_0^\pi \left[f(x, s_n^{(i)}) + (c_2\,s_n^{(i)} + c_1)\,U_0(x) + c_2\,U_1(x) \right] \sin n\,x\,dx
$$
$$
- n\left[a_0(s_n^{(i)}) - (-1)^n\,a_1(s_n^{(i)}) \right] = 0.
$$

Das sind je nach der Anzahl der $s_n^{(i)}$, die (11) befriedigen, keine oder endlich oder unendlich viele *Kompatibilitätsbedingungen* für die gegebenen Funktionen $F(x, t)$, $U_0(x)$, $U_1(x)$, $A_0(t)$, $A_1(t)$, die sie aneinander binden und die explizit so lauten (die Integralvertauschung bei $F(x, t)$ ist erlaubt, weil F zur Klasse $\mathfrak{M}$ gehört):

$$
(13) \quad \int_0^\infty e^{-s_n^{(i)} t} \left\{ \int_0^\pi F(x, t) \sin n\,x\,dx - n\left[A_0(t) - (-1)^n\,A_1(t) \right] \right\} dt
$$
$$
+ (c_2\,s_n^{(i)} + c_1) \int_0^\pi U_0(x)\,\sin n\,x\,dx + c_2 \int_0^\pi U_1(x)\,\sin n\,x\,dx = 0.
$$

Es werden also die Fourier-Koeffizienten von F, U_0, U_1 hinsichtlich des in $(0, \pi)$ vollständigen Orthogonalsystems $\sin n\,x$ mit den $\mathfrak{L}$-Transformierten von A_0, A_1 verknüpft.

Satz 2. *$A_0(t)$, $A_1(t)$ mögen zur Klasse $\mathfrak{M}_0$, $F(x, t)$ zu $\mathfrak{M}$ gehören. Damit das durch (1), (2), (3) gestellte Rand- und Anfangswertproblem eine Lösung aus der Klasse $\mathfrak{K}$ haben kann, müssen die Kompatibilitätsbedingungen (13) für diejenigen durch (10) bestimmten $s_n^{(i)}$ erfüllt sein, welche die Eigenschaft (11) haben.*

In den folgenden Paragraphen soll gezeigt werden, wie sich diese Bedingungen bei den verschiedenen Typen der Differentialgleichung (1) auswirken. Dabei setzen wir zur grösseren Übersichtlichkeit

$$
\int_0^\pi U_0(x)\,\sin n\,x\,dx = g_n, \qquad \int_0^\pi U_1(x)\,\sin n\,x\,dx = h_n,
$$

$$
\int_0^\pi F(x, t)\,\sin n\,x\,dx = D_n(t), \qquad \mathfrak{L}\{D_n(t)\} = d_n(s),
$$

so dass (13) die Gestalt annimmt:

$$(14) \qquad d_n(s_n^{(i)}) - n\left[a_0(s_n^{(i)}) - (-1)^n a_1(s_n^{(i)})\right] + (c_2\, s_n^{(i)} + c_1)\, g_n + c_2\, h_n = 0.$$

§ 3. Kompatibilitätsbedingungen für den elliptischen Typ

Für $c_2 > 0$ ist die Differentialgleichung 20. 2 (1) von elliptischem Typ. Zur Vereinfachung der Schreibweise setzen wir $c_2 = 1$. Dann haben die $s_n^{(i)}$ die Form:

$$(1) \quad s_n^{(1)} = \frac{1}{2}\left(-c_1 + \sqrt{4\,(n^2 - c_0) + c_1^2}\right), \quad s_n^{(2)} = \frac{1}{2}\left(-c_1 - \sqrt{4\,(n^2 - c_0) + c_1^2}\right),$$

und die Bedingungsgleichung lautet:

$$(2) \qquad d_n(s_n^{(i)}) - n\left[a_0(s_n^{(i)}) - (-1)^n a_1(s_n^{(i)})\right] + (s_n^{(i)} + c_1)\, g_n + h_n = 0.$$

Wir unterscheiden folgende Fälle:

1. $c_0 < 1$. Dann sind alle $s_n^{(1)} > 0$, $s_n^{(2)} < 0$ $(n = 1, 2, \ldots)$, so dass sich für jedes $n \geq 1$ eine und nur eine Bedingungsgleichung (2) ergibt. Sieht man $F(x, t)$, $A_0(t)$, $A_1(t)$ von vornherein als fest gegeben an, so kann man aus den Gleichungen bei gegebenem $U_0(x)$ sämtliche Fourier-Koeffizienten von $U_1(x)$ und umgekehrt bei gegebenem $U_1(x)$ die von $U_0(x)$ ausrechnen. Man kann also nur eine der beiden Anfangsfunktionen vorgeben.

2. $c_0 = 1$. a) $c_1 < 0$. Dann sind alle $s_n^{(1)} > 0$, $s_n^{(2)} \leq 0$, so dass man wieder für jedes n eine Bedingungsgleichung erhält. Da aber $s_1^{(1)} = |c_1|$, also $c_2\, s_1^{(1)} + c_1 = 0$ ist, so lässt sich bei gegebenem U_1 der Koeffizient g_1 von U_0 nicht ausrechnen und bleibt unbestimmt, kann also beliebig vorgegeben werden.

b) $c_1 \geq 0$. Dann ist $s_1^{(1)} = 0$, $s_n^{(1)} > 0$ $(n \geq 2)$; $s_n^{(2)} < 0$ $(n \geq 1)$, so dass sich nur für $n \geq 2$ je eine Bedingungsgleichung ergibt. Also sind g_1, h_1 beliebig, für $n \geq 2$ bestimmen g_n und h_n sich gegenseitig.

3. $p^2 < c_0 < (p + 1)^2$ (p positiv ganz).

a) $c_1 \geq 0$. Dann ist $\Re s_n^{(1)} \leq 0$ für $n \leq p$, $s_n^{(1)} > 0$ für $n \geq p + 1$; $\Re s_n^{(2)} \leq 0$, so dass sich nur für $n \geq p + 1$ je eine Bedingungsgleichung ergibt.

b) $c_1 < 0$. Dann ist $\Re s_n^{(1)} > 0$ für alle n; $\Re s_n^{(2)} > 0$ für $n \leq p$, $\Re s_n^{(2)} \leq 0$ für $n \geq p + 1$. Also erhält man die Bedingungsgleichungen:

$$d_n(s_n^{(1)}) - n\left[a_0(s_n^{(1)}) - (-1)^n a_1(s_n^{(1)})\right] + (s_n^{(1)} + c_1)\, g_n + h_n = 0 \qquad (n \geq 1),$$

$$d_n(s_n^{(2)}) - n\left[a_0(s_n^{(2)}) - (-1)^n a_1(s_n^{(2)})\right] + (s_n^{(2)} + c_1)\, g_n + h_n = 0 \quad (1 \leq n \leq p).$$

In diesem Fall sind g_n und h_n für $1 \leq n \leq p$ durch d_n, a_0, a_1 eindeutig bestimmt, da man aus den p ersten Paaren von Gleichungen g_n und h_n ausrechnen kann. Setzt man

$$(3) \qquad -d_n(s_n^{(i)}) + n\left[a_0(s_n^{(i)}) - (-1)^n a_1(s_n^{(i)})\right] = k_n^{(i)} \qquad (i = 1, 2),$$

so ist

$$
(4) \qquad \left\{ \begin{aligned}
g_n &= \frac{k_n^{(1)} - k_n^{(2)}}{s_n^{(1)} - s_n^{(2)}} \\[2ex]
h_n &= - c_1 \, \frac{k_n^{(1)} - k_n^{(2)}}{s_n^{(1)} - s_n^{(2)}} - \frac{s_n^{(2)} k_n^{(1)} - s_n^{(1)} k_n^{(2)}}{s_n^{(1)} - s_n^{(2)}}
\end{aligned} \right\} \qquad \text{für } 1 \leqq n \leqq p.
$$

Die Anfangswerte $U_0(x)$ und $U_1(x)$ können also *beide* nicht beliebig vorgegeben werden, sondern ihre p ersten Fourier-Koeffizienten sind durch $F(x, t)$, $A_0(t)$, $A_1(t)$ eindeutig bestimmt*).

4. $c_0 = p^2$ $(p \geqq 2)$. Dieser Fall führt zu einem ähnlichen Ergebnis wie unter 2.

Indem wir der Kürze halber die Sonderfälle $c_0 = p^2$ $(p = 1, 2, \ldots)$ weglassen, kommen wir zu folgendem

Satz 1. *Es sei das Rand- und Anfangswertproblem 20. 2 (1), (2), (3) mit $c_2 = 1$ (elliptischer Typ) gestellt. $F(x, t)$ gehöre zur Klasse $\mathfrak{M}$, die Randwerte $A_0(t)$, $A_1(t)$ zu $\mathfrak{M}_0$. Es wird danach gefragt, inwieweit die Anfangswerte $U_0(x)$, $U_1(x)$ vorgegeben werden können, damit das Problem eine Lösung aus der Klasse $\mathfrak{K}$ haben kann. Dazu ist folgendes notwendig: Im Falle $c_0 < 1$ müssen die Gleichungen*

$$
(5) \qquad\qquad (s_n^{(1)} + c_1) \, g_n + h_n = k_n^{(1)},
$$

wo $s_n^{(1)}$ durch (1) und $k_n^{(1)}$ durch (3) definiert sind, für alle $n \geqq 1$ erfüllt sein. Es kann daher nur eine der Funktionen U_0, U_1 vorgeschrieben werden, die andere ist durch sie bestimmt. Im Falle $p^2 < c_0 < (p + 1)^2$ $(p$ positiv ganz) und $c_1 \geqq 0$ müssen die Gleichungen (5) für $n \geqq p + 1$ erfüllt sein; die p ersten Fourier-Koeffizienten von U_0 und U_1 bleiben also frei, während die folgenden sich gegenseitig bestimmen. Im Falle $p^2 < c_0 < (p + 1)^2$ und $c_1 < 0$ sind die Koeffizienten g_n, h_n von U_0, U_1 für $1 \leqq n \leqq p$ eindeutig durch (4) festgelegt, während sie für $n \geqq p + 1$ sich gegenseitig durch (5) bestimmen. Es kann also keine der beiden Anfangsfunktionen beliebig vorgegeben werden.

Besonders das letztere Ergebnis ist bemerkenswert im Hinblick auf die bekannten Verhältnisse bei der Potentialgleichung $(c_1 = c_0 = 0)$.

§ 4. Kompatibilitätsbedingungen für den parabolischen Typ

Für $c_2 = 0$ ist die Differentialgleichung von parabolischem Typ. In diesem Fall kommt $U_1(x)$ überhaupt nicht vor, da es bei der $\mathfrak{L}$-Transformation nicht gebraucht wird (der Koeffizient von U_1 in 20. 2 (4) ist gleich 0). Es gibt hier nur eine Folge von Ausnahmewerten:

$$
(1) \qquad\qquad s_n = \frac{n^2 - c_0}{c_1} \qquad\qquad (n = 1, 2, \ldots),
$$

---

*) Eine Ausnahme bildet der Fall, dass $s_n^{(1)} = s_n^{(2)}$ für ein $n \leqq p$ ist. Dazu muss $4 \, (n^2 - c_0) + c_1^2 = 0$, also $c_0 - (c_1^2/4)$ eine Quadratzahl sein. Für $n = \sqrt{c_0 - (c_1^2/4)}$ bleiben dann g_n und h_n unbestimmt und sind nur durch eine Bedingungsgleichung aneinander gebunden.

und die Bedingungsgleichung lautet:

$$(2) \qquad\qquad c_1 g_n = k_n$$

mit

$$(3) \qquad\qquad k_n = -d(s_n) + n\left[a_0(s_n) - (-1)^n a_1(s_n)\right].$$

1. $c_1 < 0$. a) $c_0 \leqq 1$. Dann sind alle $s_n \leqq 0$, es liegt also keine Bedingungsgleichung vor*).

b) $p^2 < c_0 \leqq (p+1)^2$. Dann ist $s_n > 0$ für $1 \leqq n \leqq p$ und $s_n \leqq 0$ für $n \geqq p+1$. Also ist g_n für $1 \leqq n \leqq p$ eindeutig durch (2) bestimmt, für $n \geqq p+1$ frei. $U_0(x)$ kann also nicht beliebig vorgegeben werden.

2. $c_1 > 0$. a) $c_0 < 1$. Dann sind alle $s_n > 0$, es muss also (2) für alle n befriedigt sein, d. h. die g_n sind durch $g_n = k_n/c_1$ ($n = 1, 2, \ldots$) und folglich U_0 eindeutig durch $F(x, t)$, A_0, A_1 bestimmt.

b) $p^2 \leqq c_0 < (p+1)^2$. Dann ist $s_n \leqq 0$ für $1 \leqq n \leqq p$ und $s_n > 0$ für $n \geqq p+1$. Die g_n sind also frei für $1 \leqq n \leqq p$ und für $n \geqq p+1$ durch (2) bestimmt. Wir erhalten daher:

Satz 1. *Unter denselben Voraussetzungen wie in Satz 1 von § 3 wird im Falle $c_2 = 0$ (parabolischer Typ) danach gefragt, inwieweit der Anfangswert $U_0(x)$ vorgeschrieben werden darf, damit das Problem eine Lösung aus $\Re$ haben kann. Im Falle $c_1 < 0$, $c_0 \leqq 1$ liegt keine Beschränkung vor. Im Falle $c_1 < 0$, $p^2 < c_0 \leqq (p+1)^2$ sind die Koeffizienten g_n von U_0 für $1 \leqq n \leqq p$ durch (2) bestimmt, U_0 kann also nicht beliebig vorgegeben werden. Im Falle $c_1 > 0$, $c_0 < 1$ sind alle g_n durch (2) bestimmt, U_0 ist also eindeutig festgelegt. Im Falle $c_1 > 0$, $p^2 \leqq c_0 < (p+1)^2$ sind die g_n für $1 \leqq n \leqq p$ frei, für $n \geqq p+1$ durch (2) bestimmt.*

§ 5. Kompatibilitätsbedingungen für den hyperbolischen Typ

Für $c_2 < 0$ ist die Differentialgleichung von hyperbolischem Typ. Wir setzen $c_2 = -1$. Dann haben die $s_n^{(i)}$ die Form

$$(1) \quad s_n^{(1)} = \frac{1}{2}\left(c_1 - \sqrt{c_1^2 + 4(c_0 - n^2)}\right), \qquad s_n^{(2)} = \frac{1}{2}\left(c_1 + \sqrt{c_1^2 + 4(c_0 - n^2)}\right),$$

und die Bedingungsgleichung lautet:

$$(2) \qquad\qquad (-s_n^{(i)} + c_1) g_n - h_n = k_n^{(i)} \qquad\qquad (i = 1, 2),$$

wo $k_n^{(i)}$ durch 20.3 (3) definiert ist.

1. $c_1 \leqq 0$. a) $c_0 \leqq 1$. Dann sind alle $\Re s_n^{(1)} \leqq 0$, $\Re s_n^{(2)} \leqq 0$, es liegt also keine Bedingungsgleichung vor**).

---

*) Hierunter fällt die Wärmeleitungsgleichung.
**) Hierunter fällt die Telegraphen- und Wellengleichung.

b) $p^2 < c_0 \leq (p+1)^2$. Dann sind alle $\Re s_n^{(1)} \leq 0$, dagegen ist $s_n^{(2)} > 0$ für $1 \leq n \leq p$, $\Re s_n^{(2)} \leq 0$ für $n \geq p+1$. Also liegt für $1 \leq n \leq p$ je eine Bedingungsgleichung (2) mit $i = 2$ vor.

2. $c_1 > 0$. a) $c_0 < 1$. Dann sind alle $\Re s_n^{(1)} > 0$, $\Re s_n^{(2)} > 0$, es bestehen also für jedes $n \geq 1$ zwei Bedingungsgleichungen (2), welche die g_n und h [ähnlich wie 20.3 (4)] eindeutig bestimmen:

$$(3) \qquad \begin{cases} g_n = -\dfrac{k_n^{(1)} - k_n^{(2)}}{s_n^{(1)} - s_n^{(2)}} \\[2ex] h_n = -c_1 \dfrac{k_n^{(1)} - k_n^{(2)}}{s_n^{(1)} - s_n^{(2)}} + \dfrac{s_n^{(2)} k_n^{(1)} - s_n^{(1)} k_n^{(2)}}{s_n^{(1)} - s_n^{(2)}}. \end{cases}$$

$U_0(x)$ und $U_1(x)$ sind also beide vollständig festgelegt.

b) $p^2 \leq c_0 < (p+1)^2$. Dann ist $s_n^{(1)} \leq 0, s_n^{(2)} > 0$ für $1 \leq n \leq p$ und $\Re s_n^{(1)} > 0$, $\Re s_n^{(2)} > 0$ für $n \geq p+1$. Infolgedessen sind g_n und h_n für $n \geq p+1$ eindeutig durch (3) bestimmt, während sie für $1 \leq n \leq p$ durch die Gleichung (2) mit $i = 2$ aneinander gebunden sind. – Damit ergibt sich:

Satz 1. *Unter denselben Voraussetzungen wie in Satz 1 von § 3 gilt für $c_2 = -1$ (hyperbolischer Fall): Für $c_1 \leq 0$, $c_0 \leq 1$ liegt keine Bedingung vor. Im Falle $c_1 \leq 0$, $p^2 < c_0 \leq (p+1)^2$ $(p = 1, 2, \ldots)$ sind g_n und h_n für $1 \leq n \leq p$ durch die Bedingung (2) mit $i = 2$ aneinander gebunden. Für $c_1 > 0$, $c_0 < 1$ sind U_0 und U_1 vollständig durch (3) festgelegt. Im Falle $c_1 < 0$, $p^2 \leq c_0 < (p+1)^2$ sind g_n und h_n für $1 \leq n \leq p$ durch eine Bedingungsgleichung aneinander gebunden und für $n \geq p+1$ durch (3) vollständig bestimmt.*

21. KAPITEL

Huygenssches und Eulersches Prinzip

Die Lösungen von Rand- und Anfangswertproblemen lassen sich oft in Integralform vermittels Greenscher Funktionen (oder Elementarlösungen) darstellen. Auf Grund zweier ursprünglich der theoretischen Physik entstammenden allgemeinen Prinzipe lassen sich für diese Greenschen Funktionen sehr bemerkenswerte Funktionalrelationen (z. B. transzendente Additionstheoreme) herstellen. Andererseits kann man aber diese Relationen auch auf Grund der Theorie der $\mathfrak{L}$-Transformation ableiten (siehe 27. Kapitel). Wir werden den Zusammenhang zwischen den beiden Erzeugungsarten aufdecken. Zuvor formulieren wir die beiden Prinzipe und zeigen ihre Anwendung an Beispielen.

§ 1. Das Huygenssche Prinzip

Das Huygenssche Prinzip tritt historisch zuerst in der Wellenoptik, d. h. in der Theorie der Wellengleichung, der einfachsten partiellen Differentialgleichung von hyperbolischem Typ, auf und besagt, dass jeder von einer Lichtwelle getroffene Punkt selbst wieder Ausgangspunkt einer Lichterregung ist, so dass man die von einer Lichtquelle in einem Punkt P erzeugte Erregung statt auf unmittelbarem Wege auch dadurch erhalten kann, dass man zwischen Lichtquelle und P eine Fläche einschaltet, zunächst die Erregung in deren Punkten bestimmt und dann die Erregung in P durch Superposition der von den Flächenpunkten ausgehenden Wellen berechnet. Dieser räumlichen Zwischenschaltung kann man eine zeitliche an die Seite stellen: Wenn der Zustand eines physikalischen Systems zur Zeit t bekannt ist, so kann man zunächst seinen Zustand zur Zeit $t + t_1$ und dann davon als Anfangszustand ausgehend zur Zeit $(t + t_1) + t_2$ berechnen, oder aber auch unmittelbar den Zustand zur Zeit $t + (t_1 + t_2)$ aus dem zur Zeit t berechnen. Beides lässt sich unter folgendes *«allgemeines Huygenssche Prinzip»*[45] subsumieren:

Liegt ein Randwertproblem vor (ein Anfangswertproblem ist ein Randwertproblem spezieller Art), d. h. ist für einen Bereich $\mathfrak{B}$ eine Funktion U gesucht, die im Innern einer partiellen Differentialgleichung genügt und auf dem Rand $\mathfrak{R}$ vorgeschriebene Werte $U(\mathfrak{R})$ annimmt, und kennt man eine Lösungsformel, so kann man $U(P)$ in einem inneren Punkt P einmal direkt, ein andermal aber auch so berechnen, dass man um P einen in $\mathfrak{B}$ enthaltenen Bereich $\mathfrak{B}'$ abgrenzt, für seine Berandung $\mathfrak{R}'$ zunächst die aus $U(\mathfrak{R})$ resultierenden Randwerte $U(\mathfrak{R}')$ ausrechnet und dann mit diesen Randwerten die

Lösungsformel für P anschreibt. Gleichsetzen der beiden so erhaltenen Ausdrücke für $U(P)$ wird, wenn die Lösungsformel ein Integral mit einer Greenschen Funktion als Kern ist, eine Integralrelation für die Greensche Funktion liefern, in vielen Fällen ein Additionstheorem. Natürlich können die beiden auf verschiedenen Wegen gewonnenen Lösungsausdrücke nur dann gleichgesetzt werden, wenn der Bereich der zulässigen Funktionen so abgegrenzt ist, dass die Eindeutigkeit der Lösung gesichert ist.

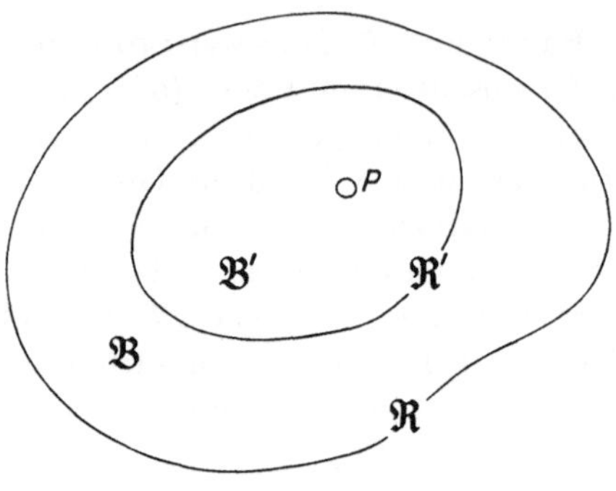

Figur 13

Oft kann man zu demselben Resultat auf einem einfacheren Weg gelangen, den wir das *reflexive Prinzip*[46] nennen wollen. Wenn nämlich die Greensche Funktion selbst eine Lösung der Differentialgleichung ist (Elementarlösung), so kann man die Lösungsformel direkt auf sie anwenden und erhält so eine Relation für sie.

Wir zeigen die Anwendung des Huygensschen bzw. reflexiven Prinzips an einigen *Beispielen*. Das formal einfachste ist das folgende: Die Funktion $U(x,t)$, die der homogenen Wärmeleitungsgleichung in der Viertelebene $x > 0, t > 0$ genügt und die Randwerte

$$U(+0, t) = A_0(t), \quad U(x, +0) = 0$$

besitzt, lässt sich nach Satz 4 [18.1] vermittels der Greenschen Funktion $\psi(x, t)$ so darstellen:

$$U(x, t) = A_0(t) * \psi(x, t).$$

Wir schalten nun im Sinne des Huygensschen Prinzips bei $x_1 > 0$ eine Zwischenstation ein und betrachten die Gerade $x = x_1$ als Rand einer verkleinerten Viertelebene. Dann können wir für $x > x_1$ den Wert $U(x, t)$ das eine Mal direkt, das andere Mal so berechnen, dass wir zunächst die Werte von U auf $x = x_1$ feststellen, das ist $A_0(t) * \psi(x_1, t)$, und dann mit diesen Werten als Randwerten in die Lösung für die verkleinerte Viertelebene hineingehen, wo die Greensche Funktion natürlich $\psi(x - x_1, t)$ lautet. Das ergibt:

$$A_0(t) * \psi(x_1, t) * \psi(x - x_1, t) = A_0(t) * \psi(x, t) \qquad (0 < x_1 < x).$$

Für $A_0(t) \equiv 1$ bedeutet die Faltung mit A_0 einfach Integration. Durch Differenzieren erhält man also, wenn man noch $x - x_1 = x_2$ setzt, das *transzendente Additionstheorem*[47]:

$$(1) \qquad \psi(x_1, t) * \psi(x_2, t) = \psi(x_1 + x_2, t) \qquad (x_1, x_2 > 0)$$

[vgl. 27.2 (2)]. Dasselbe Resultat würde man einfacher nach dem reflexiven Prinzip erhalten haben: $\psi(x, t)$ ist eine Lösung der Wärmeleitungsgleichung

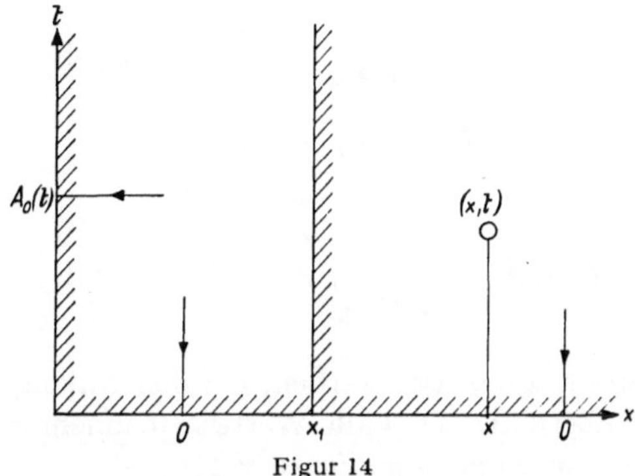

Figur 14

mit $U(x, +0) = 0$. In der Viertelebene $x > x_1,\ t > 0$ ist also

$$\psi(x, t) = \psi(x_1, t) * \psi(x - x_1, t).$$

Zum vollgültigen Beweis müsste noch nachgewiesen werden, dass im vorliegenden Fall die Eindeutigkeit der Lösung gesichert ist.

Hier handelte es sich um eine Zwischenschaltung an einem räumlichen Zwischenpunkt. Um ein Beispiel für eine Zwischenschaltung an einem zeitlichen Zwischenpunkt zu geben, betrachten wir die Lösung 18.1 (21) der Wärmeleitungsgleichung in der Halbebene $-\infty < x < +\infty,\ t > 0$. Wenden wir gleich das reflexive Prinzip auf die Greensche Funktion an, so ergibt sich:

$$(2) \qquad \int_{-\infty}^{+\infty} \frac{1}{2\sqrt{\pi t_1}} e^{-(x-\xi)^2/4 t_1} \frac{1}{2\sqrt{\pi t_2}} e^{-\xi^2/4 t_2} d\xi$$

$$= \frac{1}{2\sqrt{\pi (t_1 + t_2)}} e^{-x^2/4(t_1 + t_2)} \qquad (t_1, t_2 > 0).$$

Dieses *transzendente Additionstheorem*[48] ist in der Wahrscheinlichkeitstheorie wohlbekannt. Wenn zwei unabhängige zufällige Variablen die Verteilungen $F_1(x)$, $F_2(x)$ haben, so hat ihre Summe die Verteilung $F_1 \overset{+\infty}{\underset{-\infty}{*}} F_2$. Die Gleichung (2) besagt: Die Summe zweier unabhängigen, normal d. h. nach dem Gaussschen Fehlergesetz

$$\frac{1}{\sqrt{2\pi}\,\sigma} e^{-x^2/2\sigma^2} \qquad (\sigma = \text{Streuung})$$

verteilten Variablen ist ebenfalls normal verteilt, und wenn die Streuungen der einzelnen Variablen σ_1, σ_2 sind, so gilt für die der Summe $\sigma^2 = \sigma_1^2 + \sigma_2^2$. (Man hat in (2) $2\,t = \sigma^2$ zu setzen.) – In der Diffusionstheorie (vgl. 19. 2) ist (2) die sogenannte *Chapman-Kolmogoroffsche Gleichung* für den Spezialfall, dass der Diffusionsprozess durch die Wärmeleitungsgleichung gelenkt wird (vgl. S. 267, Nr. 43).

Das Huygenssche Prinzip steht offenkundig in Beziehung zur *Theorie der Gruppen bzw. Halbgruppen.* Legen wir, um etwas Bestimmtes vor Augen zu haben, das reine Anfangswertproblem (Cauchysches Problem) der Wärmeleitung zugrunde:

$$\frac{\partial^2 U}{\partial x^2} = \frac{\partial U}{\partial t} \qquad (-\infty < x < +\infty,\; t > 0),$$

$$U(x, +0) = U_0(x),$$

so kann die Lösung

$$U(x, t) = \frac{1}{2\sqrt{\pi\,t}} \int_{-\infty}^{+\infty} e^{-(x-\xi)^2/4t}\, U_0(\xi)\, d\xi$$

als eine Transformation aufgefasst werden, die den Anfangszustand $U_0(x)$ in den Zustand $U(x, t)$ überführt. Da t alle Werte > 0 annehmen kann, liegt eine *einparametrige Schar von Transformationen* vor:

$$U(x, t) = \mathfrak{T}(t)\,\{U_0\}.$$

Das Huygenssche Prinzip besagt nun, dass diese Transformationen eine *Halbgruppe* bilden:

$$\mathfrak{T}(t_1)\,\mathfrak{T}(t_2)\,\{U_0\} = \mathfrak{T}(t_1 + t_2)\,\{U_0\}.$$

[Wäre der Übergang von $U_0(x)$ zu $U(x, t)$ reversibel (was er im allgemeinen nicht ist [49]), so läge eine Gruppe vor.] Das Additionstheorem (2) ist eine Folge dieser Halbgruppeneigenschaft. Natürlich kann man auch umgekehrt sagen, das Bestehen von (2) bedinge die Existenz der Halbgruppe. Wir kommen auf diese Beziehungen in § 3 zurück.

Da wir bei den früher behandelten Randwertproblemen eine ganze Reihe von klassischen Transzendenten, wie Thetafunktionen, Besselsche Funktionen usw., als Greensche Funktionen vorgefunden haben, so könnten wir noch eine grosse Anzahl von interessanten Relationen ableiten [50]. Da sie aber methodisch nichts Neues erbringen, sei dies dem Leser überlassen.

§ 2. Das Eulersche Prinzip

Beim Huygensschen Prinzip wird das *Grundgebiet,* in dem das Randwertproblem gegeben ist, geändert, während die *Art der Randwerte,* die auf dem alten und dem neuen Rand als gegeben angesehen werden, dieselbe bleibt. Man kann aber auch das Umgekehrte machen: Jede Lösung einer partiellen Differentialgleichung ist ja in Wahrheit das Integral von vielen Randwertproblemen in demselben Grundgebiet, aber mit verschieden gearteten Randbedingungen, lässt sich also vermittels der zugehörigen Lösungsausdrücke auf viele verschiedene Weisen darstellen. Es kann z. B. vorkommen, dass die Lösung eindeutig durch die Randwerte der Funktion oder auch durch die Randwerte der Normalableitung bestimmt ist. Nimmt man nun eine spezielle Lösung, sucht ihre Randwerte und die ihrer Ableitung und setzt diese in die allgemeinen Lösungen ein, so bekommt man zwei verschiedene Darstellungen für ein und dieselbe Funktion. Das Gleichsetzen liefert dann eine gewisse Funktionalrelation. Man kann auch so vorgehen, dass man an einer zu einer bestimmten Art von Randwertproblem gehörigen Lösung die für eine andere Art nötigen Randwerte abliest und in den hierzu gehörigen Lösungsausdruck einsetzt.

Weil EULER als erster in dem Spezialfall der nach ihm benannten gewöhnlichen Differentialgleichung

$$\frac{dy}{dx} = - \frac{\sqrt{(1 - y^2)(1 - k^2 y^2)}}{\sqrt{(1 - x^2)(1 - k^2 x^2)}}$$

die Möglichkeit, die Lösung auf zwei verschiedene Arten auszudrücken, zur Ableitung eines Additionstheorems für das elliptische Normalintegral erster Gattung ausgenutzt hat, wird die angegebene Methode als *Eulersches Prinzip* bezeichnet[51].

Selbstverständlich kann man dieses Prinzip auch mit dem Huygensschen *kombinieren*, indem man gleichzeitig das Grundgebiet und die Art der Randwerte variiert.

Auch beim Eulerschen Prinzip kann man die Relationen oft auf einfacherem Weg erhalten, indem man direkt die Greensche Funktion des einen Problems, wenn sie eine Lösung darstellt, hernimmt, an ihr die für das andere Problem benötigten Randwerte abliest und sie in dessen Lösung einsetzt.

Als *Beispiel* betrachten wir die homogene Wärmeleitungsgleichung

$$\frac{\partial^2 U}{\partial x^2} = \frac{\partial U}{\partial t}$$

in dem Grundgebiet $0 < x < 1, t > 0$. Auf dem Rand $t = 0$ sei

$$U(x, +0) \equiv 0 \qquad\qquad (0 < x < 1).$$

Dann können auf den Rändern $x = 0$ und $x = 1$ noch vorgegeben sein: entweder die Werte $A_0(t)$, $A_1(t)$ von U oder die Werte $B_0(t)$, $B_1(t)$ von $\partial U/\partial x$. Wenn vorgeschrieben ist

$$\frac{\partial U}{\partial x}(+0, t) = B_0(t), \qquad \frac{\partial U}{\partial x}(1 - 0, t) = 0,$$

so lautet die Lösung:

$$U(x, t) = -B_0(t) * \vartheta_3\left(\frac{x}{2}, t\right).$$

Denn U erfüllt die Differentialgleichung, weil $\vartheta_3(x/2, t)$ es tut; U strebt bei festem x $(0 < x < 1)$ für $t \to 0$ gegen 0, weil ϑ_3 bei $t = 0$ beschränkt ist; ferner ist

$$\frac{\partial U}{\partial x} = -B_0(t) * \frac{\partial \vartheta_3(x/2, t)}{\partial x},$$

und von diesem Integral wissen wir nach Satz 1 [18. 1], dass es für $x \to +0$ gegen $B_0(t)$ strebt (wenn $B_0(t)$ stetig ist) und für $x \to 1 - 0$ gegen 0.

Anstatt die Randwerte von $U(x, t)$ zu bestimmen, gehen wir kürzer so vor, dass wir gleich die Greensche Funktion der Lösung (1), nämlich $\vartheta_3(x/2, t)$ betrachten. Sie ist eine Lösung der Differentialgleichung mit den Anfangswerten 0 und hat die Randwerte

$$A_0(t) = \vartheta_3(0, t), \qquad A_1(t) = \vartheta_3\left(\frac{1}{2}, t\right).$$

Setzen wir diese in den Lösungsausdruck 18. 1 (11) für das Problem ein, so ergibt sich die Thetarelation [52]

$$(2) \qquad \vartheta_3\left(\frac{x}{2}, t\right) = -\vartheta_3(0, t) * \frac{\partial \vartheta_3(x/2, t)}{\partial x} + \vartheta_3\left(\frac{1}{2}, t\right) * \frac{\partial \vartheta_3((1-x)/2, t)}{\partial x}.$$

$(0 < x < 1)$. Aus dieser kann man die Ableitungen durch Integration entfernen:

$$(3) \qquad \int_0^x \vartheta_3\left(\frac{\xi}{2}, t\right) d\xi = -\vartheta_3(0, t) * \left[\vartheta_3\left(\frac{x}{2}, t\right) - \vartheta_3(0, t)\right]$$
$$+ \vartheta_3\left(\frac{1}{2}, t\right) * \left[\vartheta_3\left(\frac{1-x}{2}, t\right) - \vartheta_3\left(\frac{1}{2}, t\right)\right].$$

Für $x = 1$ ist die linke Seite unabhängig von t gleich 1, wie man durch explizite Ausrechnung feststellt. Für diesen Wert erhält man also

$$(4) \qquad \left[\vartheta_3(0, t) + \vartheta_3\left(\frac{1}{2}, t\right)\right] * \left[\vartheta_3(0, t) - \vartheta_3\left(\frac{1}{2}, t\right)\right]$$
$$= \vartheta_3(0, t)^{*2} - \vartheta_3\left(\frac{1}{2}, t\right)^{*2} = 1$$

[vgl. hierzu 27. 3 (3), $\vartheta_3(1/2, t) = \vartheta_0(0, t)$].

§ 3. Die Beziehung zwischen der Erzeugung transzendenter Relationen durch das Huygenssche und Eulersche Prinzip und der Erzeugung durch die $\mathfrak{L}$-Transformation. Der Zusammenhang mit der Theorie der Halbgruppen

Funktionalrelationen von der Art der in § 1 und 2 vermittels des Huygensschen und Eulerschen Prinzips abgeleiteten werden im 27. Kapitel auf eine ganz andere Art gewonnen, nämlich durch *Übersetzung* gewisser algebraischer Relationen zwischen Funktionen durch die $\mathfrak{L}$-Transformation (Faltungssatz) in Relationen zwischen den Originalfunktionen. Woher kommt es nun, dass man jene Relationen durch zwei so gänzlich verschiedene Methoden ableiten kann, und wie hängen die beiden Methoden zusammen? Das wird sofort klar, wenn man 1. bedenkt, dass ja auch die beim Huygensschen und Eulerschen Prinzip benutzten Lösungsformeln für die Randwertprobleme im Originalraum durch *Übersetzung* der Lösungsformeln der zugeordneten Probleme im Bildraum gewonnen wurden, und 2. sich überzeugt, dass die im 27. Kapitel als Ausgangspunkt benutzten algebraischen Relationen zwischen den $\mathfrak{L}$-Transformierten nichts anderes sind als Konsequenzen des Huygensschen und Eulerschen Prinzips, wenn man dieses, was natürlich durchaus möglich ist, auf die *transformierte Gleichung* im Bildraum anwendet. Der *Zusammenhang der beiden Methoden* [53] ist also dieser: Wenn eine Originalfunktion $U(x, t)$ einer partiellen Differentialgleichung genügt, so genügt ihre Bildfunktion $u(x, s)$ einer gewöhnlichen Differentialgleichung. Die Lösungsformel für $U(x, t)$ ist ein Integral, die Anwendung des Huygensschen und Eulerschen Prinzips führt daher auf eine Integralrelation; die Lösungsformel für $u(x, s)$ hat algebraische Gestalt, die Anwendung der beiden Prinzipe ergibt deshalb eine algebraische Relation. Die beiden Relationen, die transzendente und die algebraische, stehen natürlich zueinander im Verhältnis von Original und Bild, vermittelt durch die $\mathfrak{L}$-Transformation.

Schema

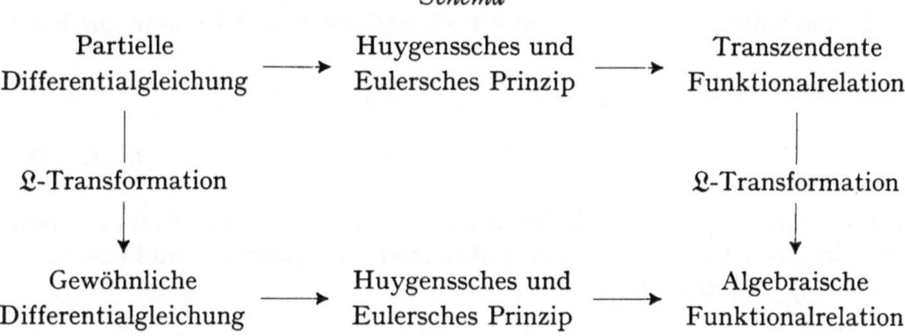

Wir wollen diesen Zusammenhang an den *Beispielen* von § 1 und 2 des näheren verfolgen. Der homogenen Wärmeleitungsgleichung in $x > 0$, $t > 0$ mit $U(+0, t) = A_0(t)$, $U(x, +0) = 0$ entspricht im Bildraum die gewöhnliche Differentialgleichung

$$\frac{d^2u}{dx^2} - s\,u = 0 \quad (x > 0) \quad \text{mit} \quad u(+0, s) = a_0(s).$$

Ihre Lösung lautet:

$$u(x, s) = a_0(s)\, e^{-x\sqrt{s}}.$$

Wendet man auf sie das Huygenssche Prinzip an, indem man zunächst den Wert von u in $x_1 > 0$ berechnet (das ergibt $a_0(s)\, e^{-x_1\sqrt{s}}$) und diesen dann als

Ausgangswert in dem neuen Intervall $x > x_1$ benutzt, wo die Fundamental-
lösung $e^{-(x-x_1)\sqrt{s}}$ lautet, so bekommt man nach Division durch $a_0(s)$:

$$e^{-x_1\sqrt{s}} \cdot e^{-(x-x_1)\sqrt{s}} = e^{-x\sqrt{s}} \qquad\qquad (0 < x_1 < x)$$

oder

$$(1) \qquad\qquad e^{-x_1\sqrt{s}} \cdot e^{-x_2\sqrt{s}} = e^{-(x_1+x_2)\sqrt{s}} \qquad\qquad (x_1, x_2 > 0),$$

d. h. das algebraische Additionstheorem der Exponentialfunktion. Ihm entspricht im Originalraum das auf dieselbe Weise gewonnene transzendente Additionstheorem 21.1 (1). Dieses kann aber natürlich auch durch Übersetzung
vermittels $\mathfrak{L}$-Transformation aus (1) erzeugt werden (unter Verwendung des
Faltungssatzes), und auf diesem Wege wird es in 27.2 gewonnen.

Der Gleichung $\partial^2 U/\partial x^2 = \partial U/\partial t$ in der Halbebene $-\infty < x < +\infty$, $t > 0$
mit $U(x, +0) = U_0(x)$ entspricht gemäss S. 31 durch $\mathfrak{L}_{\mathrm{II}}$-Transformation hinsichtlich x die gewöhnliche Differentialgleichung

$$s^2\, u(s, t) = \frac{du}{dt} \quad (t > 0) \quad \text{mit} \quad u(s, +0) = u_0(s).$$

Ihre Lösung ist

$$u(s, t) = u_0(s)\, e^{s^2 t} \qquad\qquad (t > 0).$$

Durch Einschaltung eines Zwischenwertes t_1 ergibt sich nach Division durch u_0:

$$e^{s^2 t_1} \cdot e^{s^2(t-t_1)} = e^{s^2 t} \qquad\qquad (0 < t_1 < t)$$

oder

$$(2) \qquad\qquad e^{s^2 t_1} \cdot e^{s^2 t_2} = e^{s^2(t_1+t_2)} \qquad\qquad (t_1, t_2 > 0),$$

also wieder das algebraische Additionstheorem der Exponentialfunktion. Ihm
entspricht das auf dem gleichen Weg abgeleitete transzendente Additionstheorem 21.1 (2), das aber auf Grund von

$$\mathfrak{L}_{\mathrm{II}}\left\{ \frac{1}{2\sqrt{\pi t}}\, e^{-x^2/4t} \right\} = e^{t s^2}$$

auch vermittels des Faltungssatzes der $\mathfrak{L}_{\mathrm{II}}$-Transformation abgeleitet werden
kann.

Zum Eulerschen Prinzip übergehend, imitieren wir den S. 83 an dem
Problem

$$\frac{\partial^2 U}{\partial x^2} = \frac{\partial U}{\partial t} \qquad\qquad (0 < x < 1, t > 0),$$

$$U(x, +0) = 0, \quad \frac{\partial U}{\partial x}(+0, t) = B_0(t), \quad \frac{\partial U}{\partial x}(1-0, t) = 0$$

ausgeübten Prozess nunmehr im Bildraum. Hier liegt zunächst das Problem

$$\frac{du^2}{dx^2} = s\, u \qquad\qquad (0 < x < 1)$$

mit

$$\frac{du}{dx}(+0, s) = b_0(s), \quad \frac{du}{dx}(1-0, s) = 0$$

vor, dessen Lösung lautet:

$$(3) \qquad u(x, s) = -b_0(s)\,\frac{\cosh(1-x)\sqrt{s}}{\sqrt{s}\,\sinh\sqrt{s}} \qquad\qquad (0 < x < 1).$$

Nun haben wir die Randwerte zu bestimmen:

$$u(0, s) = -b_0(s)\,\frac{\cosh\sqrt{s}}{\sqrt{s}\,\sinh\sqrt{s}}, \quad u(1, s) = -b_0(s)\,\frac{1}{\sqrt{s}\,\sinh\sqrt{s}}.$$

Die hierdurch bestimmte Lösung der Differentialgleichung lautet:

$$(4) \qquad -b_0(s)\,\frac{\cosh\sqrt{s}}{\sqrt{s}\,\sinh\sqrt{s}}\,\frac{\sinh(1-x)\sqrt{s}}{\sinh\sqrt{s}} - b_0(s)\,\frac{1}{\sqrt{s}\,\sinh\sqrt{s}}\,\frac{\sinh x\sqrt{s}}{\sinh\sqrt{s}}.$$

Gleichsetzen von (3) und (4) liefert die elementare Relation

$$(5) \qquad \frac{1}{\sqrt{s}\,\sinh\sqrt{s}}\,\frac{\cosh\sqrt{s}\,\sinh(1-x)\sqrt{s} + \sinh x\sqrt{s}}{\sinh\sqrt{s}}$$

$$= \frac{1}{\sqrt{s}\,\sinh\sqrt{s}}\,\cosh(1-x)\sqrt{s},$$

die mit dem algebraischen Additionstheorem der sinh-Funktion àquivalent ist.
Sie entspricht der auf gleichem Weg gewonnenen Relation 21. 2 (2). Diese kann
aber auch aus (5) durch Übersetzung vermittels des Faltungssatzes der $\mathfrak{L}$-Transformation erhalten werden.

Dass es gerade die $\mathfrak{L}$-Transformation ist, welche in der Theorie der Anfangswertprobleme so grosse Erfolge hat und die Zusammenhänge so durchsichtig
macht, ist kein Zufall, sondern hat seinen Grund darin, dass die $\mathfrak{L}$-Transformation für *die durch das Anfangswertproblem definierte Halbgruppe von einparametrigen Transformationen* $\mathfrak{T}(t)$ (siehe § 1, Ende) ebenfalls eine ausschlaggebende
Rolle spielt. Wir zeigen das kurz an dem oben behandelten Beispiel des reinen
Anfangswertproblems (Cauchysches Problem) der Differentialgleichung

$$\frac{\partial U}{\partial t} = \frac{\partial^2 U}{\partial x^2},$$

wo also x in $-\infty < x < +\infty$ variiert und $U(x, +0) = U_0(x)$ gegeben ist,
wobei wir die benutzten Begriffe aus der Theorie der Halbgruppen als bekannt
voraussetzen[54].
Das Problem definiert, wie in § 1 bemerkt, eine einparametrige Schar von
linearen Transformationen $U(x, t) = \mathfrak{T}(t)\{U_0(x)\}$, die kraft des Huygensschen
Prinzips eine Halbgruppe bilden, wobei noch ein geeigneter normierter Funktionenraum zugrunde zu legen ist. Man sieht leicht, dass, wenn die Anfangsbe-

dingung in dem Sinne $\| U(x, t) - U_0(x) \| \to 0$ für $t \to 0$ erfüllt ist ($\| \ldots \| = $ Norm), der infinitesimale Generator von $\mathfrak{T}(t)$ gleich dem Operator $\Lambda = \partial^2/\partial x^2$ ist. Nun gilt allgemein, dass die Resolvente $R(s, \Lambda) = (s\,I - \Lambda)^{-1}$ des infinitesimalen Generators gleich der $\mathfrak{L}$-Transformierten von $\mathfrak{T}(t)$ ist[55]:

$$R(s, \Lambda)\,\{U_0\} = \int\limits_0^\infty e^{-st}\,\mathfrak{T}(t)\,\{U_0\}\,dt = \int\limits_0^\infty e^{-st}\,U(x, t)\,dt\,.$$

$U(x, t)$ entsteht also kraft der Halbgruppeneigenschaft, d. h. kraft des Huygensschen Prinzips wesensmässig durch Umkehrung der $\mathfrak{L}$-Transformation aus einer Funktion $R(s, \Lambda)\,\{U_0\}$, wie es bei unserer Methode vorausgesetzt wurde[56].

Differenzengleichungen

22. KAPITEL

Gewöhnliche Differenzengleichungen im Originalraum

§ 1. Allgemeines über Differenzengleichungen

Ist ω eine reelle oder komplexe Zahl, so heisst

$$z(x + \omega) - z(x) = \underset{\omega}{\Delta}\, z(x)$$

die *erste Differenz* oder *Differenz erster Ordnung* der Funktion $z(x)$. Die Zahl ω heisst die *Spanne* der Differenz. Durch Iterierung des Prozesses der Differenzenbildung kann man bei zwei gegebenen Spannen ω_1, ω_2 die *zweite Differenz*

$$\underset{\omega_1,\,\omega_2}{\Delta^2}\, z(x) = \underset{\omega_2}{\Delta}\left(\underset{\omega_1}{\Delta}\, z(x)\right) = \underset{\omega_1}{\Delta}\, z(x + \omega_2) - \underset{\omega_1}{\Delta}\, z(x)$$

$$= z(x + \omega_1 + \omega_2) - z(x + \omega_2) - z(x + \omega_1) + z(x) = \underset{\omega_1}{\Delta}\left(\underset{\omega_2}{\Delta}\, z(x)\right)$$

bilden, allgemein bei n gegebenen Spannen $\omega_1, \ldots, \omega_n$ die *n-te Differenz*

$$\underset{\omega_1,\,\cdots,\,\omega_n}{\Delta^n}\, z(x) = \underset{\omega_n}{\Delta}\left(\underset{\omega_1,\,\cdots,\,\omega_{n-1}}{\Delta^{n-1}}\, z(x)\right).$$

Eine lineare Differenzengleichung n-ter Ordnung hat die Gestalt

$$(1) \qquad a_n(x)\underset{\omega_1,\,\cdots,\,\omega_n}{\Delta^n}\, z(x) + a_{n-1}(x)\underset{\omega_1,\,\cdots,\,\omega_{n-1}}{\Delta^{n-1}}\, z(x) + \cdots + a_1(x)\underset{\omega_1}{\Delta}\, z(x) + a_0(x)\, z(x)$$

$$= g(x),$$

wo die $c_\nu(x)$ und $g(x)$ gegebene Funktionen sind. Diese Gleichung kann man in eine übersichtlichere und für die Lösung besser geeignete Form bringen, indem man setzt:

$$\omega_1 = \alpha_1, \quad \omega_1 + \omega_2 = \alpha_2, \quad \ldots, \quad \omega_1 + \cdots + \omega_n = \alpha_n.$$

Dann nimmt sie die Gestalt an:

$$(2) \qquad c_0(x)\, z(x) + c_1(x)\, z(x + \alpha_1) + \cdots + c_n(x)\, z(x + \alpha_n) = g(x).$$

Ein besonders häufig vorkommender Fall ist der, dass die Zahlen α_ν die Multipla einer Zahl α sind: $\alpha_\nu = \nu\,\alpha$. Dann kann man durch eine lineare Substitution erreichen, dass $\alpha_\nu = \nu$ wird und die Differenzengleichung in der Form erscheint:

$$(3) \qquad c_0(x)\, z(x) + c_1(x)\, z(x + 1) + \cdots + c_n(x)\, z(x + n) = g(x).$$

In diesem Spezialfall ist es möglich, hinsichtlich des Variabilitätsbereichs von x einen besonderen Standpunkt einzunehmen (der in der älteren Literatur über Differenzenrechnung der allgemein übliche war). Während wir nämlich bei der Gleichung (1) bzw. (2) die Variable x, ohne es besonders zu erwähnen, in einem reellen oder komplexen Bereich kontinuierlich variierend dachten, hat es bei Gleichung (3) einen Sinn, x *nur ganzzahlige Werte* zu erteilen, so dass in der Gleichung überhaupt nur ganzzahlige Werte der Variablen vorkommen und die gesuchte Funktion $z(x)$ eigentlich eine Folge darstellt. In dieser Auffassung heisst (3) eine *Rekursionsgleichung*, weil man, wenn etwa die Werte $z(0)$, $z(1)$, $\cdots$, $z(n-1)$ gegeben sind, die Werte $z(n)$, $z(n+1)$, $\cdots$ und gegebenenfalls auch $z(-1)$, $z(-2)$, ... rekursiv aus der Gleichung berechnen kann. Derartige Rekursionsgleichungen treten in vielen Gebieten der Mathematik auf, z. B. bei der Integration von Differentialgleichungen durch konvergente oder asymptotische Potenzreihen. Macht man z. B. für die Besselsche Differentialgleichung

$$y'' + \frac{1}{x}\, y' + \left(1 - \frac{\alpha^2}{x^2}\right) y = 0$$

den Ansatz

$$y = x^\alpha \sum_{\nu=0}^{\infty} a_\nu\, x^\nu,$$

so erhält man für die Folge a_ν die Rekursionsgleichung

$$\nu\,(2\,\alpha + \nu)\, a_\nu + a_{\nu-2} = 0$$

(wo jetzt a an Stelle von z und $\nu - 2$ an Stelle von x steht) mit rationalen Koeffizienten, deren Lösung bei geeigneter Normierung von a_0 und a_1 auf die bekannte konvergente Entwicklung der Besselschen Funktion $J_\alpha(x)$ führt.

Obwohl uns in diesem Buch eigentlich nur die Laplace-Transformation interessiert, sei hier kurz darauf hingewiesen, dass die Rekursionsgleichungen am sachgemässesten vermittels einer Funktionaltransformation behandelt werden, die in der *Zuordnung einer Potenzreihe zur Folge ihrer Koeffizienten* besteht. Dies kann noch in verschiedener Weise geschehen:

I. Man ordnet der Folge $z(\nu)$ die Potenzreihe[57]

$$\varphi(x) = \sum_{\nu=0}^{\infty} z(\nu)\, x^\nu$$

zu, symbolisch: $z(\nu) \circ\!\!-\!\bullet\ \varphi(x)$. Dann gilt:

$$z(\nu + m) \circ\!\!-\!\bullet\ \frac{1}{x^m}\, \varphi(x) - \sum_{k=0}^{m-1} \frac{z(k)}{x^{m-k}} \qquad (m \geqq 1).$$

II. Man ordnet der Folge $z(\nu)$ die Potenzreihe[58]

$$\varphi(x) = \sum_{\nu=0}^{\infty} \frac{z(\nu)}{x^{\nu+1}}$$

zu, symbolisch: $z(v) \circ\!\!-\!\bullet \varphi(x)$. Dann gilt:

$$z(v + m) \circ\!\!-\!\bullet x^m \varphi(x) - \sum_{k=0}^{m-1} z(k)\, x^{m-k-1} \qquad (m \geq 1).$$

Bei dieser Transformation tritt die Analogie mit dem Differentiationsgesetz der $\mathfrak{L}$-Transformation deutlicher hervor als bei I. Die Transformationen I und II bilden eine Rekursionsgleichung mit konstanten Koeffizienten, für die als «Anfangsbedingungen» die Werte $z(0)$, $z(1)$, $\cdots$, $z(n-1)$ gegeben sind, auf eine lineare algebraische Gleichung in der Funktion $\varphi(x)$ ab. Entwickelt man deren Lösung in eine Potenzreihe, so stellt die Koeffizientenfolge $z(v)$ die Lösung der Rekursionsgleichung dar.

III. Man ordnet der Folge $z(v)$ die Potenzreihe [59]

$$\varphi(x) = \sum_{v=0}^{\infty} \frac{z(v)}{v!}\, x^v$$

zu, symbolisch: $z(v) \circ\!\!-\!\bullet \varphi(x)$. Dann gilt:

$$z(v + m) \circ\!\!-\!\bullet \varphi^{(m)}(x).$$

Diese Transformation bildet eine Rekursionsgleichung mit konstanten Koeffizienten auf eine Differentialgleichung derselben Ordnung ab.

Man kann die Rekursionsgleichungen in die Differenzengleichungen reeller Variablen einordnen, indem man die zunächst nur für ganzzahlige Werte der Variablen definierten (gesuchten und gegebenen) Funktionen in geeigneter Weise interpoliert, z. B. durch

$$z(x) = z(m) \quad \text{für } m \leq x < m+1 \qquad (m \geq 0).$$

In der Folge behandeln wir Differenzengleichungen in kontinuierlich veränderlichen (reellen oder komplexen) Variablen. Während man in der allgemeinen Theorie der Differenzengleichungen darauf ausgeht, die sogenannte allgemeine Lösung oder z. B. eine funktionentheoretisch ausgezeichnete Lösung («Hauptlösung») aufzufinden [60], werden wir bei der Behandlung vermittels der Transformationstheorie die an die Lösung zu stellenden Anforderungen der anzuwendenden Methode anpassen [61], wobei sich insbesondere im nächsten Paragraphen eine Problemstellung ergeben wird, wie sie in der Praxis besonders häufig vorkommt.

§ 2. Die lineare Differenzengleichung unter Anfangsbedingungen

Wir behandeln die lineare Differenzengleichung einer *reellen* Variablen mit konstanten Koeffizienten, bei der alle Spannen gleich sind, so dass sie in der

Form geschrieben werden kann:

$$(1) \qquad c_0\, Y(t) + c_1\, Y(t+1) + \cdots + c_n\, Y(t+n) = G(t).$$

Weil $c_n \neq 0$ sein muss, da sonst die Gleichung nicht von n-ter Ordnung wäre, können wir $c_n = 1$ voraussetzen. Wir behalten aber vorläufig c_n bei. Um die Gleichung mit der $\mathfrak{L}$-Transformation zu lösen, denken wir $Y(t)$ als eine für $t > 0$ definierte Funktion des Originalraumes[62], ebenso $G(t)$. In Analogie zu der in 13.1 entwickelten Theorie für Differentialgleichungen gehen wir darauf aus, eine Lösung von (1) durch gewisse «*Anfangsbedingungen*» eindeutig zu bestimmen. Welcher Art diese Bedingungen sein müssen, zeigt uns die Methode selbst. Bei der Transformation von $Y(t+\nu)$ brauchen wir nämlich die Regel II:

$$(2) \qquad \mathfrak{L}\{Y(t+\nu)\} = e^{\nu s}\left(y(s) - \int_0^\nu e^{-st}\, Y(t)\, dt \right).$$

Damit die rechte Seite bekannt ist, muss $Y(t)$ in $0 \leqq t < \nu$ ($\nu = 1, \ldots, n$), also insgesamt in $0 \leqq t < n$ gegeben sein. Die Vorgabe von $Y(t)$ in den n Intervallen $(0,1), (1,2), \ldots, (n-1, n)$ und damit von $\Delta Y, \Delta^2 Y, \ldots, \Delta^{n-1} Y$ im Intervall $(0,1)$ kann als Analogon zu der Vorgabe von $Y(0), Y'(0), \ldots, Y^{(n-1)}(0)$ bei der Differentialgleichung 13.1 (1) aufgefasst werden. Dass $Y(t)$ durch die Werte in $0 \leqq t < n$ für alle $t \geqq n$ *eindeutig bestimmt* ist, ist von vornherein klar, denn vermittels

$$Y(t+n) = \frac{1}{c_n}\left[c_0\, Y(t) + \cdots + c_{n-1}\, Y(t+n-1) - G(t) \right]$$

kann man zunächst $Y(t)$ in $n \leqq t < n+1$ ausrechnen, indem man t in $0 \leqq t < 1$ wählt; sodann in $n+1 \leqq t < n+2$, indem man t in $1 \leqq t < 2$ wählt usw. (Dass sich $Y(t)$ im Falle $c_0 \neq 0$ auch für $t < 0$ berechnen lässt, beachten wir nicht weiter, weil wir die Gleichung (1) bewusst nur für $t \geqq 0$ betrachten.) Statt dieser sukzessiven Berechnung wollen wir nun einen geschlossenen Ausdruck für die Lösung finden[63].

Unter Benutzung von (2) geht Gleichung (1) durch $\mathfrak{L}$-Transformation über in

$$\sum_{\nu=0}^{n} c_\nu\, e^{\nu s}\left[y(s) - \int_0^\nu e^{-st}\, Y(t)\, dt \right] = g(s)$$

oder

$$y(s) \sum_{\nu=0}^{n} c_\nu\, e^{\nu s} = g(s) + \sum_{\nu=1}^{n} c_\nu\, e^{\nu s} \int_0^\nu e^{-st}\, Y(t)\, dt.$$

Ordnet man die Summe auf der rechten Seite in folgender Weise*):

---

*) Man vgl. die entsprechende Umordnung 13.1 (5) bei der linearen Differentialgleichung.

$$\sum_{\nu=1}^{n} c_\nu\, e^{\nu s} \int_0^\nu e^{-st}\, Y(t)\, dt = (c_1\, e^s + c_2\, e^{2s} + \cdots + c_n\, e^{ns}) \int_0^1 e^{-st}\, Y(t)\, dt$$

$$+ (c_2\, e^{2s} + \cdots + c_n\, e^{ns}) \int_1^2 e^{-st}\, Y(t)\, dt$$

$$\cdots \cdots \cdots \cdots \cdots \cdots \cdots \cdots$$

$$+ c_n\, e^{ns} \int_{n-1}^n e^{-st}\, Y(t)\, dt$$

$$= e^s \sum_{k=0}^{n-1} c_{1+k}\, e^{ks} \int_0^1 e^{-st}\, Y(t)\, dt$$

$$+ e^{2s} \sum_{k=0}^{n-2} c_{2+k}\, e^{ks} \int_1^2 e^{-st}\, Y(t)\, dt + \cdots + e^{ns}\, c_n \int_{n-1}^n e^{-st}\, Y(t)\, dt$$

$$= \sum_{\nu=1}^{n} e^{\nu s} \int_{\nu-1}^\nu e^{-st}\, Y(t)\, dt \sum_{k=0}^{n-\nu} c_{\nu+k}\, e^{ks},$$

so ergibt sich folgende Lösung im Bildbereich:

$$(3) \qquad y(s) = \frac{g(s) + \displaystyle\sum_{\nu=1}^{n} e^{\nu s} \int_{\nu-1}^\nu e^{-st}\, Y(t)\, dt \sum_{k=0}^{n-\nu} c_{\nu+k}\, e^{ks}}{\displaystyle\sum_{\nu=0}^{n} c_\nu\, e^{\nu s}}.$$

Wir setzen[*)]

$$p(z) = \sum_{\nu=0}^{n} c_\nu\, z^\nu = (z - \alpha_1) \cdots (z - \alpha_n) \quad \text{mit } c_n = 1$$

und unterscheiden wie bei der Differentialgleichung zwei Fälle.

1. Die α_μ sind sämtlich verschieden

Durch Partialbruchzerlegung ergibt sich:

$$\frac{1}{p(z)} = \sum_{\mu=1}^{n} \frac{1}{p'(\alpha_\mu)} \frac{1}{z - \alpha_\mu},$$

also

$$\frac{1}{\displaystyle\sum_{\nu=0}^{n} c_\nu\, e^{\nu s}} = \sum_{\mu=1}^{n} \frac{1}{p'(\alpha_\mu)} \frac{1}{e^s - \alpha_\mu}.$$

---

*) Erst von dieser Stelle an ist die Ganzzahligkeit der ν von Bedeutung.

Betrachten wir zunächst die *inhomogene Differenzengleichung mit verschwinden-den Anfangswerten* in $(0, n)$, so enthält der Zähler in (3) nur den Term $g(s)$, und es sind lauter Glieder der Form $g(s)/(e^s - \alpha_\mu)$ in den Originalbereich zu über-setzen. Es ist

$$\frac{g(s)}{e^s - \alpha_\mu} = g(s)\, e^{-s} \frac{1}{1 - \alpha_\mu e^{-s}} = \sum_{l=1}^{\infty} \alpha_\mu^{l-1}\, g(s)\, e^{-ls} \quad \text{für } e^{\Re s} > |\alpha_\mu|.$$

Falls die Umkehrung der $\mathfrak{L}$-Transformation mit der Summe vertauscht werden darf, ergibt sich nach Regel III (Verschiebungssatz) als Originalfunktion

$$\sum_{l=1}^{\infty} \alpha_\mu^{l-1}\, G(t - l) \quad \text{mit } G(t - l) = 0 \quad \text{für } l > t,$$

also ($[t]$ die grösste ganze Zahl $\leq t$)

$$\begin{cases} \displaystyle\sum_{l=1}^{[t]} \alpha_\mu^{l-1}\, G(t - l) & \text{für } t \geq 1 \\[2ex] 0 & \text{für } 0 \leq t < 1. \end{cases}$$

Daher gehört zu $g(s)/p(e^s)$ als Originalfunktion (bis auf höchstens eine Null-funktion)

$$(4) \qquad Y(t) = \sum_{\mu=1}^{n} \frac{1}{p'(\alpha_\mu)} \sum_{l=1}^{[t]} \alpha_\mu^{l-1}\, G(t - l).$$

Für $0 \leq t < 1$ hat dies 0 zu bedeuten. Dieser Ausdruck lässt sich erheblich ver-einfachen. Zunächst ist

$$Y(t) = \sum_{l=1}^{[t]} G(t - l) \sum_{\mu=1}^{n} \frac{\alpha_\mu^{l-1}}{p'(\alpha_\mu)}.$$

Führen wir die von der entsprechenden Differentialgleichung

$$(5) \qquad c_0\, Y(t) + c_1\, Y'(t) + \cdots + c_n\, Y^{(n)}(t) = G(t)$$

her bekannte Funktion 13.1 (9):

$$Q(t) = \sum_{\mu=1}^{n} \frac{e^{\alpha_\mu t}}{p'(\alpha_\mu)}$$

ein, so ist

$$\sum_{\mu=1}^{n} \frac{\alpha_\mu^{l-1}}{p'(\alpha_\mu)} = Q^{(l-1)}(0),$$

also

$$(6) \qquad Y(t) = \sum_{l=1}^{[t]} G(t - l)\, Q^{(l-1)}(0).$$

Nun ist aber nach 13.1 (12):

$$(7) \qquad Q^{(l-1)}(0) = \begin{cases} 0 & \text{für } l = 1, \ldots, n - 1 \\[1.5ex] 1 & \text{für } l = n, \end{cases}$$

also

$$(8) \qquad Y(t) = \begin{cases} \displaystyle\sum_{l=n}^{[t]} G(t-l)\, Q^{(l-1)}(0) & \text{für } t \geq n \\[2ex] 0 & \text{für } 0 \leq t < n. \end{cases}$$

Hieraus ist unmittelbar ersichtlich, dass $Y(t)$ die Anfangsbedingung $Y(t) = 0$ für $0 \leq t < n$ erfüllt, wie es sein muss, da wir im Zähler von (3) nur $g(s)$ berücksichtigt, also das von der Anfangsbedingung abhängige Glied gleich 0 gesetzt haben. Um nun noch nachzuweisen, dass (8) der Differenzengleichung genügt auch ohne die bei der Ableitung gemachten Voraussetzungen, benutzen wir zweckmässigerweise die Form (6). Es ist

$$Y(t+1) = \sum_{l=1}^{[t+1]} G(t+1-l)\, Q^{(l-1)}(0) = \sum_{l=0}^{[t]} G(t-l)\, Q^{(l)}(0).$$

Ist $n = 1$, so ist nach (7)

$$Y(t) = G(t) + \sum_{l=1}^{[t]} G(t-l)\, Q^{(l)}(0),$$

und weitere Werte werden in der Differenzengleichung nicht gebraucht. Ist $n > 1$, so ist

$$Y(t) = \sum_{l=1}^{[t]} G(t-l)\, Q^{(l)}(0),$$

und wir brauchen mindestens noch

$$Y(t+2) = \sum_{l=1}^{[t+2]} G(t+2-l)\, Q^{(l-1)}(0) = \sum_{l=-1}^{[t]} G(t-l)\, Q^{(l+1)}(0).$$

Ist $n = 2$, so ist nach (7)

$$Y(t) = G(t) + \sum_{l=1}^{[t]} G(t-l)\, Q^{(l+1)}(0),$$

dagegen für $n > 2$

$$Y(t) = \sum_{l=1}^{[t]} G(t-l)\, Q^{(l+1)}(0)$$

usw. Schliesslich ist

$$Y(t+n) = \sum_{l=1}^{[t+n]} G(t+n-l)\, Q^{(l-1)}(0) = \sum_{l=-n+1}^{[t]} G(t-l)\, Q^{(n+l-1)}(0)$$
$$= G(t) + \sum_{l=1}^{[t]} G(t-l)\, Q^{(n+l-1)}(0).$$

Also ergibt sich

$$c_0\, Y(t) + c_1\, Y(t+1) + \cdots + c_n\, Y(t+n)$$
$$= c_n\, G(t) + \sum_{l=1}^{[t]} G(t-l)\,\big[c_0\, Q^{(l-1)}(0) + \cdots + c_n\, Q^{(l-1+n)}(0)\big].$$

Nun ist aber nach 13.1 (13) die Funktion $Q(t)$ eine Lösung der homogenen Gleichung (5), also

$$c_0\, Q(t) + \cdots + c_n\, Q^{(n)}(t) = 0\,,$$

mithin auch

$$c_0\, Q^{(l-1)}(t) + \cdots + c_n\, Q^{(l-1+n)}(t) = 0$$

und speziell

$$c_0\, Q^{(l-1)}(0) + \cdots + c_n\, Q^{(l-1+n)}(0) = 0\,.$$

Da ausserdem $c_n = 1$ ist, so ist

$$c_0\, Y(t) + \cdots + c_n\, Y(t + n) = G(t)\,.$$

Wir erhalten also

Satz 1. *Die Lösung der inhomogenen Differenzengleichung* (1) *mit* $c_n = 1$ *unter der Anfangsbedingung*

$$Y(t) = 0 \quad \text{für } 0 \leq t < n$$

lautet:

$$Y(t) = \sum_{l=n}^{[t]} G(t-l) \sum_{\mu=1}^{n} \frac{\alpha_\mu^{l-1}}{p'(\alpha_\mu)} \quad \text{für } t \geq n$$

$$= \sum_{l=n}^{[t]} G(t-l)\, Q^{(l-1)}(0)$$

mit

$$Q(t) = \sum_{\mu=1}^{n} \frac{e^{\alpha_\mu t}}{p'(\alpha_\mu)}\,,$$

wenn $p(z) = \sum_{\nu=0}^{n} c_\nu\, z^\nu$ *die einfachen Nullstellen* $\alpha_1, \ldots, \alpha_n$ *hat. Dabei ist der Koeffizient des ersten Gliedes* $G(t-n)$ *gleich* 1.

Wie bei der Lösung der Differentialgleichung (vgl. II, S. 265) kann man noch die Umformung vornehmen:

$$y(s) = s\, g(s)\, \frac{1}{s\, p(e^s)}\,.$$

$1/(s\, p(e^s))$ entspricht dem Spezialfall $g(s) \equiv 1/s$, $G(t) \equiv 1$. Die Lösung hierfür im Originalbereich sei $Y_0(t)$. Dann ist $Y(t) = d/dt\, G(t) * Y_0(t)$.

Satz 2. *Ist* $Y_0(t)$ *die Lösung der Differenzengleichung* (1) *mit der rechten Seite* $G(t) \equiv 1$ *unter der Anfangsbedingung* $Y(t) = 0$ *für* $0 \leq t < n$, *so ist die Lösung bei beliebiger (integrabler) rechter Seite* $G(t)$ *unter derselben Anfangsbedingung*

$$Y(t) = \frac{d}{dt}\, G(t) * Y_0(t)\,.$$

Wir behandeln nun den von $g(s)$ unabhängigen Teil von (3), d. h. die *homogene Differenzengleichung mit beliebiger Anfangsbedingung*. Setzen wir

$$\sum_{k=0}^{n-\nu} c_{\nu+k}\, z^k = q_\nu(z)\,,$$

so ist

$$\frac{q_\nu(z)}{p(z)} = \sum_{\mu=1}^{n} \frac{q_\nu(\alpha_\mu)}{p'(\alpha_\mu)} \, \frac{1}{z - \alpha_\mu} \, ,$$

also

$$\frac{q_\nu(e^s)}{p(e^s)} = \sum_{\mu=1}^{n} \frac{q_\nu(\alpha_\mu)}{p'(\alpha_\mu)} \, \frac{1}{e^s - \alpha_\mu} = \sum_{\mu=1}^{n} \frac{q_\nu(\alpha_\mu)}{p'(\alpha_\mu)} \sum_{l=1}^{\infty} \alpha_\mu^{l-1} \, e^{-ls} \qquad \text{für } e^{\Re s} > |\alpha_\mu| \, .$$

Der jetzt betrachtete Teil von $y(s)$ hat also die Gestalt

$$\sum_{\nu=1}^{n} e^{\nu s} \int_{\nu-1}^{\nu} e^{-st} \, Y(t) \, dt \sum_{\mu=1}^{n} \frac{q_\nu(\alpha_\mu)}{p'(\alpha_\mu)} \sum_{l=1}^{\infty} \alpha_\mu^{l-1} \, e^{-ls}$$

$$= \sum_{\nu=1}^{n} \sum_{\mu=1}^{n} \frac{q_\nu(\alpha_\mu)}{p'(\alpha_\mu)} \sum_{l=1}^{\infty} \alpha_\mu^{l-1} \int_{\nu-1}^{\nu} e^{-s(t-\nu+l)} \, Y(t) \, dt$$

$$(9) \qquad = \sum_{\nu=1}^{n} \sum_{\mu=1}^{n} \frac{q_\nu(\alpha_\mu)}{p'(\alpha_\mu)} \sum_{l=1}^{\infty} \alpha_\mu^{l-1} \int_{l-1}^{l} e^{-st} \, Y(t + \nu - l) \, dt \, .$$

Das Integral

$$\int_{l-1}^{l} e^{-st} \, Y(t + \nu - l) \, dt$$

ist die $\mathfrak{L}$-Transformierte der Funktion, die in $l-1 \leqq t < l$ gleich $Y(t + \nu - l)$ und sonst 0, d. h. nur für $[t] = l - 1$ von 0 verschieden und gleich $Y(t - [t] + \nu - 1)$ ist. Setzen wir

$$t - [t] = \{t\} = \text{kleinster positiver Rest von } t \text{ mod. } 1,$$

so können wir dafür kürzer $Y(\{t\} + \nu - 1)$ schreiben. Also gehört zu (9) die Originalfunktion

$$(10) \qquad Y(t) = \sum_{\nu=1}^{n} \sum_{\mu=1}^{n} \frac{q_\nu(\alpha_\mu)}{p'(\alpha_\mu)} \, \alpha_\mu^{[t]} \, Y(\{t\} + \nu - 1)$$

oder, wenn wir für q_ν den expliziten Ausdruck einsetzen:

$$Y(t) = \sum_{\nu=1}^{n} Y(\{t\} + \nu - 1) \sum_{\mu=1}^{n} \frac{\alpha_\mu^{[t]}}{p'(\alpha_\mu)} \sum_{k=0}^{n-\nu} c_{\nu+k} \, \alpha_\mu^{k}$$

$$(11) \qquad = \sum_{\nu=1}^{n} Y(\{t\} + \nu - 1) \sum_{k=0}^{n-\nu} c_{\nu+k} \sum_{\mu=1}^{n} \frac{\alpha_\mu^{[t]+k}}{p'(\alpha_\mu)}$$

$$= \sum_{\nu=1}^{n} Y(\{t\} + \nu - 1) \sum_{k=0}^{n-\nu} c_{\nu+k} \, Q^{([t]+k)}(0) \, .$$

An dieser Form kann man feststellen, dass $Y(t)$ für $0 \leqq t < n$ den vorgeschriebenen Wert hat. Denn wenn $0 \leq t < n$ ist, so ist $[t] = v_0 - 1$, wo v_0 ein bestimmter Wert zwischen 1 und n ist. Dann ist nach (7) für $v = v_0$:

$$Q^{([t]+k)}(0) = \begin{cases} 0 & \text{für } k = 0, \ldots, n - v_0 - 1 \quad \big([t] + k \leq n - 2\big) \\ 1 & \text{für } k = n - v_0 \qquad\qquad\quad \big([t] + k = n - 1\big), \end{cases}$$

also

$$\sum_{k=0}^{n-v_0} c_{v_0+k}\, Q^{([t]+k)}(0) = c_n = 1 .$$

Für $n \geq v > v_0$ ist $k < n - v_0$, also nach dem Vorigen $Q^{([t]+k)}(0) = 0$ und

$$\sum_{k=0}^{n-v} c_{v+k}\, Q^{([t]+k)}(0) = 0 \quad \text{für } v_0 < v \leq n .$$

Für $1 \leq v < v_0$ beachten wir, dass

$$c_0\, Q(t) + \cdots + c_n\, Q^{(n)}(t) = 0$$

ist, so dass durch $v_0 - v - 1$-malige Differentiation für $t = 0$ folgt:

$$c_0\, Q^{(v_0-v-1)}(0) + \cdots + c_{v-1}\, Q^{(v_0-2)}(0) + c_v\, Q^{(v_0-1)}(0) + \cdots + c_n\, Q^{(n+v_0-v-1)}(0) = 0 .$$

Wegen $v_0 \leq n$, $v_0 - 2 \leq n - 2$ ist nach (7)

$$Q^{(v_0-v-1)}(0) = \cdots = Q^{(v_0-2)}(0) = 0 ,$$

also

$$c_v\, Q^{(v_0-1)}(0) + \cdots + c_n\, Q^{(n+v_0-v-1)}(0) = 0 ,$$

d. h.

$$\sum_{k=0}^{n-v} c_{v+k}\, Q^{([t]+k)}(0) = 0 \quad \text{für } 1 \leq v < v_0 .$$

Auf der rechten Seite von (11) bleibt daher nur der Wert $Y(\{t\} + v_0 - 1) = Y(t)$ übrig.

Um zu verifizieren, dass die Funktion (11) der homogenen Differenzengleichung genügt, brauchen wir nur zu beachten, dass die Funktionen $Q^{([t]+k)}(0)$, $k = 0, \ldots, n - v$, ihr genügen, denn es ist

$$c_0\, Q^{([t]+k)}(0) + c_1\, Q^{([t+1]+k)}(0) + \cdots + c_n\, Q^{([t+n]+k)}(0)$$

$$= c_0\, Q^{([t]+k)}(0) + c_1\, Q^{([t]+k+1)}(0) + \cdots + c_n\, Q^{([t]+k+n)}(0) = 0 ,$$

so dass auch die linearen Kombinationen $\sum_{k=0}^{n-v} c_{v+k}\, Q^{([t]+k)}(0)$ ihr genügen. Die Koeffizienten $Y(\{t\} + v - 1)$ aber sind gegen den Ersatz von t durch $t+1, \ldots,$ $t+n$ invariant, so dass auch die mit ihnen gebildete Kombination (11) die homogene Differenzengleichung erfüllt. Damit haben wir erhalten:

Satz 3. *Die Lösung der homogenen Differenzengleichung* (1) *mit* $c_n = 1$ *unter einer beliebigen Anfangsbedingung lautet*

$$Y(t) = \sum_{\nu=1}^{n} Y(\{t\} + \nu - 1) \sum_{k=0}^{n-\nu} c_{\nu+k}\, Q^{([t]+k)}(0)\,,$$

wenn $p(z) = \sum_{\nu=0}^{n} c_\nu\, z^\nu$ *die einfachen Nullstellen* $\alpha_1,\ \ldots,\ \alpha_n$ *hat und*

$$Q(t) = \sum_{\mu=1}^{n} \frac{e^{\alpha_\mu t}}{p'(\alpha_\mu)}\,, \quad \text{also} \quad Q^{([t]+k)}(0) = \sum_{\mu=1}^{n} \frac{\alpha_\mu^{[t]+k}}{p'(\alpha_\mu)}$$

ist. $Y(t)$ *kann auch in der Form geschrieben werden:*

$$Y(t) = \sum_{\nu=1}^{n} Y(\{t\} + \nu - 1) \sum_{\mu=1}^{n} \frac{\alpha_\mu^{[t]}}{p'(\alpha_\mu)} \sum_{k=0}^{n-\nu} c_{\nu+k}\, \alpha_\mu^{k}\,.$$

Die Lösung der inhomogenen Differenzengleichung unter beliebiger Anfangsbedingung erhält man durch Addition der Lösungen in Satz 1 und 3.

2. Unter den α_μ kommen gleiche vor

Die wirklich verschiedenen Wurzeln von $p(z)$ seien $\alpha_1,\ \ldots,\ \alpha_m$, ihre Vielfachheiten seien $k_1,\ \ldots,\ k_m$. Wir brauchen für diesen Fall die Ableitung der Lösung nicht erneut durchzuführen, sondern können die früheren Lösungsformeln benutzen, wenn wir die Funktion $Q(t)$ durch die für den Fall mehrfacher Wurzeln zuständige Funktion ersetzen. Lautet die Partialbruchzerlegung von $1/p(s)$ jetzt folgendermassen:

$$\frac{1}{p(s)} = \sum_{\mu=1}^{m} \left(\frac{a_{\mu 1}}{s - \alpha_\mu} + \cdots + \frac{a_{\mu k_\mu}}{(s - \alpha_\mu)^{k_\mu}} \right),$$

so entspricht ihr die Originalfunktion

$$(12) \qquad Q(t) = \sum_{\mu=1}^{m} \left(a_{\mu 1} + a_{\mu 2}\, \frac{t}{1!} + \cdots + a_{\mu k_\mu}\, \frac{t^{k_\mu - 1}}{(k_\mu - 1)!} \right) e^{\alpha_\mu t}.$$

Diese Funktion ist die Lösung der entsprechenden homogenen Differentialgleichung (5) mit den Anfangswerten

$$Q(0) = Q'(0) = \cdots = Q^{(n-2)}(0) = 0, \quad Q^{(n-1)}(0) = 1$$

(siehe II, S. 263). Schreibt man die in Satz 1 und 3 angegebenen Lösungsformen unter Verwendung der Funktion Q auf, so wird bei der Verifikation, dass dies tatsächlich die richtigen Lösungen sind, überhaupt nichts anderes gebraucht als diese Eigenschaft der Funktion Q. Die früheren Lösungen bleiben also richtig, wenn man unter $Q(t)$ jetzt die Funktion (12) versteht.

Satz 4. *Im Fall mehrfacher Wurzeln wird die Lösung der inhomogenen Differenzengleichung* (1) *mit* $c_n = 1$ *unter der Anfangsbedingung* $Y(t) = 0$ *für* $0 \leq t < n$ *gegeben durch*

$$Y(t) = \sum_{l=n}^{[t]} G(t - l)\, Q^{(l-1)}(0) \quad \textit{für } t \geq n,$$

wo $Q(t)$ *durch* (12) *definiert ist.*

Satz 5. *Im Fall mehrfacher Wurzeln wird die Lösung der homogenen Differenzengleichung* (1) *mit* $c_n = 1$ *unter beliebiger Anfangsbedingung gegeben durch*

$$Y(t) = \sum_{\nu=1}^{n} Y\big(\{t\} + \nu - 1\big) \sum_{k=0}^{n-\nu} c_{\nu+k}\, Q^{([t]+k)}(0),$$

wo $Q(t)$ *durch* (12) *definiert ist.*

Wie es die obigen Beweise deutlich gemacht haben, beruht der gesamte Mechanismus der Differenzengleichung darauf, dass die Funktion $Q(t)$, die mit den Wurzeln der «charakteristischen Gleichung» $p(z) = 0$ gebildet ist, die Lösung der zugeordneten homogenen Differentialgleichung (5) mit den Anfangswerten $Q(0) = Q'(0) = \cdots = Q^{(n-2)}(0) = 0$, $Q^{(n-1)}(0) = 1$ ist (Greensche Funktion). Beschränkt man t auf ganzzahlige Werte, so lässt sich dieser Zusammenhang vermittels der S. 93 unter III angegebenen Transformation noch weiter einsichtig machen, worauf wir hier nicht näher eingehen.

In praktischen Problemen sind manchmal nicht die Werte von $Y(t)$ in den n Anfangsstücken $(0,1)$, $(1,2)$, … $(n-1, n)$, sondern *in irgendwelchen Stücken* $(k_1 - 1, k_1)$, $(k_2 - 1, k_2)$, …, $(k_n - 1, k_n)$ $(k_1, …, k_n$ ganzzahlig) gegeben. Dann kann man die Lösung zunächst in den oben angegebenen Formen ansetzen und hierauf aus den gegebenen Werten die unbekannten Anfangswerte ausrechnen. Zu diesem Zweck schreiben wir die allgemeine Lösung der Differenzengleichung (inhomogen mit beliebigen Anfangsbedingungen) in der ꞏabgekürzten Form

$$Y(t) = \sum_{l=n}^{[t]} a_l\, G(t - l) + \sum_{\nu=1}^{n} b_\nu\big([t]\big)\, Y\big(\{t\} + \nu - 1\big),$$

wobei die erste Summe 0 bedeutet für $t < n$. Setzen wir hierin die Werte von t in $k_1 - 1 \leq t < k_1$, d. h. $t = \{t\} + k_1 - 1$ ein, so ergibt sich die Gleichung

$$Y\big(\{t\} + k_1 - 1\big) = \sum_{l=n}^{[t]} a_l\, G\big(\{t\} + k_1 - 1 - l\big) + \sum_{\nu=1}^{n} b_\nu(k_1 - 1)\, Y\big(\{t\} + \nu - 1\big).$$

Hierin sind $Y(\{t\} + k_1 - 1)$ und $G(\{t\} + k_1 - 1 - l)$ bekannt und die Werte $Y(\{t\} + \nu - 1)$ gesucht. Schreibt man die analogen Gleichungen für die anderen Stücke $k_2 - 1 \leq t < k_2$ usw. an, so erhält man insgesamt n lineare Gleichungen für die n Unbekannten $Y(\{t\} + \nu - 1)$, $\nu = 1, …, n$. Befinden sich unter den gegebenen Stücken schon einige der Anfangsstücke, so braucht man die Gleichungen natürlich nur für die übrigen Stücke anzuschreiben. — Explizite Durchführung für den Fall $n = 2$ (Differenzengleichung zweiter Ordnung unter Randbedingungen) siehe in Satz 1 [24. 1].

Beispiel: Elektrischer Kettenleiter

Es sei ein elektrischer Kettenleiter (Siebkette) in Sprossenschaltung (vgl. 13.7) nach dem Schema von Figur 15 gegeben [64], wo R_1 und R_2 Widerstände und $I_1, I_2, \ldots$ Stromstärken sind. Nach dem Kirchhoffschen Gesetz ist die Summe der Spannungsabfälle in der $m + 1$-ten Sprosse gleich 0, also

$$R_1 I_{m+1} + R_2(I_{m+1} - I_{m+2}) + R_2(I_{m+1} - I_m) = 0$$

oder

$$R_2 I_m - (R_1 + 2 R_2) I_{m+1} + R_2 I_{m+2} = 0.$$

Da m nur ganzzahlige Werte annimmt, handelt es sich eigentlich um eine Rekursionsgleichung; wir können aber aus ihr eine Differenzengleichung machen,

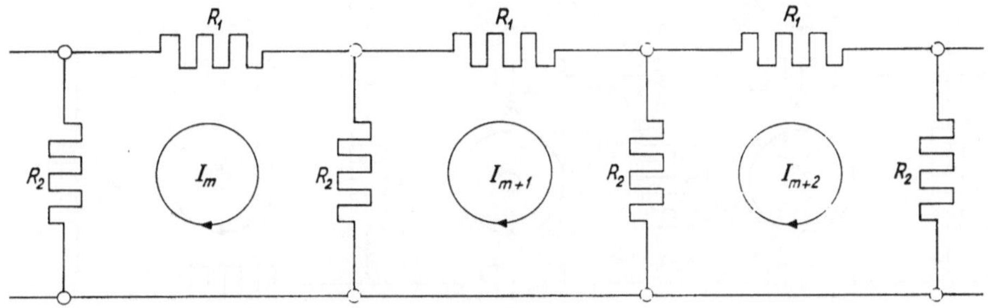

Figur 15

indem wir etwa $I(t) = I_m$ für $m \leq t < m + 1$ setzen. Dann ist

$$R_2 I(t) - (R_1 + 2 R_2) I(t + 1) + R_2 I(t + 2) = 0$$

eine Differenzengleichung zweiter Ordnung ($n = 2$). Damit $c_n = 1$ ist, schreiben wir sie in der Form

$$I(t) - \frac{R_1 + 2 R_2}{R_2} I(t + 1) + I(t + 2) = 0.$$

Wir nehmen an, dass I_0 und I_1 gegeben sind, so dass für $I(t)$ die Anfangswerte in $0 \leq t < 2$ bekannt sind. Zunächst sind die Nullstellen von

$$p(z) = 1 - \frac{R_1 + 2 R_2}{R_2} z + z^2$$

aufzusuchen. Die Diskriminante ist

$$1 - \frac{(R_1 + 2 R_2)^2}{4 R_2^2}.$$

Wäre sie 0, so müsste $R_1 + 2 R_2 = \pm 2 R_2$, also $R_1 = 0$ oder $R_1 + 4 R_2 = 0$

sein, was wegen $R_1 > 0$, $R_2 > 0$ ausgeschlossen ist. Also sind die Wurzeln

$$\alpha_{1,2} = \frac{1}{2\,R_2}\left(R_1 + 2\,R_2 \pm \sqrt{R_1^2 + 4\,R_1\,R_2}\right)$$

verschieden und reell; übrigens ist $\alpha_1\,\alpha_2 = 1$. Nach Satz 3 ist

$$I(t) = \sum_{\nu=1}^{2} I(\{t\} + \nu - 1)\sum_{\mu=1}^{2}\frac{\alpha_\mu^{[t]}}{p'(\alpha_\mu)}\sum_{k=0}^{2-\nu}c_{\nu+k}\,\alpha_\mu^k,$$

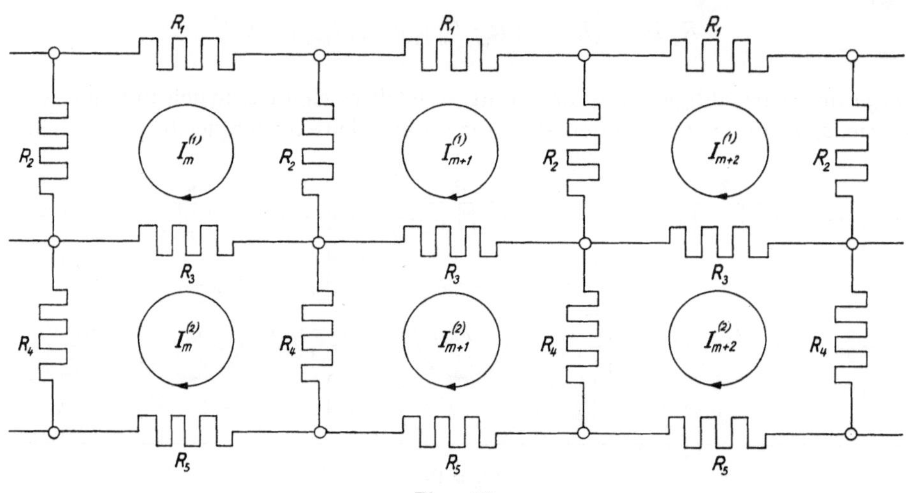

Figur 16

also

$$I_m = I_0\left[\frac{\alpha_1^m}{p'(\alpha_1)}\,(c_1 + c_2\,\alpha_1) + \frac{\alpha_2^m}{p'(\alpha_2)}\,(c_1 + c_2\,\alpha_2)\right] + I_1\left[\frac{\alpha_1^m}{p'(\alpha_1)}\,c_2 + \frac{\alpha_2^m}{p'(\alpha_2)}\,c_2\right]$$

$$= \frac{\alpha_1^m}{p'(\alpha_1)}\left[I_0(c_1 + \alpha_1) + I_1\right] + \frac{\alpha_2^m}{p'(\alpha_2)}\left[I_0(c_1 + \alpha_2) + I_1\right].$$

Hierin ist

$$\alpha_1 = 1 + \frac{1}{2}\,\frac{R_1}{R_2} + \frac{1}{2}\sqrt{\left(\frac{R_1}{R_2}\right)^2 + 4\,\frac{R_1}{R_2}}, \quad \alpha_2 = \alpha_1^{-1},$$

$$p'(\alpha_1) = \sqrt{\left(\frac{R_1}{R_2}\right)^2 + 4\,\frac{R_1}{R_2}}, \quad p'(\alpha_2) = -\sqrt{\left(\frac{R_1}{R_2}\right)^2 + 4\,\frac{R_1}{R_2}}, \quad c_1 = -\left(\frac{R_1}{R_2} + 2\right).$$

Setzt man $R_1/R_2 = R$, so ergibt sich mit $\alpha_1 = 1 + (R/2) + \sqrt{R^2 + 4\,R}/2$:

$$I_m = \frac{1}{\sqrt{R^2 + 4\,R}}\left\{\alpha_1^m[I_1 - I_0\,\alpha_1^{-1}] - \alpha_1^{-m}[I_1 - I_0\,\alpha_1]\right\}.$$

Ist, wie in der Praxis meist, nicht I_0 und I_1, sondern die Stromstärke I_0 der Anfangs- und I_N der Endsprosse gegeben, so hat man I_1 aus I_N zu berechnen.

Die für *eine* Differenzengleichung entwickelte Methode lässt sich offenkundig auch für ein *System von mehreren Differenzengleichungen* anwenden. Ein solches stellt sich z. B. ein, wenn ein komplizierterer Kettenleiter nach dem Schema von Figur 16 vorliegt[65]. Das Kirchhoffsche Gesetz, angewendet auf die beiden $m + 1$-ten Sprossen liefert

$$R_1 I_{m+1}^{(1)} + R_2(I_{m+1}^{(1)} - I_{m+2}^{(1)}) + R_3(I_{m+1}^{(1)} - I_{m+1}^{(2)}) + R_2(I_{m+1}^{(1)} - I_m^{(1)}) = 0$$

$$R_5 I_{m+1}^{(2)} + R_4(I_{m+1}^{(2)} - I_{m+2}^{(2)}) + R_3(I_{m+1}^{(2)} - I_{m+1}^{(1)}) + R_4(I_{m+1}^{(2)} - I_m^{(2)}) = 0$$

oder

$$R_2 I_m^{(1)} - (R_1 + 2 R_2 + R_3) I_{m+1}^{(1)} + R_2 I_{m+2}^{(1)} + R_3 I_{m+1}^{(2)} = 0$$

$$R_3 I_{m+1}^{(1)} + R_4 I_m^{(2)}$$

$$- (R_3 + 2 R_4 + R_5) I_{m+1}^{(2)} + R_4 I_{m+2}^{(2)} = 0.$$

Dieses System von Rekursionsgleichungen kann durch die gleiche Konvention wie oben auf ein System von Differenzengleichungen der Form

$$a_{11} Y_1(t) + b_{11} Y_1(t + 1) + c_{11} Y_1(t + 2)$$

$$+ a_{12} Y_2(t) + b_{12} Y_2(t + 1) + c_{12} Y_2(t + 2) = G_1(t)$$

$$a_{21} Y_1(t) + b_{21} Y_1(t + 1) + c_{21} Y_1(t + 2)$$

$$+ a_{22} Y_2(t) + b_{22} Y_2(t + 1) + c_{22} Y_2(t + 2) = G_2(t)$$

zurückgeführt werden, dem vermittels $\mathfrak{L}$-Transformation ein System von zwei linearen algebraischen Gleichungen in den Unbekannten $y_1(s)$, $y_2(s)$ entspricht. Hieraus lassen sich $y_1(s)$, $y_2(s)$ ausrechnen, was auf ähnliche Ausdrücke wie (3) führt, die nach denselben Methoden wie dort in den Originalraum übersetzt werden können.

§ 3. Die Differentialdifferenzengleichung in einer unabhängigen Variablen

Es sei für eine Funktion $Y(t)$ von einer Variablen eine lineare Gleichung gegeben, in der sowohl *Differenzen* als auch *Ableitungen* (der Funktion und ihrer Differenzen) vorkommen. Ist n die höchste Ordnung der Differenzen und N die der Ableitungen, so hat die Gleichung die Gestalt[66]

$$\sum_{\mu=0}^{N} \sum_{\nu=0}^{n} c_{\mu\nu} \frac{d^\mu Y(t + \nu)}{dt^\mu} = G(t).$$

Nach den Regeln II und XIII entspricht ihr vermittels $\mathfrak{L}$-Transformation die lineare algebraische Gleichung*)

$$\sum_{\mu=0}^{N}\sum_{\nu=0}^{n} c_{\mu\nu}\left\{ s^\mu e^{\nu s}\left[y(s) - \int_0^\nu e^{-st} Y(t)\, dt\right] \right.$$
$$\left. - Y(\nu)\, s^{\mu-1} - Y'(\nu)\, s^{\mu-2} - \cdots - Y^{(\mu-1)}(\nu)\right\} = g(s),$$

deren Lösung lautet:

$$y(s) =$$

$$\frac{g(s) + \sum_{\nu=0}^{n} e^{\nu s}\int_0^\nu e^{-st} Y(t)\, dt + \sum_{\mu=0}^{N}\left\{ s^{\mu-1}\sum_{\nu=0}^{n} c_{\mu\nu} Y(\nu) + s^{\mu-2}\sum_{\nu=0}^{n} c_{\mu\nu} Y'(\nu) + \cdots + \sum_{\nu=0}^{n} c_{\mu\nu} Y^{(\mu-1)}(\nu)\right\}}{\sum_{\nu=0}^{n} e^{\nu s}\sum_{\mu=0}^{N} c_{\mu\nu}\, s^\mu} .$$

Damit die Lösung eindeutig bestimmt ist, muss $Y(t)$ in $0 \leq t \leq n$ als $N-1$-mal differenzierbare Funktion gegeben sein; dann sind die Werte $Y(\nu)$, $Y'(\nu)$, ..., $Y^{(\mu-1)}(\nu)$ $(\nu = 0, ..., n;\ \mu = 0, ..., N)$ und $\int_0^\nu e^{-st} Y(t)\, dt$ bekannt. Die Rücktransformation der Lösung ist hier wegen der fehlenden Partialbruchentwicklung nicht so elegant zu bewerkstelligen wie im vorigen Paragraphen. Eine Möglichkeit, $Y(t)$ zu berechnen, ist die folgende: Man schreibt

$$\left(\sum_{\nu=0}^{n} e^{\nu s}\sum_{\mu=0}^{N} c_{\mu\nu}\, s^\mu \right)^{-1} = e^{-ns}\left(\sum_{\mu=0}^{N} c_{\mu n}\, s^\mu \right)^{-1}\left(1 + \frac{\sum_{\nu=0}^{n-1} e^{\nu s}\sum_{\mu=0}^{N} c_{\mu\nu}\, s^\mu}{e^{ns}\sum_{\mu=0}^{N} c_{\mu n}\, s^\mu} \right)^{-1}.$$

und entwickelt $(1 + \cdots/\cdots)^{-1}$ für hinreichend grosse $\Re s$ in eine Reihe. Dann wird die für $y(s)$ entstehende Summe gliedweise transformierbar. – In speziellen Fällen, bei denen nur wenige $c_{\mu\nu}$ von 0 verschieden sind, sind auch einfachere Methoden möglich.

---

*) Für $\mu = 0$ ist das Aggregat $Y(\nu)\, s^{\mu-1} + \cdots + Y^{(\mu-1)}(\nu)$ gleich 0 zu setzen.

23. KAPITEL

Gewöhnliche Differenzengleichungen im Bildraum

§ 1. Analytische Lösungen einer Differenzengleichung

Wir behandeln die lineare Differenzengleichung mit konstanten Koeffizienten jetzt unter der Annahme, dass die gesuchte Funktion dem *Bildraum* der $\mathfrak{L}$-Transformation angehört[67]. Dies führt wegen der sehr einfachen Regel VI:

$$y(s + \alpha) \bullet\!\!-\!\!\circ\ e^{-\alpha t}\, Y(t)$$

zu einem viel durchsichtigeren Algorithmus, als wenn die gesuchte Funktion dem Originalraum angehört. Es ist aber zu beachten, dass dann als Lösungen nur *analytische Funktionen* in Betracht kommen, was im vorigen Kapitel nicht der Fall war.

Die gegebene Differenzengleichung sei

$$(1) \qquad \sum_{v=0}^{n} c_v\, y(s + \alpha_v) = g(s).$$

Die c_v und α_v sind beliebige komplexe Zahlen, die α_v brauchen nicht Multipla einer festen Zahl zu sein. Für $y(s)$ lassen wir Funktionen zu, die als $\mathfrak{L}^{(\varphi)}$-*Transformierte* (siehe I, S. 362) darstellbar sind. $g(s)$ muss dann auch eine $\mathfrak{L}^{(\varphi)}$-Transformierte sein, und wir nehmen der Einfachheit halber zunächst an, dass $g(s)$ *in* $s = \infty$ *holomorph und gleich* 0, also die $\mathfrak{L}^{(\varphi)}$-Transformierte (für jedes φ) einer ganzen Funktion $G(t)$ vom Exponentialtypus ist.

Der Gleichung (1) entspricht im Originalraum die lineare algebraische Gleichung*)

$$(2) \qquad \sum_{v=0}^{n} c_v\, e^{-\alpha_v t}\, Y(t) = G(t) \qquad \text{oder} \quad K(t)\, Y(t) = G(t)$$

mit

$$\sum_{v=0}^{n} c_v\, e^{-\alpha_v t} = K(t).$$

---

*) $K(t)$ ist vom Exponentialtypus. Gilt für $Y(t)$ dasselbe, so entspricht der Gleichung (2) nach Satz 3 [I 10. 6] die Integralgleichung vom komplexen Faltungstypus

$$\frac{1}{2\pi i} \int k(s - z)\, y(z)\, dz = g(s)$$

(das Integral über einen gewissen Kreis um O erstreckt). Damit ist eine Brücke zu den Untersuchungen im 28. Kap. geschlagen.

$Y(t)$ ist in der ganzen Ebene definiert bis auf die Nullstellen von $K(t)$. Sind speziell die α_ν die Multipla $\nu \alpha$ einer komplexen Zahl α, so hat

$$\sum_{\nu=0}^{n} c_\nu e^{-\nu \alpha t} = \sum_{\nu=0}^{n} c_\nu z^\nu \qquad (z = e^{-\alpha t})$$

n Nullstellen z_μ. Ist t_μ eine der Wurzeln von $e^{-\alpha t} = z_\mu$, so werden die anderen durch

$$t_\mu + k \frac{2\pi i}{\alpha} \qquad (k = \pm 1, \pm 2, \ldots)$$

gegeben. Die Nullstellen von $K(t)$ liegen also auf n parallelen Geraden (die nicht alle verschieden zu sein brauchen) und sind äquidistant. Es gibt daher Strahlen durch O und sogar ganze Sektoren, die nullstellenfrei sind, abgesehen von dem Sonderfall, dass $t = 0$ Nullstelle ist.

Wir behaupten, dass dies im allgemeinen ebenso ist. Ist $\operatorname{arc} t = \varphi$ und $\alpha_\nu = \beta_\nu + i\gamma_\nu$, so ist

$$\alpha_\nu t = (\beta_\nu + i\gamma_\nu)\, |t|\, (\cos\varphi + i\sin\varphi),$$

also

(3)
$$\Re(\alpha_\nu t) = |t|\, (\beta_\nu \cos\varphi - \gamma_\nu \sin\varphi) = d_\nu(\varphi)\, |t|.$$

Es kann nur dann $d_{\nu_1}(\varphi) = d_{\nu_2}(\varphi)$ sein, wenn

$$\beta_{\nu_1} \cos\varphi - \gamma_{\nu_1} \sin\varphi = \beta_{\nu_2} \cos\varphi - \gamma_{\nu_2} \sin\varphi, \quad \text{d. h.} \quad \operatorname{tg}\varphi = \frac{\beta_{\nu_1} - \beta_{\nu_2}}{\gamma_{\nu_1} - \gamma_{\nu_2}}$$

ist. Das ist nur für zwei (entgegengesetzte) Richtungen der Fall. Es gibt also nur endlich viele Richtungen φ_c, in denen zwei $d_\nu(\varphi)$ gleich sind. In allen anderen Richtungen sind sie verschieden. Daher existiert für jede von den φ_c verschiedene Richtung ein kleinstes $d_\nu(\varphi)$, das wir $d_\mu(\varphi)$ nennen. Es ist

(4)
$$|K(t)| = \left| e^{-\alpha_\mu t} \sum_{\nu=0}^{n} c_\nu e^{-(\alpha_\nu - \alpha_\mu)t} \right| \geqq e^{-d_\mu(\varphi)\, t} \left[|c_\mu| - \sum_{\nu=0, \nu \neq \mu}^{n} |c_\nu|\, e^{-[d_\nu(\varphi) - d_\mu(\varphi)]|t|} \right].$$

Da $d_\nu(\varphi) - d_\mu(\varphi) > 0$ ist, kann man ϱ so gross wählen, dass für $|t| > \varrho$

$$\sum_{\nu=0, \nu \neq \mu}^{n} |c_\nu|\, e^{-[d_\nu(\varphi) - d_\mu(\varphi)]|t|} < \frac{1}{2}\, |c_\mu|,$$

also

(5)
$$|K(t)| > \frac{|c_\mu|}{2}\, e^{-d_\mu(\varphi)|t|}$$

ist. Die $d_\nu(\varphi)$ ändern sich stetig mit φ; wenn d_μ auf einem Strahl das kleinste unter den d_ν ist, so bleibt es auch in einem ganzen Sektor das kleinste. Die vorige Abschätzung von (4) bis (5) gilt also gleichmässig in einem Sektor um jedes $\varphi \neq \varphi_c$ herum. Daraus folgt, dass in jedem solchen Sektor $K(t) \neq 0$ für $|t| > \varrho$ ist. In $|t| \leqq \varrho$ aber liegen höchstens endlich viele Nullstellen. Also kann man den Sektor in Teile zerlegen, in denen keine einzige Nullstelle von $K(t)$ liegt, ausser höchstens $t = 0$.

Zusammenfassend können wir sagen: Es gibt *höchstens endlich viele Strahlen* von 0 aus, auf denen *unendlich* viele Nullstellen liegen, auf jedem anderen Strahl liegen *höchstens endlich* viele. Es gibt Sektoren, in denen *keine einzige* Nullstelle ausser höchstens $t = 0$ liegt.

Wir nehmen nun zunächst an, dass $K(0) = \sum_{\nu=0}^{n} c_\nu \neq 0$ ist. Es sei $\varphi_1 < \varphi < \varphi_2$ ein Sektor, der keine Nullstelle von $K(t)$ enthält und in dem eine Abschätzung der Form (5) gilt. Dann existiert

$$ Y(t) = \frac{G(t)}{K(t)} \quad \text{für } \varphi_1 < \operatorname{arc} t < \varphi_2, $$

und wenn die Funktion $G(t)$ vom Exponentialtypus, also

$$ |G(t)| < A\, e^{a\,|t|} \quad \text{für alle } t $$

ist, so ist

$$ \frac{G(t)}{K(t)} = O(e^{[a + d_\mu(\varphi)]\,|t|}) \quad \text{für } t \to \infty, $$

und es existiert

$$ (6) \qquad y(s) = \int_0^{\infty(\varphi)} e^{-st}\, \frac{G(t)}{K(t)}\, dt \equiv \mathfrak{L}^{(\varphi)}\left\{ \frac{G}{K} \right\} $$

bei einem festen φ für $\Re(s\, e^{i\varphi}) > a + d_\mu(\varphi)$, wobei φ in $\varphi_1 < \varphi < \varphi_2$ variieren kann (siehe die Gestalt dieses Gebietes I, S. 366, Figur 22). Von dem Existenzgebiet von $y(s)$ kommt nur der Teil in Frage, für den auch $s + \alpha_\nu$ ($\nu = 0, \ldots, n$) zum Existenzgebiet gehört.

Dass (6) tatsächlich die Differenzengleichung (1) erfüllt, ergibt sich unmittelbar. Stellen wir die Werte $y(s + \alpha_\nu)$ sämtlich durch dasselbe Integral $\mathfrak{L}^{(\varphi)}$ dar (was immer möglich ist, wenn $|s|$ hinreichend gross ist), so ist

$$ \sum_{\nu=0}^{n} c_\nu\, y(s + \alpha_\nu) = \sum_{\nu=0}^{n} c_\nu \int_0^{\infty(\varphi)} e^{-(s+\alpha_\nu)t}\, \frac{G(t)}{K(t)}\, dt = \int_0^{\infty(\varphi)} e^{-st} \sum_{\nu=0}^{n} c_\nu\, e^{-\alpha_\nu t}\, \frac{G(t)}{K(t)}\, dt $$

$$ = \int_0^{\infty(\varphi)} e^{-st}\, G(t)\, dt = g(s) . $$

Solange der Integrationsweg von (6) in einem von Nullstellen von $K(t)$ freien Sektor variiert, erhält man eine einheitliche analytische Funktion $y(s)$. Die durch verschiedene Sektoren erzeugten Funktionen brauchen aber *keine analytischen Fortsetzungen* voneinander zu sein. Dreht man nämlich den Integrationsstrahl über eine m-fache Nullstelle t_k von $K(t)$ (also einen m-fachen Pol von $G(t)/K(t)$, wenn nicht $G(t_k) = 0$ ist) hinweg, so ändert sich $y(s)$ um einen Ausdruck der Form (siehe I, S. 368)

$$ (7) \qquad (a_0 + a_1 s + \cdots + a_{m-1} s^{m-1})\, e^{-t_k s}; $$

liegen auf einem Strahl mehrere Nullstellen, so treten mehrere solche Ausdrücke hinzu. (Enthält ein Strahl unendlich viele Nullstellen, so lässt sich nichts aussagen.) Diese Zusatzglieder erfüllen (als Differenz zweier Lösungen der inhomogenen Gleichung) die *homogene* Differenzengleichung, was man für den Fall einer einfachen Nullstelle unmittelbar verifiziert:

$$\sum_{\nu=0}^{n} c_\nu \, e^{-t_k(s+\alpha_\nu)} = e^{-t_k s} \sum_{\nu=0}^{n} c_\nu \, e^{-\alpha_\nu t_k} = e^{-t_k s}\, K(t_k) = 0 \,,$$

während es für den Fall einer m-fachen Nullstelle folgendermassen herauskommt: Ist t_k eine m-fache Nullstelle, so ist

$$K(t_k) \qquad = \sum_{\nu=0}^{n} c_\nu \, e^{-\alpha_\nu t_k} = 0 \,,$$

$$K'(t_k) \qquad = -\sum_{\nu=0}^{n} c_\nu \, \alpha_\nu \, e^{-\alpha_\nu t_k} = 0 \,,$$

$$\dotfill$$

$$K^{(m-1)}(t_k) = (-1)^{m-1} \sum_{\nu=0}^{m} c_\nu \, \alpha_\nu^{m-1} \, e^{-\alpha_\nu t_k} = 0 \,.$$

Bilden wir die linke Seite der Differenzengleichung für $s^p \, e^{-t_k s}$ (p ganz), so ergibt sich

$$\sum_{\nu=0}^{n} c_\nu \, (s + \alpha_\nu)^p \, e^{-t_k(s+\alpha_\nu)}$$

$$= e^{-t_k s} \left\{ s^p \sum_{\nu=0}^{n} e^{-t_k \alpha_\nu} + \binom{p}{1} s^{p-1} \sum_{\nu=0}^{n} c_\nu \, \alpha_\nu \, e^{-t_k \alpha_\nu} + \cdots + \sum_{\nu=0}^{n} c_\nu \, \alpha_\nu^p \, e^{-\alpha_\nu t_k} \right\}.$$

Ist $p \leq m - 1$, so ist die Summe auf der rechten Seite 0, d. h. $s^p e^{-t_k s}$ befriedigt die homogene Differenzengleichung. Dann gilt aber dasselbe für die Funktion

$$(a_0 + a_1 s + \cdots + a_{m-1} s^{m-1}) \, e^{-t_k s},$$

sogar mit beliebigen Koeffizienten $a_0, a_1, \ldots$.

Da das Integral (6) die inhomogene und das Zusatzglied (7) die homogene Differenzengleichung erfüllt, so genügt die Summe wieder der inhomogenen Gleichung. Übrigens ist die Funktion (7) keine $\mathfrak{L}$-Transformierte, woraus hervorgeht, dass die Differenz zweier $\mathfrak{L}$-Transformierten keine $\mathfrak{L}$-Transformierte zu sein braucht, wenn nämlich jene beiden durch Integrale über verschiedene Wege erzeugt werden.

Nun ist noch der Fall zu erledigen, dass $t = 0$ *eine m-fache Nullstelle* von $K(t)$ ist. Dann divergieren alle nach der Formel (6) gebildeten $y(s)$, wenn nicht $G(t)$ in $t = 0$ eine Nullstelle mindestens gleicher Ordnung besitzt. Differenzieren wir aber (6) m-mal:

$$(8) \qquad\qquad y^{(m)}(s) = (-1)^m \int\limits_{0}^{\infty(\varphi)} e^{-st} \, \frac{t^m \, G(t)}{K(t)} \, dt,$$

so existiert das Integral wieder und befriedigt die Differenzengleichung

$$\sum_{\nu=0}^{n} c_\nu\, y^{(m)}(s + \alpha_\nu) = g^{(m)}(s),$$

weil $\mathfrak{L}\{(-t)^m\, G(t)\} = g^{(m)}(s)$ ist. $y(s)$ selbst ist durch (8) nur bis auf ein Polynom der Form $a_0 + a_1 s + \cdots + a_{m-1}\, s^{m-1}$ bestimmt. Das liegt im Wesen der Sache, denn nach dem obigen Beweis, der auch für $t_k = 0$ gilt, genügt im Falle, dass $t = 0$ eine m-fache Nullstelle ist, jedes solche Polynom der homogenen Differenzengleichung, kann also zu einer Lösung der inhomogenen Gleichung addiert werden.

Schliesslich können wir noch bemerken, dass wir die Voraussetzung, $G(t)$ sei vom Exponentialtyp, nur benutzt haben, um in *jedem* von Nullstellen freien Sektor die Konvergenz von (6) behaupten zu können. Um in einem bestimmten Sektor über die Konvergenz von (6) zu verfügen, genügt es, dass $G(t)$ in *diesem* vom Exponentialtyp ist.

Die Ergebnisse können wir so zusammenfassen:

Satz 1. *In der Differenzengleichung* (1) *sei g(s) eine in einer Umgebung von* $s = \infty$ *analytische Funktion mit* $g(\infty) = 0$, *so dass sie die $\mathfrak{L}$-Transformierte einer ganzen Funktion G(t) vom Exponentialtypus ist. Dann existieren im allgemeinen unendlich viele analytische Lösungen von* (1), *die $\mathfrak{L}$-Transformierte (mit komplexen Wegen) sind und die auf folgende Weise erhalten werden: Die Funktion*

$$K(t) = \sum_{\nu=0}^{n} c_\nu\, e^{-\alpha_\nu t}$$

hat im allgemeinen unendlich viele Nullstellen. Nur auf endlich vielen Strahlen $\operatorname{arc} t = \varphi$ *liegen unendlich viele Nullstellen, und es gibt Sektoren, die von Nullstellen frei sind. Ist* $\varphi_1 < \varphi < \varphi_2$ *ein solcher Sektor, so konvergiert im Falle* $K(0) \neq 0$ *die* $\mathfrak{L}^{(\varphi)}$-*Transformierte*

$$y(s) = \int_{0}^{\infty(\varphi)} e^{-st}\, \frac{G(t)}{K(t)}\, dt \quad mit \;\; \varphi_1 < \varphi < \varphi_2$$

in einem Gebiet der Form)* $\Re(s\, e^{i\varphi}) > \varrho,\; \varphi_1 < \varphi < \varphi_2$, *und stellt eine analytische Lösung der inhomogenen Gleichung* (1) *dar. Werden zwei Sektoren durch einen Strahl getrennt, auf dem endlich viele Nullstellen t_k von K(t) mit den Vielfachheiten m_k liegen, so unterscheiden sich die zugehörigen Funktionen y(s) nur durch einen Ausdruck der Form*

$$\sum_{k} (a_0^{(k)} + a_1^{(k)} s + \cdots + a_{m_k-1}^{(k)}\, s^{m_k-1})\, e^{t_k s}.$$

Wenn K(t) die Nullstelle $t = 0$ in der Vielfachheit m hat, so sind die y(s) durch

$$y^{(m)}(s) = (-1)^m \int_{0}^{\infty(\varphi)} e^{-st}\, \frac{t^m\, G(t)}{K(t)}\, dt$$

---

*) Siehe I, S. 366, Figur 22.

bestimmt. – Jede Funktion der Gestalt

$$(a_0 + a_1 s + \cdots + a_{m_k-1} s^{m_k-1}) \, e^{-lks}$$

mit beliebigen $a_0, \ldots, a_{m_k-1}$ ist eine Lösung der homogenen Gleichung (1), aber keine $\mathfrak{L}$-Transformierte. – Ist $g(s)$ allgemeiner eine $\mathfrak{L}$-Transformierte, deren Originalfunktion nur in einem Sektor $\psi_1 < \arc t < \psi_2$ vom Exponentialtypus ist, so sind die $y(s)$ nur mit Wegen in dem Durchschnitt dieses Sektors mit den Sektoren $\varphi_1 < \varphi < \varphi_2$ zu bilden.

Die Gleichung $K(t) \equiv \sum\limits_{v=0}^{n} c_v \, e^{-\alpha_v t} = 0$ und die aus ihren Nullstellen aufgebauten Lösungen (7) der homogenen Gleichung stehen in offenkundiger Analogie zu der charakteristischen Gleichung einer Differentialgleichung und den durch die Nullstellen bestimmten Fundamentallösungen.

Beispiel

Das klassische Beispiel einer Differenzengleichung ist die *Funktionalgleichung der Γ-Funktion* $\Gamma(s+1) = s \, \Gamma(s)$. Die Koeffizienten sind nicht konstant, daher leiten wir aus ihr eine andere ab, indem wir sie differenzieren:

$$\Gamma'(s+1) = s \, \Gamma'(s) + \Gamma(s),$$

und die zweite Gleichung durch die erste dividieren:

$$\frac{\Gamma'}{\Gamma}(s+1) = \frac{\Gamma'}{\Gamma}(s) + \frac{1}{s}.$$

Folglich erfüllt die Gaußsche Funktion

$$\Psi(s) = \frac{\Gamma'}{\Gamma}(s) = \frac{d \log \Gamma(s)}{ds}$$

die inhomogene Differenzengleichung mit konstanten Koeffizienten

$$y(s) - y(s+1) = -\frac{1}{s}.$$

$g(s) = -1/s$ ist in $s = \infty$ holomorph und gleich 0, also ist Satz 1 anwendbar. Es ist

$$G(t) = -1 \quad \text{und} \quad K(t) = 1 - e^{-t}.$$

$K(t)$ hat die unendlich vielen einfachen Nullstellen

$$t_k = k \cdot 2\pi i \qquad\qquad (k = 0, \pm 1, \ldots).$$

Von Nullstellen frei sind die Sektoren $-\pi/2 < \varphi < \pi/2$ und $\pi/2 < \varphi < 3/2\,\pi$. Es ergeben sich also zwei verschiedene Lösungen. Da aber $t = 0$ unter den Nullstellen vorkommt, erhält man nicht unmittelbar $y(s)$, sondern $y'(s)$ nach der Formel

$$y'(s) = \int_0^{\infty(\varphi)} e^{-st} \frac{t}{1-e^{-t}}\, dt\,.$$

Die eine Lösung ist analytisch in $-\pi < \arg s < +\pi$, die andere in $-2\pi < \arg s < 0$. Da Ψ' für $s = 0, -1, -2, \ldots$ singulär ist, muss es mit der ersten Lösung bis auf eine Lösung der homogenen Gleichung $y(s) - y(s+1) = 0$, d. h. bis auf eine periodische Funktion übereinstimmen. Wenn man weiss, dass $\Psi'(s)$ eine $\mathfrak{L}$-Transformierte ist, oder auch nur, dass $\Psi'(s) \to 0$ für $s \to +\infty$, so muss diese periodische Funktion verschwinden, weil eine nicht identisch verschwindende periodische Funktion weder eine $\mathfrak{L}$-Transformierte sein kann (Satz 1 [I 2.10]) noch gegen 0 strebt. Es ergibt sich also

$$\Psi'(s) = \int_0^{\infty(\varphi)} e^{-st} \frac{t}{1-e^{-t}}\, dt \quad \left(|\varphi| < \frac{\pi}{2}\right), \quad |\arg s| < \pi,$$

woraus man die Entwicklung

$$\Psi'(s) = \mathfrak{L}\left\{\frac{t}{1-e^{-t}}\right\} = \mathfrak{L}\left\{\sum_{n=0}^{\infty} t\, e^{-nt}\right\} = \sum_{n=0}^{\infty} \frac{1}{(s+n)^2}$$

erhält, welche die Pole $s = 0, -1, -2, \ldots$ in Evidenz setzt. Um hieraus $\Psi(s)$ zu berechnen, muss man einen Wert von $\Psi(s)$ kennen, z. B. $\Psi(1) = -C$ (C = Eulersche Konstante). Dann ergibt sich

$$\Psi(s) = -C + \int_1^s \Psi'(\sigma)\, d\sigma = -C - \sum_{n=0}^{\infty}\left(\frac{1}{s+n} - \frac{1}{n+1}\right).$$

§ 2. Die Differentialdifferenzengleichung in einer unabhängigen Variablen

Die im vorigen Paragraphen entwickelte Methode lässt sich ohne weiteres auf Differentialdifferenzengleichungen der Form

$$(1) \qquad \sum_{\mu=0}^{N} \sum_{\nu=0}^{n} c_{\mu\nu} \frac{d^\mu y(s+\alpha_\nu)}{ds^\mu} = g(s) \qquad\qquad (\alpha_\nu \text{ komplex})$$

übertragen, wo $g(s)$ wieder eine $\mathfrak{L}$-Transformierte ist, deren Originalfunktion in der ganzen Ebene oder wenigstens in einem Sektor vom Exponentialtypus ist. Nach den Regeln VI und XV entspricht der Gleichung (1) die lineare algebraische Gleichung

$$\sum_{\mu=0}^{N} \sum_{\nu=0}^{n} c_{\mu\nu} (-t)^\mu\, e^{-\alpha_\nu t}\, Y(t) = G(t)$$

oder

$$K(t)\,Y(t) = G(t) \quad \text{mit } K(t) = \sum_{\nu=0}^{n} e^{-\alpha_\nu t} \sum_{\mu=0}^{N} c_{\mu\nu}(-t)^\mu.$$

Auch hier gibt es höchstens endlich viele Strahlen durch O, auf denen unendlich viele Nullstellen von K liegen, und es gibt Sektoren, die ganz frei von Nullstellen sind ausser eventuell $t = 0$. Denn der Beweis des vorigen Paragraphen ist auch im vorliegenden Fall brauchbar, wenn die dortigen Konstanten c_ν jetzt durch die Polynome $\sum_{\mu=0}^{N} c_{\mu\nu}(-t)^\mu$ ersetzt werden. Es existiert also

$$y(s) = \int_0^{\infty(\varphi)} e^{-st}\,\frac{G(t)}{K(t)}\,dt,$$

wenn φ einem nullstellenfreien Sektor angehört, für alle s in demselben Gebiet wie früher, und man verifiziert leicht, dass diese Funktion der Gleichung (1) genügt:

$$\sum_{\mu=0}^{N} \sum_{\nu=0}^{n} c_{\mu\nu}\,\frac{d^\mu y\,(s+\alpha_\nu)}{ds^\mu} = \sum_{\mu=0}^{N} \sum_{\nu=0}^{n} c_{\mu\nu} \int_0^{\infty(\varphi)} e^{-(s+\alpha_\nu)t}(-t)^\mu\,\frac{G(t)}{K(t)}\,dt$$

$$= \int_0^{\infty(\varphi)} e^{-st}\,G(t)\,dt = g(s).$$

Ebenso bleiben die übrigen Aussagen erhalten, so dass wir als Ergebnis formulieren können:

Satz 1. *Für die Differentialdifferenzengleichung* (1) *gilt die Aussage von Satz* 1 [23.1], *wenn die dortige Funktion $K(t)$ durch*

$$K(t) = \sum_{\nu=0}^{n} e^{-\alpha_\nu t} \sum_{\mu=0}^{N} c_{\mu\nu}(-t)^\mu$$

ersetzt wird.

Als *Beispiel* betrachten wir die Gleichung

$$(2) \qquad \frac{d^2 y(s)}{ds^2} - \frac{d^2 y\,(s+1)}{ds^2} = \frac{1}{2\,s^2\,(s+1)^2}\,.$$

Durch Partialbruchzerlegung findet man:

$$\frac{1}{2\,s^2\,(s+1)^2} = \mathfrak{L}\left\{ e^{-t}\left(1 + \frac{t}{2}\right) - \left(1 - \frac{t}{2}\right) \right\}.$$

Also lautet das Abbild der Gleichung im Originalraum:

$$t^2\,Y(t) - t^2\,e^{-t}\,Y(t) = e^{-t}\left(1 + \frac{t}{2}\right) - \left(1 - \frac{t}{2}\right).$$

Die Lösung ist

$$Y(t) = \frac{(t/2)\,(1 + e^{-t}) - (1 - e^{-t})}{t^2\,(1 - e^{-t})}\,.$$

Der Nenner $K(t) = t^2(1 - e^{-t})$ hat die dreifache Nullstelle $t = 0$ und die einfachen Nullstellen $t = k \cdot 2 \pi i$ $(k = \pm 1, \pm 2, \ldots)$. Der Zähler $G(t)$ hat aber ebenfalls die dreifache Nullstelle $t = 0$, denn es ist für $t = 0$:

$$G(t) \ = \frac{t}{2}\ (1 + e^{-t}) - (1 - e^{-t}) = 0,$$

$$G'(t) \ = \frac{1}{2}\ (1 - e^{-t} - t\,e^{-t}) = 0,$$

$$G''(t) \ = \frac{t}{2}\ e^{-t} = 0,$$

$$G'''(t) \ = \frac{1}{2}\ (1 - t)\ e^{-t} = \frac{1}{2}\,.$$

Also ist in diesem Fall $G(t)/\dot{K}(t)$ in $t = 0$ analytisch, so dass wir nicht den Umweg über $y'''(s)$ zu machen brauchen, sondern unmittelbar anschreiben können:

$$y(s) = \int\limits_0^{\infty(\varphi)} e^{-st}\ \frac{(t/2)\ (1 + e^{-t}) - (1 - e^{-t})}{t^2\,(1 - e^{-t})}\ dt.$$

Dies stellt zwei verschiedene analytische Funktionen dar: Variiert φ in dem von Nullstellen freien Sektor $-\pi/2 < \varphi < +\pi/2$, so ergibt sich eine in $-\pi < \arg s < +\pi$ analytische Funktion $y_1(s)$; variiert φ in $\pi/2 < \varphi < 3\,\pi/2$, so entsteht eine in $0 < \arg s < 2\,\pi$ analytische Funktion $y_2(s)$. Da $y(s)$ in der Form

$$y(s) = \int\limits_0^{\infty(\varphi)} e^{-st}\ \frac{1}{t}\ \left(\frac{1}{1 - e^{-t}} - \frac{1}{t} - \frac{1}{2}\right) dt$$

geschrieben werden kann, so ist y_1 nichts anderes als das *Binetsche Integral* [siehe 3.2 (5)] und daher

$$y_1(s) = \log \Gamma(s) - s \log s + \frac{1}{2}\ \log s + s - \frac{1}{2}\ \log 2\,\pi.$$

In der Tat überzeugt man sich leicht davon, dass diese Funktion auf Grund der Funktionalgleichung $\Gamma(s + 1) = s\,\Gamma(s)$ der Gleichung (2) genügt. [Vgl. hierzu die andere Differentialdifferenzengleichung, auf Grund derer $y_1(s)$ in 3.2.3 bestimmt wurde.] $y_1(s)$ ist die einzige analytische Lösung von (2), die sich als $\mathfrak{L}$-Transformierte darstellen lässt und in der ganzen Ebene mit Ausnahme der negativ reellen Achse holomorph ist.

Weil $K(t)$ die dreifache Nullstelle $t = 0$ und die einfachen Nullstellen $k \cdot 2 \pi i$ $(k = \pm 1, \pm 2, \ldots)$ besitzt, sind alle Funktionen der Form

$$a_0 + a_1\,s + a_2\,s^2\ (a_0, a_1, a_2\ \text{beliebig}), \quad e^{-k \cdot 2\pi i s}\ (k = \pm 1, \pm 2, \ldots)$$

Lösungen der homogenen Gleichung (2). Da letztere die Gestalt

$$y''(s) - y''(s + 1) = 0$$

hat, so ist allgemeiner jede Funktion eine Lösung, deren zweite Ableitung die Periode 1 besitzt.

24. KAPITEL

Partielle Differenzengleichungen

§ 1. Ein Randwertproblem für eine partielle Differenzengleichung

Wir betrachten Funktionen von *mehreren* Variablen und Gleichungen, in denen Differenzen nach jeder dieser Variablen vorkommen. Die Funktionen sollen dem Originalraum angehören. Da eine allgemeine Theorie viel zu kompliziert wäre, als dass sie zu einem praktisch brauchbaren Resultat führen könnte, behandeln wir ein spezielles Beispiel, das zugleich ein Muster dafür liefert, was man im Gebiet der Differenzengleichungen unter einem *Randwertproblem* zu verstehen hat.

Wir bilden das *Analogon zur Wärmeleitungsgleichung* $\partial^2 U/\partial x^2 = \partial U/\partial t$. Es ist sinnvoll, $\partial^2 U/\partial x^2$ durch $[U(x+1,\,t) - U(x,\,t)] - [U(x,\,t) - U(x-1,\,t)]$ zu ersetzen. Um jedoch das Auftreten von $x-1$ zu vermeiden, was uns aus dem Integrationsbereich, den wir zugrunde legen werden, herausführen würde, wählen wir als «Mittelpunkt» der Differenzenbildung nicht den Punkt $(x,\,t)$, sondern $(x+1,\,t)$, so dass das sinngemässe Analogon zur Wärmeleitungsgleichung lautet:

$$[U(x+2,\,t) - U(x+1),\,t] - [U(x+1,\,t) - U(x,\,t)]$$

$$= U(x+1,\,t+1) - U(x+1,\,t)$$

oder

$$(1) \qquad U(x,\,t) - U(x+1,\,t) + U(x+2,\,t) - U(x+1,\,t+1) = 0.$$

Ein *Randwertproblem* für eine partielle Differentialgleichung entsteht dadurch, dass ein gewisses Gebiet zugrunde gelegt wird, in dessen Innern die partielle Differentialgleichung erfüllt sein soll, während auf den Rändern die Werte der Funktion bzw. gewisser Ableitungen oder Kombinationen von ihnen vorgegeben werden, z. B. im obigen Fall das Gebiet $0 \leqq x \leqq l$, $t \geqq 0$ und die Randwerte

$$U(0,\,t) = A_0(t), \quad U(l,\,t) = A_1(t), \quad U(x,\,0) = U_0(t).$$

Hinsichtlich der Differenzengleichung (1) entspricht dem, dass wir das Gebiet $0 \leqq x \leqq N$ (N ganz >2), $t \geqq 0$ zugrunde legen und die Werte von $U(x,\,t)$ in den *Randstreifen* (Figur 17)

$$0 \leqq x < 1,\, t \geqq 0; \quad N-1 \leqq x < N,\, t \geqq 0; \quad 1 \leqq x < N-1,\, 0 \leqq t < 1$$

vorgeben [68].

Wir wenden nun genau die gleiche Methode wie bei der Wärmeleitungsgleichung an: Wir unterwerfen das Problem der $\mathfrak{L}$-Transformation hinsichtlich t, wobei aus der partiellen Differenzengleichung (1) eine gewöhnliche wird, in welche die «Anfangswerte», die in $1 \leqq x < N - 1$, $0 \leqq t < 1$ gegeben sind, eintreten. Diese lösen wir nach der in 22. 2 angegebenen Methode. Allerdings sind bei ihr nicht die «Anfangswerte» in $0 \leqq x < 2$ gegeben, sondern die «Randwerte» in den Randintervallen $0 \leqq x < 1$ und $N - 1 \leqq x < N$, die durch

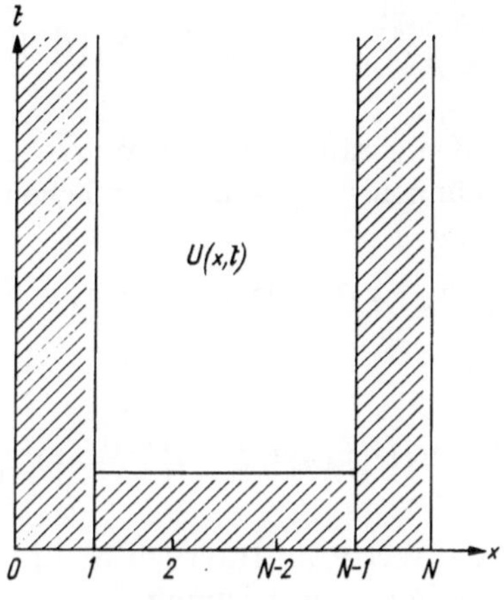

Figur 17

$\mathfrak{L}$-Transformation der in den Randstreifen $0 \leqq x < 1$ und $N - 1 \leqq x < N$, $t \geqq 0$, gegebenen Werte von $U(x, t)$ entstehen. Das bedingt, dass wir an der in 22. 2 abgeleiteten Lösung die S. 102 geschilderte Umformung vorzunehmen haben.

Setzen wir $\mathfrak{L}\{U(x, t)\} = u(x, s)$, so entspricht der Gleichung (1) die *Bildgleichung*

$$u(x, s) - u(x + 1, s) + u(x + 2, s) - e^s \left[u(x + 1, s) - \int_0^1 e^{-st} U(x + 1, t) \, dt \right] = 0$$

oder

$$(2) \qquad u(x, s) - (1 + e^s)\, u(x + 1, s) + u(x + 2, s) = -e^s \int_0^1 e^{-st} U(x + 1, t) \, dt.$$

Transformiert man die in den beiden Randstreifen rechts und links gegebenen Werte von $U(x, t)$, so erhält man die Werte, die $u(x, s)$ in den Randintervallen $0 \leqq x < 1$ und $N - 1 \leqq x < N$ anzunehmen hat. Es liegt also eine im allgemeinen inhomogene Differenzengleichung der Form 22. 2 (1) vor ($n = 2$), jedoch sind nicht die Werte der gesuchten Funktion in $0 \leqq x < 2$, sondern in $0 \leqq x < 1$ und $N - 1 \leqq x < N$ gegeben. Dazu können wir trotzdem die in 22. 2 angegebene Lösung verwenden, indem wir so tun, als ob die Funktion in $0 \leqq x < 2$ gegeben wäre, und dann die Werte in $1 \leqq x < 2$ aus denen in $N - 1 \leqq x < N$ berechnen.

Der besseren Übersicht wegen verwenden wir die Bezeichnungen von 22. 2. Die Differenzengleichung (2) hat die Form (Y statt u, t statt x)

$$(3) \qquad c_0 Y(t) + c_1 Y(t+1) + c_2 Y(t+2) = G(t) \quad \text{mit } c_2 = 1.$$

Die angekündigte Umformung führen wir zunächst für die homogene Gleichung durch. Nach Satz 3 [22. 2] lautet die Lösung:

$$Y(t) = Y(\{t\}) \sum_{\mu=1}^{2} \frac{\alpha_\mu^{[t]}}{p'(\alpha_\mu)} \, (c_1 + c_2 \alpha_\mu) + Y(\{t\}+1) \sum_{\mu=1}^{2} \frac{\alpha_\mu^{[t]}}{p'(\alpha_\mu)} \, c_2,$$

wo α_1, α_2 die (als verschieden vorausgesetzten) Wurzeln von $p(z) = c_0 + c_1 z + c_2 z^2$ sind. Diesen Ausdruck können wir stark vereinfachen, indem wir berücksichtigen, dass

$$c_2 = 1, \quad c_1 = -\alpha_1 - \alpha_2, \quad p'(\alpha_1) = \alpha_1 - \alpha_2, \quad p'(\alpha_2) = \alpha_2 - \alpha_1$$

ist. Es ergibt sich:

$$Y(t) = \frac{1}{\alpha_1 - \alpha_2} \left[-\alpha_1 \alpha_2 Y(\{t\}) \left(\alpha_1^{[t]-1} - \alpha_2^{[t]-1} \right) + Y(\{t\}+1) \left(\alpha_1^{[t]} - \alpha_2^{[t]} \right) \right].$$

Setzen wir hierin für t die Werte im Intervall $N-1 \leqq t < N$ ein, so erhalten wir für $Y(\{t\}+1)$ die Bestimmungsgleichung

$$Y\bigl(\{t\}+N-1\bigr)$$
$$= \frac{1}{\alpha_1 - \alpha_2} \left[-\alpha_1 \alpha_2 Y(\{t\}) \left(\alpha_1^{N-2} - \alpha_2^{N-2} \right) + Y(\{t\}+1) \left(\alpha_1^{N-1} - \alpha_2^{N-1} \right) \right],$$

aus der folgt:

$$Y\bigl(\{t\}+1\bigr) = \frac{\alpha_1 \alpha_2 Y(\{t\}) \left(\alpha_1^{N-2} - \alpha_2^{N-2} \right) + Y(\{t\}+N-1) \left(\alpha_1 - \alpha_2 \right)}{\alpha_1^{N-1} - \alpha_2^{N-1}}.$$

Also lautet die Lösung:

$$Y(t) = \frac{1}{(\alpha_1 - \alpha_2)(\alpha_1^{N-1} - \alpha_2^{N-1})}$$
$$\times \left\{ \alpha_1 \alpha_2 Y(\{t\}) \left[\left(\alpha_1^{[t]} - \alpha_2^{[t]} \right) \left(\alpha_1^{N-2} - \alpha_2^{N-2} \right) - \left(\alpha_1^{[t]-1} - \alpha_2^{[t]-1} \right) \left(\alpha_1^{N-1} - \alpha_2^{N-1} \right) \right] \right.$$
$$\left. + Y(\{t\}+N-1) \left(\alpha_1^{[t]} - \alpha_2^{[t]} \right) \left(\alpha_1 - \alpha_2 \right) \right\}.$$

Multipliziert man in dem Faktor von $\alpha_1 \alpha_2 Y(\{t\})$ alle Klammern aus, so ergibt sich

$$\left(\alpha_1 - \alpha_2 \right) \left(\alpha_1^{N-2} \alpha_2^{[t]-1} - \alpha_1^{[t]-1} \alpha_2^{N-2} \right).$$

Damit nimmt die *Lösung der homogenen Gleichung* (3) *bei vorgegebenen Rand-*

werten $Y(\{t\})$ und $Y(\{t\} + N - 1)$ die endgültige Form an:

$$(4) \qquad Y(t) =$$

$$\frac{1}{\alpha_1^{N-1} - \alpha_2^{N-1}} \left\{ Y(\{t\}) \left[\alpha_1^{N-1} \alpha_2^{[t]} - \alpha_1^{[t]} \alpha_2^{N-1}\right] + Y(\{t\} + N - 1) \left[\alpha_1^{[t]} - \alpha_2^{[t]}\right]\right\}.$$

(Denkt man sich den Faktor von $Y(\{t\} + N - 1)$ in der Form $\alpha_1^{[t]} \alpha_2^0 - \alpha_1^0 \alpha_2^{[t]}$ geschrieben, so springt die Symmetrie des Ausdrucks in die Augen.)

Die *Lösung der inhomogenen Gleichung* lautet im vorliegenden Fall unter der Anfangsbedingung $Y(t) = 0$ für $0 \leq t < 2$ nach Satz 1 [22.2]:

$$(5) \qquad Y(t) = \frac{1}{\alpha_1 - \alpha_2} \sum_{l=2}^{[t]} G(t - l) \left[\alpha_1^{l-1} - \alpha_2^{l-1}\right].$$

Diese Funktion nimmt im Intervall $N - 1 \leq t < N$ gewisse Werte an, die wir mit $Y^*(\{t\} + N - 1)$ bezeichnen wollen. Addiert man die beiden Funktionen (4) und (5), so entsteht eine Lösung der inhomogenen Gleichung, die im Intervall $0 \leq t < 1$ die richtigen Werte $Y(\{t\})$, im Intervall $N - 1 \leq t < N$ aber die Werte $Y(\{t\} + N - 1) + Y^*(\{t\} + N - 1)$ hat. Damit auch hier die richtigen Werte erscheinen, müssen wir diejenige Lösung der homogenen Gleichung subtrahieren, die im Intervall $0 \leq t < 1$ die Werte 0 und in $N - 1 \leq t < N$ die Werte $Y^*(\{t\} + N - 1)$ hat, das ist nach (4) die Funktion

$$(6) \qquad \frac{1}{\alpha_1^{N-1} - \alpha_2^{N-1}} Y^*(\{t\} + N - 1) \left[\alpha_1^{[t]} - \alpha_2^{[t]}\right].$$

Setzen wir noch den aus (5) folgenden expliziten Ausdruck

$$Y^*(\{t\} + N - 1) = \frac{1}{\alpha_1 - \alpha_2} \sum_{l=2}^{N-1} G(\{t\} + N - 1 - l) \left[\alpha_1^{l-1} - \alpha_2^{l-1}\right]$$

in (6) ein, so können wir folgendes Ergebnis formulieren:

Satz 1. *Die Differenzengleichung*

$$c_0 Y(t) + c_1 Y(t + 1) + Y(t + 2) = G(t)$$

hat bei vorgegebenen Randwerten $Y(\{t\})$ *und* $Y(\{t\} + N - 1)$ *die Lösung* $(N > 2)$

$$Y(t) = \frac{1}{\alpha_1^{N-1} - \alpha_2^{N-1}} \left\{ Y(\{t\}) \left[\alpha_1^{N-1} \alpha_2^{[t]} - \alpha_1^{[t]} \alpha_2^{N-1}\right] + Y(\{t\} + N - 1) \left[\alpha_1^{[t]} - \alpha_2^{[t]}\right]\right\}$$

$$+ \frac{1}{\alpha_1 - \alpha_2} \sum_{l=2}^{[t]} G(t - l) \left[\alpha_1^{l-1} - \alpha_2^{l-1}\right]$$

$$- \frac{1}{\alpha_1 - \alpha_2} \frac{\alpha_1^{[t]} - \alpha_2^{[t]}}{\alpha_1^{N-1} - \alpha_2^{N-1}} \sum_{l=2}^{N-1} G(\{t\} + N - 1 - l) \left[\alpha_1^{l-1} - \alpha_2^{l-1}\right].$$

Für $0 \leq t < 2$ *bedeutet der zweite Summand 0.* α_1 *und* α_2 *bestimmen sich aus* $c_0 + c_1 z + z^2 = (z - \alpha_1)(z - \alpha_2)$ *und müssen verschieden sein.*

Dass die vorgeschriebenen Randwerte tatsächlich angenommen werden, ist der Lösung unmittelbar anzusehen.

Nunmehr kehren wir zu unserem *ursprünglichen Problem* zurück. Um Satz 1 auf die Gleichung (2) anzuwenden, haben wir zunächst die Nullstellen von $1 - (1 + e^s)\, z + z^2$ zu bestimmen. Sie haben die Werte

$$(7) \qquad \alpha_1 = \frac{1}{2}\left(1 + e^s + \sqrt{(1 + e^s)^2 - 4}\right), \quad \alpha_2 = \frac{1}{2}\left(1 + e^s - \sqrt{(1 + e^s)^2 - 4}\right),$$

wobei $\alpha_1\,\alpha_2 = 1$ ist. Setzen wir noch

$$(8) \qquad - e^s \int_0^1 e^{-st}\, U(x + 1, t)\, dt = g(x, s),$$

so lautet die Lösung von (2):

$$(9) \qquad u(x, s) = \frac{1}{\alpha_1^{N-1} - \alpha_2^{N-1}}$$

$$\times \left\{ u\left(\{x\}, s\right)\left[\alpha_1^{N-1-[x]} - \alpha_2^{N-1-[x]}\right] + u\left(\{x\} + N - 1, s\right)\left[\alpha_1^{[x]} - \alpha_2^{[x]}\right]\right\}$$

$$+ \frac{1}{\alpha_1 - \alpha_2} \sum_{l=2}^{[x]} g(x - l, s)\left[\alpha_1^{l-1} - \alpha_2^{l-1}\right]$$

$$- \frac{1}{\alpha_1 - \alpha_2}\; \frac{\alpha_1^{[x]} - \alpha_2^{[x]}}{\alpha_1^{N-1} - \alpha_2^{N-1}} \sum_{l=2}^{N-1} g\left(\{x\} + N - 1 - l, s\right)\left[\alpha_1^{l-1} - \alpha_2^{l-1}\right].$$

Diese Funktion von s ist in den Originalraum zu transformieren. Dazu betrachten wir zunächst den Faktor von $u(\{x\} + N - 1)$:

$$\frac{\alpha_1^{[x]} - \alpha_2^{[x]}}{\alpha_1^{N-1} - \alpha_2^{N-1}} \cdot$$

Setzt man α_1 und α_2 ein und entwickelt die Potenzen nach dem binomischen Lehrsatz, so bleiben in Zähler und Nenner nur Glieder übrig, die sämtlich den Faktor $\alpha_1 - \alpha_2 = \sqrt{(1 + e^s)^2 - 4}$ haben. Wird dieser weggehoben, so erhält man eine gebrochen rationale Funktion in e^s, bei der wegen $x < N - 1$ der Zähler von geringerem Grad als der Nenner ist. Wir werden sie ähnlich wie im Fall der gewöhnlichen Differenzengleichung (siehe 22.2) in *Partialbrüche* zerlegen*). Zu diesem Zweck ist es bequem,

$$\frac{1}{2}\left(1 + e^s\right) = z$$

zu setzen, so dass

$$\alpha_1 = z + \sqrt{z^2 - 1}, \quad \alpha_2 = z - \sqrt{z^2 - 1} = \alpha_1^{-1}$$

---

*) Während bei der entsprechenden partiellen Differentialgleichung (siehe 18.1.1) an dieser Stelle eine transzendente meromorphe Funktion auftritt, bei der die Partialbruchzerlegung zweifelhaft ist, haben wir es hier mit einer rationalen Funktion (von e^s) zu tun, die einwandfrei zerlegbar ist.

ist. Der Nenner

$$\alpha_1^{N-1} - \alpha_2^{N-1} = (\alpha_1 - \alpha_2)\,(\alpha_1^{N-2} + \alpha_1^{N-3}\alpha_2 + \cdots + \alpha_2^{N-2})$$

ist, wenn der oben erwähnte Faktor $\sqrt{(1+e^s)^2 - 4} = 2\sqrt{z^2 - 1} = \alpha_1 - \alpha_2$ weggelassen wird, vom Grad $N-2$ in z, hat also $N-2$ Nullstellen. Um sie zu bestimmen, suchen wir zunächst die Wurzeln von

$$\alpha_1^{N-1} - \alpha_2^{N-1} = 0 \quad \text{oder wegen} \quad \alpha_2 = \alpha_1^{-1}: \ \alpha_1^{2(N-1)} = 1.$$

Den hieraus sich ergebenden Werten $\alpha_1 = e^{k\pi i/(N-1)}$ $(k = 1, \ldots, 2(N-1))$ entsprechen für die Nullstellen z die Gleichungen

$$z + \sqrt{z^2 - 1} = e^{k\pi i/(N-1)},$$

woraus folgt

$$z = \frac{1 + e^{2k\pi i/(N-1)}}{2\,e^{k\pi i/(N-1)}} = \frac{1}{2}\,(e^{k\pi i/(N-1)} + e^{-k\pi i/(N-1)}) = \cos k\,\pi/(N-1).$$

Von diesen $2N-2$ Werten fallen zunächst die zu $k = N-1$ und $k = 2(N-1)$ gehörigen Wurzeln -1 und $+1$ fort, die dem Faktor $\alpha_1 - \alpha_2 = 2\sqrt{z^2 - 1}$ entsprechen, der für $z = \pm 1$ verschwindet, während $\alpha_1^{N-2} + \cdots + \alpha_2^{N-2}$ für $z = -1$, d. h. $\alpha_1 = \alpha_2 = -1$, und $z = +1$, d. h. $\alpha_1 = \alpha_2 = +1$, von 0 verschieden ist. Ferner ergeben immer zwei Werte k und $2N-2-k$ dieselbe Wurzel z, so dass wir, wie oben angekündigt, nur die $N-2$ Wurzeln

$$z_k = \cos k\,\frac{\pi}{N-1} \qquad\qquad (k = 1, \ldots, N-2)$$

zu berücksichtigen haben.

Die Koeffizienten der Partialbruchentwicklung

$$\frac{\alpha_1^{[x]} - \alpha_2^{[x]}}{\alpha_1^{N-1} - \alpha_2^{N-1}} = \sum_{k=1}^{N-2} \frac{b_k}{z - z_k} \qquad\qquad \left(z = \frac{1}{2}\,(1 + e^s)\right)$$

bestimmen sich durch

$$b_k = \lim_{z \to z_k} (z - z_k)\,\frac{\alpha_1^{[x]} - \alpha_2^{[x]}}{\alpha_1^{N-1} - \alpha_2^{N-1}} = \lim_{z \to z_k} \frac{\alpha_1^{[x]} - \alpha_2^{[x]}}{\dfrac{\alpha_1^{N-1} - \alpha_2^{N-1}}{z - z_k}} = \frac{\alpha_1(z_k)^{[x]} - \alpha_2(z_k)^{[x]}}{(d/dz)\,(\alpha_1^{N-1} - \alpha_2^{N-1})_{z=z_k}}.$$

Wegen

$$\sqrt{z_k^2 - 1} = i\,\sqrt{1 - \cos^2 k\,\frac{\pi}{N-1}} = i\,\sin k\,\frac{\pi}{N-1}$$

ist

$$\alpha_1(z_k) = e^{ik\pi/(N-1)}, \qquad \alpha_2(z_k) = e^{-ik\pi/(N-1)},$$

also

$$\alpha_1(z_k)^{[x]} - \alpha_2(z_k)^{[x]} = 2\,i\,\sin k\,\frac{\pi}{N-1}\,[x],$$

ferner

$$\frac{d}{dz}\left(\alpha_1^{N-1} - \alpha_2^{N-1}\right)$$

$$= (N-1)\,\alpha_1^{N-2}\left(1 + \frac{z}{\sqrt{z^2-1}}\right) - (N-1)\,\alpha_2^{N-2}\left(1 - \frac{z}{\sqrt{z^2-1}}\right),$$

also

$$\frac{d}{dz}\left(\alpha_1^{N-1} - \alpha_2^{N-1}\right)_{z=z_k} = (N-1)\left(e^{ik(N-2)\pi/(N-1)}\,\frac{e^{ik\pi/(N-1)}}{i\,\sin k\,\pi/(N-1)}\right.$$

$$\left. - e^{-ik(N-2)\pi/(N-1)}\,\frac{-e^{-ik\pi/(N-1)}}{i\,\sin k\,\pi/(N-1)}\right)$$

$$= 2(N-1)\,\frac{\cos k\,\pi}{i\,\sin k\,\pi/(N-1)}\,,$$

so dass sich ergibt:

$$b_k = \frac{(-1)^{k+1}}{N-1}\,\sin k\,\frac{\pi}{N-1}\,\sin k\,\frac{\pi}{N-1}\,[x].$$

Damit erhalten wir:

$$\frac{\alpha_1^{[x]} - \alpha_2^{[x]}}{\alpha_1^{N-1} - \alpha_2^{N-1}}$$

$$(10)\qquad = \frac{2}{N-1}\sum_{k=1}^{N-2}(-1)^{k+1}\sin k\,\frac{\pi}{N-1}\,\sin k\,\frac{\pi}{N-1}\,[x]\,\frac{1}{e^s - \left(2\cos k\,\dfrac{\pi}{N-1} - 1\right)}.$$

Um das Produkt von $u(\{x\} + N - 1, s)$ mit dieser Funktion in den Originalraum zu transformieren, entwickeln wir die Summanden der letzteren nach
Potenzen von e^{-s}:

$$u(\{x\} + N - 1, s)\,\frac{1}{e^s - \left(2\cos k\,\dfrac{\pi}{N-1} - 1\right)}$$

$$= \sum_{\nu=1}^{\infty}\left(2\cos k\,\frac{\pi}{N-1} - 1\right)^{\nu-1}e^{-\nu s}\,u(\{x\} + N - 1, s).$$

Ist die $\mathfrak{L}$-Transformation mit der Summe vertauschbar, so ist nach Regel III
die Originalfunktion gleich

$$\sum_{\nu=1}^{\infty}\left(2\cos k\,\frac{\pi}{N-1} - 1\right)^{\nu-1}U(\{x\} + N - 1, t - \nu),$$

wobei die Funktion U gleich 0 zu setzen ist, wenn $t < \nu$, so dass in Wahrheit die
Summe endlich ist:

$$\sum_{\nu=1}^{[t]}\left(2\cos k\,\frac{\pi}{N-1} - 1\right)^{\nu-1}U(\{x\} + N - 1, t - \nu)$$

(für $0 \leqq t < 1$ bedeutet die Summe 0). Insgesamt ergibt sich somit als Originalfunktion zu

$$u\left(\{x\} + N - 1, s\right) \frac{\alpha_1^{[x]} - \alpha_2^{[x]}}{\alpha_1^{N-1} - \alpha_2^{N-1}}$$

folgende Summe:

(11)
$$\frac{2}{N-1} \sum_{\nu=1}^{[t]} U\left(\{x\} + N - 1, t - \nu\right)$$
$$\times \sum_{k=1}^{N-2} (-1)^{k+1} \sin k \frac{\pi}{N-1} \left(2 \cos k \frac{\pi}{N-1} - 1\right)^{\nu-1} \sin k \frac{\pi}{N-1} [x].$$

Die Originalfunktion zu dem anderen Term

$$u(\{x\}, s) \frac{\alpha_1^{N-1-[x]} - \alpha_2^{N-1-[x]}}{\alpha_1^{N-1} - \alpha_2^{N-1}}$$

erhält man aus (11), indem man in U die Variable $\{x\} + N - 1$ durch $\{x\}$ und in $\sin k \left(\pi/(N-1)\right) [x]$ die Variable $[x]$ durch $N - 1 - [x]$ ersetzt, wobei $(-1)^{k+1} \sin k \left(\pi/(N-1)\right) [x]$ entsteht, so dass sich ergibt:

(12)
$$\frac{2}{N-1} \sum_{\nu=1}^{[t]} U(\{x\}, t - \nu) \sum_{k=1}^{N-2} \sin k \frac{\pi}{N-1} \left(2 \cos k \frac{\pi}{N-1} - 1\right)^{\nu-1} \sin k \frac{\pi}{N-1} [x].$$

Beschäftigen wir uns nun weiter mit *den zwei von g abhängenden Termen* in (9), so sind diese in der vorliegenden Form nicht transformierbar, weil z. B. $(\alpha_1^{l-1} - \alpha_2^{l-1})/(\alpha_1 - \alpha_2)$ ein Polynom in z und damit in e^s ist. Dem Produkt der $\mathfrak{L}$-Transformierten $\int_0^1 e^{-st} U(x + 1, t)\, dt$ mit einer Potenz von e^s entspricht aber keine Originalfunktion. Wir formen daher die beiden Terme folgendermassen um: Im ersten setzen wir $l = [x] - \lambda$ und fügen in Zähler und Nenner $\alpha_1^{N-1} - \alpha_2^{N-1}$ hinzu, im zweiten setzen wir $l = N - \lambda - 1$. Dann ergibt sich:

$$\frac{1}{\alpha_1 - \alpha_2} \frac{1}{\alpha_1^{N-1} - \alpha_2^{N-1}} \sum_{\lambda=0}^{[x]-2} g(\{x\} + \lambda, s) (\alpha_1^{N-1} - \alpha_2^{N-1}) (\alpha_1^{[x]-\lambda-1} - \alpha_2^{[x]-\lambda-1})$$

$$- \frac{1}{\alpha_1 - \alpha_2} \frac{1}{\alpha_1^{N-1} - \alpha_2^{N-1}} \sum_{\lambda=0}^{N-3} g(\{x\} + \lambda, s) (\alpha_1^{[x]} - \alpha_2^{[x]}) (\alpha_1^{N-\lambda-2} - \alpha_2^{N-\lambda-2}).$$

Die erste Summe hat wegen $x < N - 1$ weniger Glieder als die zweite. Wir vereinigen die beiden Summen bis zum Index $\lambda = [x] - 2$ und multiplizieren die Klammern aus, wobei sich ergibt:

$$-\alpha_1^{N-1} \alpha_2^{[x]-\lambda-1} - \alpha_1^{[x]-\lambda-1} \alpha_2^{N-1} + \alpha_1^{[x]} \alpha_2^{N-\lambda-2} + \alpha_1^{N-\lambda-2} \alpha_2^{[x]}$$

$$= (\alpha_1^{-\lambda-1} - \alpha_2^{-\lambda-1}) (\alpha_1^{N-1} \alpha_2^{[x]} - \alpha_1^{[x]} \alpha_2^{N-1}).$$

Wegen $\alpha_1 = \alpha_2^{-1}$, $\alpha_2 = \alpha_1^{-1}$ können wir hierfür schreiben:

$$-\left(\alpha_1^{\lambda+1} - \alpha_2^{\lambda+1}\right)\left(\alpha_1^{N-[x]-1} - \alpha_2^{N-[x]-1}\right).$$

Fügen wir zu der vereinigten Summe mit $\lambda = 0$ bis $[x] - 2$ noch die Restglieder mit $\lambda = [x] - 1$ bis $N - 3$ hinzu, so erhalten wir insgesamt für die von g abhängigen Terme in (9):

$$-\frac{1}{\alpha_1 - \alpha_2}\,\frac{\alpha_1^{N-[x]-1} - \alpha_2^{N-[x]-1}}{\alpha_1^{N-1} - \alpha_2^{N-1}}\sum_{\lambda=0}^{[x]-2} g\big(\{x\} + \lambda, s\big)\left(\alpha_1^{\lambda+1} - \alpha_2^{\lambda+1}\right)$$

$$(13) \qquad -\frac{1}{\alpha_1 - \alpha_2}\,\frac{\alpha_1^{[x]} - \alpha_2^{[x]}}{\alpha_1^{N-1} - \alpha_2^{N-1}}\sum_{\lambda=[x]-1}^{N-3} g\big(\{x\} + \lambda, s\big)\left(\alpha_1^{N-\lambda-2} - \alpha_2^{N-\lambda-2}\right).$$

In den hier auftretenden Brüchen sind die Zähler von geringerem Grad in z als die Nenner, so dass wir sie wie früher in Partialbrüche $d_k/(z - z_k)$ zerlegen können. Für den ersten Term ist

$$d_k = \frac{\left(\alpha_1^{N-[x]-1} - \alpha_2^{N-[x]-1}\right)\dfrac{\alpha_1^{\lambda+1} - \alpha_2^{\lambda+1}}{\alpha_1 - \alpha_2}}{\dfrac{d}{dz}\left(\alpha_1^{N-1} - \alpha_2^{N-1}\right)}\Bigg|_{z=z_k}$$

$$= \frac{\left(e^{ik[\pi/(N-1)](N-1-[x])} - e^{-ik[\pi/(N-1)](N-[x]-1)}\right)\dfrac{e^{ik[\pi/(N-1)](\lambda+1)} - e^{-ik[\pi/(N-1)](\lambda+1)}}{e^{ik[\pi/(N-1)]} - e^{-ik[\pi/(N-1)]}}}{2(N-1)\,\dfrac{(-1)^k}{i\sin k\,[\pi/(N-1)]}}$$

$$= \frac{1}{N-1}\sin k\,\frac{\pi}{N-1}\,(\lambda+1)\,\sin k\,\frac{\pi}{N-1}\,[x],$$

so dass seine Zerlegung so aussieht $[z = (1/2)\,(1 + e^s),\ z_k = \cos k\,\pi/(N-1)]$:

$$-\frac{1}{N-1}\sum_{\lambda=0}^{[x]-2} g\big(\{x\} + \lambda, s\big)$$

$$\times \sum_{k=1}^{N-2}\sin k\,\frac{\pi}{N-1}\,(\lambda+1)\,\sin k\,\frac{\pi}{N-1}\,[x]\,\frac{2}{e^s - \left(2\cos k\,\dfrac{\pi}{N-1} - 1\right)}$$

oder, wenn wir

$$g\big(\{x\} + \lambda\big) = -e^s\int_0^1 e^{-st}\,U\big(\{x\} + \lambda + 1, t\big)\,dt$$

und

$$\frac{1}{e^s - \left(2\cos k\,\dfrac{\pi}{N-1} - 1\right)} = \sum_{\nu=0}^{\infty}\left(2\cos k\,\frac{\pi}{N-1} - 1\right)^{\nu} e^{-(\nu+1)s}$$

setzen:

$$\frac{2}{N-1}\sum_{\lambda=0}^{[x]-2}\sum_{k=1}^{N-2}\sin k\,\frac{\pi}{N-1}\,(\lambda+1)\sin k\,\frac{\pi}{N-1}\,[x]$$

$$\times\sum_{\nu=0}^{\infty}\left(2\cos k\,\frac{\pi}{N-1}-1\right)^{\nu}e^{-\nu s}\int_{0}^{1}e^{-st}\,U(\{x\}+\lambda+1,t)\,dt.$$

$\int_{0}^{1}e^{-st}\,U(\{x\}+\lambda+1,t)\,dt$ ist die $\mathfrak{L}$-Transformierte derjenigen Funktion, die in $0\leq t<1$ mit $U(\{x\}+\lambda+1,t)$ übereinstimmt und sonst gleich 0 ist. Dem Produkt mit $e^{-\nu s}$ entspricht nach Regel III die um ν nach rechts verschobene

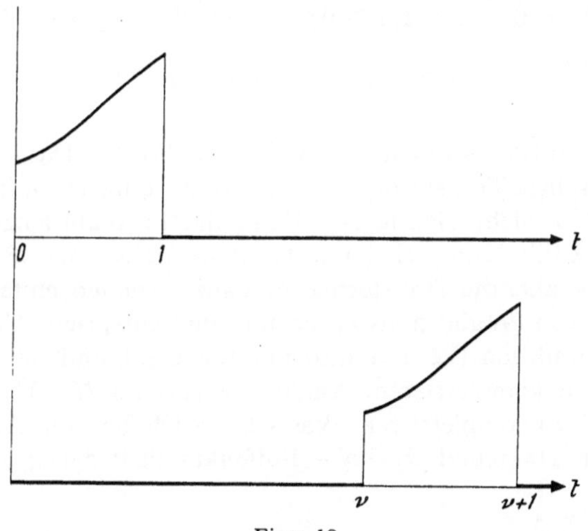

Figur 18

und links von ν durch 0 definierte Funktion (Figur 18). Für einen bestimmten Wert t ist diese Funktion nur dann $\neq 0$, wenn $[t]=\nu$ ist, und zwar hat sie dann den Wert $U(\{x\}+\lambda+1,\{t\})$. Für den ersten Term erhält man also die Originalfunktion:

$$\frac{2}{N-1}\sum_{l=1}^{[x]-1}U(\{x\}+l,\{t\})$$

$$\times\sum_{k=1}^{N-2}\sin k\,\frac{\pi}{N-1}\,l\,\sin k\,\frac{\pi}{N-1}\,[x]\left(2\cos k\,\frac{\pi}{N-1}-1\right)^{[t]}.$$

Führt man dieselben Operationen an dem zweiten Term aus, so erhält man für den einzelnen Summanden (mit einem bestimmten λ) die gleiche Originalfunktion wie vorhin*), so dass den beiden Termen zusammengenommen die

---

*) Vgl. das analoge Vorkommnis bei der entsprechenden Differentialgleichung in 18.1 (S. 28), wo auch die Greensche Funktion im Bildraum für $\xi\leq x$ und $\xi>x$ verschiedene Gestalten hat, während sie im Originalraum durch eine einheitliche Funktion dargestellt wird.

Originalfunktion entspricht:

(14)
$$\frac{2}{N-1}\sum_{l=1}^{N-2}U\bigl(\{x\}+l,\{t\}\bigr)$$
$$\times\sum_{k=1}^{N-2}\sin k\,\frac{\pi}{N-1}\,l\,\sin k\,\frac{\pi}{N-1}\,[x]\left(2\cos k\,\frac{\pi}{N-1}-1\right)^{[t]}.$$

Die *vollständige Lösung* erhält man durch *Addition* der Funktionen (12), (11) und (14). Dass sie die Differenzengleichung (1) befriedigt, rechnet man leicht nach. Was nun die *Randbedingungen* angeht, so müsste die Funktion (12) die Werte annehmen:

$$U\bigl(\{x\},t\bigr)\ \text{ in } 0\leqq x<1, t\geqq 0;\quad 0\ \text{ in } N-1\leqq x<N, t\geqq 0;$$

$$0\ \text{ in } 1\leqq x<N-1, 0\leqq t<1.$$

(12) liefert in diesen Randstreifen aber immer den Wert 0. Das liegt daran, dass die vorhin ausgeführte Transformation des ersten Terms in (9) in die Funktion (12) für $0\leqq x<1$ nicht richtig ist. Denn die Partialbruchzerlegung setzt voraus, dass der Zähler von geringerem Grad als der Nenner, also dass $[x]>0$ ist. Für $[x]=0$ ist aber die Transformation ganz besonders einfach, denn dann ist der erste Term in (9) gleich $u(\{x\},s)$, und ihm entspricht $U(\{x\},t)$, wie es sein muss. Die Funktion (12) gilt also nur für $x\geqq 1$ und ist für $0\leqq x<1$ durch $U(\{x\},t)$ zu komplettieren. Analog ist (11) für $N-1\leqq x<N$ durch $U(\{x\}+N-1,t)$ zu komplettieren. Was schliesslich die Funktion (14) angeht, so liefert diese für $[x]=0$ und $[x]=N-1$ offenkundig 0, dagegen für $0\leqq t<1$, d. h. $[t]=0$:

$$\frac{2}{N-1}\sum_{l=1}^{N-2}U\bigl(\{x\}+l,\{t\}\bigr)\sum_{k=1}^{N-2}\sin k\,\frac{\pi}{N-1}\,l\,\sin k\,\frac{\pi}{N-1}\,[x].$$

Nun ist aber bekanntlich

$$\sum_{k=1}^{N-2}\sin k\,\frac{\pi}{N-1}\,l\,\sin k\,\frac{\pi}{N-1}\,[x]=\begin{cases}\dfrac{N-1}{2} & \text{für } l=[x]\quad (0<[x]<N-1)\\[2mm] 0 & \text{für } l\neq [x],\end{cases}$$

so dass nur $U(\{x\}+[x],\{t\})=U(x,\{t\})$ übrigbleibt.

Wir fassen das Ergebnis so zusammen:

Satz 2. *In dem Halbstreifen* $0\leqq x\leqq N$, $t\geqq 0$ *sei die partielle Differenzengleichung*

$$U(x,t)-U(x+1,t)+U(x+2,t)-U(x+1,t+1)=0$$

vorgelegt, wobei die Werte von $U(x,t)$ *in den Randstreifen*

$$0\leqq x<1, t\geqq 0;\quad N-1\leqq x<N, t\geqq 0;\quad 1\leqq x<N-1, 0\leqq t<1$$

gegeben sind. Dann wird die Lösung für $1 \leqq x < N - 1, t \geqq 0$ *durch die Summe der Funktionen* (12), (11) *und* (14) *dargestellt.*

Man erkennt in dieser Lösung das Analogon zur Lösung der Wärmeleitungsgleichung in 18. 1. Die Funktionen (12) und (11) sind gebaut wie Faltungen.

§ 2. Ein Randwertproblem
für eine Differentialdifferenzengleichung in mehreren Variablen

Wir behandeln eine Differentialdifferenzengleichung für eine Funktion $U(x, t)$, die als *Analogon zu der Wellengleichung* $\partial^2 U/\partial x^2 = \partial^2 U/\partial t^2$ betrachtet werden kann[69]:

$$(1) \qquad U(x, t) - 2\, U(x + 1, t) + U(x + 2, t) = \frac{\partial^2 U(x + 1, t)}{\partial t^2},$$

und zwar in dem Streifen $0 \leqq x \leqq N, t \geqq 0$. Als *Randbedingungen* sollen vorgegeben sein: Die Werte von $U(x, t)$ in den Randstreifen $0 \leqq x < 1, t \geqq 0$, und $N - 1 \leqq x < N, t \geqq 0$, sowie der Wert von $U(x, t)$ und $\partial U/\partial t$ für $t = 0$

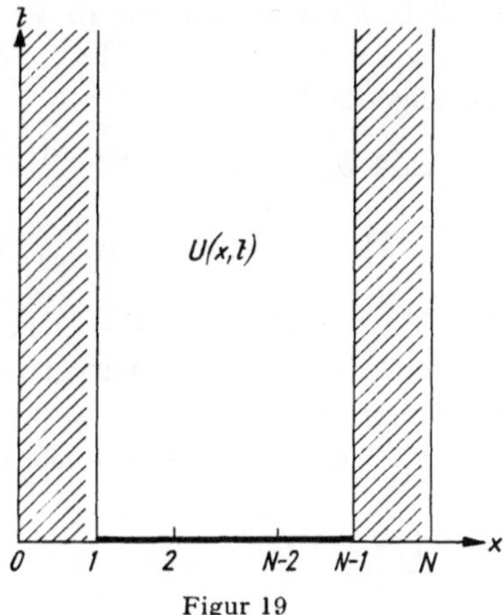

Figur 19

in $1 \leqq x < N - 1$, bezeichnet mit $U(x, 0)$ und $U'(x, 0)$ (Figur 19). Unterwerfen wir (1) bezüglich der Variablen t der $\mathfrak{L}$-Transformation und setzen $\mathfrak{L}\{U(x, t)\} = u(x, s)$, so ergibt sich nach der Regel XIII die *Bildgleichung:*

$$u(x, s) - 2\, u(x + 1, s) + u(x + 2, s)$$

$$= s^2\, u(x + 1, s) - U(x + 1, 0)\, s - U'(x + 1, 0)$$

oder

$$u(x, s) - (2 + s^2)\, u(x + 1, s) + u(x + 2, s)$$

$$(2) \qquad = -U(x + 1, 0)\, s - U'(x + 1, 0) = g(x, s).$$

Transformiert man die in den Randstreifen links und rechts vorgegebenen U-Werte $U(\{x\}, t)$ und $U(\{x\} + N - 1, t)$, so erhält man die Randwerte $u(\{x\}, s)$ und $u(\{x\} + N - 1, s)$, die der Gleichung (2) zugeordnet sind. Die Lösung des Problems im Bildbereich wird durch Satz 1 [24.1] geliefert, wobei wir aber die von g abhängenden Bestandteile in der Form 24.1 (13) anschreiben:

$$u(x, s) = \frac{1}{\alpha_1^{N-1} - \alpha_2^{N-1}}$$

$$\times \left\{ u(\{x\}, s) \left[\alpha_1^{N-1-[x]} - \alpha_2^{N-1-[x]}\right] + u(\{x\} + N - 1, s) \left[\alpha_1^{[x]} - \alpha_2^{[x]}\right]\right\}$$

$$(3) \quad \div \frac{1}{\alpha_1 - \alpha_2} \frac{\alpha_1^{N-[x]-1} - \alpha_2^{N-[x]-1}}{\alpha_1^{N-1} - \alpha_2^{N-1}} \sum_{\lambda=0}^{[x]-2} g(\{x\} + \lambda, s) \left(\alpha_1^{\lambda+1} - \alpha_2^{\lambda+1}\right)$$

$$- \frac{1}{\alpha_1 - \alpha_2} \frac{\alpha_1^{[x]} - \alpha_2^{[x]}}{\alpha_1^{N-1} - \alpha_2^{N-1}} \sum_{\lambda=[x]-1}^{N-3} g(\{x\} + \lambda, s) \left(\alpha_1^{N-\lambda-2} - \alpha_2^{N-\lambda-2}\right).$$

Hierin sind α_1 und α_2 die Wurzeln von $1 - (2 + s^2) z + z^2$, also

$$\alpha_1 = \frac{s^2 + 2}{2} + \frac{1}{2} \sqrt{s^4 + 4 s^2} = \alpha_2^{-1}, \quad \alpha_2 = \frac{s^2 + 2}{2} - \frac{1}{2} \sqrt{s^4 + 4 s^2} = \alpha_1^{-1}.$$

Die Originalfunktion zu (3) bestimmen wir wie in §1 durch *Partialbruchentwicklung*. Den Nullstellen $\alpha_1 = e^{k\pi i/(N-1)}$ $[k = 1, \ldots, 2(N-1)]$ des Nenners $\alpha_1^{N-1} - \alpha_2^{N-1}$ entsprechen folgende Werte für s^2:

$$s^2 = \alpha_1 + \alpha_2 - 2 = \alpha_1 + \alpha_1^{-1} - 2 = e^{k\pi i/(N-1)} + e^{-k\pi i/(N-1)} - 2$$

$$= 2\left(\cos k \frac{\pi}{N-1} - 1\right) = -4 \sin^2 k \frac{\pi}{2(N-1)}.$$

Hiervon fallen die zu $k = N - 1$ und $k = 2(N - 1)$ gehörigen Werte $s^2 = -4$ und $s^2 = 0$ fort, die dem in Zähler und Nenner gemeinsam vorkommenden Faktor $\alpha_1 - \alpha_2 = s \sqrt{s^2 + 4}$ entsprechen, der für $s^2 = 0$ und $s^2 = -4$ verschwindet. Ferner ergeben immer k und $2(N - 1) - k$ denselben Wert s^2, so dass nur die Wurzeln

$$s_k^2 = -4 \sin^2 k \frac{\pi}{2(N-1)} \qquad (k = 1, \ldots, N - 2)$$

in Frage kommen.

Jeden der in (3) vorkommenden Quotienten entwickeln wir in eine Summe von Partialbrüchen der Form

$$\sum_{k=1}^{N-2} \frac{b_k}{s^2 - s_k^2}.$$

Dazu brauchen wir analog zu S. 121, 122 folgende Grössen:

$$\alpha_1(s_k^2) = e^{ik\pi/(N-1)}, \quad \alpha_2(s_k^2) = e^{-ik\pi/(N-1)};$$

$$\frac{d\alpha_1}{d(s^2)}\bigg|_{s^2=s_k^2} = \frac{e^{ik\pi/(N-1)}}{2 i \sin k \pi/(N-1)}, \quad \frac{d\alpha_2}{d(s^2)}\bigg|_{s^2=s_k^2} = -\frac{e^{-ik\pi/(N-1)}}{2 i \sin k \pi/(N-1)};$$

$$\frac{d}{d(s^2)} \left(\alpha_1^{N-1} - \alpha_2^{N-1}\right)\bigg|_{s^2=s_k^2} = (N-1) \frac{(-1)^k}{i \sin k \pi/(N-1)}.$$

Damit ergibt sich:

$$\frac{\alpha_1^{N-1-[v]} - \alpha_2^{N-1-[x]}}{\alpha_1^{N-1} - \alpha_2^{N-1}} = \sum_{k=1}^{N-2} \frac{1}{s^2 - s_k^2} \; \frac{e^{ik[\pi/(N-1)](N-1-[x])} - e^{-ik[\pi/(N-1)](N-1-[x])}}{(N-1)\dfrac{(-1)^k}{i \sin k[\pi/(N-1)]}}$$

$$= \frac{2}{N-1} \sum_{k=1}^{N-2} \frac{\sin k \dfrac{\pi}{N-1} \sin k \dfrac{\pi}{N-1}[x]}{s^2 - s_k^2}$$

und analog

$$\frac{\alpha_1^{[x]} - \alpha_2^{[x]}}{\alpha_1^{N-1} - \alpha_2^{N-1}} = -\frac{2}{N-1} \sum_{k=1}^{N-2} (-1)^k \frac{\sin k \dfrac{\pi}{N-1} \sin k \dfrac{\pi}{N-1}[x]}{s^2 - s_k^2} \,,$$

ferner auf die gleiche Weise

$$\frac{\left(\alpha_1^{N-[x]-1} - \alpha_2^{N-[x]-1}\right) \dfrac{\alpha_1^{\lambda+1} - \alpha_2^{\lambda+1}}{\alpha_1 - \alpha_2}}{\alpha_1^{N-1} - \alpha_2^{N-1}}$$

$$= \frac{2}{N-1} \sum_{k=1}^{N-2} \frac{\sin k \dfrac{\pi}{N-1}(\lambda+1) \sin k \dfrac{\pi}{N-1}[x]}{s^2 - s_k^2} \,,$$

$$\frac{\left(\alpha_1^{[x]} - \alpha_2^{[x]}\right) \dfrac{\alpha_1^{N-\lambda-2} - \alpha_2^{N-\lambda-2}}{\alpha_1 - \alpha_2}}{\alpha_1^{N-1} - \alpha_2^{N-1}}$$

$$= \frac{2}{N-1} \sum_{k=1}^{N-2} \frac{\sin k \dfrac{\pi}{N-1}(\lambda+1) \sin k \dfrac{\pi}{N-1}[x]}{s^2 - s_k^2} \,.$$

Nunmehr lässt sich die Funktion (3) mühelos in den Originalbereich transformieren, wobei die zwei Summen über λ zu einer zusammengefasst werden können, weil jetzt die Summanden die gleiche Form haben. Einem Partialbruch

$$\frac{\sin k \dfrac{\pi}{N-1}}{s^2 - s_k^2} = \cos k \frac{\pi}{2(N-1)} \; \frac{2 \sin k \dfrac{\pi}{2(N-1)}}{s^2 + \left(2 \sin k \dfrac{\pi}{2(N-1)}\right)^2}$$

entspricht die Originalfunktion

$$\cos k \frac{\pi}{2(N-1)} \sin\!\left(2t \sin k \frac{\pi}{2(N-1)}\right),$$

und den Partialbrüchen

$$\frac{1}{s^2 - s_k^2} \quad \text{und} \quad \frac{s}{s^2 - s_k^2} \,,$$

wie sie in der Summe über λ auftreten, wenn der explizite Ausdruck für

$g(\{x\} + \lambda, s)$ eingesetzt wird, entsprechen

$$\frac{1}{2 \sin k \dfrac{\pi}{2\,(N-1)}} \sin\left(2\,t \sin k \frac{\pi}{2\,(N-1)}\right) \quad \text{und} \quad \cos\left(2\,t \sin k \frac{\pi}{2\,(N-1)}\right).$$

Bei der Transformation der beiden ersten Terme in (3) hat man ausserdem den Faltungssatz anzuwenden. Auf diese Weise ergibt sich

Satz 1. *In dem Halbstreifen $0 \leq x \leq N$, $t \geq 0$ sei die Differentialdifferenzengleichung*

$$U(x,\,t) - 2\,U(x+1,\,t) + U(x+2,\,t) = \frac{\partial^2 U(x+1,\,t)}{\partial t^2}.$$

vorgelegt, wobei die Werte von $U(x,\,t)$ in den Randstreifen

$$0 \leq x < 1,\ t \geq 0\,; \quad N-1 \leq x < N,\ t \geq 0$$

sowie die Werte von U und $\partial U / \partial t$ für $t = 0$ in $1 \leq x < N-1$ vorgegeben sind. Dann wird die Lösung für $1 \leq x < N-1$, $t \geq 0$ gegeben durch

$$U(x,t) = \frac{2}{N-1}\ U(\{x\},\,t)$$

$$* \sum_{k=1}^{N-2} \cos k \frac{\pi}{2\,(N-1)} \sin k \frac{\pi}{N-1}\,[x]\sin\left(2\,t\sin k \frac{\pi}{2\,(N-1)}\right)$$

$$- \frac{2}{N-1}\ U(\{x\} + N - 1,\,t)$$

$$* \sum_{k=1}^{N-2} (-1)^k \cos k \frac{\pi}{2\,(N-1)} \sin k \frac{\pi}{N-1}\,[x]\sin\left(2\,t\sin k \frac{\pi}{2\,(N-1)}\right)$$

$$+ \frac{2}{N-1} \sum_{\lambda=1}^{N-2} U(\{x\} + \lambda,\,0)$$

$$\times \sum_{k=1}^{N-2} \sin k \frac{\pi}{N-1}\,\lambda \sin k \frac{\pi}{N-1}\,[x]\cos\left(2\,t\sin k \frac{\pi}{2\,(N-1)}\right)$$

$$+ \frac{1}{N-1} \sum_{\lambda=1}^{N-2} U'(\{x\} + \lambda,\,0)$$

$$\times \sum_{k=1}^{N-2} \frac{\sin k \dfrac{\pi}{N-1}\,\lambda}{\sin k \dfrac{\pi}{2\,(N-1)}} \sin k \frac{\pi}{N-1}\,[x]\sin\left(2\,t\sin k \frac{\pi}{2\,(N-1)}\right).$$

Die Faltungsintegrale sind hinsichtlich der Variablen t zu bilden.

Wie bei dem Problem in § 1 ist darauf zu achten, dass die Lösung für $0 \leq x < 1$ und $N-1 \leq x < N$ nicht gilt. Dass sie im übrigen die gegebenen Bedingungen erfüllt, ergibt sich unmittelbar wie bei der Lösung in § 1.

Bei Randwertproblemen, wie sie in § 1 und 2 behandelt wurden, ist es praktisch kaum möglich, nach den direkten Methoden der Differenzenrechnung explizite Ausdrücke für die Lösung aufzustellen. Im Gegensatz dazu führt die Methode der $\mathfrak{L}$-Transformation zu einem übersichtlichen Algorithmus, der mit einem begrenzten Rechenaufwand die explizite Lösung liefert.

VI. TEIL

Integralgleichungen und Integralrelationen

25. KAPITEL

Integralgleichungen vom reellen Faltungstypus im endlichen Intervall

§ 1. Die lineare Integralgleichung zweiter Art

Eine *lineare Integralgleichung*, bei der die unbekannte Funktion $F(t)$ nur unter dem Integralzeichen auftritt:

$$\int K(t, \tau)\, F(\tau)\, d\tau = G(t),$$

heisst von *erster Art*. Tritt $F(t)$ auch ausserhalb des Integrals auf:

$$F(t) = G(t) + \int K(t, \tau)\, F(\tau)\, d\tau,$$

so heisst die Integralgleichung von *zweiter Art*. Sind die Integrationsgrenzen konstant, so ist die Gleichung vom *Fredholmschen Typ*; ist die untere Grenze eine Konstante, z. B. 0, und die obere Grenze gleich der Variablen t, so ist sie vom *Volterraschen Typ*. Die Funktion $K(t, \tau)$ heisst der *Kern* der Integralgleichung.

Die allgemeine Theorie der linearen Integralgleichungen ist zu einer Disziplin von hoher Schönheit und Abrundung ausgebildet, die allerdings auf ziemlich umfangreichen und schwierigen Deduktionen ruht. Wir werden hier einen Spezialfall behandeln, der in den Anwendungen besonders häufig auftritt und der sich mit der Laplace-Transformation in ganz einfacher und übersichtlicher Weise erledigen lässt. Alle Begriffe, die in der allgemeinen Theorie ziemlich komplizierte Betrachtungen erfordern, wie z. B. der reziproke Kern, die Neumannsche Reihe usw., stellen sich bei diesem «Modell» in ganz naturgemässer Weise ein, wenn man es mit $\mathfrak{L}$-Transformation behandelt.

Die Integralgleichung, die wir betrachten, ist vom Volterraschen Typ und dadurch spezialisiert, dass der Kern nur von der Differenz $t - \tau$ abhängt, so dass das Integral eine Faltung ist[70] und die Integralgleichung zweiter Art, die wir zunächst behandeln, die Gestalt hat*):

$$(1) \qquad F(t) = G(t) + \int_0^t K(t - \tau)\, F(\tau)\, d\tau.$$

---

*) Wenn von K und F nur Integrabilität bekannt ist, so braucht $K * F$ nach Satz 2 [I 2. 14] nur fast überall zu existieren.

Wir nennen jede Integralgleichung (auch wenn sie von höherer Ordnung ist), bei der die vorkommenden Integrale die Form von Faltungen haben, eine Integralgleichung vom *Faltungstypus*.

Für die Lösung derartiger Integralgleichungen ist die $\mathfrak{L}$-Transformation das geeignete Instrument. Denn vermöge des Faltungssatzes (Regel XVI) bildet sie die *Faltung* auf das gewöhnliche algebraische *Produkt* der Transformierten ab, so dass z. B. der Gleichung (1) eine gewöhnliche lineare algebraische Gleichung entspricht, die sofort gelöst werden kann. Sucht man die zugehörige Originalfunktion auf, so hat man die Lösung der Integralgleichung (1). Dies ist in grossen Zügen der Grundgedanke der Methode [71], die in diesem und den nächsten Paragraphen angewendet wird und die sich durch folgendes Schema darstellen lässt:

Anstatt die Lösung im Originalraum unmittelbar vorzunehmen, macht man den durch die drei Pfeile im Schema bezeichneten Umweg über den Bildraum. Es handelt sich also um denselben Prozess wie bei den Differential- und Differenzengleichungen (vgl. S. 20 und II, S. 257).

Um die $\mathfrak{L}$-Transformation auf die Gleichung (1) anwenden zu können, müssen wir zunächst voraussetzen, dass F, G und K $\mathfrak{L}$-Transformierte besitzen und dass $\mathfrak{L}\{K\}$ absolut konvergiert. Wenn dann die Lösung gefunden sein wird, werden wir uns von diesen Voraussetzungen wieder befreien können. Wir setzen

$$\mathfrak{L}\{F\} = f(s), \quad \mathfrak{L}\{G\} = g(s), \quad \mathfrak{L}\{K\} = k(s).$$

Dann erfüllen diese Funktionen nach dem Faltungssatz die lineare algebraische Gleichung

$$(2) \qquad f(s) = g(s) + k(s)\, f(s),$$

deren Lösung lautet:

$$(3) \qquad f(s) = \frac{g(s)}{1 - k(s)}.$$

Man kann nun nicht einfach $f(s)$ als Produkt von $g(s)$ und $1/[1 - k(s)]$ auffassen und $F(t)$ als Faltung der entsprechenden Originalfunktionen gewinnen, denn $1/[1 - k(s)]$ ist sicher keine Bildfunktion, da eine solche notwendig für $s \to \infty$ gegen 0 streben muss, während diese Funktion gegen 1 strebt (Satz 1 [I 3.6]).

Schreiben wir aber $f(s)$ in der Gestalt

$$(4) \qquad f(s) = g(s) + \frac{k(s)}{1 - k(s)}\, g(s),$$

so ist die Zurückübersetzung sofort möglich. Denn die Funktion

$$\frac{z}{1-z} = \sum_{n=1}^{\infty} z^n$$

ist in $z = 0$ holomorph und gleich 0, und die Reihe konvergiert für $|z| < 1$. Da $k(s) = \mathfrak{L}\{K\}$ in einer Halbebene $\Re s > \alpha$ absolut konvergiert, so ist nach Satz 3 [I 8. 3]

$$(5) \qquad q(s) = \frac{k(s)}{1 - k(s)}$$

die $\mathfrak{L}$-Transformierte der Funktion

$$(6) \qquad Q(t) = \sum_{n=1}^{\infty} K(t)^{*n} \qquad\qquad [K(t)^{*1} = K(t)],$$

wobei $K(t)^{*n}$ für fast alle t existiert und die Reihe für fast alle t konvergiert; und wenn $|k(s)| < 1$ in einer Halbebene $\Re s \geq x_0 > \alpha$ ist, was nach Satz 8 [I 3. 6] sicher zutrifft, so konvergiert $\mathfrak{L}\{Q\}$ für $\Re s \geq x_0$ absolut[72]. Nach dem Faltungssatz ist also $q(s)\, g(s)$ die $\mathfrak{L}$-Transformierte von $Q * G$, und nach dem Eindeutigkeitssatz 4 [I 2. 9] folgt daher aus (4):

$$(7) \qquad F(t) = G(t) + Q(t) * G(t) + N(t),$$

wo $N(t)$ eine gewisse Nullfunktion ist und $Q(t) * G(t)$ fast überall existiert. Da $Q(t)$ eine absolut konvergente $\mathfrak{L}$-Transformierte besitzt, so hat $Q * G$ eine $\mathfrak{L}$-Transformierte und die durch (7) definierte Funktion $F(t)$ ebenfalls. Infolgedessen kann man rückwärts von (7) auf (4) und von da auf (2) schliessen. Aus (2) aber ergibt sich:

$$F(t) = G(t) + K(t) * F(t) + N_1(t),$$

wo $N_1(t)$ eine Nullfunktion ist. Da eine solche fast überall verschwindet, erfüllt $F(t)$ die Gleichung (1) fast überall, und dies gilt auch, wenn man in (7) $N(t) \equiv 0$ setzt. Wir erhalten also:

Satz 1. *Wenn $G(t)$ eine einfach und $K(t)$ eine absolut konvergente $\mathfrak{L}$-Transformierte besitzt, so erfüllt die Funktion*

$$(8) \qquad F(t) = G(t) + Q(t) * G(t),$$

die fast überall existiert und eine $\mathfrak{L}$-Transformierte besitzt, die Integralgleichung (1) fast überall. Dabei ist $Q(t)$ durch die fast überall konvergierende Reihe (6) definiert.

Damit hat sich auf sehr einfache Weise die aus der klassischen Theorie der allgemeinen linearen Integralgleichung bekannte Form der Lösung vermittels des sogenannten *reziproken Kerns Q* ergeben. Diese Bezeichnung erklärt sich daraus, dass die Gleichungen (1) und (8):

$$F(t) = G(t) + K(t) * F(t),$$

$$G(t) = F(t) + \big(-Q(t)\big) * G(t)$$

und die Funktionen $K(t)$ und $Q(t)$ in einem reziproken Verhältnis zueinander stehen: (1) ist eine Integralgleichung für F mit dem Kern K, deren Lösung durch (8) gegeben wird; (8) ist eine Integralgleichung für G mit dem Kern $-Q$, deren Lösung durch (1) gegeben wird. – Aus (5) ergibt sich:

$$q(s) - k(s) = k(s)\, q(s),$$

so dass fast überall gilt:

$$Q(t) - K(t) = \int_0^t K(\tau)\, Q(t - \tau)\, d\tau.$$

Das ist die ebenfalls aus der allgemeinen Theorie bekannte Relation zwischen den beiden Kernen K und Q, die zeigt, dass jeder sich aus dem anderen durch Lösung einer Integralgleichung ergibt.

Die Reihendarstellung (6) von Q durch die «*iterierten Kerne*» K^{*n} erwächst in der allgemeinen Theorie aus der Methode der sukzessiven Approximationen und ist dort unter dem Namen «*Neumannsche Reihe*» bekannt.

Die Bedingung, dass $K(t)$ und $G(t)$ $\mathfrak{L}$-Transformierte besitzen sollen, bedeutet eine Voraussetzung über das Verhalten dieser Funktionen im *Unendlichen*. Da aber sowohl in der Integralgleichung wie in ihrer Lösung nur Integrale über *endliche* Intervalle vorkommen, muss sich diese Voraussetzung eliminieren lassen. Dabei gehen wir gleichzeitig darauf aus, die Aussagen: die Existenz der Faltungsintegrale, die Konvergenz der Reihe für $Q(t)$ und das Erfülltsein der Integralgleichung seien nur *fast überall* gesichert, durch Behauptungen über *allgemeine Gültigkeit* zu ersetzen.

Was dazu nötig ist, sieht man sofort, wenn man sich den Formalismus klar macht, der hinter der Gleichung (1) und ihrer Lösung (8) steht. Wird gesetzt

$$F(t) = G(t) + Q(t) * G(t),$$

so ist

$$K(t) * F(t) = K(t) * G(t) + K(t) * Q(t) * G(t).$$

Ist nun $Q(t)$ durch die Reihe (6) definiert und darf man deren Faltung mit $K(t)$ gliedweise ausführen, so ist

$$K(t) * Q(t) = K(t) * \sum_{n=1}^{\infty} K(t)^{*n} = \sum_{n=1}^{\infty} K(t)^{*(n+1)} = \sum_{n=2}^{\infty} K(t)^{*n},$$

also

$$K(t) * F(t) = K(t) * G(t) + \left(\sum_{n=2}^{\infty} K(t)^{*n} \right) * G(t) = \left(\sum_{n=1}^{\infty} K(t)^{*n} \right) * G(t)$$

$$(9) \qquad\qquad = Q(t) * G(t),$$

mithin nach der obigen Definition von $F(t)$:

$$K(t) * F(t) = F(t) - G(t),$$

d. h. $F(t)$ erfüllt die Gleichung (1).

Es kommt also darauf an, $K(t)$ solchen Einschränkungen zu unterwerfen, dass $\sum_{n=1}^{\infty} K(t)^{*n}$ *für alle t konvergiert* und *gliedweise mit $K(t)$ gefaltet* werden darf. Wir werden zwei Fälle behandeln, in denen dies erfüllt ist.

Es sei zunächst $K(t)$ in jedem endlichen Intervall *beschränkt* (was z. B. zutrifft, wenn $K(t)$ stetig ist):

$$|K(t)| \leq M = M(T) \quad \text{in } 0 \leq t \leq T.$$

Dann ist für $0 \leq t \leq T$:

$$|K^{*2}| = \left| \int_0^t K(\tau)\, K(t-\tau)\, d\tau \right| \leq M^2 t,$$

$$|K^{*3}| = \left| \int_0^t K^{*2}(\tau)\, K(t-\tau)\, d\tau \right| \leq M^3 \int_0^t \tau\, d\tau = M^3 \frac{t^2}{2!},$$

$$\cdots\cdots\cdots\cdots\cdots\cdots\cdots\cdots\cdots\cdots\cdots\cdots$$

$$|K^{*n}| = \left| \int_0^t K^{*(n-1)}(\tau)\, K(t-\tau)\, d\tau \right| \leq M^n \int_0^t \frac{\tau^{n-2}}{(n-2)!}\, d\tau = M^n \frac{t^{n-1}}{(n-1)!},$$

also

$$\sum_{n=1}^{\infty} |K(t)^{*n}| \leq \sum_{n=1}^{\infty} M^n \frac{t^{n-1}}{(n-1)!} \leq \sum_{n=1}^{\infty} M^n \frac{T^{n-1}}{(n-1)!} = M\, e^{MT}.$$

Die Reihe (6) für $Q(t)$ konvergiert demnach in jedem endlichen Intervall $0 \leq t \leq T$ absolut und gleichmässig, sie darf daher mit der beschränkten Funktion $K(t-\tau)$ multipliziert und gliedweise integriert werden.

Dass die *Nullfunktion* $N(t)$ hier ganz wegfällt, kommt daher: Wenn $K(t)$ in jedem endlichen Intervall beschränkt ist, so ist $K(t) * F(t)$ nach Satz 3 [I 2.14] für $t \geq 0$ stetig, also muss für eine Funktion $F(t)$, die der Gleichung (1) genügt, $F(t) - G(t)$ stetig sein. Nun ist $K(t)^{*n}$ stetig und die Reihe für $Q(t)$ gleichmässig konvergent, also $Q(t)$ stetig und somit in jedem endlichen Intervall beschränkt, so dass $Q(t) * G(t)$ in (7) stetig ist. Da auch $F(t) - G(t)$ stetig sein soll, muss $N(t)$ stetig, also identisch gleich 0 sein.

Damit haben wir ein Resultat erhalten, das von der Herleitung der Formel (7) über die $\mathfrak{L}$-Transformation ganz unabhängig ist und das wir dem schon bei der Behandlung der Differentialgleichungen formulierten «*Fortsetzungsprinzip*» (siehe II, S. 259) verdanken: Wenn man auf irgendeinem Wege zu einem Ausdruck für die Lösung eines Problems gelangt ist, so untersucht man unabhängig von der Herleitung, unter welchen (möglichst allgemeinen) Bedingungen der Ausdruck wirklich eine Lösung darstellt.

Satz 2. *Wenn der Kern $K(t)$ in jedem endlichen Intervall beschränkt ist*), so hat die Integralgleichung* (1) *die Lösung*

$$F(t) = G(t) + Q(t) * G(t).$$

Hierbei ist

$$Q(t) = \sum_{n=1}^{\infty} K^{*n}(t) \qquad\qquad (K^{*1} = K),$$

und diese Reihe ist in jedem endlichen Intervall absolut und gleichmässig konvergent und stellt eine stetige Funktion dar.

Bemerkungen: 1. Da wir von der Behandlung durch die $\mathfrak{L}$-Transformation ausgegangen sind, haben wir stillschweigend angenommen, dass die Funktionen in $t \geq 0$ definiert sind und die Integralgleichung in diesem Intervall zu lösen ist. Aus dem Beweis geht aber hervor, dass Satz 2 auch gilt, wenn die Integralgleichung nur in einem *endlichen Intervall* $0 \leq t \leq T$ vorgegeben ist. 2. Es ist bemerkenswert, dass von $G(t)$ weiter nichts als *Integrabilität* vorausgesetzt zu werden braucht.

Wir behandeln nun einen weiteren Fall: $K(t)$ sei in jedem endlichen Intervall oder auch nur in einem festen Intervall, in dem die Integralgleichung betrachtet wird, *quadratisch integrabel*. Es existiere also nicht nur $\int_0^T K(t)\, dt$ und $\int_0^T |K(t)|\, dt$ (siehe die Konvention in I 2.1), sondern auch $\int_0^T |K(t)|^2\, dt$. Es sei

$$\int_0^T |K(t)|\, dt = M_1, \qquad \int_0^T |K(t)|^2\, dt = M_2.$$

Dann ist zunächst nach der Cauchy-Schwarzschen Ungleichung (Anhang I, Nr. 9)

$$|K^{*2}| = \left| \int_0^t K(\tau)\, K(t-\tau)\, d\tau \right| \leq \left\{ \int_0^t |K(\tau)|^2\, d\tau \cdot \int_0^t |K(t-\tau)|^2\, d\tau \right\}^{1/2} \leq M_2,$$

und

$$|K^{*3}| = |K^{*2} * K| = \left| \int_0^t K^{*2}(\tau)\, K(t-\tau)\, d\tau \right| \leq M_2 \int_0^t |K(t-\tau)|\, d\tau \leq M_2 M_1,$$

ferner

$$|K^{*4}| = |K^{*2} * K^{*2}| \leq M_2^2 \int_0^t d\tau = M_2^2 \frac{t}{1!},$$

$$|K^{*5}| = |K^{*3} * K^{*2}| \leq M_2^2 M_1 \int_0^t d\tau = M_2^2 M_1 \frac{t}{1!},$$

---

*) Selbstverständlich sind $G(t)$ und $K(t)$ als integrabel (d. h. als J-Funktionen, siehe I 2.1) vorausgesetzt.

usw., allgemein

$$\left| K^{*2n} \right| \leq M_2^n \frac{t^{n-1}}{(n-1)!} \, , \qquad \left| K^{*(2n+1)} \right| \leq M_2^n M_1 \frac{t^{n-1}}{(n-1)!} \, .$$

Die Reihe $\sum\limits_{n=2}^{\infty} K^{*n}$ wird daher im Intervall $0 \leq t \leq T$ majorisiert durch die Reihe

$$\sum_{n=1}^{\infty} M_2^n (1 + M_1) \frac{T^{n-1}}{(n-1)!} \, ,$$

konvergiert also gleichmässig. Da jedes Glied K^{*n} nach Satz 3 [I 2.14] in $0 \leq t \leq T$ stetig ist, so ist dort auch $\sum\limits_{n=2}^{\infty} K^{*n}$ stetig. Infolgedessen ist sowohl $\sum\limits_{n=1}^{\infty} K^{*n}$ als auch

$$\left(\sum_{n=1}^{\infty} K^{*n} \right)^2 = \left(K + \sum_{n=2}^{\infty} K^{*n} \right)^2 = K^2 + 2 K \sum_{n=2}^{\infty} K^{*n} + \left(\sum_{n=2}^{\infty} K^{*n} \right)^2$$

integrabel, d. h. es existiert

$$\int_0^T Q(t)\, dt \quad \text{und} \quad \int_0^T Q(t)^2\, dt \, .$$

Wegen der gleichmässigen Konvergenz von $\sum\limits_{n=2}^{\infty} K^{*n}$ gegen eine stetige Funktion sind die Partialsummen beschränkt, die Reihe kann also nach Anhang I, Nr. 32 gliedweise mit K gefaltet werden; es ist demnach

$$K * Q = K * \left(K + \sum_{n=2}^{\infty} K^{*n} \right) = K * K + \sum_{n=2}^{\infty} K^{*(n+1)} = \sum_{n=1}^{\infty} K^{*(n+1)} \, .$$

Die Bedingung, dass die Reihe für Q gliedweise mit K gefaltet werden kann, ist somit erfüllt. Legen wir noch Wert darauf, dass $Q(t) * G(t)$ nicht bloss fast überall, sondern für alle $t \geq 0$ existiert, so brauchen wir nach Satz 1 [I 2.14] nur $G(t)$ als quadratisch integrabel vorauszusetzen. Da dann nach Satz 3 [I 2.14] $Q(t) * G(t)$ stetig ist, so ist $F(t) = G(t) + Q(t) * G(t)$ quadratisch integrabel. Wir erhalten also:

Satz 3. *Wenn $K(t)$ und $G(t)$ in einem Intervall $0 \leq t \leq T$ quadratisch integrabel sind, so hat die Integralgleichung (1) die Lösung $F(t) = G(t) + Q(t) * G(t)$.*

Hierbei ist $Q(t) = \sum\limits_{n=1}^{\infty} K^{*n}(t)$ quadratisch integrabel, so dass $Q(t) * G(t)$ für alle t existiert, und die Lösung $F(t)$ ist ebenfalls quadratisch integrabel.

Dass hier keine Nullfunktion zu $F(t)$ hinzutritt, ist wie bei Satz 2 eine Folge der Stetigkeit von $Q(t) * G(t)$ und $K(t) * F(t)$.

Man kann der Lösung von (1) noch eine andere Form geben, die in Analogie zu dem Duhamelschen Ausdruck für die Lösung einer gewöhnlichen Differentialgleichung steht. Wir leiten sie zunächst unter den Voraussetzungen von

Satz 1 ab. Es sei $F_0(t)$ die Lösung von (1) für den Spezialfall $G(t) \equiv 1$. Dann ist $\mathfrak{L}\{G\} = 1/s$, und für $f_0(s) = \mathfrak{L}\{F_0\}$ gilt nach (3):

$$f_0(s) = \frac{1/s}{1 - k(s)} \,.$$

Die $\mathfrak{L}$-Transformierte der Lösung $F(t)$ im allgemeinen Fall kann so geschrieben werden:

$$(10) \qquad f(s) = s\,\frac{1/s}{1 - k(s)}\, g(s) = s\, f_0(s)\, g(s)\,.$$

Dem Produkt $f_0(s)\, g(s)$ entspricht die Faltung $F_0(t) * G(t)$. Da $F_0(t)$ nach (8) die Gestalt hat:

$$(11) \qquad F_0(t) = 1 + Q(t) * 1\,,$$

ist $F_0(t)$ stetig, also beschränkt, so dass $\lim_{t \to 0} F_0(t) * G(t) = 0$ ist. Daher gehört zu (10) nach dem Differentiationsgesetz die Originalfunktion

$$(12) \qquad F(t) = \frac{d}{dt}\, F_0(t) * G(t)\,.$$

Setzt man hierin den Wert (11) für $F_0(t)$ ein und führt die Differentiation nach Satz 10 [I 2.14] aus, so erhält man wieder $F(t) = G(t) + Q(t) * G(t)$, woraus hervorgeht, dass die Darstellung (12) der Lösung von der Herleitung über die $\mathfrak{L}$-Transformation unabhängig ist.

Satz 4[73]. *Hat die Integralgleichung* (1) *in dem Spezialfall* $G(t) \equiv 1$ *die Lösung* $F_0(t)$, *so wird die Lösung im allgemeinen Fall durch* (12) *gegeben.*

Wir wollen noch zeigen, dass die Lösung von (1) eindeutig ist. Unter den Voraussetzungen von Satz 1 ist das fast selbstverständlich, denn wenn es zwei Lösungen gäbe, so würde ihre Differenz die Gleichung $F = K * F$ befriedigen, so dass $f(s) = k(s)\, f(s)$, also $k(s) \equiv 1$ wegen $f(s) \not\equiv 0$ wäre, was unmöglich ist. Die Eindeutigkeit folgt aber auch allgemein, denn aus $F = K * F$ ergibt sich

$$1 * F = 1 * K * F \quad \text{oder} \quad (K * 1 - 1) * F = 0\,.$$

Entweder ist in dem ganzen Intervall, in dem die Integralgleichung gilt, $F \equiv 0$, oder es ist nach Satz 12 [I 2.15] mindestens in einem Teilintervall $K * 1 - 1 \equiv 0$, also $\int_0^t K(\tau)\, d\tau \equiv 1$, was unmöglich ist.

Satz 5. *Wenn die Integralgleichung* (1) *eine Lösung hat, so ist sie eindeutig bestimmt.*

Der reziproke Kern $Q(t)$ ist als Summe von Faltungsintegralen zu berechnen, was in der praktischen Ausführung fast immer auf grosse Schwierigkeiten stösst. Es sei daher noch eine *andere Methode* zur Herstellung der Lösung erwähnt, die auf einfachere Rechnungen führt und sich vermittels $\mathfrak{L}$-Transformation sehr übersichtlich ableiten lässt.

Wenn die Funktionen $K(t)$, $G(t)$ und $F(t)$ zu $L^2(0, \infty)$ gehören, so lassen sie sich in mittelkonvergente *Reihen nach Laguerreschen Orthogonalfunktionen* entwickeln, während ihre $\mathfrak{L}$-Transformierten für $\mathfrak{R}s > 0$ nach Satz 1 [I 8.3] durch konvergente Reihen nach Potenzen von $[s - (1/2)]/[s + (1/2)]$ mit den gleichen Koeffizienten darstellbar sind. Der einfache algebraische Zusammenhang (2) zwischen $k(s)$, $g(s)$ und $f(s)$ erlaubt es, die Koeffizienten von $f(s)$ leicht aus denen von $k(s)$ und $g(s)$ zu berechnen, womit man auch über die Entwicklung von $F(t)$ verfügt. Es kommt nun darauf an, die Voraussetzungen über $K(t)$ und $G(t)$ so zu wählen, dass diese Funktionen selbst sowie $F(t)$ zu $L^2(0, \infty)$ gehören. Wir behaupten, dass dies der Fall ist, wenn

$$(13) \qquad \int_0^\infty e^t \, |K(t)|^2 \, dt = A < \frac{1}{2}, \qquad \int_0^\infty |G(t)|^2 \, dt = B < \infty$$

ist. Dann existiert natürlich erst recht

$$\int_0^\infty |K(t)|^2 \, dt = A_0,$$

und wir entnehmen zunächst aus Satz 3, dass eine Lösung $F(t)$ existiert und dass sie in jedem endlichen Intervall $0 \leq t \leq T$ quadratisch integrabel ist. Nun gilt*): Wenn $a = b + c$ ist, so ist $|a|^2 \leq 2\,|b|^2 + 2\,|c|^2$. Also folgt aus (1):

$$|F(t)|^2 \leq 2\,|G(t)|^2 + 2 \left| \int_0^t K(t - \tau)\, F(\tau)\, d\tau \right|^2$$

$$= 2\,|G(t)|^2 + 2\, e^{-t} \left| \int_0^t e^{(t-\tau)/2} K(t - \tau)\, e^{\tau/2} F(\tau)\, d\tau \right|^2.$$

Nach der Cauchy-Schwarzschen Ungleichung ist

$$\left| \int_0^t e^{(t-\tau)/2} K(t - \tau)\, e^{\tau/2} F(\tau)\, d\tau \right|^2$$

$$\leq \int_0^t e^\tau |K(\tau)|^2 \, d\tau \cdot \int_0^t e^\tau |F(\tau)|^2 \, d\tau \leq A \int_0^t e^\tau |F(\tau)|^2 \, d\tau.$$

Setzt man dies in die vorige Ungleichung ein und integriert sie über das endliche Intervall $0 \leq t \leq T$, so ergibt sich:

$$\int_0^T |F(t)|^2 \, dt \leq 2 \int_0^T |G(t)|^2 \, dt + 2\,A \int_0^T e^{-t} \, dt \int_0^t e^\tau |F(\tau)|^2 \, d\tau.$$

---

*) Es ist $|a|^2 \leq |b|^2 + |c|^2 + 2\,|b\,c|$ und $(|b| - |c|)^2 \geq 0$, also $2\,|b\,c| \leq |b|^2 + |c|^2$.

Es ist

$$\int_0^T e^{-t}\, dt \int_0^t e^{\tau}\, |F(\tau)|^2\, d\tau = \int_0^T e^{\tau}\, |F(\tau)|^2\, d\tau \int_{\tau}^T e^{-t}\, dt$$

$$= \int_0^T e^{\tau}\, |F(\tau)|^2\, (e^{-\tau} - e^{-T})\, d\tau < \int_0^T |F(\tau)|^2\, d\tau\,,$$

also

$$(1 - 2\,A) \int_0^T |F(t)|^2\, dt \leq 2\,B$$

für alle $T > 0$. Wegen $A < 1/2$ folgt hieraus für $T \to \infty$ die Existenz von $\int_0^{\infty} |F(t)|^2\, dt$.

Unter den Voraussetzungen (13) haben die drei Funktionen mittelkonvergente Entwicklungen nach Laguerreschen Orthogonalfunktionen:

$$(14) \qquad K(t) = \operatorname*{l.i.m.}_{n \to \infty} e^{-t/2} \sum_{\nu=0}^{n} a_{\nu}\, L_{\nu}(t)\,, \qquad G(t) = \operatorname*{l.i.m.}_{n \to \infty} e^{-t/2} \sum_{\nu=0}^{n} b_{\nu}\, L_{\nu}(t)\,,$$

$$(15) \qquad F(t) = \operatorname*{l.i.m.}_{n \to \infty} e^{-t/2} \sum_{\nu=0}^{n} c_{\nu}\, L_{\nu}(t)\,,$$

und ihre $\mathfrak{L}$-Transformierten die konvergenten Entwicklungen

$$k(s) = \frac{1}{s + (1/2)} \sum_{n=0}^{\infty} a_n \left(\frac{s - (1/2)}{s + (1/2)}\right)^n\,, \qquad g(s) = \frac{1}{s + (1/2)} \sum_{n=0}^{\infty} b_n \left(\frac{s - (1/2)}{s + (1/2)}\right)^n\,,$$

$$f(s) = \frac{1}{s + (1/2)} \sum_{n=0}^{\infty} c_n \left(\frac{s - (1/2)}{s + (1/2)}\right)^n\,.$$

Führt man diese Reihen in die Gleichung (2) ein und setzt

$$\frac{s - (1/2)}{s + (1/2)} = z\,, \qquad \text{also} \qquad \frac{1}{s + (1/2)} = 1 - z\,,$$

so ergibt sich:

$$\sum_{n=0}^{\infty} c_n\, z^n = \sum_{n=0}^{\infty} b_n\, z^n + (1 - z) \sum_{n=0}^{\infty} a_n\, z^n \cdot \sum_{n=0}^{\infty} c_n\, z^n\,,$$

woraus durch Koeffizientenvergleich das rekursive Gleichungssystem entsteht:

$$(16) \quad \begin{cases} c_0\,(1 - a_0) & = b_0\,, \\[1ex] c_0\,(a_0 - a_1) + c_1\,(1 - a_0) & = b_1\,, \\[1ex] c_0\,(a_1 - a_2) + c_1\,(a_0 - a_1) + c_2\,(1 - a_0) & = b_2\,, \\[1ex] \cdots\cdots\cdots\cdots\cdots\cdots\cdots\cdots\cdots\cdots\cdots \\[1ex] c_0\,(a_{n-1} - a_n) + c_1\,(a_{n-2} - a_{n-1}) + \cdots + c_{n-1}\,(a_0 - a_1) + c_n\,(1 - a_0) = b_n\,. \end{cases}$$

Da

$$a_0 = \int_0^\infty e^{-t/2}\, L_0(t)\, K(t)\, dt = \int_0^\infty e^{-t/2} K(t)\, dt\,,$$

also

$$|a_0|^2 \leqq \int_0^\infty e^{-2t}\, dt \int_0^\infty e^t\, |K(t)|^2\, dt = \frac{1}{2}\, A < \frac{1}{4}$$

ist, so ist $1 - a_0 \neq 0$ und das Gleichungssystem lösbar. Wir erhalten also das Resultat:

Satz 6[74]. *Wenn in der Integralgleichung* (1) *die Funktionen $K(t)$ und $G(t)$ die Bedingungen* (13) *erfüllen, so existiert eine Lösung $F(t)$, die zu $L^2(0, \infty)$ gehört. Die Koeffizienten ihrer Entwicklung* (15) *nach Laguerreschen Orthogonalfunktionen lassen sich aus denen der Entwicklungen* (14) *der Funktionen $K(t)$ und $G(t)$ vermittels des rekursiven Gleichungssystems* (16) *berechnen.*

Die durch diesen Satz angegebene Lösungsmethode lässt sich auch anwenden, wenn in der Integralgleichung

$$(17) \qquad\qquad F_1(t) = G_1(t) + K_1(t) * F_1(t)$$

die gegebenen Funktionen K_1 und G_1 die sehr viel schwächeren Bedingungen

$$(18) \qquad \int_0^\infty e^{-(2h-1)t}\, |K_1(t)|^2\, dt < \frac{1}{2}\,, \qquad \int_0^\infty e^{-2ht}\, |G_1(t)|^2\, dt < \infty$$

mit einem $h > 0$ erfüllen. Denn setzen wir

$$(19) \qquad\qquad e^{-ht} K_1(t) = K(t)\,, \quad e^{-ht} G_1(t) = G(t)\,,$$

so ist

$$\int_0^\infty e^t |K(t)|^2\, dt < \frac{1}{2}\,, \qquad \int_0^\infty |G(t)|^2\, dt < \infty\,,$$

also hat die Gleichung $F(t) = G(t) + K(t) * F(t)$ nach Satz 6 eine zu $L^2(0, \infty)$ gehörige Lösung. Dann erfüllt aber die durch

$$(20) \qquad\qquad e^{-ht} F_1(t) = F(t)$$

definierte Funktion $F_1(t)$ offenbar die Gleichung (17).

Satz 7. *Erfüllen die Funktionen $K_1(t)$ und $G_1(t)$ in der Integralgleichung* (17) *die Bedingungen* (18), *so existiert eine Lösung $F_1(t)$, für die $e^{-ht} F_1(t)$ zu $L^2(0, \infty)$ gehört. Um sie zu berechnen, löst man mit den durch* (19) *definierten Funktionen $K(t)$ und $G(t)$ die Integralgleichung* (1) *nach Satz 6 durch die Funktion $F(t)$. Dann ist $F_1(t) = e^{ht} F(t)$.*

Bemerkung: Die durch (19), (20) angegebene Transformation der Integralgleichung kann man natürlich immer ausführen, doch ist sie für die Sätze 1–3 bedeutungslos.

§ 2. Beispiele

1. Das Erneuerungsproblem der Statistik

Von den vielen Fällen, in denen die lineare Integralgleichung zweiter Art vom Faltungstypus in Mathematik, Physik und Technik vorkommt, sei als Beispiel das *Erneuerungsproblem der Statistik* erwähnt, weil es in letzter Zeit in mannigfachen Gebieten von Bedeutung geworden ist und wir in 9. 1 auch die asymptotischen Eigenschaften seiner Lösung untersuchen.

Das Erneuerungsproblem tritt in vielerlei Gestalt auf, z. B. in der *Theorie des industriellen Ersatzes*. In einem Industriewerk soll jedes ausscheidende Mitglied der Belegschaft sofort durch ein neues ersetzt werden. Wir nehmen diesen Vorgang als kontinuierlich mit der Zeit erfolgend an, was bei grossen Mitgliederzahlen möglich ist. Es fragt sich, mit welcher Intensität das Ausscheiden und damit gleichzeitig die Erneuerung vor sich geht, wenn das Verweilen in der Belegschaft einem gewissen wahrscheinlichkeitstheoretischen Gesetz unterliegt.

In jedem Zeitpunkt scheidet ein Bruchteil $F(t)$ der Belegschaft aus. Die Ausscheidenden gehörten zum Teil der Belegschaft schon zur Zeit $t = 0$ an; der auf sie entfallende Anteil an $F(t)$ sei gleich $G(t)$. Der andere Anteil $H(t)$ der Ausscheidenden entfällt auf diejenigen, die laufend in den Zeitpunkten τ zwischen 0 und t eingestellt worden waren. Da immer ebensoviel neu eintreten wie ausscheiden, wurden zur Zeit τ neu $F(\tau)$ Mitglieder eingestellt. Es sei nun $K(t)$ die Dichte der Wahrscheinlichkeit dafür, dass ein Mitglied ausscheidet, wenn es der Belegschaft die Zeitspanne t angehört hat. Die zur Zeit τ Eingestellten gehören zur Zeit t der Belegschaft während der Zeitspanne $t - \tau$ an, also ist die Gesamtzahl $H(t)$ derjenigen, die in $0 \leqq \tau \leqq t$ eingestellt wurden und zur Zeit t ausscheiden, gleich $\int_0^t K(t - \tau)\, F(\tau)\, d\tau$. Folglich ist $F(t) = G(t) + \int_0^t K(t - \tau)\, F(\tau)\, d\tau$. Sind $K(t)$ und $G(t)$ bekannt*), so ist dies eine Integralgleichung für die Ausscheide- bzw. Erneuerungsintensität $F(t)$. Eine Besonderheit liegt darin, dass $K(t)$ und $G(t)$ positiv sind und überdies

$$\int_0^\infty K(t)\, dt = 1$$

ist, weil $K(t)$ eine Wahrscheinlichkeitsdichte bedeutet. – Statt um die Menschen in einer Belegschaft kann es sich auch um die Ausrüstungsgegenstände (Maschinen) in einer Fabrik handeln oder um ein physikalisches System, dessen

---

*) Natürlich kann man $G(t)$ auf ähnliche Weise wie $H(t)$ vermittels $K(t)$ berechnen, wenn bekannt ist, wie für die zur Zeit $t = 0$ vorhandenen Mitglieder die Dauer ihrer Zugehörigkeit zur Belegschaft verteilt ist. Aber es genügt zu wissen, dass $G(t)$ irgendwie bekannt ist.

Teile nach einer gewissen Verweilzeit ausscheiden und durch andere ersetzt werden.

Eine andere Deutung der Integralgleichung und etwas andere Bedingungen liegen in der *Bevölkerungstheorie* vor. Hier ist $F(t)$ der Bruchteil der weiblichen Geburten (gemessen an der Gesamtzahl der weiblichen und männlichen Geburten) zur Zeit t. Diese rühren teilweise her von den Frauen, die zur Zeit 0 in der Bevölkerung schon vorhanden waren; ihr Anteil sei $G(t)$. Der andere Teil $H(t)$ rührt her von den in den Zeitpunkten τ zwischen 0 und t geborenen Frauen. Wenn $K(t)\,dt$ die (durchschnittliche) Zahl weiblicher Abkömmlinge ist, die von einer t Jahre alten Frau in der Zeitspanne $t \cdots t + dt$ geboren werden, so ist $H(t) = \int\limits_0^t K(t - \tau)\, F(\tau)\, d\tau$. Also ist wieder $F(t) = G(t) + \int\limits_0^t K(t - \tau)\, F(\tau)\, d\tau$ und $K(t)$ und $G(t)$ positiv. Jedoch kann hier

$$a = \int\limits_0^\infty K(t) \gtreqless 1$$

sein. Jedenfalls aber ist a endlich, weil von einer Stelle an $K(t) = 0$ ist.

Allen diesen Deutungen ist gemeinsam, dass $K(t)$ und $G(t)$ positiv sowie $\int\limits_0^\infty K(t)\, dt$ und offenkundig auch $\int\limits_0^\infty G(t)\, dt$ endlich sind. Das bedeutet, dass $\mathfrak{L}\{K\}$ und $\mathfrak{L}\{G\}$ für $\Re s \geq 0$ absolut konvergieren, so dass nach Satz 1 und 5 [25. 1] eine eindeutige Lösung $F(t)$ existiert, die sich nach Formel 25. 1 (8) berechnen lässt. Der reziproke Kern ist nach Formel 25. 1 (6) positiv, also gilt dasselbe für $F(t)$. Da wegen $K(t) \geq 0$ für $s = x + i\,y$ gilt: $|k(s)| \leq k(x)$ und $k(x)$ monoton abnimmt, so ist im Falle $a < 1$: $|k(s)| < 1$ für $\Re s \geq 0$, so dass nach dem Beweis von Satz 1 [25. 1] $\mathfrak{L}\{Q\}$ und $\mathfrak{L}\{F\}$ für $\Re s \geq 0$ existieren. Im Falle $a = 1$ existieren sie für $\Re s > 0$. Im Falle $a > 1$ sei p die eindeutig bestimmte positive Wurzel der «charakteristischen Gleichung» $k(x) = 1$. Dann existieren $\mathfrak{L}\{Q\}$ und $\mathfrak{L}\{F\}$ für $\Re s > p$. – Legt man den gegebenen Funktionen $K(t)$ und $G(t)$ weitere Bedingungen auf, wie sie in den Sätzen 2 und 3 [25. 1] formuliert sind, so lassen sich über $F(t)$ noch schärfere Aussagen machen. Wir fassen diese Ergebnisse so zusammen[75]:

Satz 1. *Beim Erneuerungsproblem gilt für die gegebenen Funktionen $K(t)$ und $G(t)$ in der Integralgleichung*

$$F(t) = G(t) + \int\limits_0^t K(t - \tau)\, F(\tau)\, d\tau$$

folgendes:

$$K(t) \geq 0, \quad G(t) \geq 0 \quad \textit{für } t \geq 0,$$

$$\int\limits_0^\infty K(t)\, dt = a < \infty, \quad \int\limits_0^\infty G(t)\, dt = b < \infty.$$

Unter diesen Bedingungen gibt es eine eindeutige Lösung $F(t)$, die fast überall *existiert und die Integralgleichung erfüllt. Es ist $F(t) \geq 0$. Ausserdem besitzt $F(t)$ eine absolut konvergente $\mathfrak{L}$-Transformierte, und zwar bei $a < 1$ für $\mathfrak{R}s \geq 0$, bei $a = 1$ für $\mathfrak{R}s > 0$, bei $a > 1$ für $\mathfrak{R}s > p$, wo p die positive Wurzel der Gleichung $\mathfrak{L}\{K\} = k(s) = 1$ ist.*

Wenn $K(t)$ in jedem endlichen Intervall beschränkt ist, so existiert $F(t)$ für alle $t \geq 0$ und erfüllt die Integralgleichung durchweg. Ferner ist $F(t) - G(t)$ stetig.

Wenn $K(t)$ und $G(t)$ in jedem endlichen Intervall quadratisch integrabel sind, so existiert $F(t)$ für alle $t \geq 0$ und ist in jedem endlichen Intervall quadratisch integrabel; $F(t) - G(t)$ ist stetig.

2. Die Entzerrung der Anzeige bei physikalischen Messinstrumenten. Der Zusammenhang zwischen Übergangsfunktion und Frequenzgang

Ein physikalisches Instrument (d. h. irgendein Übertragungssystem), das zur Messung einer zeitlich veränderlichen Grösse dient, transformiert eine *Erregung* oder Eingangsfunktion $F(t)$ in eine *Anzeige* oder Ausgangsfunktion $G(t)$. Wenn das Instrument durch einen «Einheitsstoss», d. h. durch die Funktion

$$U(t) = \begin{cases} 0 & \text{für } t < 0 \\ 1 & \text{für } t > 0 \end{cases}$$

erregt wird, so sei die Anzeige gleich der Funktion $V(t)$. Eine beliebige, zur Zeit $t = 0$ einsetzende Erregung $F(t)$ kann man sich in der Form

$$F(t) = F(0) + \int_0^t F'(\tau)\, d\tau = F(0)\, U(t) + \int_0^t F'(\tau)\, U(t - \tau)\, d\tau$$

aufgebaut denken. Wenn das Instrument sich linear verhält, d. h. wenn eine Summe von Erregungen die Summe der entsprechenden Anzeigen auslöst, so ist es plausibel*), dass die zu der Erregung $F(t)$ gehörige Anzeige die Form hat:

$$(1) \qquad G(t) = F(0)\, V(t) + \int_0^t F'(\tau)\, V(t - \tau)\, d\tau$$

$$(2) \qquad = V(0)\, F(t) + \int_0^t V'(t - \tau)\, F(\tau)\, d\tau$$

$$(3) \qquad = \frac{d}{dt} \int_0^t V(t - \tau)\, F(\tau)\, d\tau\,.$$

---

*) Mehr können wir über das Bestehen der Gleichungen (1), (2), (3) nicht sagen, da wir über das Instrument überhaupt keine präzisen Voraussetzungen gemacht haben. Exakt gesprochen muss sich, um die nachfolgende Theorie anwenden zu können, das Bestehen dieser Gleichungen aus den besonderen Eigenschaften des Instruments ableiten lassen.

Die Anzeige ist demnach ein «verzerrtes» Bild der Erregung. Ist die dem Einheitsstoss entsprechende Anzeige $V(t)$ bekannt (z. B. durch Rechnung oder praktische Messung), so kann man zu jeder beliebigen Erregung $F(t)$ die Anzeige $G(t)$ durch (3) erhalten. Umgekehrt bedeutet die *Ermittlung der Erregung $F(t)$ auf Grund der Anzeige $G(t)$*, d. h. die «Entzerrung» der Anzeige die Auflösung der Integralgleichung (2).

Die Gleichung (3) kommt auch in der Theorie der linearen *Differentialgleichung* beliebiger Ordnung n mit konstanten Koeffizienten, beliebiger Störungsfunktion und verschwindenden Anfangsbedingungen vor: Wenn die Lösung für die Störungsfunktion $U(t)$ gleich $V(t)$ ist, so wird sie bei beliebiger Störungsfunktion $F(t)$ durch (3) gegeben [siehe 13. 1 (23)]. Der Spezialfall $n = 2$ tritt in der Elektrotechnik auf: Ist $V(t)$ die *Stromstärke*, die bei Anschalten des Einheitsstosses der Spannung an einen in Ruhe befindlichen Stromkreis entsteht, so wird die durch die Spannung $F(t)$ erzeugte Stromstärke durch (3) ausgedrückt [siehe 13. 2 (12)]. In der Elektrotechnik ist für $V(t)$ der Name «*Übergangsfunktion*» geprägt (siehe II, S. 272) und von da auch für die anderen physikalischen Gebiete, wo die Gleichung (3) auftritt, übernommen worden.

Bei der Entzerrung der Anzeige, d. h. bei der Lösung der Integralgleichung (2) sind *zwei Fälle* zu unterscheiden[76]:

1. $V(0) \neq 0$. Das bedeutet, dass das Instrument auf eine stossartige Erregung sofort durch einen endlichen Zeigerausschlag reagiert, d. h. es ist *trägheitsfrei*. In diesem Fall stellt (2) eine Integralgleichung *zweiter Art* dar, kann also nach den Methoden von § 1 gelöst werden. Insbesondere ist der Anfangswert der Erregung gegeben durch $F(0) = G(0)/V(0)$, wenn $V'(t)$ in der Umgebung von $t = 0$ beschränkt, also $V'(t) * F(t) \to 0$ für $t \to 0$ ist.

2. $V(0) = 0$. Dann ist das Instrument *träge*. In diesem Fall ist die Integralgleichung von *erster* Art. Es kann aber sein, dass sie sich auf eine solche zweiter Art zurückführen lässt. Ist nämlich $V(t)$ $(n + 1)$-mal differenzierbar und

$$(4) \qquad V(0) = V'(0) = \cdots = V^{(n-1)}(0) = 0, \quad V^{(n)}(0) \neq 0,$$

ferner $F(t)$ stetig, so ist nach Satz 9 [I 2. 14]

$$(5) \qquad G^{(n)}(t) = V^{(n)}(0)\, F(t) + \int_0^t V^{(n+1)}(t - \tau)\, F(\tau)\, d\tau,$$

so dass $F(t)$ wieder einer Integralgleichung zweiter Art genügt. Bei einem Instrument dieser Art ist

$$G(0) = G'(0) = \cdots = G^{(n-1)}(0) = 0,$$

d. h. es reagiert auf eine stossartige Erregung mit einer Anzeige, die für kleine Zeiten vom Charakter einer Parabel n-ter Ordnung ist. Insbesondere ist $F(0) = G^{(n)}(0)/V^{(n)}(0)$.

In dem oben erwähnten Spezialfall, dass das Instrument aus einem Stromkreis besteht oder allgemeiner durch eine lineare Differentialgleichung n-ter

Ordnung regiert wird, liegt immer eine solche «*Trägheit n-ter Ordnung*» vor, denn nach 13.1 (21) gelten dort für die Übergangsfunktion die Gleichungen (4).

In manchen physikalischen Gebieten spielt eine andere Übergangsfunktion eine Rolle, nämlich die Anzeige, die sich bei *periodischer Erregung* $F(t) = e^{i\omega t}$ asymptotisch für $t \to \infty$ einstellt. Ein «eingeschwungener Zustand» resultiert dann, wenn das System aus energieverzehrenden Elementen (z. B. solchen mit Dämpfung) aufgebaut ist und sich in ihm keine Energiequellen (wie z. B. Verstärker) befinden (sog. *passives System*). Dann klingen die Eigenschwingungen ab, und es bleiben nur die erzwungenen Schwingungen übrig. In einem solchen System hat der *eingeschwungene Zustand* der Anzeige $G(t)$, der einer Erregung $F(t) = e^{i\omega t}$ entspricht, die Form $W(\omega)\, e^{i\omega t}$. Die Grösse $W(\omega)$ heisst, weil sie im allgemeinen komplex ist, mit einem wieder aus der Elektrotechnik entnommenen Ausdruck (siehe II, S. 275) der «komplexe Übertragungsfaktor» oder der *Frequenzgang*. Stellt man $W(\omega)$ in rechtwinkligen Koordinaten dar:

$$W(\omega) = W_1(\omega) + i\, W_2(\omega),$$

so heisst in der Elektrotechnik $W_1(\omega)$ die «*Wirkkomponente*» und $W_2(\omega)$ die «*Blindkomponente*» des komplexen Übertragungsfaktors (vgl. II, S. 275).

Der Zusammenhang zwischen Übergangsfunktion und Frequenzgang lässt sich sehr einfach vermittels der $\mathfrak{L}$-Transformation beschreiben. Aus (2) folgt, dass der Erregung $F(t) = e^{i\omega t}$ die Anzeige

$$G(t) = \left\{ V(0) + \int\limits_0^t e^{-i\omega\tau}\, V'(\tau)\, d\tau \right\} e^{i\omega t}$$

entspricht. Wenn das System für $t \to \infty$ einem eingeschwungenen Zustand $W(\omega)\, e^{i\omega t}$ zustreben, d. h. $G(t)\, e^{-i\omega t}$ einen Grenzwert haben soll, so ist das gleichbedeutend damit, dass

$$V(0) + \int\limits_0^\infty e^{-i\omega\tau}\, V'(\tau)\, d\tau = V(0) + \mathfrak{L}\{V'; i\,\omega\}$$

existiert. Wenn das Differentiationsgesetz (Regel XII) hier anwendbar wäre, so könnte man dafür $i\,\omega\, \mathfrak{L}\{V; i\,\omega\}$ schreiben. Dieses Gesetz gilt aber nur für $\Re s > 0$, während es für $\Re s \leqq 0$ im allgemeinen falsch ist (siehe I, S. 100), und dieser Fall liegt hier wegen $\Re(i\,\omega) = 0$ gerade vor. (Über die Bedingung, unter der $\mathfrak{L}\{V'; i\,\omega\}$ durch $\mathfrak{L}\{V; i\,\omega\}$ ausgedrückt werden kann, siehe unten.) Wir müssen also im allgemeinen den für $W(\omega)$ erhaltenen Ausdruck in der obigen Form stehen lassen. Damit ergibt sich:

Satz 1. *Bei einem passiven System hängen die Übergangsfunktion $V(t)$ und der Frequenzgang $W(\omega)$ so zusammen:*

$$(6) \qquad W(\omega) = V(0) + \mathfrak{L}\{V'(t); i\,\omega\},$$

vorausgesetzt, dass entweder die linke oder die rechte Seite existiert. Für die Wirk-komponente und die Blindkomponente[77] *gilt*):*

$$(7) \qquad W_1(\omega) = V(0) + \int_0^\infty \cos \omega\, t\, V'(t)\, dt, \qquad W_2(\omega) = - \int_0^\infty \sin \omega\, t\, V'(t)\, dt.$$

Diese Formeln zur Berechnung von $W(\omega)$ aus $V(t)$ sind in der Praxis vor allem für solche Bereiche von ω wichtig, in denen $W(\omega)$ durch direkte Messung (Oszillograph) schwierig zu bestimmen ist (z. B. Wechselstrom bei sehr niedriger Frequenz)[78].

Für $\omega = 0$ ist $e^{i\omega t} = 1 = U(t)$, also, wenn $\lim_{t\to\infty} V(t) = V(\infty)$ existiert:

$$(8) \qquad W(0) = V(\infty).$$

Die Formeln (7) zeigen, dass $W_1(\omega) - V(0)$ die Fouriersche cos-Transformierte und $-W_2(\omega)$ die sin-Transformierte von $V'(t)$ ist. Da die cos- und sin-Transformation Spezialfälle der allgemeinen Fourier-Transformation sind, so gelten ihre Umkehrformeln (siehe I, S. 196) unter denselben Voraussetzungen wie die Umkehrformel derselben. Aus Satz 1 [I 4. 2] ergibt sich also:

Satz 2. *Ist bei einem passiven System $V'(t)$ in jedem endlichen Intervall von beschränkter Variation, und ist $\int_0^\infty |V'(t)|\, dt < \infty$, so ergibt sich $V'(t)$ aus $W(\omega)$ durch die Formeln:*

$$(9) \qquad V'(t) = \frac{2}{\pi} \int_0^\infty \cos t\, \omega\, [W_1(\omega) - V(0)]\, d\omega,$$

$$(10) \qquad V'(t) = -\frac{2}{\pi} \int_0^\infty \sin t\, \omega\, W_2(\omega)\, d\omega.$$

Wir wollen jetzt noch feststellen, unter welchen Bedingungen man $W(\omega)$ zu $V(t)$ selbst (statt seiner Ableitung) in Beziehung setzen kann. Dazu brauchen wir nur von Gleichung (1) auszugehen. Diese liefert für die Erregung $e^{i\omega t}$ die Anzeige

$$G(t) = V(t) + i\,\omega\, e^{i\omega t} \int_0^t e^{-i\omega \tau}\, V(\tau)\, d\tau.$$

Damit $G(t)\, e^{-i\omega t}$ für $t \to \infty$ einen Grenzwert hat, muss

$$\lim_{t\to\infty} \left[V(t)\, e^{-i\omega t} + i\,\omega \int_0^t e^{-i\omega \tau}\, V(\tau)\, d\tau \right]$$

---

*) Dabei ist vorausgesetzt, dass $V(t)$ reell ist, wie es bei physikalischen Problemen zutrifft.

existieren. Dies ist sicher erfüllt, wenn $\lim\limits_{t\to\infty} V(t) = V(\infty) = 0$ und

$$\int\limits_0^\infty e^{-i\omega\tau} V(\tau)\, d\tau = \mathfrak{L}\{V; i\,\omega\}$$

existiert. Das besagt:

Satz 3. *Wenn* $V(\infty) = 0$ *ist und* $\mathfrak{L}\{V; i\,\omega\}$ *existiert, so ist*[79]

(11)
$$W(\omega) = i\,\omega\,\mathfrak{L}\{V(t); i\,\omega\},$$

$$W_1(\omega) = \omega \int\limits_0^\infty \sin\omega\, t\, V(t)\, dt, \qquad W_2(\omega) = \omega \int\limits_0^\infty \cos\omega\, t\, V(t)\, dt.$$

Nach Formel (8) bedeutet die Bedingung $V(\infty) = 0$, dass $W(0) = 0$ ist, d. h. dass bei einer Erregung von der Frequenz 0, also bei einem Einheitsstoss nach Abklingen der Eigenschwingungen praktisch keine Anzeige zustande kommt. Im Fall eines elektrischen Stromkreises: Das System ist gegenüber Gleichstrom blockiert.

Die Bedingungen von Satz 3 sind hinreichend, aber nicht notwendig. Wenn das System durch eine lineare Differentialgleichung regiert wird [siehe II, S. 264–266, wo $V(t)$ mit $Y_U(t)$ und $G(t)$ mit $Y(t)$ bezeichnet ist], so ist $V(\infty) = 1/p(0) \neq 0$, wenn $p(0) \neq 0$ ist. Trotzdem hat $G(t)\, e^{-i\omega t}$ den Grenzwert $q(i\,\omega) = 1/p(i\,\omega)$ für $t \to \infty$, wenn das System passiv ist (siehe II, S. 274–275). In der Tat kann man durch explizite Ausrechnung bestätigen, dass in diesem Fall gilt:

$$\lim\limits_{t\to\infty} \left[V(t)\, e^{-i\omega t} + i\,\omega \int\limits_0^t e^{-i\omega\tau} V(\tau)\, d\tau \right] = \frac{1}{p(i\,\omega)}.$$

Die Umkehrung von Satz 3 lautet:

Satz 4. *Ist* $V(t)$ *in jedem endlichen Intervall von beschränkter Variation und* $\int\limits_0^\infty |V(t)|\, dt < \infty$, *ferner* $W(0) = W_1(0) = W_2(0) = 0$, *so ist*[80]

$$V(t) = \frac{2}{\pi} \int\limits_0^\infty \sin\omega\, t\, \frac{W_1(\omega)}{\omega}\, d\omega,$$

$$V(t) = \frac{2}{\pi} \int\limits_0^\infty \cos\omega\, t\, \frac{W_2(\omega)}{\omega}\, d\omega.$$

Es sei noch kurz darauf hingewiesen, dass die Gleichung (1) auch als Integralgleichung mit der Unbekannten $V(t)$ aufgefasst werden kann. Dies entspricht folgender physikalischer Fragestellung: Wie muss das Instrument beschaffen sein (d. h. welche Übergangsfunktion muss es besitzen), damit einer gewissen Erregung eine vorgeschriebene Anzeige entspricht?

§ 3. Die lineare Integralgleichung erster Art

Die lineare Integralgleichung erster Art vom Faltungstypus lautet:

$$(1) \qquad \int_0^t K(t - \tau)\, F(\tau)\, d\tau = G(t)$$

(Kern $K(t)$ und Funktion $G(t)$ gegeben, $F(t)$ gesucht). Versucht man hier die $\mathfrak{L}$-Transformation anzuwenden, so erhält man die Bildgleichung

$$k(s)\, f(s) = g(s)$$

mit der Lösung

$$(2) \qquad f(s) = \frac{1}{k(s)}\, g(s)\,.$$

Wäre $1/k(s)$ eine Bildfunktion, so könnte man $F(t)$ nach dem Faltungssatz bestimmen. Das ist aber sicher nicht der Fall, da jede $\mathfrak{L}$-Transformierte für $s \to \infty$ gegen 0 strebt, während $1/k(s)$ gegen ∞ strebt. Die Methode der $\mathfrak{L}$-Transformation ist also nicht unmittelbar anwendbar. Es gibt aber Fälle, in denen man auf einem Umweg zum Ziel kommt. Ist $K(t)$ für $t > 0$ differenzierbar und in $t = 0$ stetig, ferner $G(t)$ für $t > 0$ differenzierbar, so gilt, falls eine für $t > 0$ stetige Lösung $F(t)$ existiert, nach Satz 9 [I 2.14]:

$$K(0)\, F(t) + \int_0^t K'(t - \tau)\, F(\tau)\, d\tau = G'(t) \quad \text{für } t > 0\,.$$

Ist $K(0) \neq 0$, so ist dies eine Integralgleichung zweiter Art, die nach den Methoden von § 1 behandelt werden kann. Wenn $K(t)$ und $G(t)$ $(n+1)$-mal differenzierbar sind und $K(0) = K'(0) = \cdots = K^{(n-1)}(0) = 0$, $K^{(n)}(0) \neq 0$ ist, so erhält man:

$$K^{(n)}(0)\, F(t) + \int_0^t K^{(n+1)}(t - \tau)\, F(\tau)\, d\tau = G^{(n+1)}(t)\,,$$

also wieder eine Integralgleichung zweiter Art.

Diese Methode versagt z. B., wenn $K(t)$ in $t = 0$ unstetig ist, wie in dem Fall $K(t) = t^{-\alpha}$, $0 < \alpha < 1$. Dann ist manchmal folgender Weg möglich: Man setzt

$$\int_0^t F(\tau)\, d\tau = F * 1 = \Phi(t)\,.$$

Besitzt F eine $\mathfrak{L}$-Transformierte, so auch Φ, und nach der Integrationsregel VII ist

$$\mathfrak{L}\{\Phi\} = \varphi(s) = \frac{1}{s}\, f(s)\,.$$

An Stelle von (2) erhält man dann:

$$(3) \qquad \varphi(s) = \frac{1}{s\,k(s)}\,g(s)\,.$$

Wenn auch $k(s)^{-1}$ sicher keine $\mathfrak{L}$-Transformierte ist, so kann doch $[s\,k(s)]^{-1}$ eine solche sein, z. B.

$$K(t) = t^{-\alpha}\ (0 < \alpha < 1)\,, \quad k(s) = \Gamma(1 - \alpha)\,s^{\alpha - 1}\,,$$

$$[s\,k(s)]^{-1} = \frac{s^{-\alpha}}{\Gamma(1 - \alpha)} = \mathfrak{L}\left\{\frac{t^{\alpha - 1}}{\Gamma(1 - \alpha)\,\Gamma(\alpha)}\right\}\,.$$

Wenn das $\mathfrak{L}$-Integral für $[s\,k(s)]^{-1}$ absolut konvergiert, so kann man $\Phi(t)$ nach dem Faltungssatz bestimmen und erhält $F(t)$ durch nachfolgende Differentiation.

Diese Methode läuft darauf hinaus, die linke Seite von (1) als *Stieltjes-Integral* zu schreiben:

$$(4) \qquad \int_0^t K(t - \tau)\,d\Phi(\tau) = G(t)\,.$$

Setzt man K, G und Φ als normierte Funktionen von beschränkter Variation in jedem endlichen Intervall und $K(0) = \Phi(0) = 0$ voraus und bildet ihre Laplace-Stieltjes-Transformierten (siehe I, S. 68)

$$\mathfrak{L}_S\{K\} = \tilde{k}(s)\,, \quad \mathfrak{L}_S\{G\} = \tilde{g}(s)\,, \quad \mathfrak{L}_S\{\Phi\} = \tilde{\varphi}(s)\,,$$

so ergibt sich zu (4) nach dem Faltungssatz für $\mathfrak{L}_S$-Integrale[81] die Bildgleichung

$$\tilde{k}(s)\,\tilde{\varphi}(s) = \tilde{g}(s)\,,$$

falls $\mathfrak{L}_S\{K\}$ absolut konvergiert*), mit der Lösung

$$\tilde{\varphi}(s) = \frac{1}{\tilde{k}(s)}\,\tilde{g}(s)\,.$$

In der Theorie der $\mathfrak{L}_S$-Transformation gilt folgender

Satz 1[82]. *Es sei $K(t)$ reell, von beschränkter Variation in jedem endlichen Intervall, $K(0) = 0$, $\lim\limits_{t \to +0} K(t) = K(+0) \neq 0$. Ferner konvergiere $\mathfrak{L}_S\{K\} = \tilde{k}(s)$ für $\Re s > \alpha$ absolut. Dann ist $1/\tilde{k}(s)$ als absolut konvergentes $\mathfrak{L}_S$-Integral darstellbar.*

Unter den Voraussetzungen von Satz 1 erhält man daher, wenn $1/\tilde{k}(s) = \mathfrak{L}_S\{H\}$ ist und $H(t)$ und $G(t)$ so normiert werden, dass $H(0) = G(0) = 0$ ist, für (4) die Lösung

$$(5) \qquad \Phi(t) = \int_0^t H(t - \tau)\,dG(\tau)\,.$$

---

*) Für diesen Begriff bei $\mathfrak{L}_S$-Integralen siehe I, S. 68.

$H(t)$ ist die Lösung der speziellen Integralgleichung

$$(6) \qquad \int_0^t K(t-\tau)\, dH(\tau) = U(t) = \begin{cases} 0 & \text{für } t = 0 \\ 1 & \text{für } t > 0, \end{cases}$$

der die Bildgleichung $\tilde{k}(s)\,\tilde{h}(s) = 1$ entspricht.

Beweis von Satz 1: Vorab bemerken wir, dass die Bedingung*) $K(+0) \neq 0$, $K(0) = 0$, d. h. dass $K(t)$ in $t = 0$ unstetig ist, notwendig dafür ist, dass $\tilde{k}(s)^{-1}$ durch ein $\mathfrak{L}_S$-Integral dargestellt werden kann. Denn nach Satz 2 [I 2. 8] ist für $K(0) = 0$:

$$\tilde{k}(s) = s\,\mathfrak{L}\{K\} = s\,k(s).$$

Wenn $K(t) \to K(+0)$ für $t \to 0$, ist nach Satz 3 [I 14. 1] $s\,k(s) \to K(+0)$, also $\tilde{k}(s) \to K(+0)$ für $s \to \infty$. Wenn nun $\tilde{h}(s) = \tilde{k}(s)^{-1}$ eine $\mathfrak{L}_S$-Transformierte $\mathfrak{L}_S\{H\}$ sein soll, wobei wir $H(t)$ so normiert denken können, dass $H(0) = 0$ ist, so muss $\lim\limits_{s \to \infty} \tilde{h}(s) = \lim\limits_{s \to \infty} \tilde{k}(s)^{-1}$ existieren, also $K(+0) \neq 0$ sein. Es ist dann $H(+0) = K(+0)^{-1}$.

Wir setzen

$$K_1(t) = \begin{cases} 0 & \text{für } t = 0 \\ K(t) - K(+0) & \text{für } t > 0 \end{cases}$$

und bezeichnen die totale Variation (Anhang I, Nr. 13) von $K_1(t)$ im Intervall $0 \leq \tau \leq t$ mit $V_{K_1}(t)$. Dies ist eine positive, monoton zunehmende Funktion. Absolute Konvergenz von $\mathfrak{L}_S\{K\}$ oder, was dasselbe ist**): von $\mathfrak{L}_S\{K_1\}$, bedeutet, dass

$$\mathfrak{L}_S\{V_{K_1}(t)\} = \tilde{v}(s)$$

konvergiert. Da $V_{K_1}(t)$ monoton wächst, nimmt $\tilde{v}(x)$ für reelles x monoton ab, und zwar gegen 0, weil $K_1(t)$ in $t = 0$ stetig und daher $V_{K_1}(+0) = 0$, also $\lim\limits_{s \to \infty} \tilde{v}(s) = 0$ ist (siehe oben). Folglich hat die Gleichung $\tilde{v}(x) = |K(+0)|$ höchstens eine reelle Wurzel $\beta > \alpha$. Setzt man, falls keine solche Wurzel existiert, $\beta = -\infty$, so ist

$$\tilde{v}(x) < |K(+0)| \qquad \text{für } x > \text{Max}\,(\alpha, \beta).$$

Da $K(t)$ an der Stelle $t = 0$ den Sprung $K(+0)$ hat, während $K_1(t)$ in $t = 0$ stetig ist, haben wir:

$$\tilde{k}(s) = \tilde{k}_1(s) + K(+0).$$

Wegen

$$|\tilde{k}_1(s)| = \left|\int_0^\infty e^{-st}\, dK_1(t)\right| \leq \int_0^\infty e^{-\Re s \cdot t}\, dV_{K_1}(t) = \tilde{v}_{K_1}(\Re s) < |K(+0)|$$

---

*) Dass $K(+0)$ existiert, folgt daraus, dass $K(t)$ von beschränkter Variation ist.

**) $K(t)$ und $K_1(t)$ unterscheiden sich um eine Funktion, die für $t = 0$ gleich 0, für $t > 0$ gleich $K(+0)$ ist. Deren $\mathfrak{L}_S$-Transformierte existiert für alle s.

für $\Re s > \mathrm{Max}\,(\alpha, \beta)$ ist

$$(7) \quad \tilde{h}(s) = \frac{1}{\tilde{k}(s)} = \frac{1}{K(+0)} \; \frac{1}{1 + [\tilde{k}_1(s)/K(+0)]} = \sum_{n=0}^{\infty} (-1)^n \, K(+0)^{-n-1} \, \tilde{k}_1(s)^n$$

für $\Re s > \mathrm{Max}\,(\alpha, \beta)$ absolut konvergent. Wir zeigen nun, dass man die Originalfunktion $H(t)$ zu $\tilde{h}(s)$ durch gliedweise Übersetzung finden kann. Um die dazu nötigen Abschätzungen durchführen zu können, machen wir folgende Umformung: Setzt man

$$\tilde{k}_1(s, t) = \int_0^t e^{-s\tau} \, dK_1(\tau), \quad \tilde{v}(s, t) = \int_0^t e^{-s\tau} \, dV_{K_1}(\tau),$$

so ist nach Hilfssatz 7 [I 2. 8] mit beliebigem reellem γ

$$\int_0^\omega e^{-st} \, dK_1(t) = \int_0^\omega e^{-(s-\gamma)} \, e^{-\gamma t} \, dK_1(t) = \int_0^\omega e^{-(s-\gamma)t} \, d_t \tilde{k}_1(\gamma, t).$$

Wenn $\Re s > \gamma > \alpha$ ist, konvergiert das rechtsstehende Integral für $\omega \to \infty$ absolut, denn

$$\int_0^\omega |e^{-(s-\gamma)t} \, d_t \tilde{k}_1(\gamma, t)| \leqq \int_0^\omega dV_{\tilde{k}_1(\gamma, \tau)}(t) = V_{\tilde{k}_1(\gamma, \tau)}(\omega) - V_{\tilde{k}_1(\gamma, \tau)}(0) = V_{\tilde{k}_1(\gamma, \tau)}(\omega).$$

Da

$$(8) \qquad\qquad V_{\tilde{k}_1(\gamma, \tau)}(\omega) \leqq \int_0^\omega e^{-\gamma\tau} \, dV_{K_1}(\tau) = \tilde{v}(\gamma, \omega)$$

ist, ergibt sich:

$$\int_0^\omega e^{-(s-\gamma)t} \, d_t \tilde{k}_1(\gamma, t) \leqq \tilde{v}(\gamma, \omega) \leqq \tilde{v}(\gamma).$$

Also ist

$$\tilde{k}_1(s) = \int_0^\infty e^{-st} \, dK_1(t) = \int_0^\infty e^{-(s-\gamma)t} \, d_t \tilde{k}_1(\gamma, t),$$

und das rechts stehende Integral ist für $\Re s > \gamma > \alpha$ absolut konvergent. Seine Potenzen lassen sich daher nach dem Faltungssatz als absolut konvergente $\mathfrak{L}_S$-Integrale über die Faltungspotenzen von $\tilde{k}_1(\gamma, t)$ darstellen, die so definiert sind:

$$(9) \qquad\qquad \tilde{k}_n(\gamma, t) = \int_0^t \tilde{k}_{n-1}(\gamma, t - \tau) \, d\tilde{k}_1(\gamma, \tau),$$

d. h. es ist

$$(10) \qquad\qquad \tilde{k}_1(s)^n = \int_0^\infty e^{-(s-\gamma)t} \, d_t \tilde{k}_n(\gamma, t).$$

Wir schätzen nun $\tilde{k}_n(\gamma, t)$ ab. Zunächst ist[83]

$$V_{\tilde{k}_n(\gamma, \tau)}(t) \leqq V_{\tilde{k}_{n-1}(\gamma, \tau)}(t)\, V_{\tilde{k}_1(\gamma, \tau)}(t)\,,$$

also

$$V_{\tilde{k}_n(\gamma, \tau)}(t) \leqq \left[V_{\tilde{k}_1(\gamma, \tau)}(t) \right]^n.$$

Da $\tilde{k}_1(\gamma, t)$ in $t = 0$ stetig und gleich 0 ist, so gilt nach (9) dasselbe für $\tilde{k}_n(\gamma, t)$; es ist daher

$$|\tilde{k}_n(\gamma, t)| = |\tilde{k}_n(\gamma, t) - \tilde{k}_n(\gamma, 0)| \leqq V_{\tilde{k}_n(\gamma, \tau)}(t) \leqq \left[V_{\tilde{k}_1(\gamma, \tau)}(t) \right]^n \leqq \left[\tilde{v}(\gamma, t) \right]^n$$

wegen (8).

Nun definieren wir eine Funktion $H(\gamma, t)$ folgendermassen:

$$H(\gamma, t) = \begin{cases} 0 & \text{für } t = 0 \\ \dfrac{1}{K(+0)} + \displaystyle\sum_{n=1}^{\infty} (-1)^n K(+0)^{-n-1} \tilde{k}_n(\gamma, t) & \text{für } t > 0\,. \end{cases}$$

Wegen

$$|\tilde{k}_n(\gamma, t)| \leqq \left[\tilde{v}(\gamma, t) \right]^n \leqq \tilde{v}(\gamma)^n$$

wird die Reihe majorisiert durch $|K(+0)|^{-1} \sum_{n=1}^{\infty} [\tilde{v}(\gamma)/|K(+0)|]^n$, wo $\tilde{v}(\gamma) < |K(+0)|$, ist also für $0 \leqq t \leqq \infty$ absolut und gleichmässig konvergent und beschränkt. Ferner ist für $t \geqq 0$:

$$V_{H(\gamma, \tau)}(t) \leqq \frac{1}{|K(+0)|} + \sum_{n=1}^{\infty} |K(+0)|^{-n-1} V_{\tilde{k}_n(\gamma, \tau)}(t)$$

$$\leqq \frac{1}{|K(+0)|} + |K(+0)|^{-1} \sum_{n=1}^{\infty} \left(\frac{v(\gamma)}{|K(+0)|} \right)^n,$$

also $H(\gamma, t)$ in $0 \leqq t \leqq \infty$ von beschränkter Variation. Bilden wir jetzt

$$\int_0^{\infty} e^{-(s-\gamma)t} \, d_t H(\gamma, t) \qquad\qquad (\Re s > \gamma)\,,$$

so ist die Reihe für $H(\gamma, t)$ gliedweise integrierbar, was man dadurch rechtfertigen kann, dass man das Integral nach Satz 2 [I 2.8] in der Form schreibt:

$$(s - \gamma) \int_0^{\infty} e^{-(s-\gamma)t} H(\gamma, t) \, dt$$

und Anhang I, Nr. 41 anwendet. Nach (10) entsteht dabei die Reihe (7), so dass man erhält:

$$\tilde{h}(s) = \int_0^{\infty} e^{-(s-\gamma)t} \, d_t H(\gamma, t)\,.$$

Setzt man

$$\int_0^t e^{\gamma\tau}\, d_\tau H(\gamma, \tau) = H(t),$$

so ist nach Hilfssatz 7 [I 2. 8]

$$\tilde{h}(s) = \frac{1}{\tilde{k}(s)} = \int_0^\infty e^{-st}\, dH(t) \quad \text{für } \Re s > \text{Max}\,(\alpha, \beta).$$

$H(t)$ ist in jedem endlichen Intervall von beschränkter Variation, denn

$$V_{H(\tau)}(t) \leqq \int_0^t e^{\gamma\tau} |d_\tau H(\gamma, \tau)| = \int_0^t e^{\gamma\tau}\, dV_{H(\gamma, \tau)}(\tau)\, d\tau.$$

Übrigens ist, da $H(\gamma, t)$ für $t = 0$ unstetig ist und den Sprung $K(+0)^{-1}$ hat, $\lim_{s\to\infty} \tilde{h}(s) = K(+0)^{-1}$, wie es nach der Bemerkung zu Anfang des Beweises sein muss.

Die S. 151 angegebene Methode, $F * 1 = \Phi(t)$ zu setzen, lässt sich in der Weise verallgemeinern, dass

$$(11) \qquad\qquad F * 1^{*n} = \Phi(t) \qquad\qquad (n \text{ positiv ganz})$$

gesetzt wird. Dann ist

$$\mathfrak{L}\{\Phi\} = \varphi(s) = \frac{1}{s^n}\, f(s),$$

und (2) ist zu ersetzen durch

$$\varphi(s) = \frac{1}{s^n\,\tilde{k}(s)}\, g(s).$$

Wenn $1/[s^n\, k(s)]$ eine $\mathfrak{L}$-Transformierte ist, erhält man $\Phi(t)$ nach dem Faltungssatz und $F(t)$ hieraus durch n-malige Differentiation.

Einen *anderen Zugang* zu der Integralgleichung erster Art eröffnet folgende Bemerkung: Die Lösung der gewöhnlichen linearen Differentialgleichung mit konstanten Koeffizienten

$$(12) \qquad p(D)\, Y(t) = F(t) \qquad [p(s) = s^n + c_{n-1} s^{n-1} + \cdots + c_0]$$

unter den Anfangsbedingungen

$$(13) \qquad Y(+0) = Y'(+0) = \cdots = Y^{(n-1)}(+0) = 0$$

lautet nach Satz 1 [13. 1]:

$$(14) \qquad\qquad Y(t) = Q(t) * F(t),$$

wo $Q(t)$ die Originalfunktion zu $q(s) = 1/p(s)$ ist, also die Form hat:

$$(15) \qquad Q(t) = \sum_{\mu=1}^m \left(d_{\mu 1} + d_{\mu 2}\, \frac{t}{1!} + \cdots + d_{\mu k_\mu}\, \frac{t^{k_\mu - 1}}{(k_\mu - 1)!} \right) e^{\alpha_\mu t}$$

($\alpha_1, \ldots, \alpha_m$ die wirklich verschiedenen Wurzeln von $p(s)$, $k_1, \ldots, k_m$ ihre Multiplizitäten). Die durch (14) dargestellte Funktion erfüllt also die Gleichungen (12) und (13). Dies kann man so deuten: Damit die Integralgleichung (14) (Y und Q bekannte Funktionen, F gesucht) eine Lösung hat, muss notwendıg $Y(t)$ die Bedingungen (13) erfüllen. Die Lösung F wird dann durch Gleichung (12) gegeben. Man erhält also $F(t)$ vermittels des durch $p(s) = 1/q(s)$ bestimmten Differentialoperators $p(D)$.

Damit ist für die spezielle Klasse von Kernen $Q(t)$, deren $\mathfrak{L}$-Transformierte die Gestalt $q(s) = 1/p(s)$ haben, die Integralgleichung erster Art gelöst. Man kann diese Methode zunächst dahin erweitern, dass auch solche $Q(t)$ zugelassen werden, deren $\mathfrak{L}$-Transformierte die Gestalt $p_1(s)/p_2(s)$ (Grad von $p_1 <$ Grad von p_2) hat. Denn $\mathfrak{L}$-Transformierte von dieser Gestalt treten bei der Lösung von Systemen von Differentialgleichungen auf (siehe 13.5). Weiterhin kann man zu gewissen Kernen $Q(t)$ übergehen, die sich aus solchen der obigen Form durch den Grenzübergang $n \to \infty$ ergeben. Vgl. hierzu 26.2.

Natürlich ergibt sich die zuletzt genannte Methode auch auf folgende einfache Weise: Ist in der Integralgleichung $Y = Q * F$ der Kern Q speziell die Originalfunktion zur Reziproken eines Polynoms: $\mathfrak{L}\{Q\} = 1/p(s)$, so liefert die $\mathfrak{L}$-Transformation: $y(s) = 1/p(s)\, f(s)$, also $f(s) = p(s)\, y(s)$. Wenn die Anfangswerte von Y verschwinden, so ist $F(t) = p(D)\, Y(t)$.

§ 4. Beispiele

1. Die Abelsche Integralgleichung und Verallgemeinerungen

Das historisch erste Beispiel einer Integralgleichung[84] ist die von Abel gelöste Gleichung[85]

$$(1) \qquad \int_0^t (t - \tau)^{-\alpha}\, \frac{dY(\tau)}{d\tau}\, d\tau = G(t) \qquad\qquad (0 < \alpha < 1),$$

die in vielen Gebieten der Mathematik und Physik eine Rolle spielt. Sie lässt sich vermittels $\mathfrak{L}$-Transformation überaus einfach behandeln. Natürlich könnte man statt $dY(t)/dt$ eine Funktion $F(t)$ als Unbekannte einführen. Wir lassen aber die Gleichung in der Form (1), die sich aus der Natur des von Abel betrachteten physikalischen Problems[86] ergibt, stehen, weil diese Form gerade die Lösung ermöglichen wird. Wenn man die Unbekannte $F(t)$ in der Form $Y'(t)$ schreibt, so ist das fast mit der S. 151 angegebenen Methode äquivalent, $\Phi(t) = F * 1$ als Unbekannte einzuführen. Der Unterschied ist nur der, dass $Y(t) = Y(0) + F * 1$ ist.

Wir werden es in diesem Paragraphen fortgesetzt mit Faltungen zu tun haben, bei denen der eine Faktor (meist von der Gestalt $t^{-\alpha}$ oder $t^{1-\alpha}$ mit $0 < \alpha < 1$) in der Umgebung von $t = 0$ nicht beschränkt ist. Wenn wir den anderen Faktor in allgemeinster Weise als J-Funktion (I, S. 29) annehmen, existiert die Faltung im allgemeinen nur fast überall (Satz 2 [I 2.14]). Um dies zu vermeiden, setzen wir die Funktionen, die in Faltungsintegralen auftreten, als J_0-Funktionen, d. h. in jedem endlichen Intervall $0 < T_1 \leq t \leq T_2$ beschränkt (I, S. 31) voraus. Dann existiert die Faltung für alle t (Satz 1 [I 2.14']), und ausserdem ist sie für $t > 0$ stetig (Satz 3 [I 2.14]) und differenzierbar (Satz 9 [I 2.14]), was wir beides häufig brauchen werden.

Nach dieser Verabredung ist die Unbekannte $Y'(t)$ in (1) als J_0-Funktion vorauszusetzen, woraus folgt, dass die gegebene Funktion $G(t)$ notwendig stetig sein muss.

Nehmen wir zunächst an, dass $G(t)$ und $Y'(t)$ $\mathfrak{L}$-Transformierte besitzen, so folgt, da $\mathfrak{L}\{t^{-\alpha}\}$ für $\alpha < 1$ absolut konvergiert, nach dem Faltungssatz und der Differentiationsregel XII $\left(Y_0 = \lim_{t \to 0} Y(t)\right)$:

$$(2) \qquad \frac{\Gamma(1-\alpha)}{s^{1-\alpha}} \left[s\, y(s) - Y_0 \right] = g(s).$$

Hieraus ergibt sich:

$$(3) \qquad y(s) = \frac{Y_0}{s} + \frac{1}{\Gamma(1-\alpha)\, s^\alpha}\, g(s).$$

Wenn $\alpha > 0$ ist, ist $s^{-\alpha}$ eine $\mathfrak{L}$-Transformierte*), und die Originalfunktion zu (2) lautet:

$$Y(t) = Y_0 + \frac{1}{\Gamma(1-a)\,\Gamma(\alpha)}\, t^{\alpha-1} * G(t) + \text{Nullfunktion}.$$

Da $Y(t)$ differenzierbar, also stetig sein muss, und $t^{\alpha-1} * G(t)$ stetig ist, verschwindet die Nullfunktion identisch; es kommt also nur

$$(4) \qquad Y(t) = Y_0 + \frac{1}{\Gamma(1-\alpha)\,\Gamma(\alpha)}\, t^{\alpha-1} * G(t)$$

in Frage. Wenn $G(t)$ für $t > 0$ differenzierbar und in $t = 0$ stetig ist und wenn $G'(t)$ eine J_0-Funktion ist, so ist $Y(t)$ nach Satz 9 [I 2.14] differenzierbar und

$$(5) \qquad Y'(t) = \frac{1}{\Gamma(1-\alpha)\,\Gamma(\alpha)} \left[t^{\alpha-1} * G'(t) + G(0)\, t^{\alpha-1} \right].$$

Wenn $G'(t)$ eine $\mathfrak{L}$-Transformierte besitzt, so auch $Y'(t)$. Dass (4) bzw. (5) unter den genannten Voraussetzungen eine Lösung von (1) ist, ergibt sich daraus, dass rückwärts aus (4) die Gleichungen (3) und (2) und schliesslich (1) folgen. Wir erhalten also unter Benutzung von Anhang I, Nr. 3:

Satz 1[87]. *$G(t)$ sei für $t > 0$ differenzierbar und in $t = 0$ stetig, $G'(t)$ sei eine J_0-Funktion und besitze eine $\mathfrak{L}$-Transformierte**). Dann ist die einzige Lösung von (1), die eine $\mathfrak{L}$-Transformierte hat, die Funktion*

$$(6) \qquad Y(t) = Y_0 + \frac{\sin\alpha\,\pi}{\pi}\, t^{\alpha-1} * G(t)$$

---

*) Setzt man in (1) $Y'(t) = F(t)$, so tritt in der Lösung der Bildgleichung $s^{1-\alpha}$ auf, was keine $\mathfrak{L}$-Transformierte ist.

**) Dann besitzt auch $G(t)$ eine solche.

mit der Ableitung

$$(7) \qquad Y'(t) = \frac{\sin \alpha\, \pi}{\pi} \left[t^{\alpha-1} * G'(t) + G(0)\, t^{\alpha-1} \right],$$

die auch eine $\mathfrak{L}$-Transformierte besitzt.

Man verifiziert nun leicht, dass diese Lösung auch ganz unabhängig davon gilt, ob die Funktionen $\mathfrak{L}$-Transformierte haben, und dass überhaupt für die Integralgleichung statt des Intervalls $t > 0$ auch jedes endliche Intervall $0 < t \leq T$ zugrunde gelegt werden kann. Es ist nämlich nach Anhang I, Nr. 6

$$t^{-\alpha} * t^{\alpha-1} = \Gamma(\alpha)\, \Gamma(1-\alpha) = \frac{\pi}{\sin \alpha\, \pi},$$

also

$$t^{-\alpha} * Y'(t) = 1 * G'(t) + G(0) = G(t).$$

Weiterhin sieht man, dass es ausser der gefundenen Lösung Y' keine weitere (abgesehen von der trivialen Addition von Nullfunktionen) geben kann. Denn wenn es zwei Lösungen und damit eine Lösung $\not\equiv 0$ von

$$t^{-\alpha} * Y' = 0$$

gibt, so folgt:

$$t^{\alpha-1} * t^{-\alpha} * Y' = \frac{\pi}{\sin \alpha\, \pi} * Y' = 0,$$

also $1 * Y' = 0$, d. h. Y' ist eine Nullfunktion. – Natürlich gibt es unendlich viele Funktionen $Y(t)$, die sich durch die Werte Y_0 voneinander unterscheiden. Es folgt somit:

Satz 2. *$G(t)$ sei für $0 < t \leq T$ differenzierbar und in $t = 0$ stetig; $G'(t)$ sei eine J_0-Funktion. Dann hat die Integralgleichung (1) in $0 < t \leq T$ die einzige Lösung (7) für $Y'(t)$, während $Y(t)$ durch (6) mit beliebigem Y_0 dargestellt wird. $Y'(t)$ ist für $0 < t \leq T$ stetig.*

Man kann das Ergebnis auch so formulieren:

Satz 3. *$G(t)$ sei für $0 < t \leq T$ differenzierbar und in $t = 0$ stetig; $G'(t)$ sei eine J_0-Funktion. Dann hat die Gleichung*

$$(8) \qquad t^{-\alpha} * \Phi(t) = G(t) \qquad\qquad (0 < \alpha < 1)$$

in $0 < t \leq T$ als einzige Lösung die für $0 < t \leq T$ stetige Funktion

$$(9) \qquad \Phi(t) = \frac{\sin \alpha\, \pi}{\pi} \left[t^{\alpha-1} * G'(t) + G(0)\, t^{\alpha-1} \right].$$

Unter der Voraussetzung, dass $G(t)$ noch weitere Ableitungen besitzt, lässt sich der Lösung eine Form geben, die für eine spätere Anwendung nützlich ist. Wir nehmen zunächst an, dass $G'(t), \ldots, G^{(\nu)}(t)$ für $t \geq 0$, $G^{(\nu+1)}(t)$ für $t > 0$ existiert und $G^{(\nu)}(t)$ in $t = 0$ stetig ist, dass ferner $\mathfrak{L}\{G^{(\nu+1)}(t)\}$ existiert. Wenn Φ eine $\mathfrak{L}$-Transformierte besitzt, so entspricht der Gleichung (8) im Bildraum die Gleichung

$$\frac{\Gamma(1-\alpha)}{s^{1-\alpha}}\,\varphi(s) = g(s)$$

mit der Lösung

$$\varphi(s) = \frac{s^{1-\alpha}}{\Gamma(1-\alpha)}\,g(s)\,.$$

Aus der Umformung

$$\varphi(s) = \frac{1}{\Gamma(1-\alpha)}\left\{\frac{G(0)}{s^{\alpha}} + \frac{G'(0)}{s^{\alpha+1}} + \cdots + \frac{G^{(\nu)}(0)}{s^{\alpha+\nu}}\right.$$
$$\left. + \frac{1}{s^{\alpha+\nu}}\left[s^{\nu+1}g(s) - G(0)\,s^{\nu} - G'(0)\,s^{\nu-1} - \cdots - G^{(\nu)}(0)\right]\right\}$$

folgt nach der Differentiationsregel XIII:

$$\Phi(t) = \frac{1}{\Gamma(1-\alpha)}\left\{G(0)\,\frac{t^{\alpha-1}}{\Gamma(\alpha)} + G'(0)\,\frac{t^{\alpha}}{\Gamma(\alpha+1)} + \cdots + G^{(\nu)}(0)\,\frac{t^{\alpha+\nu-1}}{\Gamma(\alpha+\nu)}\right.$$
$$\left. + G^{(\nu+1)}(t) * \frac{t^{\alpha+\nu-1}}{\Gamma(\alpha+\nu)}\right\}.$$

Man sieht wiederum, dass diese Lösung von den Voraussetzungen über die Existenz der $\mathfrak{L}$-Transformierten unabhängig ist. Denn nach Anhang I, Nr. 6 ist

$$\Phi(t) * t^{-\alpha} = \frac{1}{\Gamma(1-\alpha)}\left\{G(0)\,\frac{\Gamma(1-\alpha)}{\Gamma(1)} + G'(0)\,\frac{\Gamma(1-\alpha)}{\Gamma(2)}\,t + \cdots\right.$$
$$\left. + G^{(\nu)}(0)\,\frac{\Gamma(1-\alpha)}{\Gamma(\nu+1)}\,t^{\nu} + G^{(\nu+1)}(t) * \frac{\Gamma(1-\alpha)}{\Gamma(\nu+1)}\,t^{\nu}\right\}$$
$$= G(0) + G'(0)\,\frac{t}{1!} + \cdots + G^{(\nu)}(0)\,\frac{t^{\nu}}{\nu!} + G^{(\nu+1)}(t) * \frac{t^{\nu}}{\Gamma(\nu+1)}\,.$$

Nach dem Taylorschen Satz mit Integralrestglied ist die rechte Seite gleich $G(t)$. Damit erhält man, wenn man noch $G(t)$ durch $\Gamma(1-\alpha)\,G(t)$ ersetzt:

Satz 4[88]. *$G(t)$ sei für $t \geqq 0$ ν-mal, für $t > 0$ $(\nu+1)$-mal differenzierbar $(\nu \geqq 0)$; $G^{(\nu)}(t)$ sei in $t = 0$ stetig, $G^{(\nu+1)}(t)$ eine J_0-Funktion. Dann hat die Integralgleichung*

$$(10) \qquad \frac{t^{-\alpha}}{\Gamma(1-\alpha)} * \Phi(t) = G(t) \qquad\qquad (0 < \alpha < 1)$$

die einzige Lösung (abgesehen von der trivialen Möglichkeit, Nullfunktionen zu addieren):

$$(11) \qquad \Phi(t) = G(0)\,\frac{t^{\alpha-1}}{\Gamma(\alpha)} + G'(0)\,\frac{t^{\alpha}}{\Gamma(\alpha+1)} + \cdots + G^{(\nu)}(0)\,\frac{t^{\alpha+\nu-1}}{\Gamma(\alpha+\nu)}$$
$$+ G^{(\nu+1)}(t) * \frac{t^{\alpha+\nu-1}}{\Gamma(\alpha+\nu)}\,,$$

die für $t > 0$ stetig ist).*

* * *
*

---

*) Wie in Satz 3 kann man die Gleichung auch in einem endlichen Intervall betrachten. – Für $\nu \geqq 1$ existiert $\Phi(t)$ auch dann für alle t, wenn $G^{(\nu+1)}(t)$ nicht eine J_0-, sondern eine J-Funktion ist (Satz 1 [I 2. 14]).

Bisher war $0 < \alpha < 1$. Für $\alpha \geq 1$ hat die Abelsche Integralgleichung überhaupt keinen Sinn, weil $t^{-\alpha}$ nicht integrabel ist. Dagegen wollen wir sie jetzt für $\alpha \leq 0$ behandeln[89] und schreiben $-\alpha = \beta$, so dass es sich um die Gleichung

$$(12) \qquad \frac{t^{\beta}}{\Gamma(\beta+1)} * \Phi(t) = G(t) \qquad\qquad (\beta \geq 0)$$

handelt. Der Fall $\beta = 0$, d. h. die Gleichung

$$(13) \qquad \int_{0}^{t} \Phi(\tau)\, d\tau = G(t)$$

lässt sich vorab sofort erledigen: $G(t)$ muss ein Integral (also im verallgemeinerten Sinn differenzierbar [siehe I, S. 103]) und $G(0) = 0$ sein: $G(t) = \int_{0}^{t} G_{(1)}(\tau)\, d\tau$, und dann ist bis auf eine Nullfunktion $\Phi(t) = G_{(1)}(t)$*).

Ist nun $\beta > 0$ und werden verabredungsgemäss für $\Phi(t)$ nur J_0-Funktionen zugelassen, so muss nach Satz 9 [I 2. 14] $G(t)$ für $t > 0$ differenzierbar und

$$(14) \qquad \frac{t^{\beta-1}}{\Gamma(\beta)} * \Phi(t) = G'(t)$$

sein. Hieraus folgt wiederum, dass $G'(t)$ für $t > 0$ stetig sein muss. – Für $\beta \geq 1$ existiert, wenn (12) und (14) gelten, $\lim_{t\to 0} G(t) = 0$ und $\lim_{t\to 0} G'(t) = 0$. Wird $G(0) = 0$ gesetzt, so existiert nach Anhang I, Nr. 19 auch $G'(0)$ und ist gleich 0.

Ist $\beta > 1$, so muss $G'(t)$ für $t > 0$ differenzierbar und

$$\frac{t^{\beta-2}}{\Gamma(\beta-1)} * \Phi(t) = G''(t),$$

also $G''(t)$ für $t > 0$ stetig sein. – Für $\beta \geq 2$ ist $G''(0) = 0$.

Allgemein: Ist $\beta > n$, so muss $G^{(n+1)}(t)$ für $t > 0$ vorhanden und

$$\frac{t^{\beta-n-1}}{\Gamma(\beta-n)} * \Phi(t) = G^{(n+1)}(t),$$

also $G^{(n+1)}(t)$ für $t > 0$ stetig, für $\beta \geq n+1$ ausserdem $G^{(n+1)}(0) = 0$ sein.

Es sei nun $\beta > 0$ und n so gewählt, dass $n \leq \beta < n+1$ ist. Dann unterscheiden wir zwei Fälle:

$\beta = n$. In diesem Fall wenden wir das zuletzt erhaltene allgemeine Ergebnis auf $n-1$ statt n an und erhalten: Damit die Integralgleichung (12) für eine J_0-Funktion $\Phi(t)$ bestehen kann, muss $G^{(n)}(t)$ für $t \geq 0$ vorhanden und stetig, ausserdem $G(0) = G'(0) = \cdots = G^{(n)}(0) = 0$ sein. Es folgt aus (12):

$$(15) \qquad 1 * \Phi(t) = G^{(n)}(t).$$

---

*) Versteht man das Integral im Lebesgueschen Sinn, so kann die Aussage so gefasst werden: $G(t)$ muss totalstetig und $G(0) = 0$ sein; $\Phi(t)$ ist dann äquivalent mit der fast überall existierenden Ableitung von $G(t)$.

Diese Gleichung ist mit (12) äquivalent, denn aus ihrem Bestehen folgt umgekehrt durch Faltung mit $t^{n-1}/(n-1)! = 1^{*n}$:

$$\frac{t^{n-1}}{(n-1)!} * 1 * \varPhi(t) = G^{(n)} * 1^{*n}$$

oder wegen $G(0) = \cdots = G^{(n-1)}(0) = 0$:

$$\frac{t^n}{n!} * \varPhi(t) = \frac{t^\beta}{\varGamma(\beta+1)} * \varPhi(t) = G(t).$$

$n < \beta < n+1$. In diesem Fall muss $G^{(n+1)}(t)$ für $t > 0$ vorhanden und stetig, ausserdem $G(0) = G'(0) = \cdots = G^{(n)}(0) = 0$ sein. Aus (12) folgt

$$(16) \qquad \frac{t^{\beta-n-1}}{\varGamma(\beta-n)} * \varPhi(t) = G^{(n+1)}(t) \qquad (-1 < \beta - n - 1 < 0),$$

und umgekehrt folgt aus dieser Gleichung wiederum (12), wenn man mit $t^n/n! = 1^{*(n+1)}$ faltet:

$$\frac{t^n}{\varGamma(n+1)} * \frac{t^{\beta-n-1}}{\varGamma(\beta-n)} * \varPhi(t) = G^{(n+1)}(t) * 1^{*(n+1)}$$

oder wegen $G(0) = \cdots = G^{(n)}(0) = 0$ und Anhang I, Nr. 6:

$$\frac{t^\beta}{\varGamma(\beta+1)} * \varPhi(t) = G(t).$$

Damit ist die Gleichung (12) im Falle $\beta = n$ auf Gleichung (15), im Falle $n < \beta < n+1$ auf Gleichung (16) reduziert, also auf Gleichungen, die zu dem Typus der früher gelösten (13) und (10) gehören. Wenden wir die dort erhaltenen Ergebnisse auf Gleichung (15) und (16) an, so erhalten wir:

Satz 5. *Damit die Integralgleichung*

$$\frac{t^\beta}{\varGamma(\beta+1)} * \varPhi(t) = G(t) \qquad\qquad (\beta \geq 0)$$

eine J_0-Funktion zur Lösung haben kann, muss die gegebene Funktion $G(t)$ folgende Bedingungen erfüllen: Ist $n \leq \beta < n+1$ $(n = 0, 1, \ldots)$, so muss $G'(t), \ldots,$ $G^{(n)}(t)$ für $t \geq 0$ vorhanden und stetig, $G(0) = G'(0) = \cdots = G^{(n)}(0) = 0$ und im Falle $n < \beta < n+1$ auch noch $G^{(n+1)}(t)$ für $t > 0$ vorhanden und stetig sein. Im Falle $\beta = n$ muss $G^{(n)}(t)$ ein Integral $\int\limits_0^t G_{(n+1)}(\tau)\, d\tau$ sein, und dann lautet die Lösung $\varPhi(t) = G_{(n+1)}(t)$. Im Falle $n < \beta < n+1$ ist die Integralgleichung äquivalent mit

$$\frac{t^{\beta-n-1}}{\varGamma(\beta-n)} * \varPhi(t) = G^{(n+1)}(t) \qquad (-1 < \beta - n - 1 < 0).$$

Ist $G(t)$ für $t \geq 0$ $(n+\nu+1)$-mal, für $t > 0$ $(n+\nu+2)$-mal differenzierbar $(\nu \geq 0)$, $G^{(n+\nu+1)}(t)$ in $t = 0$ stetig und $G^{(n+\nu+2)}(t)$ eine J_0-Funktion, so ist die einzige

J_0-Funktion, die der Integralgleichung genügt, die für $t > 0$ stetige Funktion

$$\Phi(t) = G^{(n+1)}(0)\,\frac{t^{n-\beta}}{\Gamma(n-\beta+1)} + G^{(n+2)}(0)\,\frac{t^{n-\beta+1}}{\Gamma(n-\beta+2)} + \cdots$$

$$(17)\qquad + G^{(n+\nu+1)}(0)\,\frac{t^{n-\beta+\nu}}{\Gamma(n-\beta+\nu+1)} + G^{(n+\nu+2)}(t) * \frac{t^{n-\beta+\nu}}{\Gamma(n-\beta+\nu+1)}\,.$$

Setzt man in der früher behandelten Integralgleichung (10) $\alpha = -\beta$, so stellt sie den Fall $-1 < \beta < 0$ der Integralgleichung (12) dar. Ihre Lösung (11) stimmt mit der Lösung (17) von (12) für $\beta = -\alpha$, $n = -1$ überein. Also gilt Satz 5 auch für $\beta > -1$. Mit Rücksicht auf das Folgende formulieren wir die Zusammenfassung der Sätze 4 und 5 noch einmal, wobei wir $\beta = \mu - 1$ setzen.

Satz 6[90]. *Damit die Integralgleichung*

$$(18)\qquad\qquad \frac{t^{\mu-1}}{\Gamma(\mu)} * \Phi(t) = G(t) \qquad\qquad (\mu > 0)$$

eine J_0-Funktion zur Lösung hat, muss die gegebene Funktion $G(t)$ notwendig folgende Bedingungen erfüllen:

im Falle $0 < \mu < 1$: $G(t)$ stetig für $t > 0$;

im Falle $n \leqq \mu < n+1$ ($n \geqq 1$ ganzzahlig): $G'(t), \ldots, G^{(n-1)}(t)$ für $t \geqq 0$ vorhanden und stetig, $G(0) = G'(0) = \cdots = G^{(n-1)}(0) = 0$; $G^{(n)}(t)$ für $t > 0$ vorhanden, und zwar für $n < \mu < n+1$ im gewöhnlichen, für $n = \mu$ im verallgemeinerten Sinn: $G^{(n-1)}(t) = \int\limits_0^t G_{(n)}(\tau)\,d\tau$.

Ist μ eine ganze Zahl $n = 1, 2, \ldots$, so lautet die Lösung $\Phi(t) = G_{(n)}(t)$. Ist $n < \mu < n+1$ ($n = 0, 1, \ldots$), so ist (18) dann und nur dann lösbar, wenn die Gleichung

$$(19)\qquad\qquad \frac{t^{\mu-n-1}}{\Gamma(\mu-n)} * \Phi(t) = G^{(n)}(t) \qquad (-1 < \mu - n - 1 < 0)$$

eine Lösung hat. Wenn $G(t)$ für $t \geqq 0$ $(n+\nu)$-mal, für $t > 0$ $(n+\nu+1)$-mal differenzierbar $(\nu \geqq 0)$, $G^{(n+\nu)}(t)$ in $t = 0$ stetig und $G^{(n+\nu+1)}(t)$ eine J_0-Funktion ist, so hat (18) als einzige Lösung, die eine J_0-Funktion ist, die für $t > 0$ stetige Funktion

$$\Phi(t) = G^{(n)}(0)\,\frac{t^{n-\mu}}{\Gamma(n-\mu+1)} + G^{(n+1)}(0)\,\frac{t^{n-\mu+1}}{\Gamma(n-\mu+2)} + \cdots$$

$$(20)\qquad + G^{(n+\nu)}(0)\,\frac{t^{n-\mu+\nu}}{\Gamma(n-\mu+\nu+1)} + G^{(n+\nu+1)}(t) * \frac{t^{n-\mu+\nu}}{\Gamma(n-\mu+\nu+1)}\,.$$

2. Integration und Differentiation nichtganzer Ordnung im Raum der Originalfunktionen

Wir haben die verschiedenen Lösungsformen der Abelschen Integralgleichung und ihrer Verallgemeinerung deshalb ausführlich dargestellt, weil sie dazu dienen können, den in der Literatur viel umstrittenen Begriff der Integration und Differentiation nichtganzer Ordnung[91] für eine bestimmte Funktionenklasse in einleuchtender Weise einzuführen. Er kann auf mannigfache Art definiert werden, und wir führen hier diejenige Definition vor, die zu den Funktionen, die der $\mathfrak{L}$-Transformation unterworfen werden, d. h. zu den Funktionen unseres Originalraumes, am besten passt. Eine andere Definition für die Funktionen des Bildraumes[92] siehe in 28. 1.

Wird «Integral» nicht im Sinne von primitiver Funktion, sondern als *bestimmtes Integral* mit fester unterer und variabler oberer Grenze verstanden, so muss zunächst einmal die untere Grenze festgelegt werden. Wir wählen hierfür den Punkt $t = 0$ und integrieren bis zu einer variablen Stelle $t > 0$, so dass die zu integrierende Funktion $F(t)$ wie bei der $\mathfrak{L}$-Transformation nur für $t \geqq 0$ definiert zu sein braucht. Integration bedeutet somit Faltung mit 1, und μ-malige Integration, die wir zur Abkürzung mit $I^\mu F$ bezeichnen, μ-malige Faltung mit 1:

$$I^\mu F = F * 1^{*\mu}.$$

Wegen $1^{*\mu} = t^{\mu-1}/\Gamma(\mu)$ kann man schreiben:

$$(21) \qquad I^\mu F = F * \frac{t^{\mu-1}}{\Gamma(\mu)} = \frac{1}{\Gamma(\mu)} \int\limits_0^t F(\tau)\,(t-\tau)^{\mu-1}\,d\tau.$$

Hier steht nun nichts im Wege, μ auch nicht ganzzahlig > 0 zu nehmen. Wir definieren daher das *μ-fach iterierte Integral $I^\mu F$* für beliebiges $\mu > 0$ durch Gleichung (21). Ist F eine J_0-Funktion, so existiert $I^\mu F$ für alle $t > 0$ und alle $\mu > 0$.

Die Operationen I^μ bilden eine *einparametrige kommutative Halbgruppe*[93], denn aus

$$\frac{t^{\mu_1-1}}{\Gamma(\mu_1)} * \frac{t^{\mu_2-1}}{\Gamma(\mu_2)} = \frac{t^{\mu_1+\mu_2-1}}{\Gamma(\mu_1+\mu_2)}$$

folgt

$$I^{\mu_1} I^{\mu_2} F = I^{\mu_2} I^{\mu_1} F = I^{\mu_1+\mu_2} F.$$

Wenn es nun gelingt, zu I^μ eine *inverse* Operation $I^{-\mu}$ mit der Eigenschaft

$$I^\mu I^{-\mu} F = I^{-\mu} I^\mu F = I^0 F = F$$

zu definieren, erweitert sich die Halbgruppe zur *Gruppe*, und man wird $I^{-\mu}$ als verallgemeinerte μ-te Ableitung oder kürzer als μ-te *Derivierte* D^μ bezeichnen*). Während I^μ für jede J-Funktion fast überall und für jede J_0-Funktion überall existiert, ist zu erwarten, dass $I^{-\mu} = D^\mu$ nur für eine engere Klasse von Funktionen $G(t)$ existiert, so wie auch die klassische Ableitung für eine engere Klasse existiert als das Integral[94].

---

*) Das Operatorenzeichen D^μ wird im jetzigen Zusammenhang immer in dem Sinn der verallgemeinerten Ableitung gebraucht, während die klassische n-te Ableitung durch $F^{(n)}$ bezeichnet wird.

Wenn $I^{-\mu} = D^{\mu}$ die Operation sein soll, für die

$$I^{\mu} I^{-\mu} G(t) = I^{\mu} D^{\mu} G(t) = G(t) \qquad (\mu > 0)$$

gilt, so muss $D^{\mu} G(t)$ *die Lösung $\Phi(t)$ der Integralgleichung*

$$I^{\mu} \Phi(t) = \Phi(t) * \frac{t^{\mu-1}}{\Gamma(\mu)} = G(t) \qquad (\mu > 0)$$

sein. Wenn diese mit (18) identische Gleichung für alle $t > 0$ gelten soll, müssen wir, weil $\mu - 1 < 0$ sein kann, $\Phi(t)$ als J_0-Funktion voraussetzen, und dann muss $G(t)$ die in Satz 6 genannten notwendigen Bedingungen erfüllen. Was die Lösung selbst angeht, so ist im Falle eines ganzzahligen $\mu = n = 1, 2, \ldots$: $\Phi(t) = G_{(n)}(t)$, also $D^n G$ gleich der klassischen n-ten Ableitung (im verallgemeinerten Sinn). Im Falle $n < \mu < n + 1$ $(n = 0, 1, \ldots)$ ist die Gleichung äquivalent mit Gleichung (19), d. h. mit

$$I^{\mu-n} \Phi(t) = G^{(n)}(t) \qquad (0 < \mu - n < 1),$$

so dass $D^{\mu} G(t)$ dann und nur dann existiert, wenn $D^{\mu-n} G^{(n)}(t)$ existiert. Ziehen wir die weiteren Ergebnisse von Satz 6 heran und lassen den Fall $\mu = n$ weg, weil für ihn die n-te Derivierte im Wesentlichen mit der n-ten Ableitung übereinstimmt*), so erhalten wir folgendes Ergebnis:

Satz 7. *Damit D^{μ} $(\mu > 0)$ als inverse Operation zu I^{μ} mit $n < \mu < n + 1$ $(n = 0, 1, \ldots)$ für eine Funktion $G(t)$ existiert und eine J_0-Funktion liefert, muss $G(t)$ notwendig folgende Bedingungen erfüllen:*

im Falle $0 < \mu < 1$: $G(t)$ stetig für $t > 0$;

im Falle $1 \leqq n < \mu < n + 1$: $G'(t), \ldots, G^{(n-1)}(t)$ für $t \geqq 0$, $G^{(n)}(t)$ für $t > 0$ vorhanden, $G^{(n-1)}(t)$ in $t = 0$ stetig, $G(0) = G'(0) = \cdots = G^{(n-1)}(0) = 0$.

$D^{\mu} G$ $(\mu > 0)$ existiert dann und nur dann, wenn $D^{\mu-n} G^{(n)}(t)$ existiert $(0 < \mu - n < 1)$. Hierfür ist folgendes hinreichend: $G^{(n+\nu)}(t)$ für $t \geqq 0$, $G^{(n+\nu+1)}(t)$ für $t > 0$ vorhanden $(\nu \geqq 0)$, $G^{(n+\nu)}(t)$ in $t = 0$ stetig, $G^{(n+\nu+1)}(t)$ eine J_0-Funktion.

Es ist dann

$$D^{\mu} G = D^{\mu-n} G^{(n)}(t) = G^{(n)}(0) \, \frac{t^{n-\mu}}{\Gamma(n - \mu + 1)} + G^{(n+1)}(0) \, \frac{t^{n-\mu+1}}{\Gamma(n - \mu + 2)} + \cdots$$

$$(22) \qquad + G^{(n+\nu)}(0) \, \frac{t^{n-\mu+\nu}}{\Gamma(n - \mu + \nu + 1)} + G^{(n+\nu+1)}(t) * \frac{t^{n-\mu+\nu}}{\Gamma(n - \mu + \nu + 1)} .$$

Die Formel (22) lässt eine *anschauliche Deutung* zu. Wir bemerken vorab, dass die klassische Ableitungsformel mit ganzzahligem μ

$$\frac{d^{\mu} t^{\alpha}}{dt^{\mu}} = \frac{\Gamma(\alpha + 1)}{\Gamma(\alpha - \mu + 1)} \, t^{\alpha-\mu} \qquad (\mu < \alpha + 1)$$

---

*) Die n-te Derivierte ist insofern allgemeiner als die klassische n-te Ableitung, als sie eine Ableitung im verallgemeinerten Sinn sein kann, und insofern enger, als eine nichtintegrable n-te Ableitung keine n-te Derivierte ist.

auch für die μ-te Derivierte mit nichtganzem $\mu < \alpha + 1$ gilt:

$$(23) \qquad D^\mu t^\alpha = \frac{\Gamma(\alpha+1)}{\Gamma(\alpha-\mu+1)}\, t^{\alpha-\mu},$$

denn es ist für $\alpha - \mu > -1$:

$$I^\alpha \frac{\Gamma(\alpha+1)}{\Gamma(\alpha-\mu+1)}\, t^{\alpha-\mu} = \frac{\Gamma(\alpha+1)}{\Gamma(\alpha-\mu+1)}\, t^{\alpha-\mu} * \frac{t^{\mu-1}}{\Gamma(\mu)} = t^\alpha.$$

Wenn nun $G^{(n+\nu+1)}(t)$ für $t > 0$ existiert und $G^{(n+\nu)}(t)$ in $t = 0$ stetig ist, und wenn ferner $G(0) = G'(0) = \cdots = G^{(n-1)}(0) = 0$ ist, so ist nach dem Taylorschen Satz mit Integralrestglied

$$G(t) = G^{(n)}(0)\, \frac{t^n}{\Gamma(n+1)} + G^{(n+1)}(0)\, \frac{t^{n+1}}{\Gamma(n+2)} + \cdots$$

$$+ G^{(n+\nu)}(0)\, \frac{t^{n+\nu}}{\Gamma(n+\nu+1)} + G^{(n+\nu+1)}(t) * \frac{t^{n+\nu}}{\Gamma(n+\nu+1)}\,.$$

Formel (22) ergibt sich hieraus dadurch, dass man D^μ gemäss (23) gliedweise bildet, auch unter dem Integralrestglied.

$D^\mu G$ war so definiert, dass $I^\mu D^\mu G = G$ ist. Es ist aber auch

$$D^\mu I^\mu G = G,$$

denn $D^\mu(I^\mu G)$ ist diejenige Funktion Φ, für die $I^\mu \Phi = I^\mu G$ gilt. $\Phi = G$ hat aber diese Eigenschaft.

Man beweist leicht: Wenn $D^{\mu_0} G$ $(\mu_0 > 0)$ existiert, so existieren auch alle $D^\mu G$ mit $0 < \mu < \mu_0$. Wenn $D^{\mu_1 + \mu_2} G$ existiert $(\mu_1 > 0, \mu_2 > 0)$, so ist $D^{\mu_1} D^{\mu_2} G = D^{\mu_1 + \mu_2} G$. Wenn $\mu_1 > \mu_2 > 0$ und $D^{\mu_2} G$ existiert, so ist $I^{\mu_1} D^{\mu_2} G = I^{\mu_1 - \mu_2} G$. Wenn $\mu_1 > \mu_2 > 0$ und $D^{\mu_1 - \mu_2} G$ existiert, so ist $D^{\mu_1} I^{\mu_2} G = D^{\mu_1 - \mu_2} G$. Setzt man also $D^\mu = I^{-\mu}$ oder $I^\mu = D^{-\mu}$, so erfolgt, wenn noch die Existenzvoraussetzungen beachtet werden, die Zusammensetzung der Operationen nach der Regel $I^{\mu_1} I^{\mu_2} = I^{\mu_1 + \mu_2}$ bzw. $D^{\mu_1} D^{\mu_2} = D^{\mu_1 + \mu_2}$.

Die I^μ bzw. D^μ bilden also eine einparametrige Schar von Operationen auf der Menge von Funktionen, für die sie definiert sind. Die I^μ mit positivem Index μ sind auf allen J_0-Funktionen definiert, die D^μ mit positivem (d. h. die I^μ mit negativem) Index μ sind auf Funktionen definiert, an die mit wachsendem Index immer schärfere Ansprüche gestellt werden. *Alle D^μ sind nur definiert (und bilden eine Gruppe) für diejenigen Funktionen, deren sämtliche Ableitungen für $t \geq 0$ existieren und in $t = 0$ verschwinden.*

Im Lichte der $\mathfrak{L}$-Transformation stellen sich die eingeführten Begriffe so dar [95]: Ist $I^n F$ das n-fach iterierte $(n = 1, 2, \ldots)$, von 0 an erstreckte Integral von F, so ist nach der Integrationsregel VII

$$\mathfrak{L}\{I^n F\} = s^{-n}\, \mathfrak{L}\{F\}.$$

Ist $I^\mu F$ das μ-fache Integral für beliebiges $\mu > 0$, so ist

$$I^\mu F = F * \frac{t^{\mu-1}}{\Gamma(\mu)},$$

also nach dem Faltungssatz

$$\mathfrak{L}\{I^{\mu}F\} = s^{-\mu}\,\mathfrak{L}\{F\}.$$

Vom Standpunkt der $\mathfrak{L}$-Transformierten aus stellt daher die neue Definition die *einfachste Interpolation dar.* – Ist weiterhin $F^{(n)}$ die klassische n-te Ableitung von F, so ist nach der Differentiationsregel XIII

$$\mathfrak{L}\{F^{(n)}\} = s^{n}\,\mathfrak{L}\{F\} - F(0)\,s^{n-1} - F'(0)\,s^{n-2} - \cdots - F^{(n-1)}(0).$$

Diese $\mathfrak{L}$-Transformierten schliessen sich der obigen Schar $s^{-n}\,\mathfrak{L}\{F\}$ als Fortsetzung nur dann an, wenn $F(0) = F'(0) = \cdots = F^{(n-1)}(0) = 0$ ist. Wenn nun $D^{\mu}F$ die μ-te Derivierte von F bedeutet, so ist nach Definition

$$I^{\mu}(D^{\mu}F) = F,$$

also

$$s^{-\mu}\,\mathfrak{L}\{D^{\mu}F\} = \mathfrak{L}\{F\}$$

oder

$$\mathfrak{L}\{D^{\mu}F\} = s^{\mu}\,\mathfrak{L}\{F\}.$$

Diese $\mathfrak{L}$-Transformierte *interpoliert* wieder in einfachster Weise die oben für ganzzahligen Index erhaltene Schar. Zur Existenz von $D^{\mu}F$ ist dieselbe Bedingung $F(0) = F'(0) = \cdots = F^{(n-1)}(0) = 0$ wie bei ganzzahligem Index notwendig, wenn $n < \mu < n+1$ ist.

Wie schon eingangs betont, handelt es sich bei dem Integralbegriff, der hier verallgemeinert wurde, nicht um das Integral im Sinne der primitiven Funktion, sondern um das bestimmte Integral mit fester unterer Grenze. Die Definitionen von I^{μ} und D^{μ} hängen daher wesentlich von der Wahl dieser *unteren Grenze* ab, die wir hier gleich 0 genommen haben. Eine andere endliche Stelle t_0 ergibt nichts wesentlich Verschiedenes. Dagegen muss eine andere Theorie entwickelt werden, wenn die untere Grenze gleich $-\infty$ oder $+\infty$ gewählt wird[96].

Die im Vorstehenden gegebene Definition der μ-ten Derivierten ist nicht die *sonst in der Literatur übliche*, die folgendermassen lautet[97]:

$$(24) \qquad \qquad \overline{D}^{\mu}G = \frac{d^{n+1}}{dt^{n+1}}\,I^{n-\mu+1}G \qquad \qquad (n \leq \mu < n+1);$$

dabei hat $I^{n-\mu+1}$ dieselbe Bedeutung wie oben. (Um diese andere Art von Derivierten von der früheren zu unterscheiden, bezeichnen wir sie mit $\overline{D}^{\mu}$.) Zwischen den beiden Begriffen bestehen folgende *Unterschiede:*

Die Umkehrung der Operation D^{μ} ist völlig *eindeutig*, sie wird nämlich geliefert durch die μ-fache Integration I^{μ} von 0 an. Bei der Definition von $\overline{D}^{\mu}$ dagegen kommt die klassische $(n+1)$-te Ableitung vor, so dass die Umkehrung das klassische Integral im Sinne von primitiver Funktion benützen muss und infolgedessen *nur bis auf ein Polynom n-ten Grades* bestimmt ist, wenn $n \leq \mu < n+1$. Damit hängt es zusammen, dass bei $D^{\mu}G$ immer $G(0) = G'(0) = \cdots = G^{(n-1)}(0)$ sein muss, wodurch dieses Polynom zum Verschwinden kommt. Dies wird besonders deutlich, wenn $G^{(n)}(t)$ für $t \geqq 0$ vorhanden und stetig und $G^{(n+1)}(t)$ für $t > 0$ vorhanden und eine J_0-Funktion ist. Dann kann man $\overline{D}^\mu G$ durch wiederholte Anwendung von Satz 9 [I 2. 14] ausrechnen und erhält:

$$\overline{D}^\mu G = \frac{d^{n+1}}{dt^{n+1}}\, G * \frac{t^{n-\mu}}{\Gamma(n-\mu+1)}$$

$$= G(0)\, \frac{t^{-\mu}}{\Gamma(1-\mu)} + G'(0)\, \frac{t^{1-\mu}}{\Gamma(2-\mu)} + \cdots + G^{(n)}(0)\, \frac{t^{n-\mu}}{\Gamma(n-\mu+1)}$$

$$+ G^{(n+1)}(t) * \frac{t^{n-\mu}}{\Gamma(n-\mu+1)} \qquad (n \leqq \mu < n+1),$$

wobei $1/\Gamma(-p) = 0$ für $p = 0, 1, \ldots$ zu setzen ist, was nur für ganzzahliges μ in Frage kommt. Der Vergleich mit (22) zeigt (dort $\nu = 0$ gesetzt):

$$(25) \quad \overline{D}^\mu G = D^\mu G + G(0)\, \frac{t^{-\mu}}{\Gamma(1-\mu)} + G'(0)\, \frac{t^{1-\mu}}{\Gamma(2-\mu)} + \cdots + G^{(n-1)}(0)\, \frac{t^{n-\mu-1}}{\Gamma(n-\mu)}.$$

Wenn $G(0) = G'(0) = \cdots = G^{(n-1)}(0) = 0$ ist, stimmen die beiden Derivierten überein, im allgemeinen aber unterscheiden sie sich um eine *nichtintegrable Funktion*. Die Derivierte $D^\mu G$ muss immer integrabel sein, weil man von ihr durch μ-fache Integration von 0 an zur Ausgangsfunktion zurückkehren kann.

Subtrahiert man von einer Funktion $G(t)$ den Anfang der Taylor-Entwicklung

$$P(t) = G(0) + G'(0)\, \frac{t}{1!} + \cdots + G^{(n-1)}(0)\, \frac{t^{n-1}}{(n-1)!},$$

so erhält man eine Funktion, deren Ableitungen bis zur $(n-1)$-ten in $t = 0$ verschwinden. $D^\mu P(t)$ $(n < \mu < n+1)$ existiert nicht, wohl aber $\overline{D}^\mu P(t)$, denn für beliebiges α ist

$$\overline{D}^\mu t^\alpha = \frac{d^{n+1}}{dt^{n+1}} \left\{ t^\alpha * \frac{t^{n-\mu}}{\Gamma(n-\mu+1)} \right\} = \frac{d^{n+1}}{dt^{n+1}}\, \frac{\Gamma(\alpha+1)}{\Gamma(\alpha+n-\mu+2)}\, t^{\alpha+n-\mu+1}$$

$$= \begin{cases} 0 & \text{für } \mu - \alpha = \text{ganze Zahl} > 0 \\[2mm] \dfrac{\Gamma(\alpha+1)}{\Gamma(\alpha-\mu+1)}\, t^{\alpha-\mu} & \text{in allen anderen Fällen.} \end{cases}$$

(Für $0 < \mu < \alpha + 1$ stimmt dies nach (23) mit $D^\mu t^\alpha$ überein.) Es ist also

$$\overline{D}^\mu P(t) = G(0)\, \frac{t^{-\mu}}{\Gamma(1-\mu)} + G'(0)\, \frac{t^{1-\mu}}{\Gamma(2-\mu)} + \cdots + G^{(n-1)}(0)\, \frac{t^{n-\mu-1}}{\Gamma(n-\mu)}.$$

Das ist der Ausdruck, um den sich $\overline{D}^\mu G(t)$ und $D^\mu G(t)$ unterscheiden.

Beide Definitionen der Derivierten haben je nach dem Problemkreis, in dem man sie verwenden will, ihre Berechtigung. Im Rahmen der $\mathfrak{L}$-Transformation liefert, wie wir oben sahen, die Derivierte D^μ die sachgemässe «Interpolation» der klassischen Ableitungen.

Ein Beispiel für die Anwendung der Derivierten

Die Temperatur $U(x, t)$ in einem einseitig unendlich langen Stab ($x \geq 0$ die räumliche Koordinate, $t \geq 0$ die Zeit) von der Anfangstemperatur 0 und der Randtemperatur $U(+0, t) = A(t)$ wird gegeben durch [siehe 18. 1 (20)]

$$(26) \qquad U(x, t) = A(t) * \psi(x, t).$$

Will man umgekehrt die Randtemperatur $A(t)$ aus der an einer Stelle $x > 0$ gemessenen Temperatur $U(x, t)$ erschliessen (*Bolometerproblem*), so hat man die Integralgleichung (26) nach $A(t)$ aufzulösen. Die Bildgleichung zu (26) lautet:

$$u(x, s) = a(s) e^{-x\sqrt{s}},$$

ihre Lösung

$$a(s) = e^{x\sqrt{s}} u(x, s) = \sum_{n=0}^{\infty} \frac{x^n}{n!} s^{n/2} u(x, s).$$

Damit (26) erfüllt sein kann, muss nach Hilfssatz 2 [18. 1] die Funktion $U(x, t)$ notwendig die Bedingungen erfüllen:

$$\frac{\partial^\nu U}{\partial t^\nu} (x, +0) = 0 \qquad\qquad (\nu = 0, 1, \dots).$$

Wenn Summe und $\mathfrak{L}$-Integral vertauschbar sind, so ergibt sich also[98]:

$$A(t) = \sum_{n=0}^{\infty} \frac{x^n}{n!} D^{n/2} U(x, t).$$

§ 5. Integral- und Integrodifferentialgleichungen höherer Ordnung

Die Methode der $\mathfrak{L}$-Transformation ist nicht auf lineare Integralgleichungen beschränkt, sondern auch bei Integralgleichungen höheren Grades vom Faltungstypus anwendbar, d. h. bei solchen, in denen die unbekannte Funktion $F(t)$ mit sich selbst und mit gegebenen Funktionen beliebig oftmalig gefaltet vorkommt. Einer Integralgleichung, in der solche Aggregate additiv vereinigt sind, entspricht kraft des Faltungssatzes eine algebraische Gleichung. Tritt nicht nur $F(t)$, sondern auch $t F(t)$, $t^2 F(t)$, usw. auf, so erhält man als Bild eine Differentialgleichung. Ferner dürfen auch Ableitungen von $F(t)$ nach t oder nach einem Parameter α auftreten, weil die $\mathfrak{L}\{F^{(\nu)}\}$ sich nach der Differentiationsregel XIII durch $\mathfrak{L}\{F\}$ ausdrücken lässt und unter geeigneten Voraussetzungen

$$\mathfrak{L}\left\{\frac{\partial F(t, \alpha)}{\partial \alpha}\right\} = \frac{\partial}{\partial \alpha} \mathfrak{L}\{F\}$$

ist. Man kann also auch Integrodifferentialgleichungen mit dieser Methode behandeln. Anstatt eine allgemeine Theorie zu entwickeln, illustrieren wir die Methode durch ein Beispiel, indem wir folgende quadratische Integralgleichung lösen [99]:

$$F * F + F * 1 - 2\,t\,F - 1 = 0.$$

Es ist von vornherein klar, dass keine Lösung für $t \to 0$ beschränkt bleiben kann, weil sonst gelten würde: $F * F \to 0$, $F * 1 \to 0$, $t\,F \to 0$, was der Integralgleichung widerspricht. Wir suchen Lösungen, deren $\mathfrak{L}$-Integral absolut konvergiert. Dann genügt $f = \mathfrak{L}\{F\}$ der Differentialgleichung

$$f^2(s) + \frac{f(s)}{s} + 2\,f'(s) - \frac{1}{s} = 0.$$

Setzt man

$$s = x^2, \quad f(x^2) = y(x), \quad \text{also } y'(x) = f'(x^2)\,2\,x,$$

so geht sie über in

$$(x\,y)^2 + y + x\,y' - 1 = 0,$$

und durch die Substitution

$$x\,y = z, \quad \text{also } x\,y' + y = z'$$

weiter in

$$z' = 1 - z^2.$$

Die allgemeine Lösung lautet:

$$\frac{1}{2}\log\frac{1+z}{1-z} = x + c$$

mit beliebigem komplexem c oder

$$z = \frac{e^{2(x+c)} - 1}{e^{2(x+c)} + 1} = \frac{e^{x+c} - e^{-(x+c)}}{e^{x+c} + e^{-(x+c)}} = \frac{\sinh(x+c)}{\cosh(x+c)}.$$

Hierzu gehört

$$f(s) = \frac{1}{s^{1/2}}\,\frac{\sinh(s^{1/2} + c)}{\cosh(s^{1/2} + c)}.$$

Diese Funktion ist nun tatsächlich eine $\mathfrak{L}$-Transformierte, deren Originalfunktion durch Reihenentwicklung gefunden werden kann. Verstehen wir z. B. unter $s^{1/2}$ denjenigen Zweig, der für positiv reelles s negativ ist, so hat $2\,(s^{1/2} + c)$ für hinreichend weit rechts gelegenes s einen negativen Realteil, und es ist $e^{\left|\,2(s^{1/2} + c)\right|} < 1$. Also kann man dort $f(s)$ so entwickeln:

$$f(s) = s^{-1/2}\,\frac{e^{2(s^{1/2}+c)} - 1}{e^{2(s^{1/2}+c)} + 1} = s^{-1/2}\,(e^{2(s^{1/2}+c)} - 1)\sum_{n=0}^{\infty}(-1)^n\,e^{2\,n(s^{1/2}+c)}$$

$$= s^{-1/2}\left\{\sum_{n=0}^{\infty}(-1)^n\,e^{2(n+1)(s^{1/2}+c)} - \sum_{n=0}^{\infty}(-1)^n\,e^{2\,n(s^{1/2}+c)}\right\}$$

$$= -s^{-1/2}\left\{1 + 2\sum_{n=1}^{\infty}(-1)^n\,e^{2\,n(s^{1/2}+c)}\right\}.$$

Die Funktion $s^{-1/2}\, e^{2ns^{1/2}}$ bei der obigen Bestimmung von $s^{1/2}$ ist gleich

$$-s^{-1/2}\, e^{-2ns^{1/2}},$$

wenn $s^{1/2}$ den Hauptzweig bedeutet. Hierzu gehört als Originalfunktion $-\chi(2\,n,\,t)$ (siehe I, S. 51). Also ist

$$F(t) = \chi(0,\,t) + 2\sum_{n=1}^{\infty}(-1)^n\, e^{2nc}\,\chi(2\,n,\,t),$$

weil die Vertauschung von Summe und $\mathfrak{L}$-Integral nach Anhang I, Nr. 41 gerechtfertigt ist. Explizit ist

$$F(t) = \frac{1}{\sqrt{\pi\,t}}\left\{1 + 2\sum_{n=1}^{\infty}(-1)^n\, e^{2nc-(n^2/t)}\right\} = U(c,\,t).$$

Durchläuft man die Schlusskette rückwärts, so sieht man, dass $U(c,\,t)$ die gegebene Integralgleichung befriedigt. Diese hat somit unendlich viele Lösungen.

$U(c,\,t)$ ist vom Charakter einer Thetafunktion; für $c = 0$ bzw. $c = \pi\,i/2$ ist sie identisch mit $\vartheta_2(0,\,t)$ bzw. $\vartheta_3(0,\,t)$. $U(c,\,t)$ existiert für $\Re t > 0$, ist aber nach bekannten Lückensätzen nicht über die imaginäre Achse fortsetzbar. Eine Ausnahme macht nur der Grenzfall $U(\infty,\,t) = 1/\sqrt{\pi\,t}$. Für diese Funktion zerfällt übrigens die Integralgleichung: für sie ist einzeln

$$F * F - 1 = 0 \quad \text{und} \quad F * 1 - 2\,t\,F = 0.$$

26. KAPITEL

Integralgleichungen vom reellen Faltungstypus im unendlichen Intervall

§ 1. Die lineare Integralgleichung zweiter Art

Wenn die Faltung im unendlichen Intervall zugrunde gelegt wird, lautet die lineare Integralgleichung zweiter Art vom Faltungstypus

$$(1) \qquad F(t) = G(t) + \int_{-\infty}^{+\infty} K(t - \tau)\, F(\tau)\, d\tau.$$

Da es sich um ein unendliches Integrationsintervall handelt, spielt die Frage der Konvergenz des Faltungsintegrals eine Rolle, und es ist von vornherein klar, dass sich hier nur unter starken Einschränkungen allgemeine Aussagen machen lassen. Die passende Transformation, welche die Faltung in ein Produkt überführt, ist hier die *zweiseitige Laplace-Transformation* $\mathfrak{L}_{\mathrm{II}}$ oder auch die *Fourier-Transformation*. Letztere benötigt weniger Voraussetzungen, da sie bloss für die Punkte auf der reellen Geraden zu existieren braucht, während die $\mathfrak{L}_{\mathrm{II}}$-Transformation in einem Vertikalstreifen der komplexen Ebene existieren muss. Andererseits bietet dies den Vorteil, dass die auftretenden Funktionen analytisch sind, so dass man die komplexe Funktionentheorie anwenden und dadurch in den spezielleren Fällen, wo die $\mathfrak{L}_{\mathrm{II}}$-Transformation möglich ist, zu tieferen Einsichten gelangen kann. Aus diesem Grund und vor allem deshalb, weil wir es in diesem Buch hauptsächlich mit der Laplace-Transformation zu tun haben, während wir die Fourier-Transformation nur gelegentlich als Hilfsmittel benutzen, wollen wir hier mit $\mathfrak{L}_{\mathrm{II}}$-Transformation einen Gleichungstypus ausführlicher behandeln, der dem Fall $F(t) = 0$ für $t < 0$, $G(t) \equiv 0$ entspricht. Es handelt sich also um *die homogene Gleichung im Intervall* $t \geqq 0$:

$$(2) \qquad F(t) = \int_{0}^{+\infty} K(t - \tau)\, F(\tau)\, d\tau.$$

Diese Gleichung ist wesentlich schwieriger als die homogene Gleichung mit den Integrationsgrenzen $(-\infty, +\infty)$, die man in der Form

$$F(t) = \int_{-\infty}^{+\infty} K(\tau)\, F(t - \tau)\, d\tau$$

schreiben kann. Setzt man in dieser versuchsweise $F(t) = e^{i\alpha t}$, so ergibt sich

$$1 = \int\limits_{-\infty}^{+\infty} K(\tau)\, e^{-i\alpha\tau}\, d\tau.$$

$e^{i\alpha t}$ ist also tatsächlich eine Lösung, wenn α eine Wurzel der Gleichung $k(y) = 1$ ist, wo $k(y)$ die Fourier-Transformierte von K darstellt. Man kann zeigen, dass unter gewissen Voraussetzungen über K, die die Konvergenz der vorkommenden Integrale sichern, die Lösungen durch Summen von Termen der Gestalt $t^p e^{-i\alpha t}$ gegeben werden[100].

In Gleichung (2) kommt für die Unbekannte $F(t)$ zunächst nur das Intervall $t \geq 0$ in Frage, während der Kern $K(t)$ für $-\infty < t < +\infty$ gegeben sein muss[101]. Setzen wir

$$F(t) = 0 \quad \text{für } t < 0,$$

so ändert sich für $t > 0$ an der Gleichung nichts, es ist also

$$F(t) - \int\limits_{0}^{\infty} K(t - \tau)\, F(\tau)\, d\tau = G(t) = 0 \quad \text{für } t \geq 0.$$

Dagegen hat die Funktion $G(t)$ für $t < 0$ einen Wert, der sich aus dem so bestimmten $F(t)$ eindeutig ergibt. Wir können also statt (2) die Gleichung*)

$$(3) \qquad F(t) - \int\limits_{-\infty}^{+\infty} K(t - \tau)\, F(\tau)\, d\tau = G(t)$$

behandeln unter den Bedingungen

$$(4) \qquad F(t) = 0 \quad \text{für } t < 0, \quad G(t) = 0 \quad \text{für } t > 0.$$

Über die Kernfunktion $K(t)$ setzen wir folgendes voraus: Es sei[102]

$$(5) \qquad \begin{cases} K(t) \text{ reell,} \quad K(-t) = K(t), \\[2mm] \int\limits_{-\infty}^{+\infty} \left(e^{x|t|}\, K(t)\right)^2 dt < \infty \quad \text{für alle } 0 \leq x < 1, \quad \int\limits_{-\infty}^{+\infty} K(t)\, dt \neq 1. \end{cases}$$

Dann ist auch

$$(6) \qquad \int\limits_{-\infty}^{+\infty} e^{x|t|}\, |K(t)|\, dt < \infty \quad \text{für alle } 0 \leq x < 1,$$

---

*) Die Integrale sind im folgenden im Lebesgueschen Sinn zu verstehen.

denn nach der Cauchy-Schwarzschen Ungleichung ist

$$\left(\int\limits_{-\infty}^{+\infty} e^{x\,t} \, |K(t)| \, dt \right)^2$$

$$= \left(\int\limits_{-\infty}^{+\infty} e^{(x+1)\,t/2} \, |K(t)| \cdot e^{-(1-x)\,t/2} \, dt \right)^2 \leqq \int\limits_{-\infty}^{+\infty} \left(e^{(x+1)\,t/2} \, K(t) \right)^2 dt \int\limits_{-\infty}^{+\infty} e^{-(1-x)\,|t|} \, dt \,,$$

und mit x liegt auch $(x+1)/2$ zwischen 0 und 1. Beschränken wir uns auf solche Lösungen $F(t)$, für die

$$(7) \qquad\qquad F(t) = O(e^{\alpha t}) \quad \text{für } t \to +\infty$$

mit einem beliebigen, aber festen $\alpha < 1$ gilt, so ist

$$\left| \int\limits_0^\infty K(t-\tau)\, F(\tau)\, d\tau \right| = \left| \int\limits_{-t}^\infty K(-\tau)\, F(t+\tau)\, d\tau \right| \leqq C\, e^{\alpha t} \int\limits_{-\infty}^{+\infty} e^{\alpha\tau}\, |K(-\tau)|\, d\tau,$$

so dass das in (3) vorkommende Integral konvergiert.

Wir wenden nun auf (3) die $\mathfrak{L}_{\mathrm{II}}$-Transformation an und setzen

$$\mathfrak{L}_{\mathrm{II}}\{K\} = k(s), \quad \mathfrak{L}_{\mathrm{II}}\{F\} = f(s), \quad \mathfrak{L}_{\mathrm{II}}\{G\} = g(s).$$

Wegen (6) konvergiert $\mathfrak{L}_{\mathrm{II}}\{K\}$ für $|\Re s| < 1$ und wegen (7) $\mathfrak{L}_{\mathrm{II}}\{F\} = \mathfrak{L}_{\mathrm{I}}\{F\}$ für $\Re s > \alpha$ absolut. Was $G(t)$ angeht, so ist für $t < 0$ und jede beliebige Zahl λ mit $\alpha \leqq \lambda < 1$:

$$|G(t)| \leqq C \int\limits_0^\infty |K(t-\tau)|\, e^{\alpha\tau}\, d\tau \leqq C \int\limits_0^\infty |K(t-\tau)|\, e^{\lambda\tau}\, d\tau = C\, e^{\lambda t} \int\limits_{-t}^\infty e^{\lambda\tau}\, |K(-\tau)|\, d\tau$$

$$\leqq C\, e^{\lambda t} \int\limits_0^\infty e^{\lambda\tau}\, |K(-\tau)|\, d\tau,$$

also

$$(8) \qquad\qquad G(t) = O(e^{-\lambda\,|t|}) \quad \text{für } t \to -\infty \quad \text{mit jedem } \lambda < 1.$$

Infolgedessen konvergiert

$$\mathfrak{L}_{\mathrm{II}}\{G\} = \int\limits_{-\infty}^0 e^{-st}\, G(t)\, dt$$

für $\Re s < 1$ absolut. Für $\alpha < \Re s < 1$ konvergieren somit alle drei $\mathfrak{L}_{\mathrm{II}}$-Integrale absolut, und da dort ausserdem $e^{-st}\, F(t)$ beschränkt ist, kann man auf $K * F$

den Faltungssatz 3 [I 2.15] anwenden und erhält als Bildgleichung zu (3):

$$f(s) - k(s)\,f(s) = g(s)$$

oder

$$(9) \qquad \big(1 - k(s)\big)\,f(s) = g(s) \quad \text{für } \alpha < \Re s < 1.$$

Wir werden nun das funktionentheoretische Verhalten von $1 - k(s)$ studieren und hieraus Schlüsse auf das von $f(s)$ und $g(s)$ ziehen. Offenkundig kommt es dabei vor allem auf die Nullstellen von $1 - k(s)$ in $|\Re s| < 1$ an, wo Pole der zunächst für $\Re s > \alpha$ definierten und analytischen Funktion $f(s)$ liegen können. Sofort ist klar, dass $1 - k(s)$ in jedem Streifen $|\Re s| \leq \beta < 1$ höchstens endlich viele Nullstellen haben kann. Denn in

$$k(s) = \int\limits_0^\infty e^{-st}\, K(t)\, dt + \int\limits_{-\infty}^0 e^{-st}\, K(t)\, dt$$

ist das erste Integral für $\Re s \geq -\beta$, das zweite für $\Re s \leq \beta$ absolut konvergent; jedes strebt also nach Satz 7 [I 3.6] in seiner Halbebene gleichmässig gegen 0 für $|y| \to \infty$ ($s = x + i\,y$). Also strebt $k(s)$ gleichmässig in x gegen 0, wenn y in dem Streifen $|x| \leq \beta$ gegen $\pm\infty$ strebt. Oberhalb bzw. unterhalb einer gewissen Horizontalen können daher keine Nullstellen von $1 - k(s)$ liegen. In dem Rechteck zwischen diesen Horizontalen kann aber $1 - k(s)$ höchstens endlich viele Nullstellen haben.

Wegen $K(-t) = K(t)$ ist $k(-s) = k(s)$, so dass mit s_ν auch $-s_\nu$ Nullstelle ist. Da wegen $\int\limits_{-\infty}^{+\infty} K(t)\, dt \neq 1$ der Nullpunkt $s = 0$ nicht Nullstelle sein kann, ist die Anzahl der Nullstellen in $|\Re s| \leq \beta$ gerade, gleich $2\,n$ ($n \geq 0$); die Nullstellen seien $s_1, \ldots, s_{2n}$ (mehrfache auch mehrfach aufgeschrieben). Dann ist in dem Streifen $1 - k(s)$ gleich dem Produkt aus $\prod\limits_{\nu=1}^{2n} (s - s_\nu)$ und einer dort nullstellenfreien Funktion. Schreibt man letztere in der Gestalt $l(s)\,(s^2 - 1)^{-n}$ (die Stellen $s = \pm 1$ liegen ausserhalb des Streifens $|\Re s| \leq \beta$), also

$$(10) \qquad 1 - k(s) = \frac{\prod\limits_{\nu=1}^{2n}(s - s_\nu)}{(s^2 - 1)^n}\, l(s) \quad \text{oder } l(s) = \big(1 - k(s)\big)\,\frac{(s^2 - 1)^n}{\prod\limits_{\nu=1}^{2n}(s - s_\nu)},$$

so ist $l(s)$ für grosse $|s|$ von derselben Grössenordnung wie $1 - k(s)$, und zwar strebt $l(s)$ für $|y| \to \infty$ gleichmässig in $|\Re s| \leq \beta$ gegen 1, da, wie oben bemerkt, $k(s)$ gleichmässig gegen 0 strebt. Ausserdem ist $l(s)$ in dem Streifen nullstellenfrei. Daher ist die Funktion $\log l(s)$ dort analytisch. Wir wählen denjenigen Zweig aus, der für $y \to -\infty$ (also $l(s) \to 1$) gegen 0 strebt. Nun ist $k(-s) = k(s)$, und auch der aus einem Bruch bestehende zweite Faktor hat für s und $-s$ denselben Wert. Denn für den Zähler $(s^2 - 1)^n$ ist das klar, und im Nenner kann man immer die Linearfaktoren zusammenfassen, die einem

Nullstellenpaar s_ν, $-s_\nu$ entsprechen, wodurch sich $\prod_{\nu=1}^{n}(s^2 - s_\nu^2)$ ergibt. Es ist daher $l(-s) = l(s)$ [103]. Wenn also s von $-i\infty$ nach $+i\infty$ läuft, so kehrt $\log l(s)$ zu demselben Wert 0 zurück. $\log l(s)$ ist also in dem Streifen $|\Re s| \leq \beta$ eine analytische Funktion, die für $y \to \pm\infty$ gleichmässig gegen 0 strebt. Wenn man mit Rücksicht auf eine spätere Abschätzung eine Zahl β' mit $\beta < \beta' < 1$ so wählt, dass der Streifen $|\Re s| \leq \beta'$ keine neuen Nullstellen von $1 - k(s)$ enthält, so gilt das Gesagte auch für $|\Re s| \leq \beta'$. Schreibt man die Cauchysche Formel für $\log l(s)$ mit einem Rechteck als Integrationsweg an, dessen Vertikalseiten bei $\pm\beta'$ und dessen Horizontalseiten bei $\pm\omega$ liegen, und lässt ω gegen ∞ streben, so streben die Integrale über die Horizontalseiten gegen 0, und es bleibt übrig $(|\Re s| < \beta')$:

$$\log l(s) = \frac{1}{2\pi i} \int_{\beta'-i\infty}^{\beta'+i\infty} \frac{\log l(\sigma)}{\sigma - s}\, d\sigma - \frac{1}{2\pi i} \int_{-\beta'-i\infty}^{-\beta'+i\infty} \frac{\log l(\sigma)}{\sigma - s}\, d\sigma$$

$$(11) \qquad\qquad = \log l_1(s) - \log l_2(s).$$

Betrachten wir zunächst das Integral, welches die Funktion $\log l_1(s)$ definiert, so stellt es nicht nur für $-\beta' < \Re s < +\beta'$, sondern in der Halbebene $\Re s < \beta'$ eine analytische Funktion dar. Um sie abzuschätzen, bemerken wir, dass $\log l(s)$ auf der Vertikalen $x = \beta'$ quadratisch integrabel ist [104]. Denn es ist

$$k(x + i\,y) = \int_{-\infty}^{+\infty} e^{-iyt}\left(e^{-xt}K(t)\right) dt = \mathfrak{F}\{e^{-xt}K(t)\} \quad (-1 < x < +1),$$

wo $\mathfrak{F}$ die klassische Fourier-Transformation ist, die aber auch als Plancherelsche Fourier-Transformation verstanden werden kann, weil $e^{-xt}K(t)$ quadratisch integrabel ist (Hilfssatz 3 [I 12. 1]). Folglich ist auch $k(x + i\,y)$ als Funktion von y quadratisch integrabel (Hilfssatz 1 [I 12. 1]). Ferner zeigt die Partialbruchzerlegung, dass

$$\frac{(s^2 - 1)^n}{\underset{\nu=1}{\overset{2n}{\Pi}}(s - s_\nu)} = 1 + O\left(\frac{1}{|s|}\right) \quad \text{für } |s| \to \infty,$$

so dass

$$\log l(s) = \log\left(1 - k(s)\right) + \log\left(1 + O\left(\frac{1}{|s|}\right)\right) = -k(s) + O\left(|k(s)|^2\right) + O\left(\frac{1}{|s|}\right)$$

und folglich $\log l(x + i\,y)$ für $-1 < x < +1$ als Funktion von y quadratisch integrabel ist [*].

---

[*] Dass $O\left(|k(s)|^2\right)$ bei festem x als Funktion von y quadratisch integrabel ist, d. h. dass $\int_{-\infty}^{+\infty} |k(x + i\,y)|^4\, dy$ konvergiert, folgt daraus, dass $k(x + i\,y) \to 0$ für $y \to \pm\infty$ und $\int_{-\infty}^{+\infty} |k(x + i\,y)|^2\, dy$ konvergiert.

Beschränken wir nun s auf die Halbebene $\Re s \leq \beta$, so ist nach der Cauchy-Schwarzschen Ungleichung *)

$$|\log l_1(s)|^2 \leq \frac{1}{4\,\pi^2} \int\limits_{\beta'-i\infty}^{\beta'+i\infty} |\log l(\sigma)|^2 \,|d\sigma| \int\limits_{\beta'-i\infty}^{\beta'+i\infty} \frac{|d\sigma|}{|\sigma-s|^2}\,.$$

Das zweite Integral ist für $\Re s \leq \beta < \beta' = \Re\sigma$ beschränkt, also ergibt sich:

$$|\log l_1(s)| \leq M_1 \quad \text{für } \Re s \leq \beta,$$

woraus folgt, dass

$$-M_1 \leq \Re \log l_1(s) \leq +M_1$$

und somit

$$0 < e^{-M_1} \leq |l_1(s)| \leq e^{+M_1} \quad \text{für } \Re s \leq \beta$$

ist. – Genau ebenso ergibt sich, dass $l_2(s)$ in der Halbebene $\Re s > -\beta'$ analytisch und dass

$$0 < e^{-M_2} \leq |l_2(s)| \leq e^{+M_2} \quad \text{für } \Re s \geq -\beta$$

ist.

Da $l(s) = l_1(s)/l_2(s)$ in $|\Re s| < \beta'$ ist, so erhält man schliesslich:

$$1 - k(s) = \frac{1}{(s^2-1)^n}\,\frac{l_1(s)}{l_2(s)} \prod_{\nu=1}^{2n}(s - s_\nu) = \frac{l_1(s)\,(s-1)^{-n}}{l_2(s)\,(s+1)^n} \prod_{\nu=1}^{2n}(s - s_\nu)\,.$$

Setzt man

$$l_1(s)\,(s-1)^{-n} = q_1(s)\,, \quad l_2(s)\,(s+1)^n = q_2(s)\,,$$

so kann man das Ergebnis so aussprechen:

In jedem Streifen $|\Re s| \leq \beta < 1$ besitzt die Funktion $1 - k(s)$ höchstens $2\,n$ Nullstellen $s_1, \ldots, s_{2n}$. In $|\Re s| \leq \beta$ lässt sich die Funktion in der Form darstellen:

$$(12) \qquad 1 - k(s) = \frac{q_1(s)}{q_2(s)} \prod_{\nu=1}^{2n}(s - s_\nu)\,,$$

wo $q_1(s)$ in der Halbebene $\Re s \leq \beta$ analytisch und nullstellenfrei ist und für hinreichend grosse $|s|$ einer Bedingung der Form

$$(13) \qquad 0 < C_1 \leq |q_1(s)\,s^n| \leq C_1'$$

genügt, während $q_2(s)$ in der Halbebene $\Re s \geq -\beta$ analytisch und nullstellenfrei ist und für grosse $|s|$ einer Bedingung

$$(14) \qquad 0 < C_2 \leq |q_2(s)\,s^{-n}| \leq C_2'$$

genügt **).

---

*) Um diese Abschätzung machen zu können, wurde oben β' eingeführt.

**) Wir behaupten die Abschätzungen jetzt nur für grosse $|s|$, weil wir $(s-1)^n$ durch s^n und $(s+1)^{-n}$ durch s^{-n} ersetzt haben.

Setzt man den Ausdruck (12) für $1 - k(s)$ in (9) ein, so erhält man:

$$(15) \qquad \frac{g(s)}{q_1(s)} = \frac{f(s)}{q_2(s)} \prod_{\nu=1}^{2n} (s - s_\nu).$$

Da $f(s)$ und $g(s)$ in ihren Halbebenen absoluter Konvergenz beschränkt sind, ist die linke Seite von (15) in $\Re s \leq \beta$ analytisch und nach (13) gleich $O(|s|^n)$, während die rechte Seite in $\Re s \geq \beta$ analytisch und nach (14) gleich $O(|s|^n)$ für grosse $|s|$ ist. Somit ist die durch die linke bzw. rechte Seite von (15) definierte Funktion in der ganzen Ebene analytisch und $O(|s|^n)$, also ein Polynom vom Grade $\leq n$. Dieses kann aber nicht ein Polynom $p_n(s)$ vom Grade n sein, weil sonst wegen (14) für grosse $|s|$

$$|f(s)| = \left| \frac{p_n(s)\, q_2(s)}{\prod\limits_{\nu=1}^{2n}(s - s_\nu)} \right| \geq C_2 |s|^n \left| \frac{p_n(s)}{\prod\limits_{\nu=1}^{2n}(s - s_\nu)} \right| \geq \text{const} > 0$$

wäre. Es ist aber $f(x + i\,y) = \mathfrak{F}\{e^{-xt}F(t)\}\, dt = \mathfrak{F}^2\{e^{-xt}F(t)\}$, wo $e^{-xt}F(t)$ für $x > \alpha$ quadratisch integrabel ist, so dass $f(x + i\,y)$ als Funktion von y ebenfalls quadratisch integrabel sein muss, was mit $|f(x + i\,y)| \geq \text{const} > 0$ für $|y| \to \infty$ unvereinbar ist. Hieraus folgt zunächst, dass es im Falle $n = 0$ überhaupt keine Lösung mit der Eigenschaft (7) geben kann, und weiterhin, dass für $n \geq 1$

$$(16) \qquad f(s) = \frac{q_2(s)}{\prod\limits_{\nu=1}^{2n}(s - s_\nu)}\, p_{n-1}(s), \qquad g(s) = q_1(s)\, p_{n-1}(s)$$

ist, wo $p_{n-1}(s)$ ein beliebiges Polynom von höchstens $(n-1)$-tem Grad ist.

Wir zeigen nun, dass jedes Paar $f(s)$, $g(s)$ der Form (16) die $\mathfrak{L}_{\mathrm{II}}$-Transformierten von gewissen Funktionen $F(t)$, $G(t)$ darstellt, welche die Gleichung (3) befriedigen und den Bedingungen (4) genügen[105]. Die Funktion $f(s)$ ist für $\Re s \geq \beta$ analytisch und für grosse $|s|$ gleich $O(1/|s|)$, wenn wir $\beta < 1$ so gewählt denken, dass auf $\Re s = \beta$ keine Nullstelle von $1 - k(s)$ liegt, was offenbar zulässig ist. Daher ist $f(x + i\,y)$ als Funktion von y quadratisch integrabel und

$$\int_{-\infty}^{+\infty} |f(x + i\,y)|^2\, dy \leq M \quad \text{für } x \geq \beta.$$

$f(s)$ gehört also zu der Klasse $\mathfrak{H}^2(\beta)$, ist daher die $\mathfrak{L}_{\mathrm{I}}$-Transformierte einer Funktion $F(t)$, für die $e^{-\beta t}F(t)$ zu $L^2(0, \infty)$ gehört (siehe I, S. 429):

$$f(s) = \int_0^\infty e^{-st} F(t)\, dt \quad \text{für } \Re s \geq \beta.$$

$F(t)$ ergibt sich so:

$$F(t) = e^{\beta t}\, \underset{\omega \to \infty}{\text{l.i.m.}}\, 1/(2\pi) \int_{-\omega}^{+\omega} e^{ity} f(\beta + i\,y)\, dy.$$

Ebenso ist $g(s)$ für $\Re s \leqq \beta$ analytisch und für grosse $|s|$ gleich $O(1/|s|)$, also

$$g(s) = \int\limits_{-\infty}^{0} e^{-st} G(t)\, dt \quad \text{für } \Re s \leqq \beta,$$

wo $e^{-\beta t} G(t)$ zu $L^2(-\infty, 0)$ gehört. Die $\mathfrak{L}$-Integrale für $f(s)$ und $g(s)$ konvergieren für $\Re s > \beta$ bzw. $\Re s < \beta$ absolut, für $\Re s = \beta$ im Sinne quadratischer Mittelkonvergenz (siehe Satz 1 [I 12.2]). Wir können auch sagen: $e^{-\beta t} F(t)$ und $e^{-\beta t} G(t)$ gehören zu $L^2(-\infty, +\infty)$, und es ist

$$F(t) = 0 \quad \text{für } t < 0, \quad G(t) = 0 \quad \text{für } t > 0;$$

ferner

$$f(s) = \int\limits_{-\infty}^{+\infty} e^{-st} F(t)\, dt \quad \text{für } \Re s > \beta, \quad g(s) = \int\limits_{-\infty}^{+\infty} e^{-st} G(t)\, dt \quad \text{für } \Re s < \beta,$$

$$f(\beta + i\,y) = \underset{\omega \to \infty}{\mathrm{l.i.m.}} \int\limits_{-\omega}^{+\omega} e^{-(x + i\,y)t} F(t)\, dt, \quad g(\beta + i\,y) = \underset{\omega \to \infty}{\mathrm{l.i.m.}} \int\limits_{-\omega}^{+\omega} e^{-(x + i\,y)t} G(t)\, dt.$$

Weiterhin gehört nach Voraussetzung $e^{-\beta t} K(t)$ zu $L^2(-\infty, +\infty)$, und $\mathfrak{L}_{\mathrm{II}}\{K\}$ konvergiert für $\Re s = \beta$ im gewöhnlichen Sinn, also auch im Sinne quadratischer Mittelkonvergenz gegen $k(\beta + i\,y)$. Das können wir so ausdrücken: $e^{-\beta t} F(t)$, $e^{-\beta t} G(t)$ und $e^{-\beta t} K(t)$ gehören zu $L^2(-\infty, +\infty)$, und es konvergieren $\mathfrak{F}^2\{e^{-\beta t} F(t)\} = f(\beta + i\,y)$, $\mathfrak{F}^2\{e^{-\beta t} G(t)\} = g(\beta + i\,y)$ und $\mathfrak{F}^2\{e^{-\beta t} K(t)\} = k(\beta + i\,y)$. Da ferner, wie oben erwähnt, $f(\beta + i\,y) = O(1/|y|)$ und $k(\beta + i\,y) = o(1)$ für $|y| \to \infty$ ist, so gehört $k(\beta + i\,y)\, f(\beta + i\,y)$ zu $L^2(-\infty, +\infty)$. Nach dem Faltungssatz für die $\mathfrak{F}^2$-Transformation (Hilfssatz 2 [I 12.6]) ist daher

$$\mathfrak{F}^2\left\{ \int\limits_{-\infty}^{+\infty} e^{-\beta(t - \tau)} K(t - \tau)\, e^{-\beta\tau} F(\tau)\, d\tau \right\} = k(\beta + i\,y)\, f(\beta + i\,y).$$

Folglich gilt:

$$\mathfrak{F}^2\left\{ e^{-\beta t} F(t) - e^{-\beta t} \int\limits_{-\infty}^{+\infty} K(t - \tau)\, F(\tau)\, d\tau - e^{-\beta t} G(t) \right\}$$

$$= f(\beta + i\,y) - k(\beta + i\,y)\, f(\beta + i\,y) - g(\beta + i\,y).$$

Die Funktionen $f(s)$ und $g(s)$ waren aber so bestimmt, dass

$$f(s) - k(s)\, f(s) - g(s) = 0$$

ist, und zwar gilt dies mindestens auf der Geraden $s = \beta + i\,y$, wo beide analytisch sind. Folglich ist die entsprechende Funktion

$$e^{-\beta t}\left[F(t) - \int\limits_{-\infty}^{+\infty} K(t - \tau)\, F(\tau)\, d\tau - G(t) \right]$$

fast überall gleich 0, d. h. $F(t)$ und $G(t)$ genügen fast überall der Integralgleichung (3) oder, was dasselbe ist, $F(t)$ genügt fast überall der Gleichung (2).

Schreiben wir (2) in der Gestalt

$$e^{-\beta t} F(t) = \left[e^{-\beta t} K(t) \right] \mathop{*}\limits_{-\infty}^{+\infty} \left[e^{-\beta t} F(t) \right],$$

so ist, da $e^{-\beta t} K(t)$ und $e^{-\beta t} F(t)$ zu $L^2(-\infty, +\infty)$ gehören, die Faltung auf der rechten Seite nach Satz 3 [I 2.14] für alle t gleichmässig stetig und nach der Cauchy-Schwarzschen Ungleichung beschränkt. $e^{-\beta t} F(t)$ hat also fast überall die gleichen Eigenschaften. Da eine Abänderung in einer Nullmenge erlaubt ist, können wir die Funktion $F(t)$ so abändern, dass sie überall stetig ist, worauf sie die Integralgleichung auch überall erfüllt und die Eigenschaft hat, dass $e^{-\beta t} F(t)$ beschränkt ist.

Wir können das Ergebnis in folgender Weise formulieren:

Satz 1. *Der Kern der Integralgleichung*

$$F(t) = \int\limits_0^\infty K(t - \tau)\, F(\tau)\, d\tau$$

erfülle die Bedingungen: $K(t)$ reell, $K(-t) = K(t)$,

$$\int\limits_{-\infty}^{+\infty} \left(e^{xt} K(t) \right)^2 dt < \infty \quad \text{für alle } 0 \leqq x < 1, \qquad \int\limits_{-\infty}^{+\infty} K(t) \neq 1.$$

Man erhält alle Lösungen, die einer Beschränkung $F(t) = O(e^{\beta t})$ für $t \to \infty$ (β fest, $0 < \beta < 1$) unterliegen, durch folgende Konstruktion: Die Funktion $1 - k(s)$ mit $\mathfrak{L}_{II}\{K\} = k(s)$ hat in dem Streifen $|\mathfrak{R}s| \leqq \beta$ höchstens endlich viele Nullstellen in gerader Anzahl $2n$ $(n \geqq 0)$: $s_1, \ldots, s_{2n}$, wobei mehrfache ihrer Vielfachheit entsprechend aufzuschreiben sind. Im Falle $n = 0$ gibt es unter den genannten Voraussetzungen über K keine Lösungen $F(t)$ mit der verlangten Eigenschaft ausser der trivialen $F(t) \equiv 0$. Im Falle $n \geqq 1$ seien für β nur solche Werte zugelassen, dass auf $\mathfrak{R}s = \beta$ keine Nullstellen liegen. Man setze

$$l(s) = \left(1 - k(s) \right) \frac{(s^2 - 1)^n}{\prod\limits_1^{2n} (s - s_\nu)},$$

$$\log l_2(s) = \frac{1}{2\pi i} \int\limits_{-\beta' - i\infty}^{-\beta' + i\infty} \frac{\log l(\sigma)}{\sigma - s}\, d\sigma,$$

wobei $\beta' > \beta$ so zu wählen ist ($\beta' < 1$), dass in $\beta \leqq \mathfrak{R}s \leqq \beta'$ keine neuen Nullstellen liegen; ferner

$$q_2(s) = l_2(s)\,(s + 1)^n$$

und

$$f_r(s) = \frac{q_2(s)}{\prod\limits_{\nu = 1}^{2n} (s - s_\nu)}\, s^r \qquad (r = 0, 1, \ldots, n - 1).$$

Dann sind die n Funktionen

$$F_r(t) = \frac{1}{2\pi} e^{\beta t} \operatorname*{l.i.m.}_{\omega \to \infty} \int_{-\omega}^{+\omega} e^{ity} f_r(\beta + iy)\, dy$$

die einzigen linear unabhängigen Lösungen, die den obigen Anforderungen genügen. Sie lassen sich als stetige Funktionen wählen und genügen dann der Integralgleichung für alle t. Jede beliebige Lösung mit $F(t) = O(e^{\beta t})$ ist eine Linearkombination der $F_r(t)$.

Beispiel: $K(t) = \lambda e^{-|t|}$, d. h. es handelt sich um die Gleichung[106]

$$(17) \qquad F(t) = \lambda \int_0^\infty e^{-|t-\tau|} F(\tau)\, d\tau.$$

$K(t)$ erfüllt für jedes λ die in Satz 1 gestellten Bedingungen, ausser im Falle $\lambda = 1/2$, weil dann $\int_{-\infty}^{+\infty} K(t)\, dt = 1$ ist. Es ist

$$k(s) = \frac{2\lambda}{1-s^2} \quad \text{und} \quad 1 - k(s) = \frac{s^2 - 1 + 2\lambda}{s^2 - 1}.$$

Die Nullstellen von $1 - k(s)$ sind $s_1 = \sqrt{1-2\lambda}$, $s_2 = -\sqrt{1-2\lambda}$. Bei reellem λ ist

$$|\Re s_\nu| \geqq 1 \quad \text{für } \lambda \leqq 0, \qquad |\Re s_\nu| < 1 \quad \text{für } \lambda > 0,$$

und zwar sind die s_ν reell für $\lambda \leqq 1/2$ und imaginär für $\lambda > 1/2$. Da unter den obigen Bedingungen für $K(t)$ nur dann Lösungen mit $F(t) = O(e^{\beta t})$ vorhanden sind, wenn Nullstellen mit einem Realteil < 1 vorliegen, kommt nur $\lambda > 0$ in Frage, wobei aber Satz 1 nur für $\lambda \neq 1/2$ anwendbar ist. Man braucht nicht $q_2(s)$ nach den obigen Formeln zu berechnen, weil die Darstellung (12) hier offenkundig die Form hat:

$$1 - k(s) = \frac{1/(s-1)}{s+1}\, (s - s_1)\,(s - s_2).$$

Es ist also $q_2(s) = s + 1$. Wegen $n = 1$ gibt es nur eine Lösung (abgesehen von einem beliebigen konstanten Faktor), und zwar ist

$$f(s) = \frac{s+1}{s^2 - (1-2\lambda)}.$$

Diese Funktion ist die $\mathfrak{L}_I$-Transformierte von

$$F(t) = \begin{cases} \cosh\sqrt{1-2\lambda}\, t + \dfrac{1}{\sqrt{1-2\lambda}} \sinh\sqrt{1-2\lambda}\, t & \text{für } 0 < \lambda < \dfrac{1}{2} \\[2mm] \cos\sqrt{2\lambda-1}\, t + \dfrac{1}{\sqrt{2\lambda-1}} \sin\sqrt{2\lambda-1}\, t & \text{für } \dfrac{1}{2} < \lambda. \end{cases}$$

Für $\lambda = 1/2$ existiert auch eine Lösung mit $F(t) = O(e^{\beta t})$, wenn sie auch der obigen Theorie entgeht, nämlich $F(t) = t + 1$. Sie entsteht aus der vorigen Lösung für $\lambda \to 1/2$. Für $\lambda \leq 0$ hat zwar $F(t)$ einen Sinn, aber das Integral in (17) konvergiert nicht.

§ 2. Die lineare Integralgleichung erster Art
(Umkehrung der Integraltransformationen vom Faltungstypus)

Die lineare Integralgleichung erster Art vom Faltungstypus im Intervall $(-\infty, +\infty)$ mit der Unbekannten F:

$$(1) \qquad G(t) = \int_{-\infty}^{+\infty} K(t - \tau)\, F(\tau)\, d\tau \equiv K \overset{+\infty}{\underset{-\infty}{*}} F$$

ist wie alle Integralgleichungen erster Art nur unter sehr einschneidenden Bedingungen lösbar. Man kann Gleichung (1) auch als eine *Integraltransformation* auffassen, welche die Funktion $F(t)$ in die Funktion $G(t)$ transformiert. Die Lösung der Integralgleichung ist dann gleichbedeutend mit der *Umkehrung* dieser Transformation.

Die Integralgleichung (1) wird unter geeigneten Voraussetzungen durch die $\mathfrak{L}_{\mathrm{II}}$-Transformation nach dem Faltungssatz in die algebraische Gleichung

$$g(s) = k(s)\, f(s)$$

mit der Lösung

$$f(s) = \frac{1}{k(s)}\, g(s)$$

übergeführt. Da $1/k(s)$ im allgemeinen keine $\mathfrak{L}_{\mathrm{II}}$-Transformierte ist[107], kann man $F(t)$ nicht vermittels des Faltungssatzes bestimmen.

Wenn aber $1/k(s)$ keine $\mathfrak{L}_{\mathrm{II}}$-Transformierte ist, so kann trotzdem $f(s)/k(s)$ eine solche sein, denn es gibt ja auch noch andere Möglichkeiten der Rückübersetzung. Ist z. B. $K(t) \equiv U(t)$, wo $U(t) = 1$ für $t > 0$, $= 0$ für $t < 0$ ist, so ist $k(s) = 1/s$ für $\Re s > 0$, also $f(s) = s\, g(s)$. Nun ist nach Regel XIIa $s\, g(s) = \mathfrak{L}_{\mathrm{II}}\{G'\}$, wenn $\mathfrak{L}_{\mathrm{II}}\{G'\}$ für $\Re s > 0$ konvergiert und $G(-\infty) = 0$ ist, so dass man auf Grund des Eindeutigkeitssatzes 15 [I 3.6] erhält:

$$(2) \qquad F(t) = G'(t) + \text{Nullfunktion}.$$

Für dieses triviale Beispiel hätte man natürlich nicht die $\mathfrak{L}_{\mathrm{II}}$-Transformation zu bemühen brauchen, denn die Gleichung (1) lautet in diesem Fall

$$G(t) = \int_{-\infty}^{t} F(\tau)\, d\tau\,;$$

diese kann nur bestehen, wenn $G(-\infty) = 0$, und liefert unmittelbar $F(t) = G'(t)$ fast überall. Aber dieses Beispiel bringt uns auf die richtige Fährte, denn der

Zusammenhang zwischen einem Integral der Form (1) und einem Differentialausdruck der Form (2) ist uns in viel allgemeinerer Weise von der Theorie der linearen Differentialgleichung im Intervall $(-\infty, +\infty)$ unter Anfangs- und Randbedingungen her wohlbekannt. Wir greifen als Beispiel aus den im 14. Kapitel bewiesenen Sätzen ein Teilergebnis von Satz 2 [14. 4] heraus:

Die Nullstellen α_μ des Polynoms $p(s)$ seien einfach, keine sei rein imaginär, und eine sei gleich 0. Die Funktion $F(t)$ sei stetig, und es sei $\int\limits_{-\infty}^{+\infty} |F(t)|\, dt < \infty$. Dann wird die einzige Lösung der Differentialgleichung

$$(3) \qquad p(D)\, Y(t) = F(t) \qquad\qquad \left(D = \frac{d}{dt}\right)$$

im Intervall $(-\infty, +\infty)$ unter den Randbedingungen

$$(4) \qquad Y(-\infty) = 0, \quad Y(+\infty) = \frac{1}{p'(0)} \int\limits_{-\infty}^{+\infty} F(t)\, dt$$

gegeben durch

$$(5) \qquad Y(t) = \int\limits_{-\infty}^{+\infty} Q(t - \tau)\, F(\tau)\, d\tau,$$

wo $Q(t)$ diejenige Funktion ist, die in dem Streifen zwischen $s = 0$ und der ersten Nullstelle α^* rechts davon die $\mathfrak{L}_{\mathrm{II}}$-Transformierte $1/p(s)$ besitzt. Sie kann in der Form geschrieben werden:

$$(6) \qquad Q(t) = U(t) \left\{ \frac{1}{p'(0)} + \sum_{\Re\alpha_\mu < 0} \frac{1}{p'(\alpha_\mu)}\, e^{\alpha_\mu t} \right\} - U(-t) \sum_{\Re\alpha_\mu > 0} \frac{1}{p'(\alpha_\mu)}\, e^{\alpha_\mu t}$$

oder auch nach Satz 1 [I 4. 4]:

$$(7) \qquad Q(t) = \frac{1}{2\pi i} \int\limits_{x-i\infty}^{x+i\infty} e^{ts}\, \frac{1}{p(s)}\, ds \qquad\qquad (0 < x < \alpha^*).$$

Dies ist zunächst ein Satz über Differentialgleichungen. Vom Standpunkt der Integralgleichungen aus aber kann man ihn in folgender Weise lesen:

Satz 1. *Wenn die Funktionen $Y(t)$ und $F(t)$, wo $F(t)$ stetig und $\int\limits_{-\infty}^{+\infty} |F(t)|\, dt < \infty$ ist, der Gleichung (5) genügen, so ist auch die Gleichung (3) befriedigt, d. h. die Integralgleichung (5) wird durch den Differentialausdruck (3) gelöst, und es sind ausserdem die Relationen (4) erfüllt.*

In der Sprache der Integraltransformationen lautet der Satz:

Satz 2. *Wird durch die Integraltransformation (5) aus einer Funktion $F(t)$, die stetig ist und die Eigenschaft $\int\limits_{-\infty}^{+\infty} |F(t)|\, dt < \infty$ hat, eine Funktion $Y(t)$ erzeugt, so lässt sich umgekehrt $F(t)$ aus $Y(t)$ durch die «Differentialtransformation» (3) gewinnen, wobei der Kern $Q(t)$ und der Operator $p(D)$ durch Gleichung (6) zusammenhängen. Ausserdem bestehen noch die Relationen (4).*

Analoge Sätze kann man aus den übrigen Ergebnissen des 14. Kapitels ableiten. Sie unterscheiden sich nur in den (jetzt nebensächlichen) Relationen (4) und in der Zulässigkeit gewisser Werte der Nullstellen α_μ.

Damit ist für Kerne $Q(t)$, die die Gestalt (6) haben, das Problem der Integralgleichung erster Art bzw. der Umkehrung der Integraltransformation gelöst. Es ist nun zu vermuten, dass sich diese Lösung auf allgemeinere Kerne ausdehnen lässt, die dadurch entstehen, dass man das zugrunde liegende Polynom $p(s)$ durch eine ganze Funktion $E(s)$ ersetzt, die nach dem Weierstraßschen Satz eine Produktdarstellung der Form $s\prod_{\mu=1}^{\infty}(1 - s/\alpha_\mu)$ mit konvergenter Summe $\sum_{\mu=1}^{\infty}1/|\alpha_\mu|$ besitzt, also eine ganze Funktion vom Geschlecht 0 ist, oder bei paarweise entgegengesetzt gleichen Nullstellen die Form $s\prod_{k=1}^{\infty}(1 - s^2/\alpha_k^2)$ mit konvergenter Summe $\sum_{k=1}^{\infty}1/|\alpha_k|^2$ hat, also vom Geschlecht 1 ist. Dies lässt sich in gewissen Fällen in der Tat durchführen, z. B. wenn die α_μ reell sind. Den Kern $Q(t)$ kann man aus Formel (6) durch den Grenzübergang $n \to \infty$ gewinnen, wobei man auf Entwicklungen nach Art der in I 7.3 behandelten kommt (siehe die Sätze 1 bis 3 [I 7.3]), oder einfacher durch Formel (7), wo nichts im Wege steht, $p(s)$ durch eine Funktion $E(s)$ zu ersetzen, die das Integral zum Konvergieren bringt. Der Differentialoperator $E(D)$ ist naturgemäss als $\lim_{n\to\infty} p(D)$ zu erklären. Der Beweis, dass die Korrespondenz zwischen (3) und (5) dabei erhalten bleibt, erfordert eine ziemlich langwierige Diskussion, die wir aus Raummangel nicht wiedergeben können. Ein typischer Satz dieser Art ist der folgende:

Satz 3[108]. *Die ganze Funktion $E(s)$ sei gegeben durch*

$$E(s) = s \prod_{k=1}^{\infty}\left(1 - \frac{s^2}{a_k^2}\right),$$

wo $0 < a_1 < a_2 < \cdots$ und $\sum_{k=1}^{\infty}1/a_k^2 < \infty$ ist. Der Kern $K(t)$ sei definiert durch

$$K(t) = \frac{1}{2\pi i} \int_{x-i\infty}^{x+i\infty} e^{ts}\frac{1}{E(s)}\,ds \qquad (0 < x < a_1).$$

Durch die Integraltransformation

$$G(t) = \int_{-\infty}^{+\infty} K(t - \tau)\,F(\tau)\,d\tau \qquad (-\infty < t < +\infty)$$

wird aus einer stetigen Funktion $F(t)$, für die $\int_{-\infty}^{\infty}|F(t)|\,dt$ konvergiert, eine Funktion $G(t)$ erzeugt. Dann lässt sich umgekehrt $F(t)$ aus $G(t)$ gewinnen durch die Differentialtransformation

$$D\prod_{k=1}^{\infty}\left(1 - \frac{D^2}{a_2^k}\right)G(t) = F(t) \qquad (-\infty < t < +\infty).$$

Dabei ist

$$G(-\infty) = 0, \quad G(+\infty) = \int_{-\infty}^{+\infty} F(t)\, dt.$$

Der Differentialoperator ist definiert als

$$D \prod_{k=1}^{\infty}\left(1 - \frac{D^2}{a_k^2}\right) = \lim_{n\to\infty} D \prod_{k=1}^{n}\left(1 - \frac{D^2}{a_k^2}\right).$$

Beispiel: Es sei speziell $a_k = k$. Dann ist

$$E(s) = s \prod_{k=1}^{\infty}\left(1 - \frac{s^2}{k^2}\right) = \frac{\sin \pi s}{\pi}.$$

Der Kern $K(t)$ kann als

$$(8) \qquad K(t) = \frac{1}{2i} \int_{x-i\infty}^{x+i\infty} \frac{e^{ts}}{\sin \pi s}\, ds$$

berechnet werden oder einfacher durch Grenzübergang aus (6) als

$$K(t) = \frac{1}{E'(0)} + \sum_{k=1}^{\infty} \frac{1}{E'(-k)}\, e^{-kt} = 1 + \sum_{k=1}^{\infty} (-1)^k e^{-kt} = \frac{1}{1+e^{-t}} \quad \text{für } t > 0,$$

$$K(t) = -\sum_{k=1}^{\infty} \frac{1}{E'(k)}\, e^{kt} = -\sum_{k=1}^{\infty} (-1)^k e^{kt} = \frac{e^t}{1+e^t} = \frac{1}{1+e^{-t}} \quad \text{für } t < 0,$$

also *)

$$K(t) = \frac{1}{1+e^{-t}} \quad \text{für } -\infty < t < +\infty,$$

was auf eine Ausrechnung des Integrals (8) durch Residuenrechnung (vgl. I 7.3) hinausläuft. Die Integraltransformation

$$(9) \qquad G(t) = \int_{-\infty}^{+\infty} \frac{F(\tau)}{1+e^{-t+\tau}}\, d\tau$$

wird somit für stetige Funktionen $F(t)$ mit $\int_{-\infty}^{+\infty} |F(t)|\, dt < \infty$ umgekehrt durch

$$(10) \qquad F(t) = \frac{1}{\pi} \sin \pi\, D\, G(t).$$

(9) lässt sich durch die Substitution

$$e^{-t} = x, \quad e^{-\tau} = \xi, \quad G(-\log x) = \Psi(x), \quad F(-\log x) = \Phi(x)$$

in die *Stieltjes-Transformation*

$$\Psi(x) = \int_0^{\infty} \frac{\Phi(\xi)}{x+\xi}\, d\xi$$

---

*) Hier wird im Gegensatz zu der Differentialgleichung endlicher Ordnung n die Greensche Funktion durch einen für alle t einheitlichen analytischen Ausdruck gegeben. Der Sprung der n-ten Ableitung an der Stelle 0 kommt im Falle $n = \infty$ nicht vor.

überführen. Macht man dieselbe Substitution in (10), so erhält man wegen

$$\frac{dG\,(\log - x)}{dx} = -\left.\frac{dG}{dt}\right|_{t\,=\,-\log x} \cdot \frac{1}{x}\,, \qquad \text{d. h.} \quad \left.\frac{dG}{dt}\right|_{-\log x} = -x\,\frac{d\Psi(x)}{dx}$$

für stetige Funktionen $\Phi(x)$ mit konvergentem $\int_0^\infty (|\Phi(x)|/x)\,dx$ folgende *Umkehrformel* der Stieltjes-Transformation:

$$\Phi(x) = -\frac{1}{\pi}\,\sin \pi\, x\, D\,\Psi(x)\,,$$

die sich auch auf die Form[109]

$$\Phi(x) = \lim_{n\to\infty} \frac{(-1)^{n-1}}{n!\,(n-2)!}\,\left[x^{2n-1}\,\Psi^{(n-1)}(x)\right]^{(n)}$$

bringen lässt. Sie ist vom Typus der in Satz 1 [I 8.2] behandelten Umkehrformel für die $\mathfrak{L}$-Transformation. Wie man sieht, erhält man durch die obige Theorie einen allgemeinen Zugang zu Umkehrformeln dieses Typus.

Bemerkung: Lösungen der Integralgleichung (1) im Stile der in Satz 1 bis 3 gegebenen sind nur in *theoretischen* Bereichen brauchbar, da sie eine oftmalige Differentiation der Transformierten $G(t)$ erfordern, was bei empirisch gegebenen Funktionen auf grosse Schwierigkeiten stösst. Bei speziellen Integralgleichungen, wie sie aus physikalischen Problemen erwachsen, führt oft die Methode der Fourier-Transformation (die nicht zu unserem Aufgabengebiet gehört), insbesondere die auf Funktionen der Klasse L^2 bezügliche Theorie, zu praktisch brauchbaren Lösungsformen, wobei die Deutung der Fourier-Transformierten als Spektrum der Ausgangsfunktion der Methode eine besondere Anschaulichkeit verleiht.

Integrale der Form $K \overset{+\infty}{\underset{-\infty}{*}} F$ treten in der *Physik* ähnlich häufig auf wie die Faltungsintegrale $K \overset{t}{\underset{0}{*}} F$ (vgl. 25.2.2). Typisch ist folgender Fall: Wird eine spektrale Intensität gemessen (optischer, elektrischer usw. Art), so ist das Ergebnis immer dadurch verfälscht, dass monochromatische Messungen nicht möglich sind und zur Erzielung einer messbaren Intensität ein räumlich ausgedehnter Spektralbereich gemessen werden muss. Ähnlich kann bei Photographien keine momentane Aufnahme gemacht werden, so dass während eines Zeitintervalls belichtet werden muss, was eine Unschärfe hervorruft. Derartige Überlagerungen bewirken, dass statt einer bestimmten Intensität $F(t)$ ein *verzerrtes Bild* von der Form (1) entsteht, wo $K(t)$ die dem Messgerät eigentümliche «*Apparatefunktion*» darstellt. Bei optischen Vorgängen z. B. kann die Apparatefunktion durch die Form des benutzten Diaphragmas (Spalt von Rechteck-, Kreis- usw. Form) bestimmt sein[110]. Ist die Apparatefunktion durch Messung oder theoretische Überlegungen bekannt, so läuft die Berechnung der wahren Intensität $F(t)$ aus der gemessenen $G(t)$ auf die Lösung der Integralgleichung (1) hinaus[111].

27. KAPITEL

Funktionalrelationen mit reellen Faltungsintegralen, insbesondere transzendente Additionstheoreme

§ 1. Allgemeine Prinzipien

In den vorigen Kapiteln wurden Integralgleichungen vom Faltungstypus auf Grund des Faltungssatzes in algebraische Gleichungen transformiert. Auf diese Weise wurde das transzendente Problem der Auflösung einer Integralgleichung in ein elementares übergeführt. Handelt es sich nicht um die Bestimmung einer unbekannten Funktion, sondern betrachtet man irgendwelche *bekannte* Funktionen, so wird man gerade den umgekehrten Weg gehen: Wenn man für die $\mathfrak{L}$-Transformierten dieser Funktionen eine *algebraische Relation* aufstellen kann, so entspricht dieser eine Faltungsrelation für die ursprünglichen Funktionen, die eine *transzendente* und daher im allgemeinen ziemlich verborgene Eigenschaft dieser Funktionen ausdrückt. Die hier sich darbietenden Möglichkeiten sind ausserordentlich mannigfaltig. Schon im I. Band wurden gelegentlich solche erwähnt: Bei manchen Funktionen sieht man auf den ersten Blick, dass ihre $\mathfrak{L}$-Transformierten in einer einfachen algebraischen Beziehung zueinander stehen, wie z. B.

$$s^{-(\alpha+1)}\, s^{-(\beta+1)} = s^{-(\alpha+\beta+2)} \quad \text{oder} \quad \frac{1}{\sqrt{s^2+1}}\,\frac{1}{\sqrt{s^2+1}} = \frac{1}{s^2+1},$$

woraus sich die nicht ganz auf der Hand liegenden Integralrelationen ergeben:

$$\frac{t^\alpha}{\Gamma(\alpha+1)} * \frac{t^\beta}{\Gamma(\beta+1)} = \frac{t^{\alpha+\beta+1}}{\Gamma(\alpha+\beta+2)} \quad \text{bzw.} \quad J_0(t) * J_0(t) = \sin t$$

(vgl. I, S. 531 bzw. 127). Besonderes Interesse verdient der Fall, dass es sich um eine Funktion F handelt, die noch von einem Parameter α abhängt: $F(t, \alpha)$, und deren $\mathfrak{L}$-Transformierte $f(s, \alpha)$ ein algebraisches Additionstheorem hinsichtlich α erfüllt:

$$\Theta\big(f(s, \alpha), f(s, \beta), f(s, \alpha+\beta); f_1(s), \ldots, f_p(s)\big) = 0,$$

wo Θ ein Polynom ist und $f_1, \ldots, f_p$ irgendwelche $\mathfrak{L}$-Transformierte sind. Im Originalbereich gilt dann das *transzendente Additionstheorem*

$$\Theta\big(F(t, \alpha)^*, F(t, \beta)^*, F(t, \alpha+\beta)^*; F_1(t)^*, \ldots, F_p(t)^*\big) = \text{Nullfunktion},$$

wo alle algebraischen Produkte durch Faltungsprodukte ersetzt sind. Wie wir sehen werden, sind die so erhaltenen Relationen oft aus der üblichen Theorie der betr. Funktionen heraus kaum aufzufinden, ja sogar ihre rein rechnerische Bestätigung ohne Anwendung des Faltungssatzes ist manchmal überaus langwierig[112].

Eine andere Möglichkeit ist die folgende: Die $\mathfrak{L}$-Transformierte einer Funktion lässt sich bisweilen als Produkt von mehreren $\mathfrak{L}$-Transformierten darstellen. Hieraus ergibt sich eine *Darstellung der Originalfunktion als Faltungsintegral*, die oft geradezu fundamental für die Theorie dieser Funktion ist.

Für die angedeuteten Möglichkeiten werden im folgenden Beispiele angeführt, welche die Tragweite der Methode illustrieren sollen und nach deren Muster im Bedarfsfall weitere aufgestellt werden können.

In der Theorie der Randwertprobleme wird ein ganz anderer Zugang zu Funktionalrelationen des erwähnten Typs aufgezeigt, nämlich das Huygenssche und Eulersche Prinzip (siehe 21. Kapitel).

§ 2. Funktionen, deren $\mathfrak{L}$-Transformierte vom Typus $s^{-\beta} e^{-\alpha\,\varphi(s)}$ sind

Sucht man zunächst einmal ein möglichst einfaches Beispiel eines transzendenten Additionstheorems, so muss die $\mathfrak{L}$-Transformierte $f(s, \alpha)$ die Eigenschaft

$$f(s, \alpha)\, f(s, \beta) = f(s, \alpha + \beta)$$

haben. Bei stetiger Abhängigkeit von α hat diese Funktionalgleichung bekanntlich nur die Lösung

$$f(s, \alpha) = e^{-\alpha\,\varphi(s)}.$$

Es gibt $\mathfrak{L}$-Transformierte dieser Gestalt, z. B. für $\varphi(s) = s^{\nu}$ mit $0 < \gamma < 1$ (siehe I, S. 263). Die einzige, die eine elementare Originalfunktion besitzt, entspricht dem Fall $\gamma = 1/2$: Es ist (siehe I, S. 50)

$$(1) \qquad \mathfrak{L}\{\psi(\alpha, t)\} = e^{-\alpha\sqrt{s}} \qquad\qquad (\alpha > 0).$$

Aus dem algebraischen Additionstheorem

$$e^{-\alpha\sqrt{s}}\, e^{-\beta\sqrt{s}} = e^{-(\alpha+\beta)\sqrt{s}}$$

entspringt das *transzendente Additionstheorem* der ψ-Funktion [vgl. 21. 1 (1)][113]:

$$(2) \qquad \boxed{\psi(\alpha, t) * \psi(\beta, t) = \psi(\alpha + \beta, t)} \qquad (\alpha > 0,\ \beta > 0).$$

(Eine additive Nullfunktion kommt nicht in Frage, weil beide Seiten stetig sind.) Die unmittelbare rechnerische Verifikation dieser Gleichung, die vom Standpunkt der $\mathfrak{L}$-Transformation fast eine Selbstverständlichkeit darstellt, gestaltet sich recht umständlich. – Dasselbe Additionstheorem gilt für alle Originalfunktionen mit den $\mathfrak{L}$-Transformierten e^{-s^γ} $(0 < \gamma < 1)$.

Es ist eine ganze Anzahl von Funktionen bekannt, deren $\mathfrak{L}$-Transformierte die Gestalt $s^{-\beta} e^{-\alpha \varphi(s)}$ haben und bei denen man eine ähnliche Schlussweise wie oben anwenden kann. Ein besonders eindrucksvolles Beispiel wird geliefert durch

$$(3) \qquad \mathfrak{L}\left\{\left(\frac{t}{\alpha}\right)^{\mu/2} J_\mu(2\sqrt{\alpha t})\right\} = s^{-(\mu+1)} e^{-\alpha/s} \qquad (\alpha > 0, \, \Re\mu > -1).$$

Aus

$$s^{-(\mu+1)} e^{-\alpha/s} \cdot s^{-(\nu+1)} e^{-\beta/s} = s^{-(\mu+\nu+2)} e^{-(\alpha+\beta)/s}$$

folgt

$$(4) \qquad \boxed{\begin{aligned} \left\{\left(\frac{t}{\alpha}\right)^{\mu/2} J_\mu(2\sqrt{\alpha t})\right\} &* \left\{\left(\frac{t}{\beta}\right)^{\nu/2} J_\nu(2\sqrt{\beta t})\right\} \\ &= \left(\frac{t}{\alpha+\beta}\right)^{(\mu+\nu+1)/2} J_{\mu+\nu+1}(2\sqrt{(\alpha+\beta) t}) \\ (\alpha > 0, \, \beta > 0, \, &\Re\mu > -1, \, \Re\nu > -1). \end{aligned}}$$

Hier liegt ein *doppeltes Additionstheorem* vor, nämlich hinsichtlich der Parameter α und μ. Ein Additionstheorem hinsichtlich des Parameters μ allein erhält man, wenn man (3) mit der Korrespondenz

$$\mathfrak{L}\left\{\frac{t^{\nu-1}}{\Gamma(\nu)}\right\} = s^{-\nu} \qquad (\Re\nu > 0)$$

kombiniert. Aus

$$s^{-(\mu+1)} e^{-\alpha/s} \cdot s^{-\nu} = s^{-(\mu+\nu+1)} e^{-\alpha/s}$$

ergibt sich[114]:

$$(5) \qquad \boxed{\begin{aligned} \left\{\left(\frac{t}{\alpha}\right)^{\mu/2} J_\mu(2\sqrt{\alpha t})\right\} * \frac{t^{\nu-1}}{\Gamma(\nu)} &= \left(\frac{t}{\alpha}\right)^{(\mu+\nu)/2} J_{\mu+\nu}(2\sqrt{\alpha t}) \\ (\Re\mu > -1, \, \Re\nu > 0, &\, \alpha > 0). \end{aligned}}$$

Die linke Seite kann als *ν-fache Integration* (siehe 25.4.2) gedeutet werden. Die Gleichung

$$(6) \qquad t^{(\mu+\nu)/2} J_{\mu+\nu}(2\sqrt{t}) = I^\nu\{t^{\mu/2} J_\mu(2\sqrt{t})\}$$

besagt, dass man aus einer Bessel-Funktion alle anderen mit höherem Index durch Integration (nichtganzer Ordnung), alle mit niedrigerem Index durch Differentiation erzeugen kann[115].

Ähnliches gilt für alle Funktionen, deren $\mathfrak{L}$-Transformierte eine Potenz als Faktor enthält.

§ 3. Thetafunktionen

Die an sich ziemlich komplizierten Thetafunktionen $\vartheta(v, t)$ haben als $\mathfrak{L}$-Transformierte hinsichtlich der Variablen t völlig elementare hyperbolische Funktionen. Die zwischen letzteren bestehenden einfachen algebraischen Relationen geben Veranlassung zu merkwürdigen transzendenten Relationen zwischen den Thetafunktionen[116]. Wir stellen zunächst die verschiedenen Funktionen $\vartheta(v, t)$ mit ihren $\mathfrak{L}$-Transformierten $f(v, s)$ zusammen:

$$\vartheta_0(v, t) = \frac{1}{\sqrt{\pi t}} \sum_{n=-\infty}^{+\infty} e^{-[v+(1/2)+n]^2/t}, \qquad f_0(v, s) = \frac{\cosh 2 v \sqrt{s}}{\sqrt{s} \sinh \sqrt{s}}$$

$$\left(-\frac{1}{2} \leqq v \leqq +\frac{1}{2}\right)$$

$$\vartheta_1(v, t) = \frac{1}{\sqrt{\pi t}} \sum_{n=-\infty}^{+\infty} (-1)^n e^{-[v-(1/2)+n]^2/t}, \qquad f_1(v, s) = \frac{\sinh 2 v \sqrt{s}}{\sqrt{s} \cosh \sqrt{s}}$$

$$\left(-\frac{1}{2} \leqq v \leqq +\frac{1}{2}\right)$$

$$\vartheta_2(v, t) = \frac{1}{\sqrt{\pi t}} \sum_{n=-\infty}^{+\infty} (-1)^n e^{-(v+n)^2/t}, \qquad f_2(v, s) = -\frac{\sinh (2 v - 1) \sqrt{s}}{\sqrt{s} \cosh \sqrt{s}}$$

$$(0 \leqq v \leqq 1)$$

$$\vartheta_3(v, t) = \frac{1}{\sqrt{\pi t}} \sum_{n=-\infty}^{+\infty} e^{-(v+n)^2/t}, \qquad f_3(v, s) = \frac{\cosh (2 v - 1) \sqrt{s}}{\sqrt{s} \sinh \sqrt{s}}$$

$$(0 \leqq v \leqq 1).$$

An erster Stelle betrachten wir einige Relationen für die Funktionen $\vartheta(0, t)$. Es ist

$$f_2(0, s) f_3(0, s) = \frac{\sinh \sqrt{s}}{\sqrt{s} \cosh \sqrt{s}} \frac{\cosh \sqrt{s}}{\sqrt{s} \sinh \sqrt{s}} = \frac{1}{s},$$

also

(1)
$$\boxed{\vartheta_2(0, t) * \vartheta_3(0, t) = 1.}$$

Ferner ist

$$f_3^2(0, s) - f_0^2(0, s) = \frac{\cosh^2 \sqrt{s}}{s \sinh^2 \sqrt{s}} - \frac{1}{s \sinh^2 \sqrt{s}} = \frac{1}{s},$$

also

(2)
$$\boxed{\vartheta_3(0, t)^{*2} - \vartheta_0(0, t)^{*2} = 1}$$

oder

(3)
$$\{\vartheta_3(0, t) + \vartheta_0(0, t)\} * \{\vartheta_3(0, t) - \vartheta_0(0, t)\} = 1.$$

Die Relationen (1) und (3) geben Funktionspaare an, die hinsichtlich des Faltungsprodukts reziprok sind[117].

An zweiter Stelle führen wir einige Additionstheoreme für die allgemeinen Funktionen $\vartheta(v, t)$ an. Aus

$$f_1(v_1, s)\, f_0(v_2, s) + f_0(v_1, s)\, f_1(v_2, s)$$

$$= \frac{\sinh 2\, v_1 \sqrt{s} \cosh 2\, v_2 \sqrt{s} + \cosh 2\, v_1 \sqrt{s} \sinh 2\, v_2 \sqrt{s}}{s \cosh \sqrt{s} \sinh \sqrt{s}}$$

$$= \frac{\sinh 2\,(v_1 + v_2)\, \sqrt{s}}{\sqrt{s} \cosh \sqrt{s}}\; \frac{1}{\sqrt{s} \sinh \sqrt{s}} = f_1(v_1 + v_2, s)\, f_0(0, s)$$

folgt das die Funktionen $\vartheta_0(v, t)$ und $\vartheta_1(v, t)$ verknüpfende Additionstheorem:

(4)
$$\vartheta_1(v_1, t) * \vartheta_0(v_2, t) + \vartheta_0(v_1, t) * \vartheta_1(v_2, t) = \vartheta_1(v_1 + v_2, t) * \vartheta_0(0, t)$$

$$\text{für} \quad -\frac{1}{2} \le v_1, v_2, v_1 + v_2 \le +\frac{1}{2}\,.$$

Ebenso erhält man aus

$$f_2(v_1, s)\, f_0(v_2, s) - f_3(v_1, s)\, f_1(v_2, s)$$

$$= \frac{-\sinh (2\, v_1 - 1)\, \sqrt{s} \cosh 2\, v_2 \sqrt{s} - \cosh (2\, v_1 - 1)\, \sqrt{s} \sinh 2\, v_2 \sqrt{s}}{s \cosh \sqrt{s} \sinh \sqrt{s}}$$

$$= -\frac{\sin [2\,(v_1 + v_2) - 1]\, \sqrt{s}}{\sqrt{s} \cosh \sqrt{s}}\; \frac{1}{\sqrt{s} \sinh \sqrt{s}} = f_2(v_1 + v_2, s)\, f_0(0, s)$$

eine Relation, die alle vier ϑ-Funktionen miteinander verknüpft:

(5)
$$\vartheta_2(v_1, t) * \vartheta_0(v_2, t) - \vartheta_3(v_1, t) * \vartheta_1(v_2, t) = \vartheta_2(v_1 + v_2, t) * \vartheta_0(0, t)$$

$$\text{für} \quad 0 \le v_1 \le 1, \quad -\frac{1}{2} \le v_2 \le +\frac{1}{2}, \quad 0 \le v_1 + v_2 \le 1\,.$$

An dritter Stelle seien einige Relationen genannt, die sich ergeben, wenn man den klassischen Thetafunktionen ϑ_0 und ϑ_3 andere an die Seite stellt, die sich von ihnen durch das Vorzeichen der Glieder mit negativem Summationsindex unterscheiden:

$$\mathring{\vartheta}_0(v, t) = \frac{1}{\sqrt{\pi t}} \sum_{n=-\infty}^{+\infty} (\operatorname{sign} n)\, e^{-[v + (1/2) + n]^2/t}, \qquad \mathring{f}_0(v, s) = -\frac{\sinh 2\, v \sqrt{s}}{\sqrt{s} \sinh \sqrt{s}}$$

$$\left(-\frac{1}{2} \le v \le +\frac{1}{2}\right)$$

$$\mathring{\vartheta}_3(v, t) = \frac{1}{\sqrt{\pi t}} \sum_{n=-\infty}^{+\infty} (\operatorname{sign} n)\, e^{-(v + n)^2/t}, \qquad \mathring{f}_3(v, s) = -\frac{\sinh (2\, v - 1)\, \sqrt{s}}{\sqrt{s} \sinh \sqrt{s}}$$

$$(0 \le v \le 1)\,.$$

Auf ähnlichem Weg wie oben erhält man:

(6)
$$\vartheta_3(v_1, t) * \vartheta_3(v_2, t) + \hat{\vartheta}_3(v_1, t) * \hat{\vartheta}_3(v_2, t) = \vartheta_3\left(v_1 + v_2 - \frac{1}{2}, t\right) * \vartheta_3\left(\frac{1}{2}, t\right)$$
$$\text{für } 0 \leq v_1 \leq 1, \ 0 \leq v_2 \leq 1, \ \frac{1}{2} \leq v_1 + v_2 \leq \frac{3}{2};$$

(7)
$$\vartheta_0(v_1, t) * \vartheta_0(v_2, t) + \hat{\vartheta}_0(v_1, t) * \hat{\vartheta}_0(v_2, t) = \vartheta_0(v_1 + v_2, t) * \vartheta_0(0, t)$$
$$\text{für } -\frac{1}{2} \leq v_1, v_2, v_1 + v_2 \leq +\frac{1}{2};$$

(8)
$$\vartheta_3(v, t)^{*2} - \hat{\vartheta}_3(v, t)^{*2} = \vartheta_0(0, t)^{*2} = \vartheta_3(0, t)^{*2} - 1 \quad \text{(von } v \text{ unabhängig)}$$
$$\text{für } 0 \leq v \leq 1.$$

Zum Schluss sei noch ein anderer Typus von Relationen erwähnt, zu dem man durch Einführung des Integrals der ϑ-Funktionen hinsichtlich v gelangt und der durch folgendes Beispiel illustriert wird. Es ist

$$\mathfrak{L}\left\{\int\limits_x^1 \vartheta_3\left(\frac{\xi}{2}, t\right) d\xi\right\} = \int\limits_x^1 \mathfrak{L}\left\{\vartheta_3\left(\frac{\xi}{2}, t\right)\right\} d\xi = \frac{\sinh\left(1 - x\right)\sqrt{s}}{s \sinh\sqrt{s}}$$

für $0 \leq x \leq 1$. Denselben Wert hat aber, wie man leicht nachrechnet, die Funktion

$$f_3(0, s)\, f_3\left(\frac{x}{2}, s\right) - f_3\left(\frac{1}{2}, s\right) f_3\left(\frac{1 - x}{2}, s\right).$$

Folglich gilt für $0 \leq x \leq 1$:

(9)
$$\int\limits_x^1 \vartheta_3\left(\frac{\xi}{2}, t\right) d\xi = \vartheta_3(0, t) * \vartheta_3\left(\frac{x}{2}, t\right) - \vartheta_3\left(\frac{1}{2}, t\right) * \vartheta_3\left(\frac{1 - x}{2}, t\right)$$

(vgl. hierzu 21. 2 (4) für $x = 0$).

§ 4. Besselsche Funktionen

In der Theorie der Besselschen Funktionen kommen Faltungsintegrale ausserordentlich häufig vor, und man kann viele der dort bekannten und ebenso auch neue Relationen auf einheitliche und durchsichtige Weise mit Hilfe der $\mathfrak{L}$-Transformation ableiten[118]. Ein Beispiel haben wir bereits in § 2 kennengelernt, es resultierte aus der Korrespondenz 27.2 (3). Um weitere Relationen abzuleiten, knüpfen wir an folgende Korrespondenzen an:

$$(1) \qquad \mathfrak{L}\{J_\mu(a\,t)\} = \frac{(\sqrt{s^2 + a^2} - s)^\mu}{a^\mu \sqrt{s^2 + a^2}} \qquad (\Re\mu > -1),$$

$$(2) \qquad \mathfrak{L}\left\{\frac{1}{t}\,J_\mu(a\,t)\right\} = \frac{(\sqrt{s^2 + a^2} - s)^\mu}{\mu\,a^\mu} \qquad (\Re\mu > 0),$$

$$(3) \qquad \mathfrak{L}\{t^\mu\,J_\mu(a\,t)\} = \frac{(2\,a)^\mu\,\Gamma(\mu + (1/2))}{\sqrt{\pi}\,(s^2 + a^2)^{\mu + (1/2)}} \qquad \left(\Re\mu > -\frac{1}{2}\right).$$

Schreibt man (3) für $a = 1$ in der Form

$$\mathfrak{L}\{t^\mu\,J_\mu(t)\} = \frac{2^\mu}{\sqrt{\pi}\,\Gamma(\mu + (1/2))}\,\frac{\Gamma(\mu + (1/2))}{(s + i)^{\mu + (1/2)}}\,\frac{\Gamma(\mu + (1/2))}{(s - i)^{\mu + (1/2)}},$$

und beachtet man, dass

$$\frac{\Gamma(\mu + (1/2))}{(s + \alpha)^{\mu + (1/2)}} = \mathfrak{L}\{t^{\mu - (1/2)}\,e^{-\alpha t}\} \qquad \left(\Re\mu > -\frac{1}{2}\right)$$

ist, so ergibt der Faltungssatz [119]:

$$t^\mu\,J_\mu(t) = \frac{2^\mu}{\sqrt{\pi}\,\Gamma(\mu + (1/2))}\,(t^{\mu - (1/2)}\,e^{-it}) * (t^{\mu - (1/2)}\,e^{it})$$

$$= \frac{2^\mu}{\sqrt{\pi}\,\Gamma(\mu + (1/2))}\,e^{it}\int_0^t \tau^{\mu - (1/2)}(t - \tau)^{\mu - (1/2)}\,e^{-2i\tau}\,d\tau \qquad (\tau = t\,u)$$

$$= \frac{2^\mu}{\sqrt{\pi}\,\Gamma(\mu + (1/2))}\,e^{it}\,t^{2\mu}\int_0^1 u^{\mu - (1/2)}\,(1 - u)^{\mu - (1/2)}\,e^{-2itu}\,du$$

oder

$$J_\mu(t) = \frac{2^\mu}{\sqrt{\pi}\,\Gamma(\mu + (1/2))}\,t^\mu\int_0^1 e^{it(1 - 2u)}\,[u\,(1 - u)]^{\mu - (1/2)}\,du.$$

Setzt man

$$1 - 2\,u = v, \qquad u = \frac{1 - v}{2}, \qquad 1 - u = \frac{1 + v}{2},$$

so nimmt dieser Ausdruck für J_μ die Gestalt an:

$$(4) \qquad \boxed{\; J_\mu(t) = \frac{1}{\sqrt{\pi}\,\Gamma(\mu + (1/2))}\left(\frac{t}{2}\right)^\mu\int_{-1}^{+1} e^{itv}\,(1 - v^2)^{\mu - (1/2)}\,dv \qquad \left(\Re\mu > -\frac{1}{2}\right). \;}$$

Diese ursprünglich nur für reelle t abgeleitete, aber offenkundig auch für alle komplexen t gültige Formel [120] stellt $t^{-\mu}\,J_\mu(t)$ als endliche Fourier-Transformierte*) der elementaren Funktion $(1 - v^2)^{\mu - (1/2)}$ dar und lässt sich durch die Substitution

$$v = \cos\varphi, \quad 1 - v^2 = \sin^2\varphi$$

in das Poissonsche Integral für $J_\mu(t)$:

$$(5) \qquad J_\mu(t) = \frac{1}{\sqrt{\pi}\,\Gamma(\mu + (1/2))} \left(\frac{t}{2}\right)^\mu \int_0^\pi e^{it\cos\varphi} \sin^{2\mu}\varphi\, d\varphi$$

$$= \frac{2}{\sqrt{\pi}\,\Gamma(\mu + (1/2))} \left(\frac{t}{2}\right)^\mu \int_0^{\pi/2} \cos(t\cos\varphi) \sin^{2\mu}\varphi\, d\varphi$$

überführen. Dieses Beispiel zeigt, wie man manchmal durch Aufspaltung der $\mathfrak{L}$-Transformierten in Faktoren eine wichtige Integraldarstellung der Originalfunktion erhalten kann.

Als Muster für die Verwendung der Korrespondenzen (1) und (2) führen wir noch folgende unmittelbar einzusehende Relationen an:

$$(6) \qquad J_\mu(t) * J_{-\mu}(t) = \sin t \qquad\qquad (-1 < \Re\mu < +1),$$

$$(7) \qquad \frac{J_\mu(t)}{t} * J_\nu(t) = \frac{1}{\mu} J_{\mu+\nu}(t) \qquad\qquad (\Re\mu > 0,\ \Re\nu > -1),$$

$$(8) \qquad \frac{J_\mu(t)}{t} * \frac{J_\nu(t)}{t} = \left(\frac{1}{\mu} + \frac{1}{\nu}\right) \frac{J_{\mu+\nu}(t)}{t} \qquad\qquad (\Re\mu > 0,\ \Re\nu > 0)$$

und schliesslich noch[121] als Folgerung aus (3):

$$(9) \qquad \frac{t^\mu J_\mu(t)}{\Gamma(\mu + (1/2))} * \frac{t^\nu J_\nu(t)}{\Gamma(\nu + (1/2))} = \frac{1}{\sqrt{2\pi}} \frac{t^{\mu+\nu+(1/2)} J_{\mu+\nu+(1/2)}}{\Gamma(\mu+\nu+1)}$$

$$\left(\Re\mu > -\frac{1}{2},\ \Re\nu > -\frac{1}{2}\right).$$

§ 5. Konfluente hypergeometrische Funktion, Hermitesche und Laguerresche Polynome

Die *konfluente hypergeometrische Funktion* $\,_1F_1(a, c; t)$, die einen Grenzfall der Gaußschen hypergeometrischen Funktion darstellt, wird definiert durch die für alle t konvergente Kummersche Reihe

$$(1) \qquad \,_1F_1(a, c; t) = \frac{\Gamma(c)}{\Gamma(a)} \sum_{n=0}^{\infty} \frac{\Gamma(a + n)}{\Gamma(c + n)} \frac{t^n}{n!}.$$

---

*) Statt e^{itv} im Integranden kann auch e^{-itv} geschrieben werden.

Ihr Produkt mit $t^{c-1}/\Gamma(c)$ hat eine sehr einfache $\mathfrak{L}$-Transformierte:

$$(2) \qquad \mathfrak{L}\left\{\frac{t^{c-1}}{\Gamma(c)}\,{}_1F_1(a,\,c;\,t)\right\} = s^{a-c}(s-1)^{-a} \qquad (\mathfrak{R}c > 0).$$

Hieraus ergibt sich nach der gleichen Methode wie bei der Besselschen Funktion in § 4 auf Grund der Korrespondenzen

$$s^{a-c} = \mathfrak{L}\left\{\frac{t^{c-a-1}}{\Gamma(c-a)}\right\} \qquad \left(\mathfrak{R}(c-a) > 0\right),$$

$$(s-1)^{-a} = \mathfrak{L}\left\{\frac{t^{a-1}}{\Gamma(a)}\,e^t\right\} \qquad (\mathfrak{R}a > 0)$$

die Integraldarstellung [122] für ${}_1F_1$:

$$(3) \qquad \boxed{\;\frac{t^{c-1}}{\Gamma(c)}\,{}_1F_1(a,\,c;\,t) = \frac{t^{c-a-1}}{\Gamma(c-a)} \;*\; \frac{t^{a-1}\,e^t}{\Gamma(a)} \qquad (0 < \mathfrak{R}a < \mathfrak{R}c).\;}$$

Als *Whittakersche konfluente hypergeometrische Funktion* wird das Produkt

$$(4) \qquad M_{k,m}(t) = t^{m+(1/2)}\,e^{-t/2}\,{}_1F_1\!\left(m + \frac{1}{2} - k,\, 2m + 1;\, t\right)$$

bezeichnet. Aus $M_{k,m}$ lassen sich die *Hermiteschen Polynome* H_n, die *verallgemeinerten Laguerreschen Polynome* $L_n^{(\alpha)}$ und übrigens auch die *Besselschen Funktionen* J_m als Sonderfälle gewinnen [123]:

$$(5) \qquad M_{m+n+(1/2),\,m}(t) = n!\,\frac{\Gamma(2m+1)}{\Gamma(2m+n+1)}\,t^{m+(1/2)}\,e^{-t/2}\,L_n^{(2m)}(t),$$

$$(6) \qquad M_{n+(1/4),\,-1/4}(t) = (-1)^n\,\frac{n!}{(2n)!}\,t^{1/4}\,e^{-t/2}\,H_{2n}(\sqrt{t}),$$

$$(7) \qquad M_{n+(3/4),\,1/4}(t) = (-1)^{n+1}\,\frac{n!}{2\,(2n+1)!}\,t^{1/4}\,e^{-t/2}\,H_{2n+1}(\sqrt{t}),$$

$$(8) \qquad M_{0,\,m}(t) = 2^{2m}\,e^{-m\pi i/2}\,\Gamma(m+1)\,t^{1/2}\,J_m\!\left(i\,\frac{t}{2}\right).$$

Es ist

$$(9) \qquad \mathfrak{L}\left\{\frac{t^{m-(1/2)}}{\Gamma(2m+1)}\,M_{k,m}(t)\right\} = \frac{\left(s - \dfrac{1}{2}\right)^{k-m-(1/2)}}{\left(s + \dfrac{1}{2}\right)^{k+m+(1/2)}} \qquad \left(m > -\frac{1}{2},\, \mathfrak{R}s > \frac{1}{2}\right),$$

und aus

$$\frac{\left(s-\dfrac{1}{2}\right)^{k-m-(1/2)}}{\left(s+\dfrac{1}{2}\right)^{k+m+(1/2)}}\,\frac{\left(s-\dfrac{1}{2}\right)^{k'-m'-(1/2)}}{\left(s+\dfrac{1}{2}\right)^{k'+m'+(1/2)}} = \frac{\left(s-\dfrac{1}{2}\right)^{(k+k')-[m+m'+(1/2)]-1/2}}{\left(s+\dfrac{1}{2}\right)^{(k+k')+[m+m'+(1/2)]+1/2}}$$

ergibt sich für $M_{k,m}$ das zweiparametrige Additionstheorem [124]

(10)
$$\left\{ \frac{t^{m-(1/2)}}{\Gamma(2m+1)} M_{k,m}(t) \right\} * \left\{ \frac{t^{m'-(1/2)}}{\Gamma(2m'+1)} M_{k',m'}(t) \right\}$$
$$= \frac{t^{[m+m'+(1/2)]-1/2}}{\Gamma\left(2\left(m+m'+\frac{1}{2}\right)+1\right)} M_{k+k',\,m+m'+(1/2)}(t),$$

das zum Ausdruck bringt, dass die M-Funktionen bezüglich der Faltung eine *Halbgruppe* bilden.

Man erkennt, dass die auf verallgemeinerte Laguerresche Polynome und auf Besselsche Funktionen führenden M-Funktionen schon für sich eine Halbgruppe bilden. Das Additionstheorem für die $L_n^{(\alpha)}$-Polynome nimmt eine besonders prägnante Form an, wenn man

$$\frac{n!}{\Gamma(\alpha+n)}\, t^{\alpha-1} L_n^{(\alpha-1)}(t) = \Lambda(\alpha, n, t)$$

setzt. Es lautet dann [125]

(11)
$$\Lambda(\alpha, m, t) * \Lambda(\beta, n, t) = \Lambda(\alpha+\beta, m+n, t) \qquad (\alpha > 0,\ \beta > 0).$$

Dagegen bilden die auf die speziellen Laguerreschen Polynome $L_n = L_n^{(0)}$ (vgl. I, S. 298) und die Hermiteschen Polynome führenden M-Funktionen keine Halbgruppen. Additionstheoreme für diese Klassen bekommt man am einfachsten, indem man die speziellen $\mathfrak{L}$-Transformierten heranzieht. Aus

$$\mathfrak{L}\{L_n(t)\} = \frac{1}{s}\left(\frac{s-1}{s}\right)^n$$

folgt unmittelbar [126]:

(12)
$$L_m(t) * L_n(t) = L_{m+n}(t) * L_0(t) \qquad \left(L_0(t) \equiv 1\right).$$

Bildet man zu den durch

$$\frac{d^n e^{-x^2}}{dx^n} = H_n(x)\, e^{-x^2}$$

definierten Hermiteschen Polynomen die Funktionen

(13)
$$\mathfrak{H}_n^{(1)}(t) = \frac{H_{2n}(\sqrt{t})}{\Gamma(n+(1/2))\sqrt{t}}, \qquad \mathfrak{H}_n^{(2)}(t) = \frac{H_{2n+1}(\sqrt{t})}{\Gamma(n+(3/2))},$$

so ist

(14)
$$\mathfrak{L}\{\mathfrak{H}_n^{(1)}(t)\} = \frac{4^n}{s^{1/2}}\left(\frac{1-s}{s}\right)^n, \qquad \mathfrak{L}\{\mathfrak{H}_n^{(2)}(t)\} = -\frac{2\cdot 4^n}{s^{3/2}}\left(\frac{1-s}{s}\right)^n,$$

und man erhält die Additionstheoreme [127]:

(15)
$$\mathfrak{H}_{n_1}^{(1)}(t) * \mathfrak{H}_{n_2}^{(1)}(t) = \mathfrak{H}_{n_1 + n_2}^{(1)}(t) * \mathfrak{H}_0^{(1)}(t)$$
$$\left(\mathfrak{H}_0^{(1)}(t) \equiv \frac{1}{\sqrt{\pi t}}\right),$$

(16)
$$\mathfrak{H}_{n_1}^{(2)}(t) * \mathfrak{H}_{n_2}^{(2)}(t) = \mathfrak{H}_{n_1 + n_2}^{(2)}(t) * \mathfrak{H}_0^{(2)}(t)$$
$$\left(\mathfrak{H}_0^{(2)}(t) \equiv -4\sqrt{\frac{t}{\pi}}\right).$$

Man kann aus den Hermiteschen Polynomen auch andere Funktionen ableiten, in denen die reziproke Variable vorkommt und die sogar noch einfachere Additionstheoreme besitzen. Bildet man die Ableitungen nach x der Funktion

$$\chi(x, t) = \frac{1}{\sqrt{\pi t}}\, e^{-x^2/(4t)},$$

die eine fundamentale Rolle in der Wärmeleitung spielt (siehe 18.1.3) und die $\mathfrak{L}$-Transformierte $e^{-x\sqrt{s}}/\sqrt{s}$ für $x \geq 0$ hat:

$$\chi_\nu(x, t) = -\frac{\partial^{\nu+1}\chi(x, t)}{\partial x^{\nu+1}} = -\frac{1}{\sqrt{\pi t}}\left(\frac{\partial^{\nu+1} e^{-z^2}}{\partial z^{\nu+1}}\right)_{z = x/(2\sqrt{t})}\left(\frac{\partial z}{\partial x}\right)^{\nu+1}$$

(17)
$$= -\frac{1}{\sqrt{\pi}\, 2^{\nu+1}\, t^{(\nu/2)+1}}\, H_{\nu+1}\left(\frac{x}{2\sqrt{t}}\right) e^{-x^2/(4t)},$$

so ist

(18) $$\mathfrak{L}\{\chi_\nu(x, t)\} = -\frac{\partial^{\nu+1}}{\partial x^{\nu+1}}\, \mathfrak{L}\{\chi(x, t)\} = (-1)^\nu s^{\nu/2} e^{-x\sqrt{s}} \quad (x > 0,\ \nu \geq -1).$$

Hieraus ergibt sich das zweiparametrige Additionstheorem [128]:

(19)
$$\chi_\mu(x, t) * \chi_\nu(y, t) = \chi_{\mu+\nu}(x + y, t) \quad (x, y, t > 0;\ \mu, \nu, \mu + \nu \geq -1).$$

Natürlich sind die Funktionen $\chi_\mu(x, t)$ nicht die einzigen mit der Eigenschaft (19), denn z. B. die Funktionen $\psi(x + \mu, t)$ besitzen sie auch [siehe 27.2 (2)]. Es ist aber bemerkenswert, dass (19) doch für die Funktionen $\chi_\mu(x, t)$ charakteristisch ist, wenn man die Existenz der $\mathfrak{L}$-Transformierten und die lineare Transformationseigenschaft

$$\chi_\mu(x, t) = \alpha^{\mu+2}\chi_\mu(\alpha x, \alpha^2 t) \qquad (\alpha > 0)$$

verlangt [129].

Hat eine Funktion $K_\mu(x, t)$ ein Additionstheorem der Form (19):

$$K_\mu(x, t) * K_\nu(y, t) = K_{\mu+\nu}(x + y, t) \qquad (\mu, \nu = 0, 1, \ldots),$$

so lassen sich, wenn $K_0(x, t)$ als Kern einer Integralgleichung auftritt, die *iterierten Kerne* mühelos explizit angeben. Da die $\mathfrak{L}$-Transformierte $k_\mu(x, s)$ der

Gleichung $k_\mu(x, s)\, k_\nu(y, s) = k_{\mu+\nu}(x + y, s)$ genügt, also die Form

$$k_\mu(x, s) = \varphi^\mu(s)\, \psi^\nu(s)$$

hat, lassen sich beliebig viele Kerne dieser Art konstruieren [130].

Bezüglich der konfluenten hypergeometrischen Funktion sei noch kurz folgende Eigenschaft erwähnt: Die obige Relation (10) wurde dadurch abgeleitet, dass die $\mathfrak{L}$-Transformierte der Funktion $M_{k,m}$ gebildet wurde. Der Funktion $M_{k,m}$ kann eine zweite Sorte von *Whittakerschen konfluenten hypergeometrischen Funktionen* durch die Definition

$$W_{k\,m}(t) = \frac{\Gamma(-2\,m)}{\Gamma((1/2) - m - k)}\, M_{k,m}(t) + \frac{\Gamma(2\,m)}{\Gamma((1/2) + m - k)}\, M_{k,-m}(t)$$

an die Seite gestellt werden. Diese $W_{k,m}(t)$ sind nun umgekehrt die $\mathfrak{L}$-Transformierten von elementaren Funktionen [siehe 29. 1 (5)]. Auf Grund des Faltungssatzes lässt sich also das Produkt zweier Funktionen $W_{k,m}$ und $W_{l,m}$ als $\mathfrak{L}$-Transformierte einer Faltung darstellen. Letztere ist gleich einer hypergeometrischen Funktion, so dass man *für das Produkt $W_{k,m}\, W_{l,m}$ eine Integraldarstellung* erhält, in deren Integrand eine hypergeometrische Funktion steht. In ihr sind viele spezielle Formeln für Besselsche Funktionen, Laguerresche und Hermitesche Polynome, parabolische Zylinderfunktionen usw. enthalten [131].

28. KAPITEL

Integralgleichungen vom komplexen Faltungstypus

§ 1. Die Integralgleichung erster Art in speziellen Funktionsräumen. Die Derivierte beliebiger Ordnung im Raum der $\mathfrak{L}$-Transformierten

Die Ergebnisse der vorigen Kapitel beruhen darauf, dass die $\mathfrak{L}$-Transformation die reelle Faltung zweier Originalfunktionen in das Produkt ihrer Bildfunktionen überführt. Nun wird andererseits die *komplexe Faltung* zweier Bildfunktionen

$$(1) \qquad f(s) = \frac{1}{2\pi i} \int f_1(s - \sigma)\, f_2(\sigma)\, d\sigma$$

(das Integral erstreckt über eine vertikale Gerade oder über eine geschlossene Kurve) durch die Umkehrung der $\mathfrak{L}$-Transformation in das Produkt der Originalfunktionen $F_1(t)$, $F_2(t)$ übergeführt, wenigstens dann, wenn f_1, f_2 bzw. F_1, F_2 gewissen Funktionsräumen angehören. Man kann daher eine analoge Theorie der Integralgleichungen und Funktionalrelationen vom komplexen Faltungstypus aufbauen, wenn man sich auf Funktionen aus diesen Räumen beschränkt.

Wir betrachten die *lineare Integralgleichung erster Art*

$$(2) \qquad g(s) = \frac{1}{2\pi i} \int k(s - \sigma)\, f(\sigma)\, d\sigma$$

mit gegebenen Funktionen g und k und gesuchter Funktion f zunächst *im Raum der $\mathfrak{a}_I$-Funktionen* (siehe I, S. 374), d. h. der in $s = \infty$ holomorphen und verschwindenden Funktionen. Sind k und f $\mathfrak{a}_I$-Funktionen, so gilt dasselbe für g. Es sei $k(s)$ für $|s| > \varrho_k \geqq 0$ und $g(s)$ für $|s| > \varrho_g \geqq \varrho_k$ analytisch. Dann kommen als Lösungen $f(s)$ solche $\mathfrak{a}_I$-Funktionen in Betracht, die für $|s| > \varrho_f \geqq \varrho_g - \varrho_k$ analytisch sind (siehe Satz 1 [I 10. 6]). Der Integrationsweg in (2) muss, damit $f(\sigma)$ auf ihm analytisch ist, eine Kurve ausserhalb des Kreises $|s| = \varrho_f$ sein, also am einfachsten ein Kreis vom Radius $\varrho > \varrho_f$, den wir im positiven Sinn durchlaufen denken. Die Variable s in (2) ist dann auf $|s| > \varrho_k + \varrho$ zu beschränken, damit $k(s - \sigma)$ auf dem Integrationsweg $|\sigma| = \varrho$ analytisch ist.

Sind $F(t), G(t), K(t)$ die den $\mathfrak{a}_I$-Funktionen $f(s), g(s), k(s)$ entsprechenden $\mathfrak{A}_I$-Funktionen (d. h. Funktionen vom Exponentialtypus), die sich nach Formel I 10. 3 (2) berechnen lassen, so ist nach Satz 3 [I 10. 6] die Integralgleichung (2) völlig äquivalent mit der algebraischen Gleichung

$$(3) \qquad G(t) = K(t)\, F(t),$$

so dass sich ergibt [132]:

Satz 1. *Notwendig und hinreichend dafür, dass die Integralgleichung* (2), *in der* $k(s)$ *und* $g(s)$ $\mathfrak{a}_I$*-Funktionen sind, eine Lösung besitzt, die eine* $\mathfrak{a}_I$*-Funktion ist, ist die Bedingung, dass* $G(t)/K(t)$ *eine* $\mathfrak{A}_I$*-Funktion darstellt, wo*

$$G(t) = \frac{1}{2\pi i} \int e^{ts}\, g(s)\, ds, \qquad K(t) = \frac{1}{2\pi i} \int e^{ts}\, k(s)\, ds$$

die Originalfunktionen zu $g(s)$ *und* $k(s)$ *sind.* (*Die Integrale sind über geschlossene Kurven ausserhalb der konvexen Singularitätenhülle von* $g(s)$ *bzw.* $k(s)$ *zu erstrecken.*) *Die Lösung lautet dann:*

$$f(s) = \int\limits_0^\infty e^{-st}\, \frac{G(t)}{K(t)}\, dt.$$

Damit $G(t)/K(t)$ eine $\mathfrak{A}_I$-Funktion ist, müssen notwendigerweise die Nullstellen von $K(t)$ unter denen von $G(t)$ vorkommen und keine höhere Vielfachheit haben.

Bisher war in der Integralgleichung (2) der Weg eine *geschlossene* (endliche) Kurve. Nach Satz 3 [I 10.6] darf er aber auch eine *Gerade beliebiger Richtung* in der σ-Ebene sein, die in dem gemeinsamen Existenzbereich von $k(s-\sigma)$ und $f(\sigma)$ verläuft. Auch dieser Integralbildung entspricht das Produkt $K(t)\,F(t)$, so dass die weiteren Schlüsse dieselben bleiben. Nun gibt es aber noch weitere Funktionsklassen, bei denen das komplexe Faltungsintegral zweier Bildfunktionen, wenn es längs einer *vertikalen Geraden* erstreckt wird, dem Produkt der Originalfunktionen entspricht, siehe z. B. die Sätze 1 und 2 [I 6.4]. Wenn man ein ähnlich abgerundetes Resultat wie in Satz 1 erreichen will, so muss man wie dort den Raum für die Funktionen $f_1(s)$ und $f_2(s)$ in (1) so wählen, dass er sich selbständig durch innere funktionentheoretische Eigenschaften charakterisieren lässt und dass für den Raum der entsprechenden Funktionen $F_1(t)$, $F_2(t)$ dasselbe gilt. Das ist in ebenso idealer Weise wie oben für den *Raum der* $\mathfrak{a}_{II}$- *bzw.* $\mathfrak{A}_{II}$-*Funktionen* erfüllt (siehe I, S. 407), wobei die vermittelnde Transformation die $\mathfrak{L}_{II}$-Transformation ist. Auf Grund von Satz 2 [I 11.3] erhält man ganz analog wie oben:

Satz 2[133]. *Vorgelegt sei die Integralgleichung*

$$(4) \qquad\qquad g(s) = \frac{1}{2\pi i} \int\limits_{x-i\infty}^{x+i\infty} k(s-\sigma)\, f(\sigma)\, d\sigma.$$

Hierin seien die gegebenen Funktionen $k(s)$ *und* $g(s)$ $\mathfrak{a}_{II}$*-Funktionen, und zwar sei* $k(s)$ *analytisch in* $x_1^{(k)} \leqq \Re s \leqq x_2^{(k)}$ *und* $g(s)$ *in* $x_1^{(g)} \leqq \Re s \leqq x_2^{(g)}$, *wo*

$$x_1^{(g)} - x_1^{(k)} < x_2^{(g)} - x_2^{(k)}$$

sein soll. Für $f(s)$ *kommen Funktionen in Betracht, die in* $x_1^{(f)} \leqq \Re s \leqq x_2^{(f)}$ *mit*

$$x_1^{(g)} - x_1^{(k)} \leqq x_1^{(f)} < x_2^{(f)} \leqq x_2^{(g)} - x_2^{(k)}$$

analytisch sind. Der Integrationsweg sei eine Gerade $\Re\sigma = x$ mit $x_1^{(f)} \leqq x \leqq x_2^{(f)}$. Die Variable s in (4) kann dann dem Streifen $x_1^{(k)} + x \leqq \Re s \leqq x_2^{(k)} + x$ angehören. Notwendig und hinreichend dafür, dass die Integralgleichung (4) eine $\mathfrak{a}_{II}$-Funktion zur Lösung hat, ist die Bedingung, dass $G(t)/K(t)$ eine $\mathfrak{A}_{II}$-Funktion darstellt, wo

$$G(t) = \frac{1}{2\pi i} \int_{a-i\infty}^{a+i\infty} e^{ts}\, g(s)\, ds \qquad\qquad (x_1^{(g)} \leqq a \leqq x_2^{(g)}),$$

$$K(t) = \frac{1}{2\pi i} \int_{b-i\infty}^{b+i\infty} e^{ts}\, k(s)\, ds \qquad\qquad (x_1^{(k)} \leqq b \leqq x_2^{(k)})$$

die Originalfunktionen zu $g(s)$ und $k(s)$ sind. Die Lösung lautet dann:

$$f(s) = \int_{-\infty}^{+\infty} e^{-st}\, \frac{G(t)}{K(t)}\, dt \qquad\qquad (x_1^{(f)} \leqq \Re s \leqq x_2^{(f)}).$$

Eine weitere selbständig charakterisierbare Klasse von Bildfunktionen, bei welcher der komplexen Faltung

$$(5) \qquad\qquad f(s) = \frac{1}{2\pi i} \int_{x-i\infty}^{x+i\infty} f_1(s-\sigma)\, f_2(\sigma)\, d\sigma$$

das Produkt der Originalfunktionen entspricht, wird durch die *Klasse* $\mathfrak{H}^2(x_0)$ (siehe I, S. 429) geliefert, wobei x_0 für die Funktionen f_1 und f_2 verschieden sein kann; die entsprechende Klasse von Originalfunktionen wird von den $F(t)$ gebildet, für die $e^{-x_0 t} F(t)$ zu $L^2(0, \infty)$ gehört; die vermittelnde Transformation ist die $\mathfrak{L}_I$-Transformation (siehe Satz 4 [I 12. 5]). Ein Unterschied gegenüber den beiden oben behandelten Fällen besteht darin, dass $f(s)$ nicht zu einer Klasse $\mathfrak{H}^2(x_0)$ zu gehören braucht: wenn $e^{-x_1 t} F_1(t)$ und $e^{-x_2 t} F_2(t)$ zu $L^2(0, \infty)$ gehören, so gehört $e^{-(x_1+x_2)t} F_1(t) F_2(t)$ zu $L^1(0, \infty)$ und nicht notwendig zu $L^2(0, \infty)$. Man hat also jetzt $g(s)$ als absolut konvergente $\mathfrak{L}_I$-Transformierte anzunehmen und erhält:

Satz 3. *In der Integralgleichung (4) sei $k(s)$ eine Funktion der Klasse $\mathfrak{H}^2(x_k)$ und $g(s)$ eine für $\Re s \geq x_g \geq x_k$ absolut konvergente $\mathfrak{L}_I$-Transformierte. Gesucht sei eine Lösung $f(s)$ aus einer Klasse $\mathfrak{H}^2(x_f)$ mit $x_f \geq x_g - x_k$. Der Integrationsweg sei eine Gerade $\Re\sigma = x$ mit $x \geq x_f$. Die Variable s in (4) kann dann der Halbebene $\Re s \geq x_k + x$ angehören*). Notwendig und hinreichend dafür, dass (4) eine Lösung der genannten Art besitzt, ist die Bedingung, dass $e^{-x_1 t} G(t)/K(t)$ zu $L^2(0, \infty)$ gehört, wo $\mathfrak{L}_I\{G\} = g(s)$ und*

$$K(t) = e^{bt}\, \operatorname*{l.i.m.}_{\alpha\to\infty} \frac{1}{2\pi} \int_{-\alpha}^{\alpha} e^{ity}\, k(b+iy)\, dy \qquad\qquad (b \geqq x_k)$$

---

*) Im Falle $x = x_f$ bzw. $\Re s = x_k + x$ sind unter $f(s)$ bzw. $k(s)$ die Randfunktionen (siehe Satz 1 [I 12. 2]) zu verstehen.

ist. Die Lösung wird dann gegeben durch

$$f(s) = \int\limits_0^\infty e^{-st}\, \frac{G(t)}{K(t)}\, dt \qquad (\Re s > x_f).$$

Wie in 26. 2 kann man die Gleichung (4) als *Funktionaltransformation* mit dem Kern $k(s - \sigma)$ deuten, die aus $f(s)$ eine Funktion $g(s)$ erzeugt. Die Auflösung der Integralgleichung bedeutet dann die *Umkehrung* dieser Transformation[134]. In den Funktionsräumen, die den Sätzen 1 und 2 zugrunde liegen, gehört die Transformierte wieder demselben Raum an, so dass man auf sie eine weitere derartige Transformation anwenden kann. Die Gesamtheit aller Transformationen bildet daher eine *Halbgruppe*, die kommutativ ist, weil sie isomorph mit der Halbgruppe der entsprechenden Transformationen im Originalraum ist, die aus gewöhnlichen algebraischen Multiplikationen bestehen.

Ein *Beispiel* für eine Integralgleichung des Typus (4) ist das folgende: Wenn eine Funktion $f(s)$ eine $\mathfrak{L}_1$-Transformierte ist, so lässt sie sich in dem Teil ihres Existenzbereichs, der rechts von ihrer o_1-Abszisse η_1 liegt, durch ihr Cauchysches Integral über eine Vertikale darstellen (Satz 4 [I 5. 1]):

$$(6) \qquad f(s) = \text{V. P.}\; \frac{1}{2\,\pi\,i} \int\limits_{x-i\infty}^{x+i\infty} \frac{f(\sigma)}{s - \sigma}\, d\sigma \qquad (\Re s > x > \eta_1).$$

Für ihre Ableitungen gilt:

$$(7) \qquad f^{(n)}(s) = \frac{(-1)^n\, n!}{2\,\pi\,i} \int\limits_{x-i\infty}^{x+i\infty} \frac{f(\sigma)}{(s - \sigma)^{n+1}}\, d\sigma$$

(diese komplexe Faltung entspricht dem Produkt $(-t)^n F(t)$ im Originalraum, dessen $\mathfrak{L}_1$-Transformierte in der Tat gleich $f^{(n)}(s)$ ist). Es liegt nun nahe, für solche $\mathfrak{L}_1$-Transformierte die *Derivierte μ-ter Ordnung* ($\mu \geqq 0$ beliebig reell) zu definieren durch

$$(8) \qquad D^\mu f(s) = \frac{e^{\pi i \mu}\, \Gamma(\mu + 1)}{2\,\pi\,i} \int\limits_{x-i\infty}^{x+i\infty} \frac{f(\sigma)}{(s - \sigma)^{\mu+1}}\, d\sigma \qquad (\Re s > x > \eta_1).$$

(Vermittels der Originalfunktion $F(t)$ von $f(s)$ lässt sich diese Definition in der Form

$$(9) \qquad D^\mu f(s) = e^{\pi i \mu} \int\limits_0^\infty e^{-st}\, t^\mu\, F(t)\, dt$$

schreiben.)[135] Die Lösung $f(s)$ der Integralgleichung (8) bei gegebenem $D^\mu f(s)$ ergibt eine Definition des *μ-fachen Integrals*. Es liegt hier der umgekehrte Vorgang wie in 25. 4. 2 vor. Dort wurde für Originalfunktionen $F(t)$ zuerst das μ-fache Integral so definiert, dass die für ganzzahlige n gültige Regel $\mathfrak{L}\{I^n F(t)\} = f(s)/s^n$ auf beliebiges positives μ verallgemeinert wurde, und dann die Differentiation als Umkehrung eingeführt. Im Bereich der Bildfunktionen dagegen wird erst die μ-te Derivierte in Einklang mit der Regel $f^{(n)}(s)$ $= \mathfrak{L}\{(-t)^n F(t)\}$ definiert und dann das μ-fache Integral als Umkehrung erhalten.

Da $\Gamma(\mu+1)/s^{\mu+1} = k(s)$ für die nichtganzen Werte von μ nicht im Unendlichen analytisch ist und auch keine $\mathfrak{a}_{II}$-Funktion darstellt, so kommt für die Auflösung von (8) nur Satz 3 in Frage. In der Tat ist $\Gamma(\mu+1)/s^{\mu+1}$ für jedes $\varepsilon > 0$ eine Funktion der Klasse $\mathfrak{H}^2(\varepsilon)$, so wie t^μ für jedes $\varepsilon > 0$ die Eigenschaft hat, dass $e^{-\varepsilon t}\, t^\mu$ zu $L^2(0, \infty)$ gehört ($\mu \geqq 0$). Indem wir $D^\mu f(s) = g(s)$ setzen, können wir folgendes Ergebnis formulieren:

Satz 4. *Die Funktion $g(s)$ sei eine für $\Re s \geqq x_g > 0$ absolut konvergente $\mathfrak{L}_I$-Transformierte $g(s) = \mathfrak{L}_I\{G\}$. Damit eine Funktion $f(s) = I^\mu g(s)$ aus einer Klasse $\mathfrak{H}^2\{x_f\}$ $(x_f > x_g)$ mit der Eigenschaft*

$$D^\mu f(s) = g(s)$$

existiere, ist notwendig und hinreichend, dass $e^{-x_f t}\, G(t)/t^\mu$ zu $L^2(0, \infty)$ gehört. Die Funktion $f(s)$ wird dann gegeben durch

$$(10) \qquad f(s) = I^\mu g(s) = e^{-\pi i \mu} \int_0^\infty e^{-st}\, t^{-\mu}\, G(t)\, dt \qquad (\Re s > x_f).$$

Wie man sieht, entsteht die Formel für I^μ, indem man in der für D^μ den Parameter μ durch $-\mu$ ersetzt. Es ist also

$$I^\mu = D^{-\mu}.$$

Wie schon in 25. 4. 2 betont wurde, gibt es *keine universelle Definition* der Derivierten beliebiger Ordnung, sondern es kann opportun sein, für jede Klasse von Funktionen eine den besonderen Eigenschaften dieser Klasse angepasste Definition zu wählen. Davon haben wir oben bei (8) Gebrauch gemacht. Bei dieser Gelegenheit sei noch eine weitere Klasse erwähnt, nämlich die der in vertikaler Richtung *fastperiodischen analytischen Funktionen* (siehe I, S. 444). Die Koeffizienten der Bohr-Reihe einer solchen Funktion $f(s)$

$$f(s) \sim \sum_{n=0}^\infty a_n\, e^{-\lambda_n s}$$

sind bestimmt durch

$$a_n = \lim_{\omega \to \infty} \frac{1}{2\,\omega\, i} \int_{x-i\omega}^{x+i\omega} e^{\lambda_n s}\, f(s)\, ds.$$

Setzt man

$$e^{-s} = z, \qquad e^{-x+i\omega} = \varrho\, e^{+i\vartheta}, \qquad f(-\log z) = \varphi(z),$$

so erhält man

$$\varphi(z) \sim \sum_{n=0}^\infty a_n\, z^{\lambda_n} \qquad \text{und} \qquad a_n = \lim_{\vartheta \to \infty} \frac{1}{2\,\vartheta\, i} \int_{\varrho e^{-i\vartheta}}^{\varrho e^{+i\vartheta}} \frac{\varphi(\zeta)}{\zeta^{\lambda_n+1}}\, d\zeta.$$

$\varphi(z)$ ist analytisch auf der unendlich vielblättrigen Riemannschen Fläche des Logarithmus, und die Formel für a_n liefert die natürliche Verallgemeinerung der Cauchyschen Formel für die n-te Ableitung einer in einer schlichten Ebene analytischen Funktion auf die λ_n-te *Derivierte* (im Punkte $z = 0$) einer auf der Riemannschen Fläche analytischen Funktion: Definiert man für $|z| < \varrho$:

$$D^{\lambda_n}\,\varphi(z) = \lim_{\vartheta \to \infty} \frac{\Gamma(\lambda_n + 1)}{2\,\vartheta\,i} \int\limits_{\varrho e^{-i\vartheta}}^{\varrho e^{+i\vartheta}} \frac{\varphi(\zeta)}{(\zeta - z)^{\lambda_n + 1}}\,d\zeta,$$

so ist

$$\varphi(z) \sim \sum_{n=0}^{\infty} \frac{1}{\Gamma(\lambda_n + 1)}\;D^{\lambda_n}\,\varphi(z)\Big|_{z=0}\,z^{\lambda_n},$$

in völliger Analogie zur Taylor-Reihe. Das zeigt, dass die Definition der Derivierten für diese Funktionsklasse die sachgemässe ist.

§ 2. Differentialgleichungen unendlich hoher Ordnung

Den durch die Gleichungen 28. 1 (2) bzw. (4) dargestellten Integraltransformationen kann man die Form von *Differentialoperatoren* geben, wodurch die in § 1 behandelten Integralgleichungen als *Differentialgleichungen*, und zwar *unendlich hoher Ordnung*, erscheinen.

Wir knüpfen zunächst an den in Satz 1 [28. 1] behandelten Raum der a_I-Funktionen an. Da $k(s)$ für $|s| > \varrho_k$ analytisch und $k(\infty) = 0$ ist, besitzt $k(s)$ die für $|s| > \varrho_k$ konvergente Entwicklung

$$k(s) = \sum_{v=0}^{\infty} \frac{k_v}{s^{v+1}}\,.$$

Daher ist

$$\frac{1}{2\,\pi\,i} \int\limits_{|\sigma|=\varrho} k(s - \sigma)\,f(\sigma)\,d\sigma = \sum_{v=0}^{\infty} (-1)^{v+1}\,k_v\,\frac{1}{2\,\pi\,i} \int\limits_{|\sigma|=\varrho} \frac{f(\sigma)}{(\sigma - s)^{v+1}}\,d\sigma,$$

wobei $\varrho > \varrho_f$, $|s| > \varrho_k + \varrho$ zu wählen und der Integrationsweg im positiven Sinn zu durchlaufen ist. Fügt man zu dem unter der Summe stehenden Integral ein Integral von gleicher Gestalt hinzu, erstreckt über einen Kreis $|\sigma| = P > |s|$ im negativen Sinn, so ist die Summe beider, dividiert durch $2\,\pi\,i$, gleich $-f^{(v)}(s)/v!$. Das Integral über $|\sigma| = P$ ist absolut genommen kleiner als

$$\frac{\operatorname*{Max}_{|\sigma|=P}|f(\sigma)|}{(P - |s|)^{v+1}}\,2\,\pi\,P.$$

Diese Majorante strebt für $P \to \infty$ bei $v = 0, 1, \dots$ gegen 0, weil $f(\sigma)$ gleichmässig für $|\sigma| \to \infty$ gegen 0 strebt. Da der Wert des Integrals von P unabhängig ist, ist er gleich 0. Es ist also

$$\frac{1}{2\pi i}\int\limits_{|\sigma|=\varrho}\frac{f(\sigma)}{(\sigma-s)^{\nu+1}}\,d\sigma = -\frac{1}{\nu!}\,f^{(\nu)}(s)\,.$$

Der *Integraloperator*

$$\frac{1}{2\pi i}\int\limits_{|\sigma|=\varrho}k(s-\sigma)\,f(\sigma)\,d\sigma$$

ist also im Raum der $\mathfrak{a}_\mathrm{I}$-Funktionen äquivalent mit dem *Differentialoperator*[136]

$$\sum_{\nu=0}^{\infty}(-1)^{\nu}\,\frac{k_\nu}{\nu!}\,f^{(\nu)}(s)\,,$$

wo die k_ν Konstante bedeuten, für die $\sum\limits_{\nu=0}^{\infty}k_\nu/s^{\nu+1}$ für $|s|>\varrho_k$ konvergiert, so dass

$$\limsup_{\nu\to\infty}|k_\nu|^{1/\nu}\leqq\varrho_k$$

ist. Man kann also Satz 1 [28.1] ersetzen durch

Satz 1. *Notwendig und hinreichend dafür, dass die Differentialgleichung unendlich hoher Ordnung*

$$\sum_{\nu=0}^{\infty}(-1)^{\nu}\,\frac{k_\nu}{\nu!}\,f^{(\nu)}(s)=g(s)\,,$$

in der $g(s)$ eine gegebene Funktion der Klasse $\mathfrak{a}_\mathrm{I}$ und $\limsup\limits_{\nu\to\infty}|k_\nu|^{1/\nu}$ endlich ist,

eine $\mathfrak{a}_\mathrm{I}$-Funktion $f(s)$ zur Lösung hat, ist die Bedingung, dass $G(t)/K(t)$ eine $\mathfrak{A}_\mathrm{I}$-Funktion darstellt, wobei

$$K(t)=\sum_{\nu=0}^{\infty}\frac{k_\nu}{\nu!}\,t^\nu\quad und\quad \mathfrak{L}\{G(t)\}=g(s)$$

ist. Die Lösung wird gegeben durch

$$f(s)=\int\limits_{0}^{\infty}e^{-st}\,\frac{G(t)}{K(t)}\,dt\,.$$

Eine entsprechende Umformung kann man bei Satz 2 [28.1] nicht vornehmen (weil eine $\mathfrak{L}_\mathrm{II}$-Transformierte im allgemeinen nur durch das Cauchysche Integral über zwei vertikale Gerade darstellbar ist), wohl aber bei Satz 3 [28.1], wenn man die Funktion $k(s)$ wieder aus der Klasse $\mathfrak{a}_\mathrm{I}$ nimmt. Eine solche Funktion gehört zu jeder Klasse $\mathfrak{H}^2(x_0)$ mit $x_0>\varrho_k$, weil sie im Unendlichen von mindestens erster Ordnung verschwindet, so dass $\int\limits_{-\infty}^{+\infty}|f(x+iy)|^2\,dy$ konvergiert, sobald x in der Holomorphiehalbebene von $f(s)$ liegt. In dem Integral

$$\frac{1}{2\pi i}\int\limits_{x-i\infty}^{x+i\infty}k(s-\sigma)\,f(\sigma)\,d\sigma$$

sei also jetzt $k(s - \sigma)$ durch die Reihe

$$k(s - \sigma) = \sum_{\nu = 0}^{\infty} \frac{k_\nu}{(s - \sigma)^{\nu+1}}$$

dargestellt. Damit dies einen Sinn hat, muss $\Re(s - \sigma) > \varrho_k$, also $\Re s > \varrho_k + x$ sein (ausserdem ist $x \geqq x_f$). Dann ist

$$\frac{1}{2\pi i} \int_{x-i\infty}^{x+i\infty} k(s - \sigma)\, f(\sigma)\, d\sigma = \frac{1}{2\pi i} \int_{x-i\infty}^{x+i\infty} f(\sigma) \sum_{\nu = 0}^{\infty} \frac{k_\nu}{(s - \sigma)^{\nu+1}}\, d\sigma.$$

Nach der Cauchy-Schwarzschen Ungleichung ist

$$\left(\int_{x-i\infty}^{x+i\infty} |f(\sigma)| \sum_{\nu = 0}^{\infty} \frac{|k_\nu|}{|s - \sigma|^{\nu+1}}\, |d\sigma| \right)^2 \leqq \int_{x-i\infty}^{x+i\infty} |f(\sigma)|^2\, |d\sigma| \int_{x-i\infty}^{x+i\infty} \left(\sum_{\nu = 0}^{\infty} \frac{|k_\nu|}{|s - \sigma|^{\nu+1}} \right)^2 |d\sigma|.$$

Wegen $|s - \sigma| \geqq \Re(s - \sigma) = \varrho_k + \varepsilon \ (\varepsilon > 0)$ ist

$$\left(\sum_{\nu = 0}^{\infty} \frac{|k_\nu|}{|s - \sigma|^{\nu+1}} \right)^2 \leqq \frac{1}{|s - \sigma|^2} \left(\sum_{\nu = 0}^{\infty} \frac{|k_\nu|}{(\varrho_k + \varepsilon)^\nu} \right)^2,$$

so dass

$$\int_{x-i\infty}^{x+i\infty} \left(\sum_{\nu = 0}^{\infty} \frac{|k_\nu|}{|s - \sigma|^{\nu+1}} \right)^2 |d\sigma|$$

konvergiert und folglich auch

$$\int_{x-i\infty}^{x+i\infty} |f(\sigma)| \sum_{\nu = 0}^{\infty} \frac{|k_\nu|}{|s - \sigma|^{\nu+1}}\, |d\sigma|.$$

Daher kann die Summe mit dem Integral vertauscht werden:

$$\frac{1}{2\pi i} \int_{x-i\infty}^{x+i\infty} k(s - \sigma)\, f(\sigma)\, d\sigma = \sum_{\nu = 0}^{\infty} k_\nu \frac{1}{2\pi i} \int_{x-i\infty}^{x+i\infty} \frac{f(\sigma)}{(s - \sigma)^{\nu+1}}\, d\sigma.$$

Auf Grund von 28.1 (7) ist die rechte Seite gleich

$$\sum_{\nu = 0}^{\infty} (-1)^\nu \frac{k_\nu}{\nu!}\, f^{(\nu)}(s).$$

Folglich erhält man an Stelle von Satz 3 [28.1]:

Satz 2 [137]. *Es sei* $g(s)$ *eine absolut konvergente* $\mathfrak{L}_{\mathrm{I}}$-*Transformierte:* $g(s) = \mathfrak{L}_{\mathrm{I}}\{G\}$ *und* k_ν *eine Folge mit endlichem* $\limsup\limits_{\nu \to \infty} |k_\nu|^{1/\nu}$, *so dass*

$$K(t) = \sum_{\nu = 0}^{\infty} \frac{k_\nu}{\nu!}\, t^\nu$$

*eine ganze Funktion vom Exponentialtypus ist. Notwendig und hinreichend dafür,
dass die Differentialgleichung unendlich hoher Ordnung*

$$\sum_{\nu=0}^{\infty}(-1)^{\nu}\frac{k_{\nu}}{\nu!}\,f^{(\nu)}(s) = g(s)$$

*eine Lösung aus einer Klasse $\mathfrak{H}^2(x)$ besitzt, ist die Bedingung, dass $e^{-xt}\,G(t)/K(t)$
zu $L^2(0,\infty)$ gehört. Die Lösung wird gegeben durch*

$$f(s) = \int_{0}^{\infty} e^{-st}\,\frac{G(t)}{K(t)}\,dt \qquad (\mathfrak{R}s > x)\,.$$

Wir sind hier auf die Differentialgleichung unendlich hoher Ordnung durch
Umformung der Integralgleichung vom komplexen Faltungstypus gestossen.
Man kann den dahinter steckenden *Formalismus* auch noch in anderer Weise
darstellen. Geht man von der Differentialgleichung aus und setzt $f(s)$ in Gestalt
eines $\mathfrak{L}$-Integrals an: $f(s) = \mathfrak{L}\{F\}$, so ist

$$(-1)^{\nu}\,f^{(\nu)}(s) = \mathfrak{L}\{t^{\nu}\,F\},$$

also

$$\sum_{\nu=0}^{\infty}(-1)^{\nu}\frac{k_{\nu}}{\nu!}\,f^{(\nu)}(s) = \sum_{\nu=0}^{\infty}\frac{k_{\nu}}{\nu!}\,\mathfrak{L}\{t^{\nu}\,F\}.$$

Wenn

$$\sum_{\nu=0}^{\infty}\frac{k_{\nu}}{\nu!}\,t^{\nu} = K(t)$$

für alle t konvergiert und Summe und Integral vertauschbar sind, so ist

$$\sum_{\nu=0}^{\infty}(-1)^{\nu}\frac{k_{\nu}}{\nu!}\,f^{(\nu)}(s) = \mathfrak{L}\{K \cdot F\}.$$

Ist die gegebene Funktion $g(s)$ eine $\mathfrak{L}$-Transformierte: $g(s) = \mathfrak{L}\{G\}$, so geht die
Differentialgleichung über in

$$\mathfrak{L}\{K \cdot F\} = \mathfrak{L}\{G\},$$

woraus bis auf eine Nullfunktion folgt:

$$K \cdot F = G, \quad \text{also } F(t) = \frac{G(t)}{K(t)}$$

und somit

$$f(s) = \int_{0}^{\infty} e^{-st}\,\frac{G(t)}{K(t)}\,dt,$$

also formal dasselbe Resultat wie oben. Man kann nun unabhängig von der Art
der Herleitung diesen Ausdruck daraufhin untersuchen, unter welchen Bedingungen für $g(s)$ und $k(s)$, d. h. für $G(t)$ und $K(t)$ er tatsächlich eine Lösung

darstellt. Es handelt sich dabei hauptsächlich um die oben benutzte Vertauschung von Summe und Integral.

Der Geltungsbereich dieser Methode ist dadurch eingeschränkt, dass $f(s)$ und $g(s)$ als $\mathfrak{L}$-Transformierte vorausgesetzt werden. Man kann aber dadurch zu *beliebigen analytischen Funktionen* mit gemeinsamem Existenzbereich gelangen, dass man solche Funktionen nach Satz 4 [I 10. 3] in einem konvexen Polygon als Summen von $\mathfrak{L}$-Transformierten mit komplexem Integrationsweg darstellt:

$$f(s) = \sum_{k=1}^{n} \int_{0}^{\infty(-\alpha_k)} e^{-st} F_k(t)\, dt\,, \qquad g(s) = \sum_{k=1}^{n} \int_{0}^{\infty(-\alpha_k)} e^{-st} G_k(t)\, dt\,.$$

Auf demselben Weg wie oben ergibt sich

$$\sum_{k=1}^{n} \int_{0}^{\infty(-\alpha_k)} e^{-st} K(t)\, F_k(t)\, dt = \sum_{k=1}^{n} \int_{0}^{\infty(-\alpha_k)} e^{-st} G_k(t)\, dt\,,$$

eine Gleichung, die befriedigt ist, wenn man

$$F_k(t) = \frac{G_k(t)}{K(t)}$$

setzt. Erlegt man $g(s)$ und $k(s)$ solche Bedingungen auf, dass diese Funktionen $F_k(t)$ auf den Strahlen $(0, \infty(-\alpha_k))$ integrabel sind und die Vertauschung von Summe und Integral sich rechtfertigen lässt, so erhält man eine Lösung [138]. Als Beispiel sei erwähnt:

Satz 3. *Ist* $\limsup\limits_{\nu\to\infty} |k_\nu|^{1/\nu} = 0$ **) und* $g(s)$ *in* $s = 0$ *holomorph, so hat die Differentialgleichung*

$$\sum_{\nu=0}^{\infty} (-1)^\nu \frac{k_\nu}{\nu!}\, f^{(\nu)}(s) = g(s)$$

eine Lösung $f(s)$*, die in jedem beschränkten konvexen Bereich, der* $s = 0$ *enthält und in dem* $g(s)$ *analytisch ist, eine analytische Funktion ist.*

---

*) Das bedeutet in der früheren Terminologie, dass $k(s)$ nur den singulären Punkt $s = 0$ hat, bzw. dass $|K(t)| \leqq C\, e^{\delta|t|}$ für jedes $\delta > 0$ ist.

29. KAPITEL

Korrespondenz zwischen komplexen Faltungsintegralen von Bildfunktionen und Produkten ihrer Originalfunktionen

§ 1. Funktionalrelationen mit komplexen Faltungsintegralen

Die Tatsache, dass dem Produkt zweier Originalfunktionen die komplexe Faltung ihrer Bildfunktionen entspricht, die im vorigen Kapitel dazu ausgenutzt wurde, um Integralgleichungen vom komplexen Faltungstypus zu lösen, kann auch dazu verwendet werden, um für bekannte Bildfunktionen *transzendente Relationen* herzuleiten. Zur Illustration dieser Methode seien zwei Beispiele angeführt, von denen das eine die $\mathfrak{L}_{II}$-Transformation in Gestalt der $\mathfrak{M}$-Transformation und das andere die $\mathfrak{L}_{I}$-Transformation als vermittelnde Transformation benutzt.

Ein besonders einfaches *Beispiel* ergibt sich, wenn man von der Funktion $\Phi(z) = e^{-\alpha z}$ ($\Re\alpha > 0$) ausgeht (es steht in genauer Analogie zu dem in 27. 2 behandelten Beispiel für den reellen Faltungstypus). $e^{-\alpha z}$ ist eine $\mathfrak{B}$-Funktion (siehe I, S. 409) mit den Konstanten $\vartheta_1 = -(\pi/2) + \delta$, $\vartheta_2 = (\pi/2) - \delta$, $x_1 = 0$, $x_2 > 0$ beliebig gross; ihre zugehörige $\mathfrak{b}$-Funktion ist $\Gamma(s)/\alpha^s$ (siehe I, S. 410). Aus dem algebraischen Additionstheorem

$$e^{-\alpha_0 z}\, e^{-\alpha_1 z} = e^{-(\alpha_0 + \alpha_1) z}$$

folgt nach Satz 4 [I 11. 3] das transzendente Additionstheorem

$$(1) \qquad \frac{1}{2\pi i} \int\limits_{x-i\infty}^{x+i\infty} \frac{\Gamma(s-\sigma)}{\alpha_0^{s-\sigma}}\, \frac{\Gamma(\sigma)}{\alpha_1^{\sigma}}\, d\sigma = \frac{\Gamma(s)}{(\alpha_0 + \alpha_1)^s} \qquad (0 < x < \Re s,\ \Re\alpha_0 > 0,\ \Re\alpha_1 > 0).$$

Der Prozess lässt sich iterieren. Die linke Seite von (1) hat die $\mathfrak{B}$-Funktion $e^{-(\alpha_0 + \alpha_1) z}$, also folgt aus $e^{-(\alpha_0 + \alpha_1) z}\, e^{-\alpha_2 z} = e^{-(\alpha_0 + \alpha_1 + \alpha_2) z}$, wenn man x und σ durch x_1 und σ_1 ersetzt:

$$\frac{1}{2\pi i} \int\limits_{x_2-i\infty}^{x_2-i\infty} \left| \frac{1}{2\pi i} \int\limits_{x_1-i\infty}^{x_1+i\infty} \frac{\Gamma(s-\sigma_2-\sigma_1)}{\alpha_0^{s-\sigma_2-\sigma_1}}\, \frac{\Gamma(\sigma_1)}{\alpha_1^{\sigma_1}}\, d\sigma_1 \right| \frac{\Gamma(\sigma_2)}{\alpha_2^{\sigma_2}}\, d\sigma_2 = \frac{\Gamma(s)}{(\alpha_0 + \alpha_1 + \alpha_2)^s}$$

$$(0 < x_2 < \Re s - x_1)$$

oder

$$\left(\frac{1}{2\pi i}\right)^2 \int\limits_{x_1-i\infty}^{x_1+i\infty} \int\limits_{x_2-i\infty}^{x_2+i\infty} \frac{\Gamma(s-\sigma_1-\sigma_2)}{\alpha_0^{s-\sigma_1-\sigma_2}}\, \frac{\Gamma(\sigma_1)}{\alpha_1^{\sigma_1}}\, \frac{\Gamma(\sigma_2)}{\alpha_2^{\sigma_2}}\, d\sigma_1\, d\sigma_2 = \frac{\Gamma(s)}{(\alpha_0 + \alpha_1 + \alpha_2)^s}$$

$$(0 < x_1 + x_2 < \Re s,\ \Re\alpha_0 > 0,\ \Re\alpha_1 > 0,\ \Re\alpha_2 > 0),$$

und allgemein [139]:

$$(2) \quad \left(\frac{1}{2\pi i}\right)^p \int\limits_{x_1-i\infty}^{x_1+i\infty} \cdots \int\limits_{x_p-i\infty}^{x_p+i\infty} \frac{\Gamma(s-\sigma_1-\cdots-\sigma_p)}{\alpha_0^{s-\sigma_1-\cdots-\sigma_p}} \frac{\Gamma(\sigma_1)}{\alpha_1^{\sigma_1}} \cdots \frac{\Gamma(\sigma_p)}{\alpha_p^{\sigma_p}}\, d\sigma_1 \cdots d\sigma_p$$
$$= \frac{\Gamma(s)}{(\alpha_0+\alpha_1+\cdots+\alpha_p)^s}$$
$$(0 < x_1+\cdots+x_p < \Re s,\ \Re\alpha_0 > 0,\ \Re\alpha_1 > 0,\ \ldots,\ \Re\alpha_p > 0).$$

Stellt man die Aufgabe, alle $\mathfrak{b}$-Funktionen $\varphi(s,\alpha)$ zu bestimmen, die ein *transzendentes Additionstheorem* von der Form (1) haben [140]:

$$(3) \quad \frac{1}{2\pi i} \int\limits_{x-i\infty}^{x+i\infty} \varphi(s-\sigma,\alpha)\,\varphi(\sigma,\beta)\, d\sigma = \varphi(s,\alpha+\beta),$$

so müssen die entsprechenden $\mathfrak{B}$-Funktionen $\Phi(z,\alpha)$ dem algebraischen Additionstheorem

$$\Phi(z,\alpha)\,\Phi(z,\beta) = \Phi(z,\alpha+\beta)$$

genügen und folglich, wenn sie von α stetig abhängen, die Gestalt haben:

$$\Phi(z,\alpha) = e^{\alpha G(z)}.$$

Denn es muss dann

$$\log|\Phi(z,\alpha)| + \log|\Phi(z,\beta)| = \log|\Phi(z,\alpha+\beta)|$$

und daher

$$\log|\Phi(z,\alpha)| = \alpha\, G_1(z)$$

(α und $G_1(z)$ reell), d. h.

$$|\Phi(z,\alpha)| = e^{\alpha G_1(z)}$$

sein. Dann folgt aber

$$\Phi(z,\alpha) = e^{\alpha\,[G_1(z)+i\,G_2(z)]} = e^{\alpha G(z)}.$$

Demnach ergibt sich als Lösung von (3) die Funktionenschar

$$(4) \quad \varphi(s,\alpha) = \int\limits_0^\infty z^{s-1}\, e^{\alpha G(z)}\, dz,$$

wo $G(z)$ jede Funktion bedeuten kann, die $e^{\alpha G(z)}$ zu einer $\mathfrak{B}$-Funktion macht.

Natürlich gibt es auch noch andere als $\mathfrak{b}$-Funktionen, die der Funktionalgleichung (3) genügen. Beispiele hierfür kann man dadurch erhalten, dass man $G(z)$ als nicht analytische Funktion wählt, etwa gleich $-\infty$ ausserhalb einer Menge m, was bedeutet, dass $\Phi(z,\alpha) = 0$ ausserhalb m ist. Wir setzen also

$$\varphi(s,\alpha) = \int\limits_m z^{s-1}\, e^{\alpha G(z)}\, dz$$

und wählen $G(z)$ und m so, dass das Integral konvergiert. Man erhält z. B.

$$\text{für } G(z) = 1, \quad m = (0 \le z \le 1): \qquad \varphi(s, \alpha) = \frac{e^\alpha}{s} \qquad \text{für } \Re s > 0;$$

$$\text{für } G(z) = -\log z, \quad m = (0 \le z \le 1): \quad \varphi(s, \alpha) = \frac{1}{s - \alpha} \quad \text{für } \Re s > \Re\alpha.$$

Obwohl diese Funktionen keine $\mathfrak{b}$-Funktionen sind, kann man verifizieren (z. B. durch Residuenrechnung), dass sie die Gleichung (3) befriedigen.

Ein weiteres, für die Anwendungen wichtiges *Beispiel* ist das folgende: Für die Whittakersche Funktion $W_{k,m}(s)$ (eine konfluente hypergeometrische Funktion, vgl. S. 198) gilt:

$$(5) \qquad s^{-m-(1/2)} e^{s/2} W_{k,m}(s) = \frac{1}{\Gamma(m - k + (1/2))} \mathfrak{L}\{t^{m-k-(1/2)} (1 + t)^{m+k-(1/2)}\}$$

$$\text{für } \Re\left(m - k + \frac{1}{2}\right) > 0.$$

Setzt man zur Abkürzung

$$m - k + \frac{1}{2} = a, \quad m + k - \frac{1}{2} = c - a - 1, \quad s^{-m-(1/2)} e^{s/2} W_{k,m}(s) = \Psi(a, c, s),$$

so ist

$$(6) \qquad \Psi(a, c, s) = \int_0^\infty e^{-st} \frac{1}{\Gamma(a)} t^{a-1} (1 + t)^{c-a-1} dt \quad \text{für } \Re a > 0, \Re s > 0.$$

Durch die Substitution $(1 + t)/t = e^\tau$ geht (6) über in

$$\Psi(a, c, s) = \frac{1}{\Gamma(a)} \int_0^\infty e^{-s/(e^\tau - 1)} e^{-a\tau} \left(\frac{e^\tau}{e^\tau - 1}\right)^c d\tau.$$

Ersetzt man hierin a durch s, c durch α, s durch β, so ergibt sich

$$(7) \qquad \Gamma(s) \Psi(s, \alpha, \beta) = \mathfrak{L}_{\mathrm{I}}\{e^{-\beta/(e^t - 1)} (1 - e^{-t})^{-\alpha}\} \quad \text{für } \Re s > 0, \Re\beta > 0.$$

Die rechts stehende Originalfunktion, die mit $P(t, \alpha, \beta)$ bezeichnet sei, erfüllt die Gleichung

$$P(t, \alpha_1, \beta_1) P(t, \alpha_2, \beta_2) = P(t, \alpha_1 + \alpha_2, \beta_1 + \beta_2).$$

Ferner ist für jedes $x > 0$

$$\int_0^\infty e^{-2xt} |P(t)|^2 dt$$

konvergent. Folglich entspricht nach Satz 2 [I 6. 4] dem Produkt der Originalfunktionen die komplexe Faltung der Bildfunktionen:

$$
(8) \quad
\begin{aligned}
&\frac{1}{2\pi i} \int_{x-i\infty}^{x+i\infty} \Gamma(s-\sigma)\,\Psi(s-\sigma,\alpha_1,\beta_1)\,\Gamma(\sigma)\,\Psi(\sigma,\alpha_2,\beta_2)\,d\sigma \\
&\qquad = \Gamma(s)\,\Psi(s,\alpha_1+\alpha_2,\beta_1+\beta_2) \quad (0 < x < \Re s,\ \Re\beta_1 > 0,\ \Re\beta_2 > 0).
\end{aligned}
$$

Spezialfälle dieses sehr allgemeinen *transzendenten Additionstheorems* für die konfluente hypergeometrische Funktion spielen eine Rolle in der Theorie elektromagnetischer Wellen [141], die von dem Brennpunkt bzw. der Brennlinie eines parabolischen bzw. zylindrisch-parabolischen Spiegels ausgehen (Radartechnik).

$$
\S\,2.\ \text{Auswertung von } \int_0^\infty e^{-st}\,F^2(t)\,dt \text{ und } \int_0^\infty F^2(t)\,dt
$$
$$
\textbf{durch ein komplexes Faltungsintegral über } f(s)
$$

Bei der Anwendung der $\mathfrak{L}$-Transformation auf Differentialgleichungen (siehe III. und IV. Teil) wird zu der gesuchten Funktion zunächst die Bildfunktion berechnet. Da die Originalfunktion meist sehr kompliziert ist und ihr expliziter Ausdruck oft auch gar nicht gebraucht wird, erhebt sich die Frage, ob man nicht diejenigen *Eigenschaften der Originalfunktion*, für die man sich eigentlich interessiert, unmittelbar *an der Bildfunktion ablesen* kann.

Ein Beispiel hierfür ist das folgende: In der Regelungstechnik (siehe 13. 3) soll eine gewisse physikalische Zustandsgrösse $F(t)$ durch geeignete Beeinflussung mit Hilfe des Reglers möglichst konstant gehalten werden. Bei diesem Vorgang, der durch ein System von Differentialgleichungen beschrieben wird, interessiert man sich eigentlich nicht für den ganzen zeitlichen Ablauf des Regelungsvorgangs, sondern es kommt darauf an, die Einstellung so vorzunehmen (d. h. die Parameter so zu bestimmen), dass die Abweichung der zu regelnden Grösse von ihrem Sollwert im ganzen Verlauf möglichst klein bleibt. Eine brauchbare mathematische Formulierung dieser Forderung ist die, dass

$$
Q = \int_0^\infty F^2(t) \text{ zu einem } Minimum \text{ gemacht werden soll (hierbei ist } F(t) \text{ als reell}
$$

vorausgesetzt) [142], d. h. dass die partiellen Ableitungen nach den Parametern verschwinden. Da der Wertverlauf von $F(t)$ uninteressant ist, wäre es vorteilhaft, wenn man Q unmittelbar aus der Bildfunktion $f(s)$ von $F(t)$ berechnen könnte. Dazu weist die Formel

$$
Q(s) = \int_0^\infty e^{-2st} F^2(t)\,dt = \frac{1}{2\pi i} \int_{x-i\infty}^{x+i\infty} f(s-\sigma)\,f(\sigma)\,d\sigma
$$

den geeigneten Weg. Um in dieser Formel unter möglichst geringen Voraussetzungen $s = 0$ setzen zu können, benutzen wir den schärfsten zur Verfügung stehenden Satz, nämlich Satz 4 [I 12. 5]. Für $\Re s > 0$ genügt dann Satz 2 [I 6. 4]. Man erhält auf diese Weise:

Satz 1. *Wenn $F(t)$ zu $L^2(0, \infty)$ gehört, d. h. wenn*

$$\int\limits_0^\infty |F(t)|^2 \, dt$$

existiert, und wenn unter $f(i\,y)$ die Randfunktion) von $f(s) = \mathfrak{L}\{F\}$ für $s \to i\,y$ verstanden wird, so ist*

$$(1) \qquad Q(0) = \int\limits_0^\infty F^2(t) \, dt = \frac{1}{2\pi i} \int\limits_{-i\infty}^{+i\infty} f(\sigma)\, f(-\sigma) \, d\sigma = \frac{1}{\pi} \int\limits_0^\infty f(i\,y)\, f(-i\,y) \, dy\,.$$

*Wenn $F(t)$ reellwertig ist**), so ist*

$$(2) \qquad\qquad\qquad Q(0) = \frac{1}{\pi} \int\limits_0^\infty |f(i\,y)|^2 \, dy\,.$$

Ferner ist

$$(3) \qquad Q(s) = \int\limits_0^\infty e^{-2st}\, F^2(t) \, dt = \frac{1}{2\pi i} \int\limits_{x-i\infty}^{x+i\infty} f(s-\sigma)\, f(\sigma) \, d\sigma \qquad (0 \le x \le \Re s)\,.$$

In diesem Satz kann man die Bedingung, dass $F(t)$ zu $L^2(0, \infty)$ gehört, durch die auf die Bildfunktion bezügliche Bedingung, dass $f(s)$ zu der Klasse $\mathfrak{H}^2$ gehört, ersetzen (siehe Satz 1 [I 12. 2]).

Falls die Integrale über f sich nicht leicht ausrechnen lassen, kann man versuchen, sie durch *Residuenrechnung* auszuwerten. Die Singularitäten von $f(s)$ können nur links von der imaginären Achse liegen. Wenn sie nur aus Polen (oder eindeutigen wesentlichen Singularitäten) bestehen und wenn es eine Schar von Halbkreisen $\mathfrak{C}_n$ um O links von der imaginären Achse (oder ähnlich gearteten Kurven) gibt, derart, dass

$$(4) \qquad\qquad \int\limits_{\mathfrak{C}_n} f(s-\sigma)\, f(\sigma) \, d\sigma \to 0 \quad \text{für } n \to \infty\,,$$

so ist nach der vom komplexen Umkehrintegral her geläufigen Schlussweise (vgl. I 7. 3) $Q(s)$ gleich der Summe der Residuen von $f(s-\sigma)\, f(\sigma)$. Im einfachsten Fall ist $f(s) = p(s)^{-1}$, wo $p(s)$ ein Polynom mit n einfachen Nullstellen $\alpha_1, \ldots, \alpha_n$ $(\Re\alpha_\mu < 0)$ ist: $p(s) = (s-\alpha_1) \cdots (s-\alpha_n)$. Hier strebt $\int f(s-\sigma)\, f(\sigma) \, d\sigma$, erstreckt über einen Halbkreis von wachsendem Radius ϱ, gegen 0, denn es ist für alle hinreichend grossen $|\sigma|$:

$$|p(s-\sigma)\, p(\sigma)| > \frac{1}{2} |\sigma|^{2n}\,,$$

---

*) Siehe Satz 1 [I 12. 2].
**) Dann ist $f(-i\,y) = \overline{f(i\,y)}$.

also

$$\left| \int_{\mathfrak{C}_n} \frac{d\sigma}{p(s-\sigma)\, p(\sigma)} \right| \leqq \frac{2}{\varrho^{2n}}\, \pi\, \varrho \to 0 \quad \text{für } \varrho \to \infty \quad \text{bei } n \geqq 1.$$

Das Residuum von $f(s-\sigma)\, f(\sigma)$ in α_μ ist gleich $[p(s-\alpha_\mu)\, p'(\alpha_\mu)]^{-1}$, also ergibt sich:

$$(5) \qquad Q(s) = \sum_{\mu=0}^{n} \frac{1}{p'(\alpha_\mu)\, p(s-\alpha_\mu)}$$

und

$$(6) \qquad Q(0) = \sum_{\mu=0}^{n} \frac{1}{p'(\alpha_\mu)\, p(-\alpha_\mu)}.$$

Für meromorphe Funktionen $f(s)$ von der Gestalt $f(s) = g(s)/h(s)$ mit einfachen Polen $\alpha_1, \alpha_2, \dots (\Re\alpha_\mu < 0)$ erhält man, wenn die Bedingung (4) erfüllt ist:

$$(7) \qquad Q(s) = \sum_{\mu=0}^{n} \frac{f(s-\alpha_\mu)\, g(\alpha_\mu)}{h'(\alpha_\mu)}$$

und

$$(8) \qquad Q(0) = \sum_{\mu=0}^{n} \frac{f(-\alpha_\mu)\, g(\alpha_\mu)}{h'(\alpha_\mu)}.$$

30. KAPITEL

Verschiedene mit Laplace-Transformation lösbare Typen von Integralgleichungen

In diesem Kapitel sind einige Typen von Integralgleichungen zusammengestellt, die sich auf die eine oder andere Weise vermittels $\mathfrak{L}$-Transformation lösen lassen. Es handelt sich dabei nicht um eine systematische Theorie wie in den vorhergehenden Kapiteln, sondern um einzelne Beispiele, aus denen man ersieht, wie man ähnliche Probleme lösen könnte. Die dabei benutzten Operationen, wie etwa Integralvertauschungen, lassen sich nicht a priori legitimieren, so dass am Schluss verifiziert werden muss, unter welchen Bedingungen die erhaltene Funktion eine Lösung ist. Wir begnügen uns im Folgenden mit einer rein formalen Behandlung.

§ 1. Transformation einer Integralgleichung erster Art in eine Integralgleichung mit bekannter Lösung

Auf die Integralgleichung erster Art

$$(1) \qquad \int_a^b K(t,\,x)\, f(x)\, dx = G(t)$$

üben wir die $\mathfrak{L}$-Transformation aus. Wenn diese mit dem Integral vertauschbar ist und

$$\mathfrak{L}\{K(t,\,x)\} = k(s,\,x), \qquad \mathfrak{L}\{G(t)\} = g(s)$$

gesetzt wird, so ergibt sich:

$$(2) \qquad \int_a^b k(s,\,x)\, f(x)\, dx = g(s)\,.$$

Ist diese Integralgleichung lösbar, so ist damit auch die Lösung der ursprünglichen gefunden, vorausgesetzt, dass sich der Schritt von (1) zu (2) auch in umgekehrter Richtung machen lässt [143].

Als *Beispiel* betrachten wir im Falle $a = 0$, $b = \infty$ den Kern

$$K(t,\,x) = x\, I_\nu(\sqrt{2\,x\,t})\, J_\nu(\sqrt{2\,x\,t})\,,$$

dessen $\mathfrak{L}$-Transformierte für $\mathfrak{R}\nu > -1$ durch

$$k(s, x) = \frac{x}{s}\, J_\nu\!\left(\frac{x}{s}\right)$$

geliefert wird. Die transformierte Integralgleichung

$$\int_0^\infty \frac{x}{s}\, J_\nu\!\left(\frac{x}{s}\right) f(x)\, dx = g(s)$$

geht durch die Substitution $s^{-1} = z$ über in

$$\int_0^\infty x\, J_\nu(z\,x)\, f(x)\, dx = \frac{1}{z}\, g\!\left(\frac{1}{z}\right).$$

Die linke Seite stellt die Hankel-Transformation dar, die nach Satz 2 [I 2.16] durch dasselbe Integral umgekehrt wird*) (unter gewissen Voraussetzungen), so dass man erhält:

$$f(x) = \int_0^\infty J_\nu(x\,z)\, g\!\left(\frac{1}{z}\right) dz \quad \text{mit } g(s) = \mathfrak{L}\{G\}.$$

Natürlich kann man den Prozess auch umkehren und eine Integralgleichung der Form (2) in eine solche der Form (1) transformieren. So ist z. B. der Gleichung

$$\sqrt{\frac{2}{\pi}} \int_0^\infty \frac{1}{s^2 + x^2}\, f(x)\, dx = g(s)$$

wegen

$$\frac{1}{s^2 + x^2} = \mathfrak{L}\{\sin t\, x\}$$

die Gleichung

$$\sqrt{\frac{2}{\pi}} \int_0^\infty \sin t\, x \cdot f(x)\, dx = G(t)$$

zugeordnet, deren linke Seite die Fouriersche sin-Transformation darstellt, die unter geeigneten Bedingungen durch dasselbe Integral umgekehrt wird (siehe

---

*) Die Hankel-Transformation wurde I, S. 132 in der Form geschrieben:

$$\int_0^\infty J_\nu(2\sqrt{t\,\tau})\, F(\tau)\, d\tau = \Phi(t).$$

Setzt man

$$\sqrt{2t} = z, \quad \sqrt{2\tau} = x, \quad F\!\left(\frac{x^2}{2}\right) = f(x), \quad \Phi\!\left(\frac{z^2}{2}\right) = \varphi(z),$$

so nimmt sie die Gestalt an:

$$\int_0^\infty x\, J_\nu(z\,x)\, f(x)\, dx = \varphi(z).$$

I, S. 196), so dass sich ergibt:

$$f(x) = \sqrt{\frac{2}{\pi}} \int\limits_0^\infty \sin x\, t \cdot G(t)\, dt.$$

Ist G die $\mathfrak{L}$-Transformierte einer Funktion $\tilde{G}$ (so dass g die Stieltjes-Transformierte von $\tilde{G}$ ist), so kann man unter Vertauschung der Integrationsreihenfolge schreiben:

$$f(x) = \sqrt{\frac{2}{\pi}} \int\limits_0^\infty \sin x\, t\, dt \int\limits_0^\infty e^{-t\tau}\, \tilde{G}(\tau)\, d\tau = \sqrt{\frac{2}{\pi}} \int\limits_0^\infty \tilde{G}(\tau)\, d\tau \int\limits_0^\infty e^{-\tau t} \sin x\, t\, dt$$

$$= \sqrt{\frac{2}{\pi}} \int\limits_0^\infty \frac{1}{x^2 + \tau^2}\, \tilde{G}(\tau)\, d\tau.$$

§ 2. Kerne, deren $\mathfrak{L}$-Transformierte Exponentialfunktionen sind

Der Kern $K(t, x)$ habe eine $\mathfrak{L}$-Transformierte der Gestalt:

$$\mathfrak{L}\{K(t, x)\} = \varphi(s)\, e^{-x\psi(s)}.$$

Übt man auf die Integralgleichung zweiter Art

$$(1) \qquad F(t) = G(t) + \lambda \int\limits_0^\infty K(t, x)\, F(x)\, dx$$

die $\mathfrak{L}$-Transformation aus, so ergibt sich:

$$f(s) = g(s) + \lambda\, \varphi(s) \int\limits_0^\infty e^{-\psi(s)\, x}\, F(x)\, dx$$

oder

$$(2) \qquad f(s) = g(s) + \lambda\, \varphi(s)\, f\big(\psi(s)\big).$$

Ist diese Funktionalgleichung für $f(s)$ lösbar, so erhält man die Lösung von (1), indem man zu $f(s)$ die Originalfunktion $F(t)$ bestimmt [144].

Als *Beispiel* betrachten wir die Gleichung

$$(3) \qquad F(t) = G(t) + \lambda \int\limits_0^\infty \frac{\cos 2\sqrt{t\, x}}{\sqrt{t}}\, F(x)\, dx.$$

Wegen

$$\mathfrak{L}\left\{ \frac{\cos 2\sqrt{x\, t}}{\sqrt{t}} \right\} = \sqrt{\frac{\pi}{s}}\, e^{-x/s}$$

lautet das Bild von (3):

$$(4) \qquad f(s) = g(s) + \lambda \sqrt{\frac{\pi}{s}}\, f\left(\frac{1}{s}\right).$$

Nimmt man hierzu die Gleichung, die durch Ersatz von s durch $1/s$ entsteht, und eliminiert $f(1/s)$, so erhält man:

$$f(s) = \frac{1}{1-\pi\lambda^2}\left[g(s) + \lambda\sqrt{\frac{\pi}{s}}\, g\left(\frac{1}{s}\right)\right].$$

Da diese Gleichung dieselbe Gestalt wie (4) hat, kann man sofort zu $f(s)$ die Originalfunktion $F(t)$ angeben, wenn $\lambda \neq \pm 1/\sqrt{\pi}$ (Eigenwerte) ist:

$$(5) \qquad F(t) = \frac{1}{1-\pi\lambda^2}\left[G(t) + \lambda\int_0^\infty \frac{\cos 2\sqrt{t\,x}}{\sqrt{t}}\, G(x)\, dx\right].$$

Ist λ gleich einem Eigenwert: $\lambda = \pm 1/\sqrt{\pi}$, so lautet die Gleichung (3)

$$(6) \qquad f(s) = g(s) \pm \frac{1}{\sqrt{s}}\, f\left(\frac{1}{s}\right)$$

und die durch Ersatz von s durch $1/s$ entstehende Gleichung

$$f\left(\frac{1}{s}\right) = g\left(\frac{1}{s}\right) \pm \sqrt{s}\, f(s)$$

oder

$$(7) \qquad f(s) = \mp\frac{1}{\sqrt{s}}\, g\left(\frac{1}{s}\right) \pm \frac{1}{\sqrt{s}}\, f\left(\frac{1}{s}\right).$$

Der Vergleich von (6) und (7) zeigt, dass

$$g(s) = \mp\frac{1}{\sqrt{s}}\, g\left(\frac{1}{s}\right)$$

sein muss. Das bedeutet, dass (3) im Falle $\lambda = \pm 1/\sqrt{\pi}$ nur dann eine Lösung besitzt, wenn die Bedingung

$$G(t) = \mp\frac{1}{\sqrt{\pi}}\int_0^\infty \frac{\cos 2\sqrt{t\,x}}{\sqrt{t}}\, G(x)\, dx$$

erfüllt ist.

§ 3. Involutorische Kerne

In der Integralgleichung erster Art

$$(1) \qquad G(t) = \int_0^\infty K(t,\,x)\, F(x)\, dx$$

soll der Kern dieselbe Eigenschaft wie in § 2 haben:

$$\text{(2)} \qquad \mathfrak{L}\{K(t, x)\} = \varphi(s)\, e^{-x\psi(s)},$$

so dass das Bild von (1) lautet:

$$\text{(3)} \qquad g(s) = \varphi(s)\, f\big(\psi(s)\big).$$

Wir verlangen nun, dass die durch (1) ausgedrückte Funktionaltransformation involutorisch sei, d. h. durch dasselbe Integral umgekehrt werden soll, so dass die Lösung von (1) lautet:

$$\text{(4)} \qquad F(t) = \int\limits_0^\infty K(t, x)\, G(x)\, dx.$$

Das bedeutet im Bildbereich, dass

$$\text{(5)} \qquad f(s) = \varphi(s)\, g\big(\psi(s)\big)$$

gelten soll. Ersetzen wir s in (3) durch $\psi(s)$, so ergibt sich:

$$g\big(\psi(s)\big) = \varphi\big(\psi(s)\big)\, f\big(\psi(\psi(s))\big)$$

oder

$$\text{(6)} \qquad f\big(\psi(\psi(s))\big) = \frac{1}{\varphi(\psi(s))}\, g\big(\psi(s)\big).$$

Diese Gleichung stimmt mit (5) überein, wenn

$$\text{(7)} \qquad \psi\big(\psi(s)\big) = s$$

und

$$\text{(8)} \qquad \varphi\big(\psi(s)\big) = \frac{1}{\varphi(s)}$$

ist. Wir behaupten, dass (7) schon erfüllt ist, wenn φ und ψ so bestimmt sind, dass sie der Gleichung (8) genügen. Es sei $\tilde{\varphi}$ die inverse Funktion zu φ. Dann ist nach (8)

$$\psi(s) = \tilde{\varphi}\Big(\frac{1}{\varphi(s)}\Big),$$

folglich

$$\psi\big(\psi(s)\big) = \tilde{\varphi}\Big(\frac{1}{\varphi(\psi(s))}\Big) = \tilde{\varphi}\Bigg(\frac{1}{\varphi\big(\tilde{\varphi}(\frac{1}{\varphi(s)})\big)}\Bigg) = \tilde{\varphi}\Big(\frac{1}{\frac{1}{\varphi(s)}}\Big) = s.$$

Wenn man also zu einer Funktion $\varphi(s)$ die Funktion $\psi(s) = \tilde{\varphi}(1/\varphi(s))$ bestimmt und wenn $\varphi(s)\, e^{-x\psi(s)}$ eine $\mathfrak{L}$-Transformierte ist, so ist die zugehörige Originalfunktion $K(t, x)$ ein involutorischer Kern [145].

Beispiel: Für $\varphi(s) = s^{-\nu-1}$ $(\Re \nu > -1)$ ist $\tilde{\varphi}(s) = s^{-1/(\nu+1)}$ und $\psi(s) = s^{-1}$. Die Funktion $s^{-\nu-1} e^{-x/s}$ ist eine $\mathfrak{L}$-Transformierte:

$$s^{-\nu-1} e^{-x/s} = \mathfrak{L}\left\{\left(\frac{t}{x}\right)^{\nu/2} J_\nu(2\sqrt{t\,x})\right\} = \mathfrak{L}\{K(t,\,x)\}.$$

Die Gleichung (1) mit diesem K ist äquivalent mit der Hankel-Transformation (siehe Satz 3 [I 2.16]), die in der Tat involutorisch ist.

§ 4. Integralgleichungen, die eine Funktionaloperation darstellen, deren Abbild eine elementare Substitution ist

Die linke Seite der Integralgleichung

$$c\,F(t) + \int_a^b K(t,\tau)\,F(\tau)\,d\tau = G(t)$$

stellt eine auf $F(t)$ ausgeübte Funktionaloperation dar. Es gibt eine grosse Anzahl solcher Operationen, deren Abbild vermittels $\mathfrak{L}$-Transformation in einer elementaren Substitution an der Funktion $f(s)$ besteht. So entspricht z. B. der Operation

$$\text{(1)} \qquad \int_0^t J_0(\alpha\sqrt{t^2-\tau^2})\,F(\tau)\,d\tau$$

die auf $f(s)$ ausgeübte Operation*)

$$\text{(2)} \qquad \frac{1}{\sqrt{s^2+\alpha^2}}\, f(\sqrt{s^2+\alpha^2})\,.$$

Die Integralgleichung

$$\int_0^t J_0(\alpha\sqrt{t^2-\tau^2})\,F(\tau)\,d\tau = G(t)$$

wird daher durch die $\mathfrak{L}$-Transformation übergeführt in die Gleichung

$$\frac{1}{\sqrt{s^2+\alpha^2}}\, f(\sqrt{s^2+\alpha^2}) = g(s)\,,$$

---

*) Derartige Korrespondenzen zwischen Operationen treten immer dann auf, wenn bei der $\mathfrak{L}$-Transformation des aus der Originalfunktion $F(t)$ gebildeten Ausdrucks durch Vertauschung der Integrale eine $\mathfrak{L}$-Transformierte entsteht, die gleich einer Exponentialfunktion ist. So ist im obigen Fall

$$\int_0^\infty e^{-st}\,dt \int_0^t J_0(\alpha\sqrt{t^2-\tau^2})\,F(\tau)\,d\tau = \int_0^\infty F(\tau)\,d\tau \int_\tau^\infty e^{-st} J_0(\alpha\sqrt{t^2-\tau^2})\,dt$$

$$= \int_0^\infty \frac{1}{\sqrt{s^2+\alpha^2}}\, e^{-\sqrt{s^2+\alpha^2}\,\tau} F(\tau)\,d\tau = \frac{1}{\sqrt{s^2+\alpha^2}}\, f(\sqrt{s^2+\alpha^2})\,.$$

deren Lösung lautet:

$$f(s) = s\, g(\sqrt{s^2 - \alpha^2}).$$

Nun entspricht aber der Überführung von $g(s)$ in $g\,(\sqrt{s^2 - \alpha^2})$ die Transformation von $G(t)$ in *)

$$(3) \qquad G(t) + \alpha \int_0^t \frac{\tau}{\sqrt{t^2 - \tau^2}}\, I_1(\alpha\,\sqrt{t^2 - \tau^2})\, G(\tau)\, d\tau.$$

Ferner entspricht die Multiplikation mit s der Ableitung der Originalfunktion, wenn diese für $t = 0$ verschwindet. Unter der Voraussetzung, dass $G(t)$ differenzierbar und $G(0) = 0$ ist, erhält man also [146]:

$$F(t) = G'(t) + \alpha\, \frac{d}{dt} \int_0^t \frac{\tau}{\sqrt{t^2 - \tau^2}}\, I_1(\alpha\,\sqrt{t^2 - \tau^2})\, G(\tau)\, d\tau.$$

Entsprechend kann man unter Ausnutzung der Korrespondenz zwischen (3) und $g\,(\sqrt{s^2 - \alpha^2})$ die Integralgleichung

$$F(t) + \alpha \int_0^t \frac{\tau}{\sqrt{t^2 - \tau^2}}\, I_1(\alpha\,\sqrt{t^2 - \tau^2})\, F(\tau)\, d\tau = G(t)$$

lösen.

---

*) Diese Korrespondenz beweist man ähnlich wie die in der Fussnote S. 220 auf Grund von

$$\int_\tau^\infty e^{-st}\, \frac{\alpha\,\tau}{\sqrt{t^2 - \tau^2}}\, I_1(\alpha\,\sqrt{t^2 - \tau^2})\, dt = e^{-\sqrt{s^2 - \alpha^2}\,\tau} - e^{-s\tau}.$$

VII. TEIL

Ganze Funktionen vom Exponentialtypus
und endliche Laplace-Transformation

In diesem Teil wird eine Reihe von Problemen behandelt, die sich vermittels der in I 10 entwickelten Theorie der $\mathfrak{L}$-Transformation von ganzen Funktionen vom Exponentialtypus sehr übersichtlich erledigen lassen; ferner wird auch die Fourier-Transformation von Funktionen der Klasse L^2, die bereits in I 12 benützt wurde, herangezogen werden. – Während in I 10 die Funktionen vom Exponentialtypus bei der $\mathfrak{L}$-Transformation die Rolle von Originalfunktionen spielten, wird in Kapitel 32 von ganzen Funktionen vom Exponentialtypus die Rede sein, die selbst $\mathfrak{L}$-Integrale sind und zwar solche mit endlichen Grenzen. Wir behandeln vorab in Kapitel 31 einige Eigenschaften solcher $\mathfrak{L}$-Transformierten, bei denen die Theorie aus I 10 noch nicht gebraucht wird.

31. KAPITEL

Die endliche Laplace-Transformation

§ 1. Die endliche $\mathfrak{L}_{\mathrm{I}}$-Transformation

Bei der Lösung von Randwertproblemen erhebt sich manchmal die Frage, ob einer Randerregung von endlicher Dauer, z. B. einem akustischen oder elektrischen Signal, auch im Innern des Gebietes ein Effekt von zeitlich begrenzter Dauer entspricht oder ob ein «Nachhall» zustande kommt. Wird das Randwertproblem vermittels $\mathfrak{L}$-Transformation nach den im IV. Teil dargestellten Methoden behandelt, wobei zunächst die Bildfunktion der Lösung des Problems hergestellt wird, so lässt sich diese Frage auch ohne Kenntnis der expliziten Originalfunktion beantworten, wenn man Kriterien für die Bildfunktion kennt, die darüber entscheiden, ob *die Originalfunktion von einer Stelle h an verschwindet*, mit anderen Worten: ob eine $\mathfrak{L}$-Transformierte in Wahrheit eine «endliche» $\mathfrak{L}$-Transformierte

$$
(1) \qquad f(s) = \int\limits_0^h e^{-st} F(t)\, dt
$$

ist. Der folgende Satz gibt notwendige und hinreichende Bedingungen hierfür an. Es sei ausdrücklich darauf hingewiesen, dass hier (und in § 2) im Gegensatz zu später vorausgesetzt wird, dass man weiss, dass $f(s)$ eine $\mathfrak{L}$-Transformierte ist.

Satz 1 [147]. *Notwendig und hinreichend dafür, dass die Originalfunktion $F(t)$ einer (als irgendwo konvergent vorausgesetzten) $\mathfrak{L}_{\mathrm{I}}$-Transformierten $f(s) = f(x + iy)$ für $t > h \geqq 0$ fast überall verschwindet, sind folgende Bedingungen:*

a) $f(s)$ *ist eine ganze Funktion**).

$$
\left.
\begin{array}{l}
\text{b)}\ \ |f(x + iy)| \leqq C \\[4pt]
\text{c)}\ \ |f(-x + iy)| \leqq C\, e^{hx}
\end{array}
\right\} \quad \textit{für } x \geqq 0.
$$

Bemerkung: $f(s)$ ist wegen b) und c) vom Exponentialtypus.

Beweis: 1. *Notwendigkeit.* Hat $f(s)$ die Form (1), so ist $f(s)$ eine ganze Funktion (I, S. 145), und es gilt:

$$
|f(s)| \leqq \int\limits_0^h e^{-xt} |F(t)|\, dt \leqq
\begin{cases}
\displaystyle\int\limits_0^h |F(t)|\, dt = C & \text{für } x \geqq 0, \\[14pt]
\displaystyle e^{-hx}\int\limits_0^h |F(t)|\, dt = C\, e^{-hx} & \text{für } x \leqq 0.
\end{cases}
$$

---

*) Unter $f(s)$ ist die analytische Fortsetzung der ursprünglich in der Konvergenzhalbebene definierten Funktion zu verstehen.

2. Hinlänglichkeit. Ist $f(s) = \mathfrak{L}\{F\}$ für $s = x_0 \geq 0$ (einfach) konvergent, so ist nach Satz 1 [I 4. 5] für $t \geq 0$ und $\xi > x_0$:

$$(2) \qquad \int_0^t F(\tau)\, d\tau = \lim_{\omega \to \infty} \frac{1}{2\pi i} \int_{\xi - i\omega}^{\xi + i\omega} e^{ts}\, \frac{f(s)}{s}\, ds \,.$$

Wir betrachten einen geschlossenen, im positiven Sinn durchlaufenen Integrationsweg $\mathfrak{C}$, bestehend aus der vertikalen Strecke $\xi - i\,\omega \cdots \xi + i\,\omega$, den horizontalen Strecken $\xi + i\,\omega \cdots i\,\omega$, $- i\,\omega \cdots \xi - i\,\omega$ und dem Halbkreis $\mathfrak{h}$ um 0

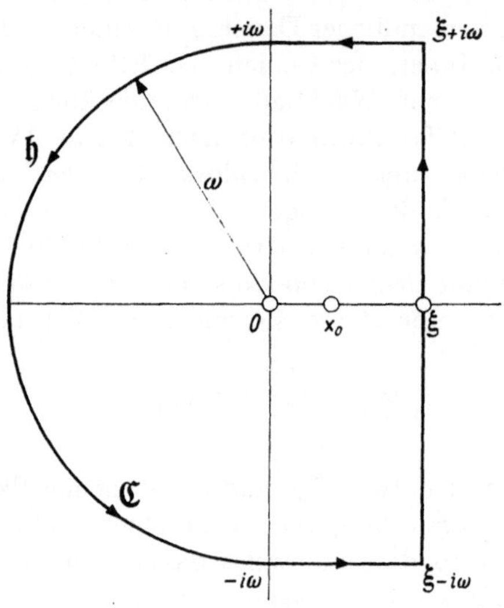

Figur 20

mit dem Radius ω links von der imaginären Achse (Figur 20). Da $e^{ts} f(s)$ in und auf $\mathfrak{C}$ bei jedem $\omega > 0$ analytisch ist, ergibt sich:

$$(3) \qquad \frac{1}{2\pi i} \int_{\mathfrak{C}} e^{ts}\, \frac{f(s)}{s}\, ds = f(0) \,.$$

Auf der oberen horizontalen Strecke ist nach b):

$$(4) \qquad \left| \int_{\xi + i\omega}^{i\omega} e^{ts}\, \frac{f(s)}{s}\, ds \right| \leq \int_0^{\xi} e^{tx}\, \frac{C}{\omega}\, dx = \frac{C}{\omega}\, \frac{e^{t\xi} - 1}{t} \to 0$$

für $\omega \to \infty$ bei jedem festen $t > 0$. Dasselbe gilt für das Integral längs der unteren horizontalen Strecke. Auf dem Halbkreis $\mathfrak{h}$ ist $s = \omega\, e^{i\vartheta}$, $\pi/2 \leq \vartheta \leq 3\,\pi/2$,

$ds/s = i\, d\vartheta$, also nach c):

$$\left| \int\limits_{\mathfrak{h}} e^{ts}\, \frac{f(s)}{s}\, ds \right| \leq \int\limits_{\pi/2}^{3\pi/2} e^{t\omega \cos\vartheta}\, C\, e^{-h\omega \cos\vartheta}\, d\vartheta = C \int\limits_{0}^{\pi} e^{-(t-h)\,\omega \sin\varphi}\, d\varphi$$

$$= 2\,C \int\limits_{0}^{\pi/2} e^{-(t-h)\,\omega \sin\varphi}\, d\varphi \qquad\qquad \left(\vartheta = \frac{\pi}{2} + \varphi\right).$$

Im Intervall $0 \leqq \varphi \leqq \pi/2$ verläuft die sin-Kurve oberhalb der Sehne, so dass $\sin\varphi \geqq 2\,\varphi/\pi$ ist. Also folgt für $t - h > 0$:

$$(5) \qquad \left| \int\limits_{\mathfrak{h}} e^{ts}\, \frac{f(s)}{s}\, ds \right| \leqq 2\,C \int\limits_{0}^{\pi/2} e^{-(t-h)\,\omega\,(2\varphi/\pi)}\, d\varphi = 2\,C\, \frac{1 - e^{-(t-h)\,\omega}}{(2/\pi)\,(t-h)\,\omega} \to 0$$

für $\omega \to \infty$. Aus (4) und (5) ergibt sich, dass für $t > h$ beim Grenzübergang $\omega \to \infty$ in (3) nur das Integral über die Vertikale, also (2), übrigbleibt, womit man erhält:

$$\int\limits_{0}^{t} F(\tau)\, d\tau = f(0) = \text{const} \qquad \text{für } t > h,$$

also

$$F(t) = 0 \qquad \text{fast überall in } t > h.$$

(Dass der Wert von $\int\limits_{0}^{t} F(\tau)\, d\tau$ für $t > h$ gerade gleich $f(0)$ ist, stimmt damit überein, dass dann $\int\limits_{0}^{\infty} F(\tau)\, d\tau = \mathfrak{L}\{F\}_{s=0} = f(0)$ ist.)

Wenn eine $\mathfrak{L}$-Transformierte die Bedingungen von Satz 1 mit einem gewissen h erfüllt, so ist nicht gesagt, dass dies das kleinste h ist, oberhalb dessen $F(t)$ fast überall verschwindet. Um dieses auf möglichst einfache Weise aus den Eigenschaften von $f(s)$ zu ermitteln, beweisen wir zunächst zwei allgemeine funktionentheoretische Sätze.

Hilfssatz 1 [148]. *Eine Funktion $f(s) = f(x + i\,y)$ sei in einer Halbebene $x > X$ analytisch und in jedem Streifen endlicher Breite $X < x_1 \leqq x \leqq x_2$ beschränkt, so dass*

$$M(x) = \underset{-\infty < y < +\infty}{\text{obere Grenze}} |f(x + i\,y)| \qquad \text{für } x > X$$

definiert ist. Dann existiert

$$(6) \qquad \lim_{x \to \infty} \frac{\log M(x)}{x} = \mu^+.$$

(Der limes kann $\pm\infty$ sein.)

Beweis: Der Satz ist eine Verallgemeinerung des Satzes 8 [I 3. 8] von $\mathfrak{L}$-Transformierten auf beliebige Funktionen und lässt sich genau so beweisen, wobei zu berücksichtigen ist, dass auch im allgemeinen Fall $\log M(x)$ konvex ist (siehe Anhang I, Nr. 59).

Entsprechend existiert für eine in $x < X$ analytische und in jedem Vertikalstreifen beschränkte Funktion der Grenzwert

$$(7) \qquad \lim_{x \to \infty} \frac{\log M(-x)}{x} = \mu^-.$$

Hilfssatz 2. *Eine Funktion $f(s)$ sei für $x > X$ analytisch und erfülle die Bedingung*

$$(8) \qquad |f(x + i\,y)| < e^{h\,x} \quad \text{für } x > X.$$

Dann ergibt sich μ^+ aus den Werten von $f(s)$ für reelle $s = x$ durch

$$(9) \qquad \mu^+ = \limsup_{x \to \infty} \frac{\log |f(x)|}{x}.$$

Beweis: Der Satz folgt aus Satz 9 [I 3. 8], wenn man diesen auf $e^{-h\,s}f(s)$ anwendet.

Entsprechend gilt für eine in $x < X$ analytische Funktion $f(s)$ mit

$$(10) \qquad |f(-x + i\,y)| < e^{h\,x}$$

die Relation

$$(11) \qquad \mu^- = \limsup_{x \to \infty} \frac{\log |f(-x)|}{x}.$$

Statt längs der reellen Achse kann die Grösse lim sup auch längs jeder beliebigen Horizontalen $y = y_0$ gebildet werden, weil für die Funktion $\varphi(s) = f(s + i\,y_0)$ die obere Grenze von $|\varphi(x + i\,y)|$ denselben Wert hat wie die obere Grenze von $|f(x + i\,y)|$.

Diese Ergebnisse wenden wir speziell auf $\mathfrak{L}$-Transformierte an.

Satz 2. *Wenn eine $\mathfrak{L}_I$-Transformierte $f(s)$ eine endliche ist, so hat die untere Grenze b_0 derjenigen b, für welche die Originalfunktion $F(t)$ in $t > b$ eine Nullfunktion ist, den Wert*

$$(12) \qquad b_0 = \mu^- = \lim_{x \to \infty} \frac{\log M(-x)}{x} = \limsup_{x \to \infty} \frac{\log f(-x)}{x}.$$

Beweis: Ist $f(s)$ eine endliche $\mathfrak{L}_I$-Transformierte, so ist insbesondere die Bedingung c) von Satz 1 erfüllt, es existiert also μ^- und ist endlich.

1. Für alle hinreichend grossen x ist

$$M(-x) < e^{(\mu^- + \delta)\,x},$$

also für $x \geqq 0$

$$|f(-x + i\,y)| \leqq M(-x) \leqq C\,e^{(\mu^- + \delta)\,x},$$

folglich nach Satz 1

$$F(t) = 0 \quad \text{fast überall in } t > \mu^- + \delta$$

und daher in $t > \mu^-$, weil δ beliebig klein sein kann.

2. Gäbe es ein $b < \mu^-$ von der Art, dass $F(t) = 0$ fast überall in $t > b$ ist, so wäre nach Satz 1

$$|f(-x + i\,y)| \leqq C\,e^{b\,x},$$

also

$$\mu^- = \lim \frac{\log M(-x)}{x} \leqq b.$$

Das ergäbe einen Widerspruch.

Satz 2 liefert die «genaue» obere Grenze des $\mathfrak{L}_I$-Integrals und bildet das Analogon zu Satz 5 [I 14.3], der für eine $\mathfrak{L}_I$-Transformierte mit Beschränktheitshalbebene als «genaue» untere Grenze des Integrals den Wert

$$a_0 = -\mu^+ = -\lim_{x \to \infty} \frac{\log M(x)}{x} = -\limsup_{x \to \infty} \frac{\log |f(x)|}{x}$$

angibt.

§ 2. Die endliche $\mathfrak{L}_{II}$-Transformation

Wir stellen nun entsprechende Sätze für die $\mathfrak{L}_{II}$-Transformation auf [149].

Satz 1. $f(s) = f(x + i\,y)$ *sei eine* $\mathfrak{L}_{II}$-*Transformierte, die für ein* $s_1 = x_1 + i\,y_1$ *mit* $x_1 < 0$ *und für ein* $s_2 = x_2 + i\,y_2$ *mit* $x_2 > 0$ *(und damit in* $x_1 < x < x_2$*) konvergiert*). Notwendig und hinreichend dafür, dass die Originalfunktion* $F(t)$ *für* $t > h$ *und* $t < -h'$ *fast überall verschwindet* $(-h' \leqq h)$***), sind folgende Bedingungen:*

> a) $f(s)$ *ist eine ganze Funktion.*

> b) $|f(x + i\,y)| \leqq C\,e^{h'\,x}$ $\Big\}$
>
> c) $|f(-x + i\,y)| \leqq C\,e^{h\,x}$ $\Big\}$ *für* $x \geqq 0$.

Bemerkung: $f(s)$ ist wegen b) und c) vom Exponentialtypus.

Beweis: 1. *Notwendigkeit*. Ist

$$(1) \qquad f(s) = \int_{-h'}^{h} e^{-s\,t}\,F(t)\,dt \qquad (-h' \leqq h),$$

so ist $f(s)$ eine ganze Funktion, und es gilt:

$$|f(s)| \leqq \int_{-h'}^{h} e^{-x\,t}\,|F(t)|\,dt \leqq
\begin{cases}
e^{h'\,x} \displaystyle\int_{-h'}^{h} |F(t)|\,d = C\,e^{h'\,x} & \text{für } x \geqq 0 \\[2ex]
e^{-h\,x} \displaystyle\int_{-h'}^{h} |F(t)|\,dt = C\,e^{-h\,x} & \text{für } x \leqq 0.
\end{cases}$$

---

*) Da sie eine endliche $\mathfrak{L}_{II}$-Transformierte sein soll, muss sie sogar für alle s konvergieren. Aber beim Beweis wird nicht mehr gebraucht.

**) h und h' können, abgesehen von dieser Beschränkung, beliebige positive oder negative Zahlen sein.

2. *Hinlänglichkeit*. Da $\mathfrak{L}_{II}\{F\}$ für $0 < x < x_2$ konvergiert, ist nach «Nachträge zu Band I», Satz 7 (S. 256), für alle reellen t

$$\int_{-\infty}^{t} F(\tau)\,d\tau = \text{V.P.}\,\frac{1}{2\,\pi\,i}\int_{\xi-i\infty}^{\xi+i\infty} e^{ts}\,\frac{f(s)}{s}\,ds \qquad (0 < \xi < x_2).$$

Hieraus ergibt sich auf dieselbe Weise wie bei Satz 1 [31.1], dass $\int_{-\infty}^{t} F(\tau)\,d\tau = f(0)$ für $t > h$, also

$$F(t) = 0 \quad \text{fast überall in } t > h.$$

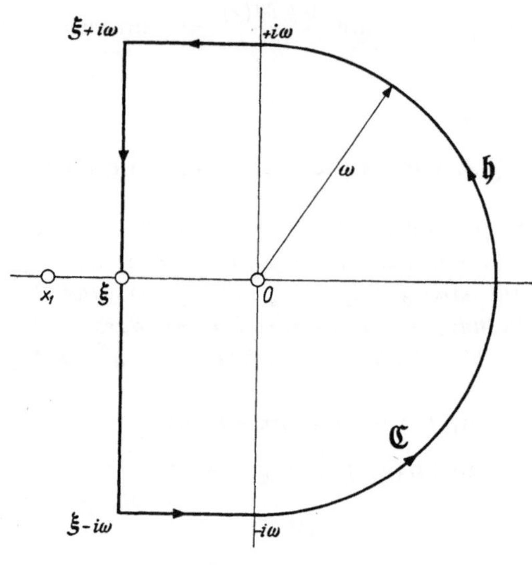

Figur 21

Da ferner $\mathfrak{L}_{II}\{F\}$ für $x_1 < x < 0$ konvergiert, ist nach «Nachträge zu Band I», Satz 8 (S. 257), für alle reellen t

$$(2) \qquad \int_{t}^{\infty} F(\tau)\,d\tau = -\lim_{\omega\to\infty}\frac{1}{2\,\pi\,i}\int_{\xi-i\omega}^{\xi+i\omega} e^{ts}\,\frac{f(s)}{s}\,ds \qquad (x_1 < \xi < 0).$$

Wir betrachten einen geschlossenen, im positiven Sinn durchlaufenen Integrationsweg $\mathfrak{C}$, bestehend aus der vertikalen Strecke $\xi + i\,\omega \cdots \xi - i\,\omega$, den horizontalen Strecken $\xi - i\,\omega \cdots - i\,\omega$, $i\,\omega \cdots \xi + i\,\omega$ und dem Halbkreis $\mathfrak{h}$ um 0 mit dem Radius ω rechts von der imaginären Achse (Figur 21). Dann ist für jedes $\omega > 0$

$$(3) \qquad \frac{1}{2\,\pi\,i}\int_{\mathfrak{C}} e^{ts}\,\frac{f(s)}{s}\,ds = f(0).$$

Auf der oberen horizontalen Strecke ist nach c):

$$\left| \int_{i\omega}^{\xi+i\omega} e^{ts}\,\frac{f(s)}{s}\,ds \right| \leqq \left. \begin{cases} \displaystyle\int_{\xi}^{0} e^{tx}\,\frac{C\,e^{-h\xi}}{\omega}\,dx & \text{für } h \geqq 0 \\[3ex] \displaystyle\int_{\xi}^{0} e^{tx}\,\frac{C}{\omega}\,dx & \text{für } h \leqq 0 \end{cases} \right\} = \frac{C_1}{\omega}\,\frac{1-e^{t\xi}}{t} \to 0$$

für $\omega \to \infty$ bei jedem festen t. Dasselbe gilt für das Integral längs der unteren horizontalen Strecke. Auf dem Halbkreis $\mathfrak{h}$ ist $s = \omega\,e^{i\vartheta}$, $-\pi/2 \leqq \vartheta \leqq +\pi/2$, $ds/s = i\,d\vartheta$, also nach b):

$$\left| \int_{\mathfrak{h}} e^{ts}\,\frac{f(s)}{s}\,ds \right| \leqq \int_{-\pi/2}^{+\pi/2} e^{t\omega\cos\vartheta}\,C\,e^{h'\omega\cos\vartheta}\,d\vartheta = C \int_{-\pi/2}^{+\pi/2} e^{(h'+t)\,\omega\cos\vartheta}\,d\vartheta$$

$$= 2\,C \int_{0}^{\pi/2} e^{(h'+t)\,\omega\cos\vartheta}\,d\vartheta.$$

Im Intervall $0 \leqq \vartheta \leqq \pi/2$ verläuft die cos-Kurve oberhalb der Sehne, so dass $\cos\vartheta \geqq 1 - (2/\pi)\,\vartheta$ ist. Also folgt für $h' + t < 0$:

$$\left| \int_{\mathfrak{h}} e^{ts}\,\frac{f(s)}{s}\,ds \right| \leqq 2\,C \int_{0}^{\pi/2} e^{(h'+t)\,\omega\,[1-(2/\pi)\,\vartheta]}\,d\vartheta = 2\,C\,\frac{1 - e^{(h'+t)\,\omega}}{-(h'+t)\,2\,\omega/\pi} \to 0$$

für $\omega \to \infty$. Daher bleibt für $t < -h'$ beim Grenzübergang $\omega \to \infty$ in (3) nur das Integral über die Vertikale, also (2), übrig, womit man erhält:

$$\int_{i}^{\infty} F(\tau)\,d\tau = f(0) = \text{const} \quad \text{für } t < -h',$$

d. h.

$$F(t) = 0 \quad \text{fast überall in } t < -h'.$$

Satz 2. *Wenn eine $\mathfrak{L}_{\mathrm{II}}$-Transformierte $f(s)$ eine endliche ist, so wird die «genaue» untere Grenze $-H'$ des $\mathfrak{L}_{\mathrm{II}}$-Integrals*) (d. h. die obere Grenze derjenigen Werte $-a$, für welche die Originalfunktion $F(t)$ in $t < -a$ eine Nullfunktion ist) gegeben durch*

$$H' = \mu^{+} = \lim_{x\to\infty} \frac{\log M(x)}{x} = \limsup_{x\to\infty} \frac{\log |f(x)|}{x}$$

---

*) Bei der $\mathfrak{L}_{\mathrm{II}}$-Transformation und auch in den Untersuchungen der folgenden Paragraphen ist es praktisch, die untere Integralgrenze mit $-H'$ und nicht mit H' zu bezeichnen, weil dadurch ein sonst in den Formeln immer wieder auftretendes lästiges Minuszeichen gespart wird, und weil eine echte $\mathfrak{L}_{\mathrm{II}}$-Transformierte nur dann vorliegt, wenn die untere Integralgrenze negativ ist. Bei der $\mathfrak{L}_{\mathrm{I}}$-Transformation, bei der die untere Integralgrenze nie negativ sein kann, würde eine solche Bezeichnungsweise befremdend wirken. Daher ist diese Grenze am Ende von § 1 mit a_0 bezeichnet, wodurch sich $a_0 = -\mu^{+}$ ergibt.

*und die «genaue» obere Grenze H (d. h. die untere Grenze derjenigen Werte b, für
die F(t) in t > b eine Nullfunktion ist) durch*

$$H = \mu^- = \lim_{x \to \infty} \frac{\log M(-x)}{x} = \limsup_{x \to \infty} \frac{\log |f(-x)|}{x} \, .$$

Beweis: Wenn $f(s)$ eine endliche $\mathfrak{L}_{\mathrm{II}}$-Transformierte ist, sind die Bedingungen b) und c) von Satz 1 erfüllt, also existieren μ^+ und μ^- und sind endlich. Der weitere Beweis wird so geführt wie der von Satz 2 [31. 1].

32. KAPITEL

Ganze Funktionen vom Exponentialtypus

§ 1. Darstellung einer ganzen Funktion vom Exponentialtypus als endliche $\mathfrak{L}_{\mathrm{II}}$-Transformierte

In § 2 stellten wir notwendige und hinreichende Bedingungen dafür auf, dass eine $\mathfrak{L}_{\mathrm{II}}$-Transformierte eine solche mit endlichen Integrationsgrenzen ist. Wir fragen nun, wann eine *beliebige* Funktion als endliche $\mathfrak{L}_{\mathrm{II}}$-Transformierte darstellbar ist. Da die $\mathfrak{L}$-Transformierten keine durch innere funktionentheoretische Eigenschaften charakterisierbare Klasse bilden, wird es sich nur um Bedingungen handeln können, die zwar *hinreichend*, aber *nicht notwendig* sind.

Zunächst ist klar, dass $f(s)$ als ganze Funktion vom Exponentialtypus:

$$(I) \qquad\qquad |f(s)| < A\,e^{a|s|}$$

vorauszusetzen ist, weil dies nach Satz 1 [31. 2] eine notwendige Bedingung darstellt. Es fragt sich, wie weit die Bedingungen b) und c), welche die Bedingung (I) wesentlich verschärfen, übernommen und welche weiteren Bedingungen noch hinzugefügt werden müssen. Auf der Suche nach solchen wird man sich daran erinnern, dass eine wichtige Klasse von $\mathfrak{L}_{\mathrm{I}}$-Transformierten diejenigen sind, die eine zu $L^2(0, \infty)$ gehörige Originalfunktion haben. Legt man entsprechend für die $\mathfrak{L}_{\mathrm{II}}$-Transformation eine Originalfunktion aus $L^2(-\infty, +\infty)$ zugrunde, so ist im allgemeinen nach Hilfssatz 1 [I 12. 1] $f(s)$ wenigstens für $s = i\,y$ als

$$f(i\,y) = \operatorname*{l.i.m.}_{\alpha \to \infty} \int\limits_{-\alpha}^{+\alpha} e^{-i y t} F(t)\,dt$$

definiert. Ist speziell die $\mathfrak{L}_{\mathrm{II}}$-Transformation endlich:

$$f(s) = \int\limits_{-H'}^{H} e^{-s t} F(t)\,dt,$$

so braucht $F(t)$ nur zu $L^2(-H', H)$ zu gehören, und $f(s)$ ist für alle s definiert. Nach Hilfssatz 2 [I 12. 1] ist

$$\int\limits_{-\infty}^{+\infty} |f(i\,y)|^2\,dy = 2\,\pi \int\limits_{-\infty}^{+\infty} |F(t)|^2\,dt = 2\,\pi \int\limits_{-H'}^{H} |F(t)|^2\,dt,$$

also jedenfalls

$$\text{(II)} \qquad \int\limits_{-\infty}^{+\infty} |f(i\,y)|^2\, dy < \infty.$$

Es ist nun sehr bemerkenswert, dass die Bedingung (II) zusammen mit (I) bereits ausreicht, um $f(s)$ als endliche $\mathfrak{L}_{II}$-Transformierte auszuweisen, und dass insbesondere die Bedingungen b) und c) von Satz 1 [31.2] überhaupt nicht gebraucht werden.

Ehe wir zu diesem Satz übergehen, beweisen wir den etwas einfacheren Satz, dass die Bedingung (II) auch durch

$$\int\limits_{-\infty}^{+\infty} |f(i\,y)|\, dy < \infty$$

ersetzt werden kann. Ferner sei noch folgende *Bemerkung* vorausgeschickt: Die Bedingung (I) kann auch in der Form geschrieben werden:

$$\varlimsup_{r\to\infty} \frac{\log|f(r\,e^{i\varphi})|}{r} \leq a \quad \text{für } -\pi < \varphi \leq +\pi.$$

Wenn der genaue Wert der links stehenden Grösse für $\varphi = 0$ und $\varphi = \pi$ bekannt ist, kann man nach Satz 2 [31.2] die genaue untere und obere Grenze des $\mathfrak{L}_{II}$-Integrals angeben. Deshalb werden diese Werte in der Formulierung der folgenden Sätze eigens aufgeführt.

Satz 1 [150]. *$f(s)$ sei eine ganze Funktion vom Exponentialtypus, für die reellen Richtungen gelte speziell:*

$$\text{(1)} \qquad \varlimsup_{x\to\infty} x^{-1}\log|f(x)| = H', \qquad \varlimsup_{x\to\infty} x^{-1}\log|f(-x)| = H.$$

Ferner sei

$$\int\limits_{-\infty}^{+\infty} |f(i\,y)|\, dy < \infty.$$

Dann ist

$$f(s) = \int\limits_{-H'}^{H} e^{-st}\, F(t)\, dt,$$

wo die Funktion $F(t)$ durch

$$F(t) = \frac{1}{2\,\pi} \int\limits_{-\infty}^{+\infty} e^{it\,y}\, f(i\,y)\, dy$$

dargestellt wird und für $t < -H'$ und $t > H$ verschwindet). $F(t)$ ist beschränkt und stetig.*

$f(s)$ besitzt als ganze Funktion vom Exponentialtypus ein Indikatordiagramm; dieses ist gleich der Strecke $(-H, H')$.

---

*) Es ist also automatisch $-H' < H$, weil sonst $F(t) \equiv 0$ und $f(s) \equiv 0$ wäre.

$f(s)$ *hat eine* $\mathfrak{L}_I$-*Transformierte*

$$\varphi(u) = \int\limits_0^\infty e^{-us} f(s)\, ds,$$

die ausserhalb der Strecke $(-H, H')$ *analytisch ist.*
Zwischen dieser und $F(t)$ *bestehen die Beziehungen:*

$$\varphi(u) = \int\limits_{-H'}^{H} \frac{F(t)}{t+u}\, dt,$$

$$F(-t) = \lim_{\varepsilon \to 0} \frac{1}{2\pi i}\left[\varphi(t - i\,\varepsilon) - \varphi(t + i\,\varepsilon)\right].$$

Beweis: Nach I 10.2 kann das $\mathfrak{L}$-Integral über $f(s)$ längs jedes Strahles $\arg s = \vartheta$ erstreckt werden. Für $\vartheta = \pm\pi/2$ ist $s = \pm i\,y\ (y \geqq 0)$, also mit $u = \xi + i\,\eta$:

$$\varphi(u) = \pm i \int\limits_0^\infty e^{\mp(\xi + i\eta)iy} f(\pm i\,y)\, dy = \pm i \int\limits_0^\infty e^{\pm\eta y \mp i\xi y} f(\pm i\,y)\, dy.$$

Wegen $\int\limits_0^\infty |f(\pm i\,y)|\, dy < \infty$ konvergiert das Integral im Falle $\vartheta = \pi/2$ für $\eta \leqq 0$, im Falle $\vartheta = -\pi/2$ für $\eta \geqq 0$. $\varphi(u)$ ist daher unterhalb und oberhalb der reellen Achse analytisch. – Ferner ist nach (1)

$$|f(x)| < K\, e^{(H'+\delta)x}, \quad |f(-x)| < K\, e^{(H+\delta)x} \qquad (x \geqq 0),$$

also für $\vartheta = 0$ das Integral wegen

$$|\varphi(u)| = \left|\int\limits_0^\infty e^{-ux} f(x)\, dx\right| < K \int\limits_0^\infty e^{-(u-H'-\delta)x}\, dx$$

für $u > H' + \delta$ konvergent, während es für $\vartheta = \pi$ wegen

$$|\varphi(u)| = \left|-\int\limits_0^\infty e^{ux} f(-x)\, dx\right| < K \int\limits_0^\infty e^{(u+H+\delta)x}\, dx$$

für $u < -H - \delta$ konvergiert. Also ist, da δ beliebig klein sein kann, $\varphi(u)$ für $\Re u > H'$ und $\Re u < -H$ analytisch.

Da $\varphi(u)$ in $s = \infty$ holomorph ist, so ergibt sich insgesamt, dass $\varphi(u)$ in der durch $u = \infty$ abgeschlossenen Ebene, aus der die Strecke $(-H, H')$ herausgenommen ist, analytisch ist, d. h. die konvexe Hülle der Singularitäten ist die Strecke $(-H, H')$. Das Indikatordiagramm von $f(s)$ ist das Spiegelbild dieser Singularitätenhülle an der reellen Achse (I, S. 379), also ebenfalls die Strecke $(-H, H')$. Die Fusspunktkurve (I, S. 382) des Indikatordiagramms, an der die Länge des Indikators $k(\varphi)$ für jede Richtung φ abgelesen werden kann, besteht daher aus den zwei Kreisen (Figur 22) über (O, H') und $(-H, O)$.

Wie oben bemerkt, erhält man $\varphi(u)$ in der oberen bzw. unteren Halbebene, indem man das $\mathfrak{L}$-Integral über $\vartheta = -\pi/2$ bzw. $\vartheta = \pi/2$, d. h. $s = -iy$ bzw. $s = iy$ erstreckt. Es ist also für $\varepsilon > 0$ und beliebiges reelles t:

$$\varphi(t + i\varepsilon) = -i \int_0^\infty e^{-(t+i\varepsilon)(-iy)} f(-iy)\, dy = -i \int_{-\infty}^0 e^{-tiy+\varepsilon y} f(iy)\, dy,$$

$$\varphi(t - i\varepsilon) = i \int_0^\infty e^{-(t-i\varepsilon)iy} f(iy)\, dy = i \int_0^\infty e^{-tiy-\varepsilon y} f(iy)\, dy,$$

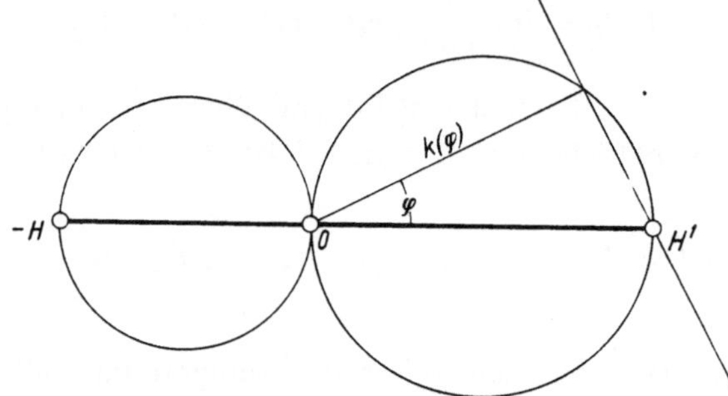

Figur 22

folglich

$$\varphi(t - i\varepsilon) - \varphi(t + i\varepsilon) = i \int_{-\infty}^{+\infty} e^{-tiy-\varepsilon|y|} f(iy)\, dy.$$

Dieses Integral konvergiert gleichmässig für $\varepsilon \geqq 0$, weil $\int_{-\infty}^{+\infty} |f(iy)|\, dy < \infty$ vorausgesetzt wurde. Es strebt also für $\varepsilon \to \infty$ gegen

$$\int_{-\infty}^{+\infty} e^{-tiy} f(iy)\, dy.$$

Diese Funktion bezeichnen wir mit $2\pi F(-t)$:

$$(2) \qquad F(-t) = \frac{1}{2\pi} \int_{-\infty}^{+\infty} e^{-tiy} f(iy)\, dy.$$

Dann hat sich ergeben (t beliebig reell):

$$(3) \qquad F(-t) = \frac{1}{2\pi i} \lim_{\varepsilon \to 0} [\varphi(t - i\varepsilon) - \varphi(t + i\varepsilon)].$$

Nun ist aber $\varphi(u)$ ausserhalb der Strecke $(-H, H')$ analytisch, so dass für $t < -H$ und $t > H'$

$$\lim_{\varepsilon \to 0} \varphi(t - i\varepsilon) = \lim_{\varepsilon \to 0} \varphi(t + i\varepsilon), \quad \text{also } F(-t) = 0$$

ist. Das bedeutet, dass

$$(4) \qquad\qquad F(t) = 0 \quad \text{für } t > H \ \text{ und } t < -H'$$

ist. Übrigens ist $F(t)$ auf Grund der Definition (2) nach I, S. 198 beschränkt und stetig. Nach (2) ist $F(t)$ die Fourier-Transformierte einer Funktion $f(i\,y)$ mit konvergentem $\int\limits_{-\infty}^{+\infty} |f(i\,y)|\,dy$, die als analytische Funktion stetig und in jedem Intervall von beschränkter Variation ist. Also ist nach Satz 1 [I 4.2]

$$f(i\,y) = \int\limits_{-\infty}^{+\infty} e^{-i\,y\,t} F(t)\,dt,$$

oder, da $F(t)$ ausserhalb $(-H', H)$ verschwindet:

$$f(i\,y) = \int\limits_{-H'}^{H} e^{-i\,y\,t} F(t)\,dt.$$

Hierin ist y reell. Nun ist aber $f(s)$ für alle s analytisch, und das Integral konvergiert auch für alle s, wenn $i\,y$ durch s ersetzt wird, und stellt eine analytische Funktion dar. Also ist

$$f(s) = \int\limits_{-H'}^{H} e^{-s\,t} F(t)\,dt.$$

Damit ist das Hauptziel erreicht. Die hier auftretende Originalfunktion $F(t)$ hängt mit φ durch (3) zusammen. Diese Beziehung lässt sich umkehren. Es ist

$$\varphi(u) = \int\limits_{0}^{\infty} e^{-u\,s} f(s)\,ds = \int\limits_{0}^{\infty} e^{-u\,s} \int\limits_{-H'}^{H} e^{-s\,t} F(t)\,dt = \int\limits_{-H'}^{H} F(t)\,dt \int\limits_{0}^{\infty} e^{-s(u+t)}\,ds,$$

wenn das Integral $\int\limits_{0}^{\infty} e^{-s(u+t)}\,ds$ für $-H' \leqq t \leqq H$ gleichmässig konvergiert. Das ist sicher der Fall, wenn $\Re u + t \geqq \varepsilon > 0$ oder, da $t \geqq -H'$, wenn $\Re u - H' \geqq \varepsilon$ ist. Also ist

$$(5) \qquad\qquad \varphi(u) = \int\limits_{-H'}^{H} \frac{F(t)}{u+t}\,dt$$

für $\Re u \geqq H' + \varepsilon$. Die rechte Seite ist ein Cauchysches Integral längs einer Strecke, also bekanntlich in der ganzen Ebene mit Ausnahme dieser Strecke konvergent und analytisch. Für $\Re u > H'$ stimmt es mit der in demselben Gebiet analytischen Funktion $\varphi(u)$ überein, also stimmt es mit ihr in dem ganzen Gebiet überein.

(5) besagt, dass $\varphi(u)$ die (endliche) *Stieltjes- oder Hilbert-Transformierte* von $F(t)$ ist, (3) stellt eine *Umkehrungsformel* für diese Transformation dar [151].

Bemerkung: Unter den Voraussetzungen von Satz 1 ist auch

$$\int_{-\infty}^{+\infty} |f(i\,y)|^2\, dy < \infty.$$

Denn $F(t)$ ist beschränkt und ausserhalb $(-H', H)$ gleich 0, gehört also zu $L^2(-\infty, +\infty)$. Daher gehört nach Hilfssatz 1 und 3 [I 12.1] auch

$$f(i\,y) = \int_{-H'}^{H} e^{-iyt} F(t)\, dt = \operatorname*{l.i.m.}_{\alpha \to \infty} \int_{-\alpha}^{+\alpha} e^{-iyt} F(t)\, dt$$

zu $L^2(-\infty, +\infty)$.

Satz 2[152]. *$f(s)$ sei eine ganze Funktion vom Exponentialtypus, für die reellen Richtungen gelte speziell:*

$$(6) \qquad \varlimsup_{x \to \infty} x^{-1} \log |f(x)| = H', \qquad \varlimsup_{x \to \infty} x^{-1} \log |f(-x)| = H.$$

*Ferner sei**)

$$\int_{-\infty}^{+\infty} |f(i\,y)|^2\, dy < \infty.$$

Dann ist

$$f(s) = \int_{-H'}^{H} e^{-st} F(t)\, dt,$$

wo die Funktion $F(t)$ durch

$$F(t) = \operatorname*{l.i.m.}_{\alpha \to \infty} \frac{1}{2\pi} \int_{-\alpha}^{+\alpha} e^{ity} f(i\,y)\, dy$$

definiert ist und für $t < -H'$ und $t > H$ verschwindet. $F(t)$ gehört zu $L^2(-H', H)$. Ferner gelten die gleichen Aussagen wie in der zweiten Hälfte von Satz 1.

Beweis: Wie beim Beweis von Satz 1 kann das $\mathfrak{L}$-Integral über $f(s)$ längs jeden Strahles $\arg s = \vartheta$ erstreckt werden. Für $\vartheta = \pi/2$ ist das Integral für alle $u = \xi + i\,\eta$ mit $\eta < 0$ konvergent, weil nach der Cauchy-Schwarzschen Ungleichung

$$\left| i \int_0^\infty e^{-(\xi + i\eta) iy} f(i\,y)\, dy \right|^2 = \left| \int_0^\infty e^{\eta y} e^{-i\xi y} f(i\,y)\, dy \right|^2 \leq \int_0^\infty e^{2\eta y}\, dy \int_0^\infty |f(i\,y)|^2\, dy$$

ist. Ebenso ist das Integral mit $\vartheta = -\pi/2$ für alle u mit $\eta > 0$ konvergent. Für $\vartheta = 0$ und $\vartheta = \pi$ bleibt die Aussage bei Satz 1 gültig, so dass wie dort $\varphi(u)$ sich als analytisch in der ganzen Ebene, aus der 'die Strecke $(-H, H')$ entfernt ist, erweist. Hieraus ergibt sich wie bei Satz 1, dass das Indikatordia-

---

*) In Satz 2 sind die Integrale im Lebesgueschen Sinne zu verstehen.

gramm von $f(s)$ die Strecke $(-H, H')$ ist, und weiterhin, dass

$$\varphi(t - i\,\varepsilon) - \varphi(t + i\,\varepsilon) = i \int\limits_{-\infty}^{+\infty} e^{-tiy - \varepsilon|y|}\, f(i\,y)\, dy$$

gilt. Die weiteren Schlüsse aber müssen modifiziert werden[153]. Es ist (siehe S. 236)

$$\varphi(t - i\,\varepsilon) = i \int\limits_{0}^{\infty} e^{-(\varepsilon + it)y}\, f(i\,y)\, dy = i\,\mathfrak{L}\{f(i\,y)\}_{\varepsilon + it}.$$

Da $f(i\,y)$ zu $L^2(0, \infty)$ gehört, existiert nach Satz 1 [I 12.2]

$$F^-(-t) = \underset{\alpha \to \infty}{\text{l.i.m.}}\ i \int\limits_{0}^{\alpha} e^{-ity}\, f(i\,y)\, dy,$$

und die $\mathfrak{L}$-Transformierte $\varphi(t - i\,\varepsilon)$ strebt für $\varepsilon \to 0$ gegen diese Randfunktion für fast alle t punktweise (und auch im quadratischen Mittel). Ebenso ist (S. 236)

$$\varphi(t + i\,\varepsilon) = -i \int\limits_{0}^{\infty} e^{-(\varepsilon - it)y}\, f(-i\,y)\, dy,$$

und da $f(-i\,y)$ zu $L^2(0, \infty)$ gehört, so existiert die Randfunktion

$$F^+(-t) = -\underset{\alpha \to \infty}{\text{l.i.m.}}\ i \int\limits_{0}^{\alpha} e^{-(-it)y}\, f(-i\,y)\, dy,$$

gegen die $\varphi(t + i\,\varepsilon)$ für $\varepsilon \to 0$ für fast alle t punktweise (und im quadratischen Mittel) konvergiert. Also ist für fast alle t:

$$\lim_{\varepsilon \to 0}\big[\varphi(t - i\,\varepsilon) - \varphi(t + i\,\varepsilon)\big] = F^-(-t) - F^+(-t)$$

$$(7) \qquad\qquad = \underset{\alpha \to \infty}{\text{l.i.m.}}\ i \int\limits_{0}^{\alpha} e^{-ity}\, f(i\,y)\, dy + \underset{\alpha \to \infty}{\text{l.i.m.}}\ i \int\limits_{-\alpha}^{0} e^{-ity}\, f(i\,y)\, dy.$$

Nun gilt aber allgemein folgender Satz: Wenn

$$\underset{\alpha \to \infty}{\text{l.i.m.}}\,\psi_\alpha^{(1)}(t) = \psi^{(1)}(t) \quad \text{und} \quad \underset{\alpha \to \infty}{\text{l.i.m.}}\,\psi_\alpha^{(2)}(t) = \psi^{(2)}(t)$$

ist, so ist

$$\underset{\alpha \to \infty}{\text{l.i.m.}}\big[\psi_\alpha^{(1)}(t) + \psi_\alpha^{(2)}(t)\big] = \psi^{(1)}(t) + \psi^{(2)}(t).$$

Denn die Voraussetzungen bedeuten:

$$\int\limits_{-\infty}^{+\infty} |\psi^{(1)}(t) - \psi_\alpha^{(1)}(t)|^2\, dt \to 0, \qquad \int\limits_{-\infty}^{+\infty} |\psi^{(2)}(t) - \psi_\alpha^{(2)}(t)|^2\, dt \to 0.$$

Da nach der Minkowskischen Ungleichung (Anhang I, Nr. 11)

$$\left\{ \int\limits_{-\infty}^{+\infty} \big|[\psi^{(1)}(t) - \psi_\alpha^{(1)}(t)] + [\psi^{(2)}(t) - \psi_\alpha^{(2)}(t)]\big|^2 \, dt \right\}^{1/2}$$

$$\leqq \left\{ \int\limits_{-\infty}^{+\infty} |\psi^{(1)}(t) - \psi_\alpha^{(1)}(t)|^2 \, dt \right\}^{1/2} + \left\{ \int\limits_{-\infty}^{+\infty} |\psi^{(2)}(t) - \psi_\alpha^{(2)}(t)|^2 \, dt \right\}^{1/2}$$

ist, so ergibt sich

$$\int\limits_{-\infty}^{+\infty} \big|[\psi^{(1)}(t) + \psi^{(2)}(t)] - [\psi_\alpha^{(1)}(t) + \psi_\alpha^{(2)}(t)]\big|^2 \, dt \to 0;$$

das ist die Behauptung.

Infolgedessen kann man statt (7) schreiben:

$$\lim_{\varepsilon \to 0}\big[\varphi(t - i\,\varepsilon) - \varphi(t + i\,\varepsilon)\big] = \underset{\alpha \to \infty}{\text{l.i.m.}}\; i \int\limits_{-\alpha}^{+\alpha} e^{-ity} f(i\,y)\, dy.$$

Wir setzen:

$$\underset{\alpha \to \infty}{\text{l.i.m.}}\; \frac{1}{2\,\pi} \int\limits_{-\alpha}^{+\alpha} e^{-ity} f(i\,y)\, dy = F(-t).$$

Dann hat sich ergeben: Für fast alle t ist

$$F(-t) = \frac{1}{2\,\pi\,i}\; \lim_{\varepsilon \to 0}\big[\varphi(t - i\,\varepsilon) - \varphi(t + i\,\varepsilon)\big].$$

Da $\varphi(u)$ ausserhalb der Strecke $(-H, H')$ analytisch ist, folgt:

$$F(-t) = 0 \quad \text{für fast alle } t < -H \quad \text{und} \quad t > H',$$

also

$$F(t) = 0 \quad \text{für fast alle } t > H \quad \text{und} \quad t < -H'.$$

Weil $f(i\,y)$ zu $L^2(-\infty, +\infty)$ gehört und

$$(8) \qquad F(t) = \underset{\alpha \to \infty}{\text{l.i.m.}}\; \frac{1}{2\,\pi} \int\limits_{-\alpha}^{+\alpha} e^{ity} f(i\,y)\, dy$$

ist, so ist nach Hilfssatz 1 [I 12.1]

$$\int\limits_{-\infty}^{+\infty} |F(t)|^2 \, dt = \int\limits_{-H'}^{H} |F(t)|^2 \, dt < \infty$$

und

$$f(i\,y) = \underset{\alpha \to \infty}{\text{l.i.m.}}\; \int\limits_{-\alpha}^{+\alpha} e^{-iyt} F(t)\, dt.$$

Da

$$\lim_{\alpha \to \infty} \int_{-\alpha}^{+\alpha} e^{-iyt}\, F(t)\, dt = \int_{-H'}^{H} e^{-iyt}\, F(t)\, dt$$

existiert, können wir statt dessen schreiben:

$$f(i\,y) = \int_{-H'}^{H} e^{-iyt}\, F(t)\, dt.$$

Von hier an läuft der Beweis genau so weiter wie der von Satz 1.

Lässt man in Satz 2 die Gleichungen (6) weg, so kann man auf Grund der Voraussetzung, dass $f(s)$ vom Exponentialtypus, also

$$|f(s)| < A\, e^{a\,|s|}$$

ist, nur sagen, dass $H' \leqq a$, $H \leqq a$, also

$$(9) \qquad f(s) = \int_{-a}^{+a} e^{-st}\, F(t)\, dt$$

ist. Satz 2 besagt dann, dass eine ganze Funktion $f(s)$ vom Exponentialtypus mit $\int_{-\infty}^{+\infty} |f(i\,y)|^2\, dy < \infty$ die endliche $\mathfrak{L}_{\mathrm{II}}$-Transformierte (9) einer Funktion $F(t)$ aus L^2 ist*). Wie schon S. 234 bemerkt wurde, hat umgekehrt die endliche $\mathfrak{L}_{\mathrm{II}}$-Transformierte mit einer Originalfunktion aus L^2 die Eigenschaft (II). Also ergibt sich:

Satz 3. *Notwendig und hinreichend dafür, dass eine ganze Funktion $f(s)$ vom Exponentialtypus sich als endliche $\mathfrak{L}_{\mathrm{II}}$-Transformierte einer Funktion $F(t)$ aus L^2 darstellen lässt, ist die Bedingung* $\int_{-\infty}^{+\infty} |f(i\,y)|^2\, dy < \infty.$

Zusatz: Die Funktion $F(t)$ ergibt sich aus $f(s)$ durch Formel (8). Auf Grund von Satz 2 [31. 2] folgt umgekehrt auch Satz 2 aus Satz 3 [154].

Ersetzt man s durch $i\,s$, so nimmt die $\mathfrak{L}_{\mathrm{II}}$-Transformierte die Gestalt einer Fourier-Transformierten an, und Satz 3 erhält folgende Form, in der er sonst in der Literatur auftritt [155]:

Satz 4. *Notwendig und hinreichend dafür, dass eine ganze Funktion $g(y)$ vom Exponentialtypus sich als endliche Fourier-Transformierte*

$$g(y) = \int_{-a}^{+a} e^{-iyx}\, G(x)\, dx$$

---

*) Wenn hier und im folgenden von L^2 ohne nähere Bezeichnung die Rede ist, so ist die Klasse der Funktionen gemeint, deren Quadrat in einem *gewissen endlichen* Intervall im Lebesgueschen Sinn summierbar ist.

einer Funktion $G(x)$ aus L^2 darstellen lässt, ist die Bedingung $\int\limits_{-\infty}^{+\infty} |g(y)|^2\, dy < \infty$.

Zusatz: $G(x)$ ist die $\mathfrak{F}^2$-Transformierte

$$G(x) = \frac{1}{2\pi}\, \underset{\alpha \to \infty}{\text{l.i.m.}} \int\limits_{-\alpha}^{+\alpha} e^{ixy}\, g(y)\, dy$$

von $g(y)$. Diese Transformierte verschwindet fast überall für $|x| > a$.

Man kann Satz 4 auch in inverser Gestalt aussprechen:

Satz 5. *Damit eine zu $L^2(-\infty, +\infty)$ gehörige Funktion $g(y)$ eine $\mathfrak{F}^2$-Trans-formierte $G(x)$ besitzt, die ausserhalb eines endlichen Intervalls verschwindet, ist notwendig und hinreichend, dass $g(y)$ mit einer ganzen Funktion vom Exponen-tialtypus für die reellen Werte der Variablen fast überall übereinstimmt.*

Beweis: Wenn $\int\limits_{-\infty}^{+\infty} |g(y)|^2\, dy < \infty$ ist, so existiert nach Hilfssatz 1 [I 12. 1]

die $\mathfrak{F}^2$-Transformierte

$$G(x) = \frac{1}{2\pi}\, \underset{\alpha \to \infty}{\text{l.i.m.}} \int\limits_{-\alpha}^{+\alpha} e^{ixy}\, g(y)\, dy,$$

und es ist (y reell)

$$g(y) = \underset{\alpha \to \infty}{\text{l.i.m.}} \int\limits_{-\alpha}^{+\alpha} e^{-iyx}\, G(x)\, dx.$$

a) Wenn $G(x) = 0$ fast überall in $|x| > a$ ist, so existiert

$$\int\limits_{-a}^{+a} e^{-iyx}\, G(x)\, dx = g^*(y)$$

für alle komplexen y, und nach Hilfssatz 3 [I 12. 1] ist $g(y) = g^*(y)$ für fast alle reellen y. $g^*(y)$ ist eine ganze Funktion vom Exponentialtypus, also stimmt $g(y)$ mit einer solchen für fast alle reellen Werte der Variablen überein.

b) Stimmt $g(y)$ für fast alle reellen y mit einer ganzen Funktion $g^*(y)$ vom Exponentialtypus überein, so ist $\int\limits_{-\infty}^{+\infty} |g^*(y)|^2\, dx < \infty$, und daher verschwindet nach Satz 4, Zusatz, die $\mathfrak{F}^2$-Transformierte

$$G(x) = \frac{1}{2\pi}\, \underset{\alpha \to \infty}{\text{l.i.m.}} \int\limits_{-\alpha}^{+\alpha} e^{ixy}\, g^*(y)\, dy$$

für $|x| > a$ fast überall. Dann gilt aber dasselbe für die mit g statt g^* gebildete $\mathfrak{F}^2$-Transformierte.

Wir fügen noch einige *Bemerkungen* zu den Sätzen 1 und 2 hinzu.

1. Wenn speziell $H' \leqq 0$ ist, so ist $f(s)$ eine endliche $\mathfrak{L}_1$-Transformierte.

2. Die $\mathfrak{L}_1$-Transformierte von $f(s)$: $\varphi(u) = \mathfrak{L}_1\{f\}$ hat die Strecke $(-H, H')$ als konvexe Singularitätenhülle. Die Punkte $u = -H$ und $u = H'$ sind also stets singuläre Punkte von $\varphi(u)$. Wenn sie die einzigen sind, so müssen sie

Verzweigungspunkte sein. Denn wenn φ in ihrer Umgebung eindeutig wäre, so wären die Uferwerte $\lim\limits_{\varepsilon \to 0}\varphi(t - i\,\varepsilon)$ und $\lim\limits_{\varepsilon \to 0}\varphi(t + i\,\varepsilon)$ in $-H < t < H'$ gleich, also nach (3) $F(t) = 0$ für $-H' < t < H$, d. h. F wäre identisch 0 und damit auch $f(s)$. – Wenn noch weitere singuläre Punkte vorhanden sind, die Punkte $-H$ und H' aber isoliert liegen, so müssen sie ebenfalls Verzweigungspunkte sein, weil sonst $F(t)$ ein Stück weit rechts von $-H'$ und links von H gleich 0 wäre, so dass die wahren Integrationsgrenzen in $f(s) = \mathfrak{L}_{II}\{F\}$ weiter innen lägen. Das hätte zur Folge, dass $\varlimsup\limits_{x \to \infty} x^{-1} \log|f(x)| < H'$ und $\varlimsup\limits_{x \to \infty} x^{-1} \log|f(-x)| < H$ wäre.

§ 2. Der quadratische Mittelwert *m(x)* für die endliche $\mathfrak{L}_{II}$-Transformierte mit einer Originalfunktion der Klasse *L²*

Durch Satz 3 [32.1] wissen wir, dass folgende zwei Funktionsklassen dieselben sind:

Die ganzen Funktionen $f(s)$ vom Exponentialtypus mit $\int\limits_{-\infty}^{+\infty} |f(i\,y)|^2\, dy < \infty$;

die endlichen $\mathfrak{L}_{II}$-Transformierten $\mathfrak{L}_{II}(F)$ mit $F(t)$ aus L^2.

Im folgenden beschäftigen wir uns mit dem quadratischen Mittelwert

$$m(x) = \frac{1}{2\pi} \int\limits_{-\infty}^{+\infty} |f(x + i\,y)|^2\, dy$$

für Funktionen $f(s)$ dieser Klasse [156].

Eine $\mathfrak{L}_I$-Transformierte $f(s) = \mathfrak{L}_I\{F\}$ mit F aus $L^2(0, \infty)$ hat die Eigenschaft, dass

$$\int\limits_{-\infty}^{+\infty} |f(x + i\,y)|^2\, dy \leqq \int\limits_{-\infty}^{+\infty} |f(i\,y)|^2\, dy \quad \text{für } x \geqq 0$$

ist, wo $f(i\,y)$ durch

$$f(i\,y) = \operatorname*{l.i.m.}_{\alpha \to \infty} \int\limits_{0}^{\alpha} e^{-i\,y\,t}\, F(t)\, dt$$

definiert ist (Satz 1 [I 12.2]). Für eine $\mathfrak{L}_{II}$-Transformierte mit F aus $L^2(-\infty, +\infty)$ gilt naturgemäss ein analoger Satz im allgemeinen nicht, da eine solche nur auf $x = 0$ zu existieren braucht. Ist das $\mathfrak{L}_{II}$-Integral aber ein endliches, so besteht der folgende [157]

Satz 1. *$f(s)$ sei eine ganze Funktion vom Exponentialtypus, für die reellen Richtungen gelte speziell:*

$$\varlimsup\limits_{x \to \infty} x^{-1} \log|f(x)| = H', \quad \varlimsup\limits_{x \to \infty} x^{-1} \log|f(-x)| = H.$$

Ferner sei

$$\int\limits_{-\infty}^{+\infty} |f(i\,y)|^2\, dy < \infty,$$

so dass $f(s)$ eine endliche $\mathfrak{L}_{II}$-Transformierte ist. Dann gilt:

$$
(1) \qquad \int_{-\infty}^{+\infty} |f(x+iy)|^2\,dy \leq
\begin{cases}
e^{2xH'} \displaystyle\int_{-\infty}^{+\infty} |f(iy)|^2\,dy & \textit{für } x \geq 0 \\[2em]
e^{-2xH} \displaystyle\int_{-\infty}^{+\infty} |f(iy)|^2\,dy & \textit{für } x \leq 0.
\end{cases}
$$

Beweis: Nach Satz 2 [32. 1] ist

$$
f(s) = \int_{-H'}^{H} e^{-st} F(t)\,dt, \quad \text{also } f(x+iy) = \int_{-H'}^{H} e^{-iyt} e^{-xt} F(t)\,dt,
$$

wobei $F(t)$ und folglich auch $e^{-xt} F(t)$ zu $L^2(-H', H)$ gehört. Nach Hilfssatz 2 und 3 [I 12. 1] ist daher

$$
\int_{-\infty}^{+\infty} |f(x+iy)|^2\,dy = 2\pi \int_{-H'}^{H} e^{-2xt} |F(t)|^2\,dt
$$

$$
\leq 2\pi \int_{-H'}^{H} |F(t)|^2\,dt
\begin{cases}
e^{2xH'} & \text{für } x \geq 0 \\[1em]
e^{-2xH} & \text{für } x \leq 0.
\end{cases}
$$

Speziell für $x = 0$ ist

$$
\int_{-\infty}^{+\infty} |f(iy)|^2\,dy = 2\pi \int_{-H'}^{H} |F(t)|^2\,dt.
$$

Damit ergibt sich die Behauptung.

Dieser Satz lässt sich umkehren [158]:

Satz 2. *$f(s)$ sei eine ganze Funktion, bei der für jedes x*

$$
\int_{-\infty}^{+\infty} |f(x+iy)|^2\,dy
$$

existiert. Diese Grösse erfülle mit zwei Zahlen H, $H'(-H' < H)$ die Bedingung (1). Dann ist $f(s)$ eine $\mathfrak{L}_{II}$-Transformierte, deren Originalfunktion $F(t)$ für $t < -H'$ und $t > H$ fast überall verschwindet, d. h. es ist

$$
f(s) = \int_{-H'}^{H} e^{-st} F(t)\,dt.
$$

Beweis: Zu jedem $f(x+iy)$ als Funktion von y existiert die $\mathfrak{F}^2$-Transformierte

$$
\underset{\alpha \to \infty}{\text{l.i.m.}} \frac{1}{2\pi} \int_{-\alpha}^{+\alpha} e^{ity} f(x+iy)\,dy = F_x(t),
$$

die zu $L^2(-\infty, +\infty)$ gehört und von x abhängt. Da aber $\int\limits_{-\infty}^{+\infty} |f(x + iy)|^2\, dy$ in jedem endlichen Intervall beschränkt ist, ist diese Abhängigkeit sehr einfach, es ist nämlich

$$F_x(t) = e^{-xt} F(t),$$

wo $F(t)$ von x unabhängig ist [159]. Umgekehrt ist $f(x + iy)$ folgende $\mathfrak{F}^2$-Transformierte von $F_x(t)$:

$$f(x + iy) = \underset{\alpha \to \infty}{\mathrm{l.i.m.}} \int\limits_{-\alpha}^{+\alpha} e^{-iyt} e^{-xt} F(t)\, dt,$$

d. h.

$$(2) \qquad f(s) = \underset{\alpha \to \infty}{\mathrm{l.i.m.}} \int\limits_{-\alpha}^{+\alpha} e^{-st} F(t)\, dt,$$

wobei sich l. i. m. auf die Abhängigkeit von y bei festem x bezieht. Nach der Parsevalschen Gleichung (Hilfssatz 2 [I 12. 1]) ist

$$(3) \qquad \frac{1}{2\pi} \int\limits_{-\infty}^{+\infty} |f(x + iy)|^2\, dy = \int\limits_{-\infty}^{+\infty} e^{-2xt} |F(t)|^2\, dt.$$

Angenommen, $F(t)$ wäre nicht fast überall 0 in einem Intervall $H < \alpha \leqq t \leqq \beta$, so wäre für $x < 0$

$$\frac{1}{2\pi} \int\limits_{-\infty}^{+\infty} |f(x + iy)|^2\, dy \geqq e^{-2x\alpha} \int\limits_{\alpha}^{\beta} |F(t)|^2\, dt.$$

Für hinreichend grosse $|x|$ wäre das ein Widerspruch zu der ersten Voraussetzung (1). Analog ergibt sich, dass $F(t)$ in jedem Intervall links von $-H'$ fast überall verschwinden muss. — Man kann das auch folgendermassen erschliessen: Die $\mathfrak{L}_{II}$-Transformierte

$$\varphi(s) = \int\limits_{-\infty}^{+\infty} e^{-st} |F(t)|^2\, dt$$

konvergiert für alle reellen $s = x$, also für alle s und ist demnach eine ganze Funktion. Ferner ist für $x \geqq 0$:

$$|\varphi(x + iy)| \;\leqq \varphi(x) \;= \frac{1}{2\pi} \int\limits_{-\infty}^{+\infty} \left|f\left(\frac{x}{2} + iy\right)\right|^2 dy \;\leqq \frac{1}{2\pi}\, e^{xH'} \int\limits_{-\infty}^{+\infty} |f(iy)|^2\, dy,$$

$$|\varphi(-x + iy)| \leqq \varphi(-x) = \frac{1}{2\pi} \int\limits_{-\infty}^{+\infty} \left|f\left(-\frac{x}{2} + iy\right)\right|^2 dy \leqq \frac{1}{2\pi}\, e^{xH} \int\limits_{-\infty}^{+\infty} |f(iy)|^2\, dy,$$

folglich $|F(t)|^2 = 0$ fast überall in $t > H$ und $t < -H'$ nach Satz 1 [31. 2]. Dann ist natürlich $F(t) = 0$ in demselben Bereich.

Da somit

$$(4) \qquad \int\limits_{-\infty}^{+\infty} e^{-st} F(t)\, dt = \int\limits_{-H'}^{H} e^{-st} F(t)\, dt$$

für alle s konvergiert, kann in (2) die rechte Seite durch (4) ersetzt werden.

Die Grenzen des Integrals für $f(s)$ sind dieselben wie die für $\varphi(s)$. Nach Satz 2 [31.2] werden letztere gegeben durch

$$H' = \lim_{x \to \infty} x^{-1} \log M(x), \quad H = \lim_{x \to \infty} x^{-1} \log M(-x)$$

(M genommen in bezug auf φ). Nun ist aber für $\varphi(s)$: $M(x) = \varphi(x)$, und weiterhin ist nach (3):

$$\varphi(x) = \frac{1}{2\pi} \int\limits_{-\infty}^{+\infty} \left| f\left(\frac{x}{2} + i\,y\right) \right|^2 dy.$$

Andererseits ist nach Satz 2 [31.2], diesmal auf $f(s)$ bezogen:

$$H' = \varlimsup_{x \to \infty} x^{-1} \log |f(x)|, \quad H = \varlimsup_{x \to \infty} x^{-1} \log |f(-x)|.$$

Damit ergibt sich [160]:

Satz 3. *Für eine ganze Funktion $f(s)$ vom Exponentialtypus mit*

$$\int\limits_{-\infty}^{+\infty} |f(i\,y)|^2\, dy < \infty$$

existieren alle Integrale $\int\limits_{-\infty}^{+\infty} |f(x + i\,y)|^2\, dy$, und es ist

$$H' = \varlimsup_{x \to \infty} x^{-1} \log |f(x)| \quad = \lim_{x \to \infty} x^{-1} \log \int\limits_{-\infty}^{+\infty} \left| f\left(\frac{x}{2} + i\,y\right) \right|^2 dy,$$

$$H = \varlimsup_{x \to \infty} x^{-1} \log |f(-x)| = \lim_{x \to \infty} x^{-1} \log \int\limits_{-\infty}^{+\infty} \left| f\left(-\frac{x}{2} + i\,y\right) \right|^2 dy.$$

Im folgenden setzen wir für eine Funktion $f(s)$ der in Satz 3 bezeichneten Klasse

$$\mathrm{Max}\,(H, H') = c_f.$$

Da für $f \not\equiv 0$ stets $-H' < H$ ist, so ist $c_f > 0$.

Der Mittelwert $m(x)$ lässt sich durch eine unendliche Reihe darstellen.

Satz 4 [161]. *$f(s)$ und $g(s)$ seien ganze Funktionen vom Exponentialtypus mit*

$$\int\limits_{-\infty}^{+\infty} |f(i\,y)|^2\, dy < \infty, \qquad \int\limits_{-\infty}^{+\infty} |g(i\,y)|^2\, dy < \infty.$$

Es sei $l \geqq c_f$, $l \geqq c_g$. Dann ist

$$(5) \qquad \frac{1}{2\pi} \int_{-\infty}^{+\infty} f(i\,y)\, g(i\,y)\, dy = \frac{1}{2\,l} \sum_{n=-\infty}^{+\infty} f\left(i\,n\,\frac{\pi}{l}\right) g\left(i\,n\,\frac{\pi}{l}\right),$$

also speziell für $g(i\,y) = \bar{f}(i\,y)$) und $l \geqq c_f$:*

$$(6) \qquad \frac{1}{2\pi} \int_{-\infty}^{+\infty} |f(i\,y)|^2\, dy = \frac{1}{2\,l} \sum_{n=-\infty}^{+\infty} \left| f\left(i\,n\,\frac{\pi}{l}\right)\right|^2.$$

Für eine einzelne Funktion gilt allgemeiner

$$(7) \qquad \frac{1}{2\pi} \int_{-\infty}^{+\infty} |f(x + i\,y)|^2\, dy = \frac{1}{2\,l} \sum_{n=-\infty}^{+\infty} \left| f\left(x + i\,n\,\frac{\pi}{l}\right)\right|^2.$$

Beweis: (6) ist der Spezialfall $x = 0$ von (7), und (5) lässt sich nach dem Schema von I, S. 249–250 aus (6) ableiten. Es genügt also, (7) zu beweisen.

Nach Satz 2 [32.1] ist

$$f(s) = \int_{-l}^{+l} e^{-st}\, F(t)\, dt,$$

wo $F(t)$ zu $L^2(-l, +l)$ gehört, also

$$\frac{1}{2\,l}\, f\left(x + i\,n\,\frac{\pi}{l}\right) = \frac{1}{2\,l} \int_{-l}^{+l} e^{-i\,n\,\pi\,t/l}\, e^{-xt}\, F(t)\, dt.$$

Die rechte Seite ist der Fourier-Koeffizient der zu L^2 gehörigen Funktion $e^{-xt} F(t)$ im Intervall $-l \leqq t \leqq +l$. Nach der Parsevalschen Gleichung für die Fourier-Reihe einer Funktion aus L^2 ist

$$\frac{1}{2\,l} \int_{-l}^{+l} e^{-2xt}\, |F(t)|^2\, dt = \sum_{n=-\infty}^{+\infty} \frac{1}{(2\,l)^2}\, \left| f\left(x + i\,n\,\frac{\pi}{l}\right)\right|^2.$$

Andererseits ist nach der Parsevalschen Gleichung für die $\mathfrak{L}_{II}$-Transformation (oder die $\mathfrak{F}^2$-Transformation)

$$\int_{-l}^{+l} e^{-2xt}\, |F(t)|^2\, dt = \frac{1}{2\pi} \int_{-\infty}^{+\infty} |f(x + i\,y)|^2\, dy.$$

Hieraus ergibt sich die Behauptung. – Aus Satz 4 folgt:

Satz 5. *Wenn unter der Voraussetzung von Satz 4 für ein x und ein $l \geqq c_f$ gilt: $f(x + i\,n\,\pi/l) = 0$, $n = 0, \pm 1, \ldots$, so ist $f(s) \equiv 0$.*

---

*) Wenn $f(s) = \int_{-H'}^{H} e^{-st}\, F(t)\, dt$ ist, so erfüllt $g(s) = \int_{-H}^{H'} e^{-st}\, F(-t)\, dt$ diese Bedingung.

Um zu illustrieren, dass dieses Resultat sehr scharf ist, insofern als eine kleine Verletzung seiner Voraussetzungen es schon hinfällig macht, betrachten wir das Beispiel

$$f(s) = -2\,i\,\frac{\sin i\,\pi\,s}{s} = \int\limits_{-\pi}^{+\pi} e^{-st}\,dt\,.$$

Dies ist eine ganze Funktion vom Exponentialtypus, und wegen $f(i\,y) =$ $2\,(\sin\pi\,y)/y$ ist $\int\limits_{-\infty}^{+\infty} |f(i\,y)|^2\,dy < \infty$. Hier ist $c_f = \pi$, und wenn wir $l = \pi$ und $x = 0$ wählen, so ist $f(i\,n\,\pi/l) = 2\,(\sin\pi\,n)/n = 0$ für $n = \pm 1, \pm 2, \ldots$, aber $\neq 0$ für $n = 0$. In der Tat ist $f(s) \not\equiv 0$.

Ein Beispiel zu Formel (5): Wir wählen speziell

$$g(s) = \frac{\sin i\,l\,s}{i\,s}\,, \quad\text{so dass}\quad g(i\,y) = \frac{\sin l\,y}{y}\,, \quad c_g = l$$

ist. Wegen $g(i\,n\,\pi/l) = 0$ für $n = \pm 1, \pm 2, \ldots, = l$ für $n = 0$ ergibt sich für jedes ganze $f(s)$ vom Exponentialtypus mit $\int\limits_{-\infty}^{+\infty} |f(i\,y)|^2 < \infty$ und $c_f \leqq l$:

$$\frac{1}{\pi} \int\limits_{-\infty}^{+\infty} \frac{\sin l\,y}{y}\,f(i\,y)\,dy = f(0)\,.$$

Ersetzt man in Voraussetzung und Behauptung die imaginäre Achse $i\,y$ durch die reelle x, so kann man das Resultat so aussprechen:

Satz 6. *Ist $f(s)$ eine ganze Funktion vom Exponentialtypus mit*

$$\int\limits_{-\infty}^{+\infty} |f(x)|^2\,dx < \infty\,,$$

so gilt für jedes $l \geqq c_f$:

$$\frac{1}{\pi} \int\limits_{-\infty}^{+\infty} \frac{\sin l\,x}{x}\,f(x)\,dx = f(0)\,.$$

Beispiel [162]:

$$\frac{1}{\pi} \int\limits_{-\infty}^{+\infty} \frac{J_\lambda(x)}{x^\lambda}\,\frac{\sin l\,x}{x}\,dx = \frac{1}{2^\lambda\,\Gamma(\lambda+1)} \quad \left(\lambda > -\frac{1}{2}, l \geqq 1\right).$$

Es sei noch ohne Beweis bemerkt, dass Satz 4 mit $l = \pi$ umkehrbar ist, falls $c_f < \pi$ ist [163]:

Satz 7. *Wenn $f(s)$ eine ganze Funktion vom Exponentialtypus mit $c_f < \pi$ ist und $\sum\limits_{n=-\infty}^{+\infty} |f(i\,n)|^2$ konvergiert, so existiert $\int\limits_{-\infty}^{+\infty} |f(i\,y)|^2\,dy$ und ist gleich $\sum\limits_{n=-\infty}^{+\infty} |f(i\,n)|^2$.*

Die Sätze 4 und 7 stellen eine Beziehung her zwischen den Fourier-Koeffizienten $(1/2\,l)\,f(i\,n\,\pi/l)$ der zu $L^2(-l, +l)$ gehörigen Funktion $F(t)$ und ihrer

Fourier-Transformierten $f(i\,y)$. Man kann Satz 7 auch als ein Interpolationstheorem auffassen, insofern als er von einer Eigenschaft der Funktion $f(i\,y)$ an den äquidistanten Stellen $y = n\,\pi/l$ auf eine Eigenschaft schliesst, bei der alle Werte von y beteiligt sind [164].

§ 3. Der Zusammenhang zwischen dem Wachstum einer ganzen Funktion vom Exponentialtypus und dem ihrer Ableitung

Das Wachstum einer ganzen Funktion $F(t)$ vom Exponentialtypus*) in einer Richtung $\operatorname{arc} t = \varphi$ wird gemessen durch den Indikator $h(\varphi)$, der als Stützfunktion eines konvexen Bereichs, des Indikatordiagramms, angesehen werden kann und mit dem Spiegelbild der konvexen Hülle der Singularitäten von $f(s) = \mathfrak{L}\{F\}$ an der reellen Achse identisch ist (I 10.4). Mit $F(t)$ ist auch $F'(t)$ eine ganze Funktion vom Exponentialtypus, denn für

$$F(t) = \sum_{n=0}^{\infty} a_n \frac{t^n}{n!}.$$

ist

$$F'(t) = \sum_{n=1}^{\infty} a_n \frac{t^{n-1}}{(n-1)!}, \quad \text{also } \mathfrak{L}\{F'\} = \sum_{n=1}^{\infty} \frac{a_n}{s^n},$$

d. h. $\mathfrak{L}\{F'\}$ ist in $s = \infty$ holomorph und gleich 0, was damit gleichbedeutend ist, dass $F'(t)$ eine ganze Funktion vom Exponentialtypus ist. Wir fragen nun nach dem *Zusammenhang der Indikatordiagramme von $F(t)$ und $F'(t)$*.

Dazu sei folgendes über *konvexe Bereiche* vorausgeschickt [165]. Die Punkte eines abgeschlossenen konvexen Bereichs $\mathfrak{K}$ zerfallen in I. innere Punkte, II. Randpunkte; von letzteren gibt es zwei Sorten: 1. die inneren Punkte geradliniger Strecken, die ganz zum Rand von $\mathfrak{K}$ gehören, 2. die extremen Punkte, das sind alle übrigen Randpunkte**). Ein extremer Punkt von $\mathfrak{K}$ besitzt die Eigenschaft, dass nach Ausscheiden einer beliebig kleinen Umgebung von ihm aus $\mathfrak{K}$ eine Menge übrigbleibt, die in einem konvexen echten Teil von $\mathfrak{K}$ enthalten ist (Figur 23).

Statt des Indikatordiagrammes von $F(t)$ bzw. $F'(t)$ kann man die Singularitätenhülle $\mathfrak{H}$ von $\mathfrak{L}\{F\}$ bzw. $\mathfrak{H}'$ von $\mathfrak{L}\{F'\}$ betrachten. Deren gegenseitige Beziehung ergibt sich aus dem Differentiationsgesetz

$$\mathfrak{L}\{F'\} = s\,\mathfrak{L}\{F\} - F(0).$$

Danach hat $\mathfrak{L}\{F'\}$ dieselben Singularitäten wie $\mathfrak{L}\{F\}$ ausser eventuell $s = 0$; nämlich wenn $\mathfrak{L}\{F\}$ in $s = 0$ einen einfachen Pol hat, so ist $\mathfrak{L}\{F'\}$ in $s = 0$ holomorph. Es kommt nun darauf an, welche Lage $s = 0$ in bezug auf die Singularitätenhülle $\mathfrak{H}$ von $\mathfrak{L}\{F\}$ hat.

---

*) Dieser Paragraph ist ohne Zusammenhang mit § 1 und 2. Daher bezeichnen wir von jetzt an die ganze Funktion wie in I 10 mit $F(t)$.

**) Bei einem Dreieck sind die Eckpunkte, bei einer Ellipse alle Randpunkte extreme Punkte.

1. Ist $s = 0$ ein innerer Punkt von $\mathfrak{H}$, so ändert sich auch bei dem eventuellen Ausscheiden von $s = 0$ nichts, es ist also in jedem Fall $\mathfrak{H}' = \mathfrak{H}$.

2. Liegt $s = 0$ im Äusseren von $\mathfrak{H}$, so ist $s = 0$ überhaupt kein singulärer Punkt von $\mathfrak{L}\{F\}$, also ist $\mathfrak{H}' = \mathfrak{H}$.

3. Ist $s = 0$ ein Randpunkt von $\mathfrak{H}$, und zwar zunächst a) ein innerer Punkt einer Randstrecke, so ändert sich $\mathfrak{H}$ auch bei seinem eventuellen Ausscheiden nicht, also ist $\mathfrak{H}' = \mathfrak{H}$. Ist er dagegen b) ein extremer Punkt, so verkleinert sich

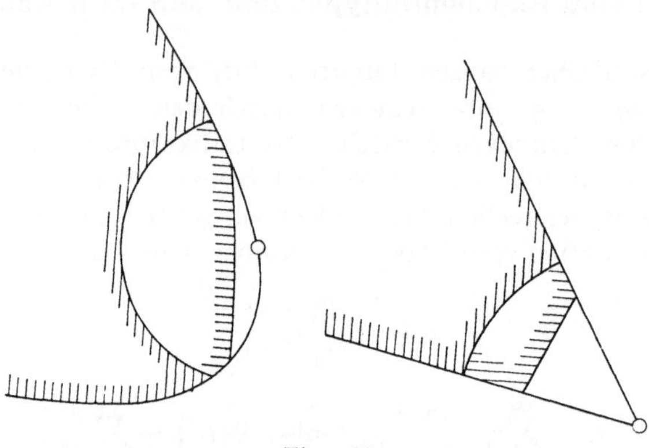

Figur 23

$\mathfrak{H}$ nach der oben angeführten Eigenschaft, wenn $s = 0$ ein einfacher Pol von $\mathfrak{L}\{F\}$ ist, während es in jedem anderen Fall ungeändert bleibt. Somit ergibt sich:

Satz 1. *Ist $F(t)$ eine ganze Funktion vom Exponentialtypus, so hat im allgemeinen $F'(t)$ dasselbe Indikatordiagramm wie $F(t)$. Nur wenn $s = 0$ ein einfacher Pol von $\mathfrak{L}\{F\}$ und zugleich ein extremer Punkt der Singularitätenhülle von $\mathfrak{L}\{F\}$ ist, fällt der Nullpunkt aus dem Indikatordiagramm fort, und das von $F'(t)$ ist kleiner als das von $F(t)$.*

Dieses Kriterium für die Gleichheit oder Ungleichheit der Indikatordiagramme von $F(t)$ und $F'(t)$ nimmt Bezug auf die $\mathfrak{L}$-Transformierte von $F(t)$. Man kann ihm eine *andere Gestalt* geben, bei der nicht mehr von $\mathfrak{L}\{F\}$ die Rede ist [166]. Dazu betrachten wir das Indikatordiagramm von $F(t) - c$ ($c =$ beliebige Konstante), welches das Spiegelbild der Singularitätenhülle $\mathfrak{H}_c$ von

$$\mathfrak{L}\{F(t) - c\} = \mathfrak{L}\{F\} - \frac{c}{s}$$

ist. $\mathfrak{L}\{F(t) - c\}$ hat dieselben Singularitäten wie $\mathfrak{L}\{F\}$, ausser eventuell $s = 0$; dieser Punkt kann dazukommen oder auch wegfallen. Machen wir dieselben Unterscheidungen wie oben, so finden wir:

1. Ist $s = 0$ ein innerer Punkt von $\mathfrak{H}$, so ändert sich auch bei eventuellem Dazukommen oder Fortfallen von $s = 0$ an $\mathfrak{H}$ nichts, es ist also $\mathfrak{H}_c = \mathfrak{H}$.

2. Liegt $s = 0$ im Äusseren von $\mathfrak{H}$, ist somit kein singulärer Punkt von $\mathfrak{L}\{F\}$, so kommt für alle $c \neq 0$ die singuläre Stelle $s = 0$ dazu, so dass $\mathfrak{H}_c$ grösser als $\mathfrak{H}$ ist, während für $c = 0$ keine Singularität hinzukommt und $\mathfrak{H}_0 = \mathfrak{H}$ ist.

3. Ist $s = 0$ ein Randpunkt von $\mathfrak{H}$, und zwar zunächst a) ein innerer Punkt einer Randstrecke, so ändert sich $\mathfrak{H}$ auch bei seinem eventuellen Dazukommen oder Ausscheiden nicht, also ist $\mathfrak{H}_c = \mathfrak{H}$. Ist er dagegen b) ein extremer Punkt von $\mathfrak{H}$, so fällt er weg (und $\mathfrak{H}$ verkleinert sich) ausschliesslich in dem Fall, dass $s = 0$ ein einfacher Pol von $\mathfrak{L}\{F\}$ und c sein Residuum ist. In allen anderen Fällen ist $\mathfrak{H}_c = \mathfrak{H}$.

Hieraus ergibt sich zunächst: Entweder ist für alle c das Indikatordiagramm von $F(t) - c$ dasselbe, oder aber es gibt einen «*Ausnahmewert*» c_0 derart, dass für alle $c \neq c_0$ das Indikatordiagramm von $F(t) - c$ dasselbe ist, während das von $F(t) - c_0$ kleiner ist*).

Wir stellen nun durch Vergleich der Aussagen 1., 2., 3. über $\mathfrak{H}'$ und 1., 2., 3. über $\mathfrak{H}_c$ folgendes fest:

Im Fall 1. gibt es keinen Ausnahmewert, und es ist $\mathfrak{H}' = \mathfrak{H}$, d. h. das Indikatordiagramm von F' ist gleich dem von F.

Im Fall 2. gibt es einen Ausnahmewert $c_0 = 0$, und es ist $\mathfrak{H}' = \mathfrak{H} = \mathfrak{H}_0$, d. h. das Indikatordiagramm von F' ist gleich dem von $F = F - c_0$.

Im Fall 3. a) gibt es keinen Ausnahmewert, und es ist $\mathfrak{H}' = \mathfrak{H}$, d. h. das Indikatordiagramm von F' ist gleich dem von F;

im Fall 3. b) gibt es entweder keinen Ausnahmewert, und das Indikatordiagramm von F' ist gleich dem von F, oder aber es gibt einen Ausnahmewert c_0, und das Indikatordiagramm von F' ist gleich dem von $F - c_0$.

Dies kann man so zusammenfassen:

Satz 2. *Ist $F(t)$ eine ganze Funktion vom Exponentialtypus, so hat $F'(t)$ dasselbe Indikatordiagramm wie $F(t)$, wenn es zu $F(t)$ keinen Ausnahmewert gibt. Existiert dagegen für $F(t)$ ein Ausnahmewert c_0, so hat $F'(t)$ dasselbe Indikatordiagramm wie $F(t) - c_0$ (also dasselbe wie $F(t)$, wenn der Ausnahmewert 0 ist).*

Wir wenden diese Sätze einmal speziell auf solche Funktionen vom Exponentialtypus an, die auf einem Strahl von O aus in p-ter Potenz integrabel sind:

$$\int_0^\infty |F(r\,e^{i\varphi})|^p\,dr < \infty \qquad (p \geqq 1).$$

Man kann $\mathfrak{L}\{F\} = f(s)$ für $s = \varrho\,e^{-i\varphi}$ dadurch berechnen, dass man das $\mathfrak{L}$-Integral gerade über diesen Strahl erstreckt:

$$f(\varrho\,e^{-i\varphi}) = e^{i\varphi} \int_0^\infty e^{-\varrho r}\,F(r\,e^{i\varphi})\,dr \qquad (\varrho \geqq 0).$$

Für $p = 1$ ist

$$(1) \qquad |f(\varrho\,e^{i\varphi})| \leqq \int_0^\infty |F(r\,e^{i\varphi})|\,dr = \text{const}.$$

---

*) Triviale Beispiele: $F(t) \equiv e^t$ hat den Ausnahmewert $c_0 = 0$, denn alle $F(t) - c$ mit $c \neq 0$ haben als Indikatordiagramm die Strecke $(0,1)$ $(\mathfrak{L}\{F(t) - c\} = 1/(s-1) - c/s)$, während $F(t)$ als Indikatordiagramm den Punkt 1 hat. $F(t) \equiv e^t + 1$ hat den Ausnahmewert $c_0 = 1$, denn alle $F(t) - c$ mit $c \neq 1$ haben als Indikatordiagramm die Strecke $(0,1)$ $(\mathfrak{L}\{F(t) - c\} = 1/(s-1) + (1-c)/s)$, während $F(t) - 1$ als Indikatordiagramm den Punkt 0 hat.

Für $p > 1$ ist nach der Hölderschen Ungleichung (Anhang I, Nr. 10) mit $(1/p) + (1/q) = 1$:

$$|f(\varrho\, e^{-i\varphi})| \leq \left(\int\limits_0^\infty e^{-q\varrho r}\, dr \right)^{1/q} \left(\int\limits_0^\infty |F(r\, e^{i\varphi})|^p\, dr \right)^{1/p}$$

$$(2) \qquad = \text{const}\, \frac{1}{(q\,\varrho)^{1/q}} = \text{const}\, \varrho^{(1/p)-1}.$$

Nach Satz 1 ist das Indikatordiagramm von $F'(t)$ nur dann verschieden von dem von $F(t)$, wenn $s = 0$ ein einfacher Pol ist. Wäre dies der Fall, so müsste $\varrho\, f(\varrho\, e^{-i\varphi})$ für $\varrho \to 0$ gegen einen von 0 verschiedenen Wert streben. Nach (1) und (2) ist aber $\varrho\, f(\varrho\, e^{-i\varphi}) \to 0$ für $\varrho \to 0$. Demnach ist $s = 0$ kein Pol, und das Indikatordiagramm von F' ist gleich dem von F. Aus Satz 2 folgt dann, dass $F(t)$ entweder keinen Ausnahmewert oder den Ausnahmewert 0 hat. Damit hat sich ergeben [167]:

Satz 3. *Ist eine ganze Funktion $F(t)$ vom Exponentialtypus auf einem Strahl vom Nullpunkt aus in p-ter Potenz ($p \geqq 1$) integrabel, so hat $F'(t)$ dasselbe Indikatordiagramm wie $F(t)$, und die Funktion $F(t)$ besitzt keinen Ausnahmewert oder den Ausnahmewert 0.*

Hat also $F'(t)$ ein anderes (kleineres) Indikatordiagramm als $F(t)$, so kann $F(t)$ auf keinem Strahl von O aus in p-ter Potenz ($p \geqq 1$) integrabel sein [168].

NACHTRÄGE ZU BAND I

—

1. Nachtrag zu 2.13

Das Differentiationsgesetz $\mathfrak{L}\{F'\} = s\,\mathfrak{L}\{F\} - F(+0)$ ist für die Laplace-Transformation im Sinne des folgenden Satzes 1 charakteristisch. Dazu seien einige Definitionen vorausgeschickt.

Ein Funktional $\mathfrak{X}$ (siehe I, S. 22), das noch von einem komplexen Parameter s abhängen, also eine Funktionaltransformation sein kann, sei in einem metrischen Vektorraum von Funktionen $F(t)$ (in dem die Operationen $F_1 + F_2$ und λF für komplexes λ im üblichen Sinn erklärt sind) definiert. Wenn das Funktional additiv und homogen, d. h. wenn

$$\mathfrak{X}\{F_1 + F_2\} = \mathfrak{X}\{F_1\} + \mathfrak{X}\{F_2\} \quad \text{und} \quad \mathfrak{X}\{\lambda F\} = \lambda\,\mathfrak{X}\{F\}$$

ist, so nennen wir es *linear*. Wenn für jede Folge F_n, die im Sinne der Metrik des Raumes gegen eine Grenzfunktion $F(t)$ konvergiert, gilt:

$$\lim_{n \to \infty} \mathfrak{X}\{F_n\} = \mathfrak{X}\{F\},$$

so heisst $\mathfrak{X}$ *stetig* in dem betr. Raum.

Ferner sei an die Definition der Räume L^p in I, S. 26 und U in III, S. 35 erinnert.

Satz 1. *Ein lineares Funktional $\mathfrak{X}\{F\}$, das von einem komplexen Parameter s abhängt, sei für ein s mit $\Re s > 0$ stetig im Raum $L^p(0, \infty)$, $p \geq 1$, oder im Raum U. Wenn dann $\mathfrak{X}$ für alle F des Raumes, deren Ableitung auch dazu gehört, oder auch nur für die Funktionenfolge $e^{-t/2}\,t^n$ $(n = 0, 1, 2, \ldots)$ das Differentiationsgesetz*

$$\mathfrak{X}\{F'\} = s\,\mathfrak{X}\{F\} - F(+0)$$

mit dem obigen s erfüllt, so ist $\mathfrak{X} \equiv \mathfrak{L}$ in L^p bzw. U für diesen Wert von s. [DOETSCH **40**, **50**; SAN JUAN **1–4**.]

In analoger Weise lässt sich die $\mathfrak{L}$-Transformation durch das Integrationsgesetz oder den Faltungssatz charakterisieren.

2. Nachtrag zu 3.6

Wenn $\mathfrak{L}\{F\} = f(s)$ auf einer Geraden $\Re s = x_0$ für $|y| \geq Y$ *gleichmässig* konvergiert, also insbesondere wenn es dort absolut konvergiert, so strebt $f(s)$

gegen 0, wenn s in der Halbebene $\Re s \geq x_0$ zweidimensional gegen ∞ konvergiert (Satz 8 [I 3.6]). Wenn aber nur die einfache Konvergenz von $\mathfrak{L}\{F\} = f(s)$ in einem Punkt s_0 bekannt ist, so kann man lediglich behaupten, dass $f(s)$ gegen 0 konvergiert, wenn s in einem Winkelraum $|\arc(s - s_0)| \leq \psi < \pi/2$ zweidimensional gegen ∞ strebt (Satz 1 [I 3.6]). Über das Verhalten in den kritischen Sektoren $\psi < |\arc(s - s_0)| < \pi/2$ in der Nähe der Geraden $\Re s = \Re s_0$ gibt nun folgender Satz Auskunft.

Satz 2. *Wenn s_0 ein beliebiger Konvergenzpunkt von $\mathfrak{L}\{F\} = f(s)$ ist, so gilt bei jedem festen, beliebig kleinen $\delta > 0$:*

$$\lim_{r \to \infty} \left| \int_{-\pi/2}^{-(\pi/2)+\delta} f(s_0 + r\,e^{i\varphi})\,d\varphi + \int_{(\pi/2)-\delta}^{\pi/2} f(s_0 + r\,e^{i\varphi})\,d\varphi \right| = 0.$$

Das bedeutet: Wenn auch $f(s)$ in den Sektoren $(\pi/2) - \delta < |\arc(s - s_0)| < \pi/2$ nicht gegen 0 zu streben braucht, so strebt doch der Mittelwert von $f(s)$ auf den Kreisbogen um s_0 in diesen Sektoren gegen 0. [DOETSCH **45**, S. 174; **46**, S. 133.]

3. Nachtrag zu 4.3

Wenn das arithmetische Mittel von $\Phi(\omega) = \int_{-\omega}^{+\omega} \varphi(y)\,dy$ im Intervall $0 \leq \omega \leq Y$, d.h.

$$m(Y) = \frac{1}{Y} \int_0^Y d\omega \int_{-\omega}^{+\omega} \varphi(y)\,dy$$

für $Y \to \infty$ einen Grenzwert hat, so heisst $\Phi(\omega)$ $(C, 1)$-limitierbar (vgl. I, S. 312) oder $\int_{-\infty}^{+\infty} \varphi(y)\,dy$ $(C, 1)$-summabel. Auf Grund der Gleichung

$$\frac{1}{Y} \int_0^Y d\omega \int_{-\omega}^{+\omega} \varphi(y)\,dy = \int_{-Y}^{+Y} \left(1 - \frac{|y|}{Y}\right) \varphi(y)\,dy$$

ist das gleichbedeutend mit folgender

Definition: $\int_{-\infty}^{+\infty} \varphi(y)\,dy$ heisst $(C, 1)$-summabel, wenn

$$\int_{-Y}^{+Y} \left(1 - \frac{|y|}{Y}\right) \varphi(y)\,dy$$

für $Y \to \infty$ einen Grenzwert hat.

Mit Satz 1 [I 4.3] ist implizit auch folgender Satz bewiesen:

Satz 3. *Wenn $\int_{-\infty}^{+\infty} |G(x)|\,dx$ konvergiert, so dass $g(y) = \mathfrak{F}\{G\}$ für alle y existiert, so ist*

$$\frac{1}{2\pi} \int_{-\infty}^{+\infty} e^{ixy}\,g(y)\,dy$$

für fast alle x (C, 1)-summabel zum Werte G(x). Insbesondere gilt dies für die Stetigkeitsstellen von G(x). An den Stellen, wo der Grenzwert [G(x + 0) + G(x − 0)]/2 existiert, ergibt sich dieser.

4. Nachtrag zu 4.4

Aus dem vorigen Satz 3 ergibt sich:

Satz 4. *Wenn $\mathfrak{L}_{II}\{F\} = f(s)$ für $s = x$ (reell) absolut konvergiert, so ist*

$$\frac{1}{2\pi i} \int_{x-i\infty}^{x+i\infty} e^{ts} f(s)\, ds$$

für fast alle t (C, 1)-summabel zum Wert F(t), insbesondere an allen Stetigkeitsstellen von F(t). An den Stellen, wo der Grenzwert [F(t + 0) + F(t − 0)]/2 existiert, ergibt sich dieser.

Ein Spezialfall hiervon ist folgender

Satz 5. *Wenn $\mathfrak{L}_I\{F\} = f(s)$ für $s = x_0$ (reell) und damit für $s = x \geqq x_0$ absolut konvergiert, so ist*

$$\frac{1}{2\pi i} \int_{x-i\infty}^{x+i\infty} e^{ts} f(s)\, ds$$

mit $x \geqq x_0$ für fast alle t (C, 1)-summabel zum Wert F(t), insbesondere an allen Stetigkeitsstellen von F(t). Für $t < 0$ ergibt sich der Wert 0; für $t = 0$ der Wert $F(+0)/2$, für beliebiges t der Wert [F(t + 0) + F(t − 0)]/2, falls diese Werte existieren.

In Satz 5 genügt es, *einfache* Konvergenz von $\mathfrak{L}_I\{F\}$ für $s = x_0$ vorauszusetzen, wenn $x > x_0$ genommen wird. [WIDDER **7**, S. 77.]

Der Ersatz der Konvergenz durch $(C, 1)$-Summabilität bewirkt, dass auf die Voraussetzung der beschränkten Variation von $F(t)$ verzichtet werden kann.

5. Nachtrag zu 4.5

Die komplexe Umkehrformel von Satz 1 [I 4.5] liefert $\int_0^t F(\tau)\, d\tau$, wenn $\mathfrak{L}_I\{F\}$ für $s = x_0 \geqq 0$ konvergiert und die Formel mit einem positiven $x > x_0$ gebildet wird. Der folgende Satz zeigt, was sie liefert, wenn $\mathfrak{L}_I\{F\}$ für negative x konvergiert und die Formel mit solchen gebildet wird.

Satz 6. *Ist $\mathfrak{L}_I\{F\} = f(s)$ für ein reelles $s = x_0 < 0$ einfach konvergent, so gilt:*

$$\text{V.P.} \frac{1}{2\pi i} \int_{x-i\infty}^{x+i\infty} e^{ts} \frac{f(s)}{s}\, ds = \begin{cases} -\displaystyle\int_t^\infty F(\tau)\, d\tau & \text{für } t \geqq 0 \\[2ex] -f(0) & \text{für } t \leqq 0, \end{cases}$$

wenn $x_0 < x < 0$ gewählt wird.

Beweis: Bildet man ein im positiven Sinn umlaufenes Rechteck R aus den Horizontalen in der Höhe $\pm\,\omega$ und den Vertikalen bei x und einer beliebigen Abszisse $x_1 > 0$, so ist

$$\frac{1}{2\,\pi\,i}\int_R e^{ts}\,\frac{f(s)}{s}\,ds = \text{Residuum von } e^{ts}\frac{f(s)}{s} \quad \text{in } s = 0$$
$$= f(0).$$

Da $f(s) = o(y)$ für $y \to \pm\infty$ gleichmässig in $x \leq \Re s \leq x_1$ ist (Satz 12 [I. 3. 6]), so gilt für die Integrale über die horizontalen Seiten von R:

$$\left|\int e^{ts}\,\frac{f(s)}{s}\,ds\right| \leq M\,\frac{o(\omega)}{\omega}\,(x_1 - x) = o(1) \quad \text{für } \omega \to \infty,$$

wobei $M = e^{t\,x_1}$ für $t \geq 0$, $M = e^{t\,x}$ für $t < 0$ ist. Also erhält man:

$$\lim_{\omega\to\infty}\frac{1}{2\,\pi\,i}\int_{x_1-i\omega}^{x_1+i\omega} e^{ts}\,\frac{f(s)}{s}\,ds - \lim_{\omega\to\infty}\frac{1}{2\,\pi\,i}\int_{x-i\omega}^{x+i\omega} e^{ts}\,\frac{f(s)}{s}\,ds = f(0).$$

Nach Satz 1 [I 4. 5] ist

$$\lim_{\omega\to\infty}\frac{1}{2\,\pi\,i}\int_{x_1-i\omega}^{x_1+i\omega} e^{ts}\,\frac{f(s)}{s}\,ds = \begin{cases} \displaystyle\int_0^t F(\tau)\,d\tau & \text{für } t \geq 0 \\[2mm] 0 & \text{für } t < 0. \end{cases}$$

Hieraus ergibt sich wegen

$$\int_0^t F(\tau)\,d\tau - f(0) = \int_0^t F(\tau)\,d\tau - \int_0^\infty F(\tau)\,d\tau = -\int_t^\infty F(\tau)\,d\tau$$

die Behauptung. – Der Beweis kann auch mit Hilfe von Satz 9 [I 2. 12] und Satz 3 [I 4. 4] geführt werden.

Bemerkung: Satz 1 [I 4. 5] und der obige Satz 6 lassen sich auf Integrationswege ausdehnen, die in dem Teil der Holomorphiehalbebene verlaufen, wo $f(s) = o(y)$ ist, d. h. auf Wege mit $x > \eta_1$ (siehe I, S. 233).

Wir beweisen nun die entsprechenden Sätze für die $\mathfrak{L}_{\mathrm{II}}$-Transformation.

Satz 7. *Wenn* $\mathfrak{L}_{\mathrm{II}}\{F\} = f(s)$ *für zwei positive s-Werte* $x_1,\,x_2$ $(0 < x_1 < x_2)$ *konvergiert, so ist für alle reellen* t

$$\mathrm{V.P.}\,\frac{1}{2\,\pi\,i}\int_{x-i\infty}^{x+i\infty} e^{ts}\,\frac{f(s)}{s}\,ds = \int_{-\infty}^t F(\tau)\,d\tau \qquad (x_1 < x < x_2).$$

Beweis: Nach II, S. 19, Satz 1 ist

$$\Phi(t) = \int_{-\infty}^t F(\tau)\,d\tau = \begin{cases} o(e^{x_1 t}) & \text{für } t \to +\infty \\[2mm] o(e^{x_2 t}) & \text{für } t \to -\infty, \end{cases}$$

so dass $\mathfrak{L}_{\mathrm{II}}\{\varPhi\}$ für $x_1 < x < x_2$ absolut konvergiert. Ferner ist nach Regel VII a:

$$\mathfrak{L}_{\mathrm{II}}\{\varPhi\} = \frac{f(s)}{s} \quad \text{für } x_1 < x < x_2.$$

Da $\varPhi(t)$ in jedem endlichen Intervall von beschränkter Variation (Anhang I, Nr. 15) und stetig ist, so ergibt sich nach Satz 1 [I 4.4] die Behauptung.

Satz 8. *Wenn $\mathfrak{L}_{\mathrm{II}}\{F\} = f(s)$ für zwei negative s-Werte x_1, x_2 ($x_1 < x_2 < 0$) konvergiert, so ist für alle reellen t*

$$\mathrm{V.P.} \frac{1}{2\pi i} \int\limits_{x-i\infty}^{x+i\infty} e^{ts} f(s) \, ds = -\int\limits_{t}^{\infty} F(\tau) \, d\tau \qquad (x_1 < x < x_2).$$

Beweis: Nach II, S. 19, Satz 2 ist

$$\tilde{\varPhi}(t) = \int\limits_{t}^{\infty} F(\tau) \, d\tau = \begin{cases} o(e^{x_1 t}) & \text{für } t \to +\infty \\[2mm] o(e^{x_2 t}) & \text{für } t \to -\infty, \end{cases}$$

so dass $\mathfrak{L}_{\mathrm{II}}\{\tilde{\varPhi}\}$ für $x_1 < x < x_2$ absolut konvergiert. Ferner ist nach Regel VII b:

$$\mathfrak{L}_{\mathrm{II}}\{\tilde{\varPhi}\} = -\frac{f(s)}{s} \quad \text{für } x_1 < x < x_2.$$

Da $\tilde{\varPhi}(t)$ in jedem endlichen Intervall von beschränkter Variation und stetig ist, so ergibt sich nach Satz 1 [I 4.4] die Behauptung.

6. Nachtrag zu 8.2

Als Ergänzung zu Satz 4 [8.2] beweisen wir

Satz 9. *Notwendig und hinreichend dafür, dass eine für reelle $x > 0$ definierte Funktion $f(x)$ sich in der Form $f(x) = \mathfrak{L}\{F\}$ mit beschränktem F:*

$$|F(t)| \leq M \quad \text{für } t \geq 0$$

darstellen lässt, sind folgende Bedingungen:

a) *$f(x)$ besitzt sämtliche Ableitungen für $x > 0$,*

b) *$|f^{(k)}(x)| \leq M \, \dfrac{k!}{x^{k+1}} \quad (k = 0, 1, 2, \dots).$*

Beweis: 1. Notwendigkeit. Wenn

$$f(x) = \int\limits_{0}^{\infty} e^{-xt} F(t) \, dt \quad \text{mit } |F(t)| \leq M$$

ist, so folgt:

$$f^{(k)}(x) = (-1)^k \int\limits_{0}^{\infty} e^{-xt} t^k F(t) \, dt$$

und

$$|f^{(k)}(x)| \leqq M \int_0^\infty e^{-xt}\, t^k\, dt = M\,\frac{k!}{x^{k+1}}\,.$$

2. Hinlänglichkeit. Wenn $f(x)$ die Bedingung b) erfüllt, so ist für $k = 1, 2, \ldots$ (siehe I, S. 294 unten)

$$|L_{k,t}\{f(x)\}| \leqq \frac{1}{k!} \left(\frac{k}{t}\right)^{k+1} M\,\frac{k!}{(k/t)^{k+1}} = M$$

und $|f(x)| \leqq M/x$, also $\lim_{x\to\infty} f(x) = 0$. Es sind somit die Bedingungen von Satz 4 [I 8.2] erfüllt.

7. Nachtrag zum IV. Teil

Den selbständig charakterisierbaren Funktionsklassen, die einander eineindeutig in der $\mathfrak{L}_\mathrm{I}$- bew. $\mathfrak{L}_\mathrm{II}$-Transformation entsprechen, können die im folgenden genannten weiteren Klassen hinzugefügt werden.

Definitionen

$\mathfrak{D}$ sei die Klasse der in $-\infty < t < +\infty$ definierten Funktionen $F(t)$, die folgende Bedingungen erfüllen:

1. Für jedes System $t_1 < t_2 < \cdots < t_n$, $\tau_1 < \tau_2 < \cdots < \tau_n$ $(n = 1, 2, \ldots)$ gilt:

$$\det \|F(t_i - \tau_k)\|_{i,\,k=1,\ldots,\,n} \geqq 0\,.$$

(Hieraus folgt speziell für $n = 1$, dass $F(t) \geqq 0$ ist.)

2. $\int_{-\infty}^{+\infty} F(t)\, dt$ existiert.

Bemerkung: Wenn statt der Bedingung 2. nur Messbarkeit von $F(t)$ verlangt wird, so heisst $F(t)$ *totalpositiv*. Die Klasse $\mathfrak{D}$ wird also von den totalpositiven Funktionen mit existierendem $\int_{-\infty}^{+\infty} F(t)\, dt$ gebildet.

$\mathfrak{d}_\mathrm{I}^{-1}$ sei die Klasse der ganzen Funktionen von der Gestalt

$$\varphi(s) = C\, e^{\gamma s} \prod_{\nu=1}^{\infty} (1 + \delta_\nu\, s)$$

mit

$$C > 0,\quad \gamma \geqq 0,\quad \delta_\nu \geqq 0,\quad 0 < \sum_{\nu=1}^{\infty} \delta_\nu < \infty\,.$$

$\mathfrak{d}_\mathrm{I}$ sei die Klasse der hierzu reziproken Funktionen $f(s) = 1/\varphi(s)$.

$\mathfrak{d}_\mathrm{II}^{-1}$ sei die Klasse der ganzen Funktionen von der Gestalt

$$\psi(s) = C\, e^{-\gamma s^2 + \delta s} \prod_{\nu=1}^{\infty} (1 + \delta_\nu\, s)\, e^{-\delta_\nu s}$$

mit

$$C > 0, \quad \gamma \geqq 0, \quad \delta \text{ und } \delta_\nu \text{ reell}, \quad 0 < \gamma + \sum_{\nu=1}^{\infty} \delta_\nu^2 < \infty.$$

$\mathfrak{d}_{II}$ sei die Klasse der hierzu reziproken Funktionen $f(s) = 1/\psi(s)$.

Satz 10. *Wenn die Funktion $f(s)$ zur Klasse $\mathfrak{d}_I$ gehört, so lässt sie sich in ihrer Holomorphiehalbebene (die den Nullpunkt im Innern enthält) in der Gestalt $f(s) = \mathfrak{L}_I\{F\}$ mit einem für $t < 0$ verschwindenden $F(t)$ der Klasse $\mathfrak{D}$ darstellen. Ist umgekehrt $F(t)$ eine für $t < 0$ verschwindende Funktion der Klasse $\mathfrak{D}$, so konvergiert $\mathfrak{L}_I\{F\}$ in einer Halbebene $\Re s > \chi$ mit $\chi < 0$ und stellt dort eine Funktion $f(s)$ der Klasse $\mathfrak{d}_I$ dar.*

Satz 11. *Wenn die Funktion $f(s)$ zur Klasse $\mathfrak{d}_{II}$ gehört, so lässt sie sich in demjenigen Holomorphiestreifen, der den Nullpunkt enthält, in der Gestalt $f(s) = \mathfrak{L}_{II}\{F\}$ mit einem $F(t)$ der Klasse $\mathfrak{D}$ darstellen. Ist umgekehrt $F(t)$ eine Funktion der Klasse $\mathfrak{D}$, so konvergiert $\mathfrak{L}_{II}\{F\}$ in einem Vertikalstreifen, der den Nullpunkt im Innern enthält, und stellt dort eine Funktion $f(s)$ der Klasse $\mathfrak{d}_{II}$ dar.* [SCHOENBERG **2**.]

LITERARISCHE UND HISTORISCHE NACHWEISE

—

1. Die folgende Unterscheidung der Problemstellungen nach DOETSCH **31**, S. 47 bis 49.

2. Schon bei dem ersten Problem, das FOURIER in seinem berühmten Werk *Théorie analytique de la chaleur* löst (Chap. III, Section I, Article 164 flg.) und das die stationäre Temperaturverteilung in einem Halbstreifen zum Gegenstand hat, schliessen die Randwerte nicht stetig aneinander: auf dem endlichen Begrenzungsstück sind sie gleich 1, auf den Halbgeraden gleich 0.

3. Im allgemeinen hängt die Transformation, die ein Randwertproblem in ein einfacheres Problem überführt, nicht bloss von dem Variabilitätsbereich der unabhängigen Variablen ab, sondern auch von den in der Gleichung vorkommenden Differentialoperatoren und der Art der Randbedingungen. Über die Konstruktion einer passenden Transformation siehe CHURCHILL **10**.

4. Die geschilderte Methode wurde zuerst von DOETSCH **6** (Wiedergabe eines Vortrags vor der Versammlung 1923 der Deutsch. Math. Vrg.) angegeben und am Beispiel der Wärmeleitungsgleichung vorgeführt, ausführlicher dann in DOETSCH **7, 8, 9** (**7** gemeinsam mit F. BERNSTEIN). Sie ist seitdem in so vielen Arbeiten angewendet worden, dass in der Folge nur einige, die mit den Ausführungen des Textes in Zusammenhang stehen, erwähnt werden können.

5. Eine Möglichkeit, sich von der Voraussetzung der Existenz der $\mathfrak{L}$-Transformierten (die eine Voraussetzung über das Verhalten im Unendlichen bedeutet) zu befreien, hat AMERIO **8, 11** durch Verwendung der «endlichen» $\mathfrak{L}$-Transformation aufgezeigt, was an dem einfachsten Beispiel einer gewöhnlichen Differentialgleichung demonstriert sei: Die Differentialgleichung $Y' + Y = F(t)$ geht durch die Transformation

$$\int_0^T e^{-st}\, Y(t)\, dt = \tilde{y}(s),$$

die nur die Werte in dem endlichen Intervall $(0, T)$ benutzt, über in die algebraische Gleichung

$$s\,\tilde{y} + e^{-sT} Y(T) - Y(0) + \tilde{y} = \tilde{f}$$

mit der Lösung

$$\tilde{y} = \frac{\tilde{f}}{s+1} + \frac{Y(0)}{s+1} - e^{-sT}\frac{Y(T)}{s+1},$$

die den nicht vorgegebenen Wert $Y(T)$ enthält. Die endlichen $\mathfrak{L}$-Transformierten lassen sich als unendliche deuten, wenn

$$Y_1(t) = Y(t), \quad F_1(t) = F(t) \quad \text{für } 0 \leqq t \leqq T,$$

$$Y_1(t) = 0, \qquad F_1(t) = 0 \qquad \text{für } t > T$$

definiert wird; denn dann ist

$$\tilde{y} = \mathfrak{L}\{Y_1\} = y_1, \quad \tilde{f} = \mathfrak{L}\{F_1\} = f_1.$$

Ferner ist, wenn

$$E_1(t) = 0 \quad \text{für } 0 \leqq t \leqq T, \quad E_1(t) = e^{-(t-T)} \quad \text{für } t > T$$

gesetzt wird,

$$e^{-sT} \frac{1}{s+1} = \mathfrak{L}\{E_1\} = e_1(s).$$

Daher kann die Lösung $\tilde{y}$ in der Gestalt geschrieben werden:

$$y_1 = \frac{f_1}{s+1} + \frac{Y(0)}{s+1} - Y(T)\, e_1(s).$$

Nunmehr kann man unter Anwendung der Regeln für die übliche $\mathfrak{L}$-Transformation die Rückübersetzung vornehmen:

$$Y_1(t) = F_1(t) * e^{-t} + Y(0)\, e^{-t} - Y(T)\, E_1(t).$$

Für $0 \leqq t \leqq T$ ist $Y_1 = Y$, $F_1 = F$, $E_1 = 0$, so dass $Y(T)$ wegfällt und die Lösung erscheint:

$$Y(t) = F(t) * e^{-t} + Y(0)\, e^{-t}.$$

Dies gilt für jedes beliebige Intervall $0 \leqq t \leqq T$.

Bei dieser Gelegenheit sei auf die folgenden weiteren Arbeiten über die Anwendung der endlichen $\mathfrak{L}$-Transformation bei partiellen Differentialgleichungen hingewiesen: PICONE 6, AMERIO 10, GHIZZETTI 3 sowie auf die Anwendung der endlichen Fourier-Transformation in G. DOETSCH: *Integration von Differentialgleichungen vermittels der endlichen Fourier-Transformation.* Math. Ann. *112* (1935) S. 52–68; H. KNIESS: *Lösung von Randwertaufgaben bei Systemen gewöhnlicher Differentialgleichungen vermittels der endlichen Fourier-Transformation.* Math. Z. *44* (1938) S. 266–292; CHURCHILL 8, Chap. X.

6. In «Lit. u. hist. Nachw.» zu Band II, Nr. 128 wurde auf den Zusammenhang zwischen der Methode der $\mathfrak{L}$-Transformation und der Operatorenrechnung (Heaviside-Kalkül) hingewiesen. Wie dort gezeigt, lässt sich die Operatorenrechnung im elementaren Fall der gewöhnlichen Differentialgleichungen auf algebraischem Weg, ohne $\mathfrak{L}$-Transformation rechtfertigen. Dagegen war im transzendenten Fall der partiellen Differentialgleichungen bis vor kurzem die $\mathfrak{L}$-Transformation das einzige Mittel, um der Operatorenrechnung einen Sinn beizulegen und ihre Grenzen abzustecken. Erst in neuerer Zeit wurde von MIKUSIŃSKI 1 (siehe auch die zusammenfassende Darstellung 5) gezeigt, dass die Operatorenrechnung auch in diesem Fall selbständig fundiert werden kann. Die stetigen Funktionen einer reellen Variablen t bilden unter der gewöhnlichen Addition und der Faltung als Multiplikation einen Ring, der zu einem Quotientenkörper erweitert werden kann, dessen Elemente dann Operatoren genannt werden. Funktionen und Operatoren gehören somit einem und demselben Körper an und nicht zwei verschiedenen wie bei der $\mathfrak{L}$-Transformation. Um über die Algebra der Operatoren hinaus zu einem Infinitesimalkalkül vorzustossen, wird zunächst im Ring C der Funktionen ein Konvergenzbegriff eingeführt (eine Folge $F_n(t)$ aus C konvergiert gegen $F(t)$ aus C, wenn sie in jedem endlichen Intervall gleichmässig gegen $F(t)$ konvergiert) und dieser dann in geeigneter Weise auf Folgen von Operatoren übertragen. Nach Einführung des Begriffs der Ableitung lässt sich der Kalkül auf partielle Differentialgleichungen anwenden. Dabei können von vornherein alle Funktionen betrachtet werden, für welche die Differentialgleichung einen Sinn hat, ohne Beschränkung hinsichtlich des Verhaltens im Unendlichen wie bei der $\mathfrak{L}$-Transformation. (Wenn das $\mathfrak{L}$-Integral konvergiert, so stimmt es mit dem Operator überein.) Daher lassen sich Eindeutigkeitssätze (siehe 20. 1) in allgemeinerem Umfang beweisen. Dafür ist allerdings die Berechnung der Operatoren

viel komplizierter als in der Theorie der $\mathfrak{L}$-Transformation, siehe z. B. die Behandlung von $e^{-\lambda s^\alpha}$ (α reell, λ reell oder komplex) in MIKUSIŃSKI **2**.

7. Als besonders umfangreich und zuverlässig sei das Tabellenwerk ERDÉLYI **16** genannt.

8. Viele interessante Beispiele solcher Reihenentwicklungen aus der Ingenieurpraxis findet man in CARSLAW and JAEGER **1** und MCLACHLAN **2**.

9. DOETSCH **7, 8, 9**. Hier wird auch zum ersten Mal auf die Bedeutung der «allgemeinen» Problemstellung hingewiesen.

10. Siehe z. B. G. KOWALEWSKI: *Grundzüge der Differential- und Integralrechnung*. Leipzig und Berlin, in mehreren Auflagen seit 1909, § 214.

11. Die $\mathfrak{L}$-Transformation ist nach den in Nr. 4 genannten Arbeiten zur Lösung von weiteren Wärmeleitungsproblemen etwa seit 1930, beginnend mit ODQUIST **1**, in so zahlreichen Arbeiten verwendet worden, dass es unmöglich ist, sie sämtlich zu zitieren. Wir begnügen uns daher mit einem Hinweis auf die Ar beiten von CHURCHILL **1, 4, 6, 7** und LOWAN, von denen einige in Nr. 29 und 36 genannt sind, sowie von CARSLAW and JAEGER, die man in ihrem Buch **1** wiederfindet. Auch in der chemischen Literatur ist die Wärmeleitungsgleichung (dort als Ausdruck des II. Fickschen Gesetzes) mit $\mathfrak{L}$-Transformation behandelt worden, siehe z. B. HENKE und HANS **1**.

12. In der nach Abschluss des Manuskriptes des vorliegenden Bandes erschienenen Arbeit von HELLWIG **1** sind gewisse zulässige Randbedingungen bei endlichem oder unendlichem Intervall ermittelt worden, und zwar auf dem Weg über die $\mathfrak{L}$-Transformation und auf Grund der Theorie der linearen Operatoren. Eine partielle Differentialgleichung von sehr allgemeiner Art

$$B\,U(x,\,t) + k(x)\,(r_1\,U_{tt} + r_2\,U_t + r_3\,U) = k(x)\,F(x,\,t)$$

mit dem Differentialoperator

$$B\,U \equiv -(p(x)\,U_x)_x + q(x)\,U$$

wird in $l \leqq x \leqq m$, $0 \leqq t < \infty$ betrachtet, wobei p, p', q, k reell und stetig und $p > 0$, $k > 0$ sein sollen, und zwar entweder

I. mit endlichem l und m im abgeschlossenen Intervall $l \leqq x \leqq m$ (regulärer Fall) oder

II. mit eventuell unendlichem l oder (und) m im offenen Intervall $l < x < m$ (singulärer Fall).

r_1, r_2, r_3 seien Zahlen mit $r_1 > 0$ (hyperbolischer Typ) oder $r_1 = 0$, $r_2 > 0$ (parabolischer Typ). Der Gleichung wird bei gegebenen Anfangsbedingungen $U(x, +0)$ $= U_0(x)$, $U_t(x, +0) = U_1(x)$ (letztere fällt für $r_1 = 0$ weg) durch die $\mathfrak{L}$-Transformation die Bildgleichung zugeordnet:

$$A\,u(x,\,s) = \lambda\,u + h + f$$

mit

$$A\,u = k(x)^{-1}\,B\,u, \quad \lambda = -(r_1\,s^2 + r_2\,s + r_3), \quad h = (r_1\,s + r_2)\,U_0(x) + r_1\,U_1(x).$$

Es wird nun der Hilbertsche Raum $\mathfrak{H}$ der Funktionen $u(x)$ mit dem inneren Produkt $(u,\,v) = \int_l^m \bar{u}(x)\,v(x)\,k(x)\,dx$ und der Norm $\|u\| = (u,\,u)^{1/2}$ betrachtet. Dann stellt $A\,u = \lambda\,u$ ($h = f = 0$) ein Eigenwertproblem in $\mathfrak{H}$ dar. A ist erklärt im Fall I im Teilraum $\mathfrak{W}_\mathrm{I}$ der u mit stetigem u, u', u'' in $-\infty < l \leqq x \leqq m < +\infty$, im Fall II im Teilraum $\mathfrak{W}_\mathrm{II}$ der u mit stetigem u, u', u'' in $-\infty \leqq l < x < m \leqq +\infty$ und $\|u\| < \infty$, $\|A\,u\| < \infty$. Nach K. FRIEDRICHS: *Über die ausgezeichnete Randbedingung in der Spektraltheorie der halbbeschränkten gewöhnlichen Differentialoperatoren zweiter Ordnung*. Math. Ann. *112* (1935) S. 1–23 lassen sich für die Transformierte u

«zulässige Randbedingungen» durch die Forderung definieren: A soll in einem geeigneten Teilraum $\mathfrak{A}$ von $\mathfrak{H}$ genau eine Spektralzerlegung besitzen. Dazu genügt es, dass A in $\mathfrak{A}$ wesentlich selbstadjungiert ist. Nach F. RELLICH: *Halbbeschränkte gewöhnliche Differentialoperatoren zweiter Ordnung.* Math. Ann. *122* (1951) S. 343–368 hat diese Eigenschaft

im Fall I der Raum $\mathfrak{A}_I$ der $u \in \mathfrak{W}_I$ mit

$$u(l) \quad \cos \delta + u'(l) \quad \sin \delta = 0,$$

$$u(m) \cos \delta + u'(m) \sin \delta = 0.$$

Im Fall II ist zu unterscheiden:

1. Wenn bei $x = l$ und $x = m$ in der Weylschen Terminologie*) der Grenzpunktfall vorliegt, so hat der Raum $\mathfrak{A}_{II} = \mathfrak{W}_{II}$ die Eigenschaft.

2. Wenn bei $x = l$ und $x = m$ der Grenzkreisfall vorliegt, so sei

$$[v, u]_x = p(x) [\bar{v}'(x) \, u(x) - \bar{v}(x) \, u'(x)], \quad [v, u]_l = \lim_{x \to l} [v, u]_x;$$

ferner seien $\alpha(x)$, $\beta(x)$ Lösungen $\not\equiv 0$ von $A\,z = i\,z$ mit $[\alpha, \alpha]_l = [\beta, \beta]_m = 0$, $p\,(\alpha'\,\beta - \alpha\,\beta') = 1$. Dann ist $\mathfrak{A}_{II}$ der Raum der $u \in \mathfrak{W}_{II}$ mit $[\alpha, u]_l = [\beta, v]_m = 0$.

3. Wenn bei $x = l$ der Grenzkreisfall und bei $x = m$ der Grenzpunktfall vorliegt, so sei α Lösung von $A\,z = i\,z$ mit $[\alpha, \alpha]_l = 0$. Dann ist $\mathfrak{A}_{II}$ der Raum der $u \in \mathfrak{W}_{II}$ mit $[\alpha, u]_l = 0$.

Damit die Transformierte $u(x, s)$ in einer Halbebene analytisch ist, wird noch die Voraussetzung gemacht, dass A in $\mathfrak{A}_{II}$ halbbeschränkt mit der Schranke a ist oder, w. d. i., dass das Spektrum von A oberhalb a bleibt.

Als zulässige Randbedingungen der ursprünglichen partiellen Differentialgleichung werden nun solche erklärt, die nach Anwendung der $\mathfrak{L}$-Transformation in zulässige Randbedingungen für $u(x, s)$, d. h. in Randbedingungen des Teilraums $\mathfrak{A}$ übergehen. Danach ergibt sich:

Im Fall I sind zulässig Randbedingungen der Form

$$U\,(l + 0, t) \quad \cos \delta + U_x\,(l + 0, t) \quad \sin \delta = 0,$$

$$U\,(m - 0, t) \cos \delta + U_x\,(m - 0, t) \sin \delta = 0.$$

Im Fall II sind, wenn bei dem transformierten Problem $A\,u = \lambda\,u$ in $x = l$ und $x = m$ der Grenzpunktfall vorliegt, keine Randbedingungen zu stellen. Liegt in $x = l$ und $x = m$ der Grenzkreisfall vor, so sind zulässige Randbedingungen:

$$[\alpha, U]_l = 0, \quad [\beta, U]_m = 0.$$

Liegt in $x = l$ der Grenzkreisfall, in $x = m$ der Grenzpunktfall vor, so ist die Randbedingung $[\alpha, U]_l = 0$ zulässig.

13. Dieser Eindeutigkeitsbeweis stammt von M. GEVREY: *Sur les équations aux dérivées partielles du type parabolique.* J. Math. pur. appl. (6) *9* (1913) S. 305 bis 471; *10* (1914) S. 105–148 [Abschnitt 18]; siehe die Wiedergabe in DOETSCH **31**, S. 51–53. Ein Eindeutigkeitsbeweis für das Gebiet $-\infty < x < +\infty$, $0 < t \leq t_0$ wurde von A. TYCHONOFF: *Théorèmes d'unicité pour l'équation de la chaleur.* Mat. Sbornik (Moskva) *42* (1935) S. 199–215 gegeben; dieser setzt ausser der zwei-

---

*) Bei $x = l$ liegt der Grenzpunktfall vor, wenn es für jedes λ eine Lösung von $A\,u = \lambda\,u$ mit $\int\limits_l^{x_0} |u|^2\,k\,dx = \infty$ $(l < x_0 < m)$ gibt. Bei $x = l$ liegt der Grenzkreisfall vor, wenn für jedes λ alle Lösungen von $A\,u = \lambda\,u$ die Eigenschaft $\int\limits_l^{x_0} |u|^2\,k\,dx < \infty$ haben.

dimensionalen Stetigkeit noch voraus:

$$\max_{0 < t \leq t_0} |U(x, t)| = O(e^{c\,x^2}) \quad \text{für } x \to \pm\infty.$$

14. Eine Kritik dieser unzulänglichen Beweise, die auch in verschiedene Lehrbücher übergegangen sind, siehe in DOETSCH **31**, S. 53–57, 60–61.

15. Die Existenz solcher singulären Lösungen wurde zum erstenmal in DOETSCH **8**, § 2 nachgewiesen. Für singuläre Lösungen bei Wärmeleitungsproblemen mit anderen Randbedingungen siehe DOETSCH **22**, S. 337–338.

16. Ähnliche Gedankengänge finden sich bereits in dem unter Nr. 2 zitierten Werk von FOURIER, Chap. IX, Sektion II, Article 378 und bei LORD KELVIN: *Math. and phys. papers* II, S. 61.

17. Dieser Raum und seine Metrik wurde in DOETSCH **40** eingeführt.

18. Diese singulären Lösungen wurden zuerst in DOETSCH **31**, S. 59–60 (vgl. auch S. 65) angegeben.

19. Die Telegraphengleichung tritt nicht nur bei elektrischen Leitungen, sondern auch in anderen technischen Gebieten auf, z. B. bei Drehwellen in Stäben, siehe SCHIRMER **1**, S. 249, wo auch die Methode der $\mathfrak{L}$-Transformation benutzt wird.

20. Statt aus den Gleichungen (1) eine Unbekannte zu eliminieren, kann man die Gleichungen auch in ihrer ursprünglichen Gestalt beibehalten und hierauf die $\mathfrak{L}$-Transformation anwenden. Siehe DROSTE **1**, S. 29–34, wo dies unter Herausarbeitung der Gesichtspunkte des Elektrotechnikers durchgeführt ist.

21. Viele weitere Schaltungen dieser Art siehe bei WAGNER **2**, S. 166–168.

22. Nach DOETSCH **14**.

23. WATSON **1**, S. 416, Formel (4), die durch die Substitutionen $t^2 - y^2 = \tau$, $a = \sigma$, $b = k$, $y^2 = -\alpha^2$ in die obige übergeht.

24. DOETSCH **14**, S. 75–78.

25. Für den Spezialfall der verzerrungsfreien Leitung wurde der Ausschwingvorgang in DOETSCH **34**, S. 375–378, für den allgemeinen Fall vermittels zweidimensionaler $\mathfrak{L}$-Transformation in VOELKER und DOETSCH **1**, S. 72–74 berechnet.

26. Im Anschluss an den parabolischen und hyperbolischen Typ der partiellen Differentialgleichung zweiter Ordnung seien die Arbeiten von GARNIR erwähnt, in denen die Wellen- und die Wärmeleitungsgleichung in zwei und drei räumlichen Dimensionen vermittels $\mathfrak{L}$-Transformation behandelt werden. Die Operatoren

$$(*) \qquad \Delta - \frac{\partial}{\partial t}, \quad \Delta - \frac{\partial^2}{\partial t^2}$$

(Δ = Laplacescher Operator) werden durch die $\mathfrak{L}$-Transformation auf den Operator $\Delta - s$ bzw. $\Delta - s^2$ reduziert. Kennt man die Greensche Funktion für den letzteren Operator bezüglich eines bestimmten räumlichen Bereichs, so erhält man die Greensche Funktion für die Operatoren (*) bezüglich des durch $0 \leq t < \infty$ erweiterten Bereichs durch die Umkehrung der $\mathfrak{L}$-Transformation. In GARNIR **3** wird dies für einen Winkelraum in der Ebene und ein Dieder im Raum durchgeführt (nachdem in **2** die Greensche Funktion des metaharmonischen Operators $\Delta - k^2$ berechnet wurde), in **4** für ein Segment auf der Geraden, einen Streifen in der Ebene und eine Platte im Raum, in **5** für zwei aneinanderstossende Halbräume. In **6** wird der Zusammenhang zwischen den Operatoren von einem allgemeineren Gesichtspunkt aus behandelt: Die Greensche Funktion des metaharmonischen Operators ist eine wirkliche Funktion, während die Greenschen Funktionen der Operatoren (*) nur vermittels der Diracschen Pseudofunktion (siehe 13. 4) beschrieben werden können. Eine befriedigende Definition der Greenschen Funktion dieser Operatoren ist also nur auf dem Weg über die Schwartzsche Distributionstheorie möglich.

27. Die Behandlung der Potentialgleichung mit $\mathfrak{L}$-Transformation wurde zuerst in DOETSCH **34**, S. 378–383 in etwas anderer Weise als oben im Text angegeben. Vgl. auch die Lösung der inhomogenen Potentialgleichung (Poissonsche Gleichung) in der Viertelebene bei VOELKER und DOETSCH **1**, S. 74–90.

28. FOURIER, l. c. Nr. 2, Chap. III, Article 236. (In Chap. III entwickelt Fourier die Theorie der nach ihm benannten Reihen und führt als erstes Anwendungsbeispiel die Integration der Potentialgleichung im Halbstreifen unter den Randbedingungen $A_0 \equiv A_1 \equiv 0$, U_0 beliebig durch.)

29. Die Lösung dieses Problems mit $\mathfrak{L}$-Transformation wurde von Churchill **7** gegeben. Unter den Bedingungen, dass die Anfangstemperatur des linken Stücks $f_1(x)$, die des rechten $f_2(x)$ ist und das linke Ende auf der konstanten Temperatur 0 gehalten wird, wurde das Problem von LOWAN **2** mit $\mathfrak{L}$-Transformation behandelt.

30. Die im Text gebrachten Beispiele beziehen sich auf partielle Differentialgleichungen zweiter Ordnung, die in den Anwendungen am häufigsten auftreten. Als ein Beispiel für die Anwendung der Methode auf Differentialgleichungen höherer Ordnung sei DE NEUFVILLE **1** genannt, wo eine partielle Differentialgleichung vierter Ordnung behandelt wird, die aus dem Problem der Einwirkung von Stössen durch rasch fahrende Fahrzeuge auf die Pflasterung von Landstrassen entspringt.

31. Nach CARSLAW and JAEGER **1**, S. 110–113.

32. Siehe CHURCHILL **3**.

33. Siehe hierzu PICONE **2**, **3**, wo für eine grosse Anzahl derartiger Probleme die $\mathfrak{L}$-Transformierte der Lösung berechnet wird.

34. Siehe z. B. R. COURANT und D. HILBERT: *Methoden der mathematischen Physik*, Band I, 2. Aufl. Berlin 1931, V. Kap., § 14, Nr. 1–3.

35. Siehe l. c. Nr. 34.

36. Die vorstehend geschilderte Lösung ist von LOWAN **1** bei folgendem Problem angewendet worden: Die Temperatur einer Kugel vom Radius R, die nur eine Funktion von t und des Abstandes r zum Mittelpunkt sein soll: $U = U(r, t)$, $0 \leqq r \leqq R$, genügt der Differentialgleichung

$$\frac{\partial}{\partial r}\left(r^2\, k(r)\, \frac{\partial U}{\partial r} \right) - r^2\, s(r)\, d(r)\, \frac{\partial U}{\partial t} = -r^2\, \Phi(r, t),$$

wo $k(r)$ die Wärmeleitfähigkeit, $s(r)$ die spezifische Wärme, $d(r)$ die Dichte und $\Phi(r, t)$ die pro Zeit- und Volumeneinheit im Innern durch radioaktive Umwandlung erzeugte Wärmemenge bedeutet. Die Temperatur ist unter Anfangs- und Randbedingungen zu bestimmen, die einen Spezialfall der Bedingungen (2), (3) des Textes darstellen. Hier ist aber $p(r) = r^2\, k(r)$, $q(r) = r^2\, s(r)\, d(r)$, so dass die für den Satz über das Sturm-Liouvillesche Randwertproblem wesentliche Voraussetzung, dass $p(r) > 0$, $q(r) > 0$ in dem abgeschlossenen Intervall $0 \leqq r \leqq R$ sein soll, nicht erfüllt ist. In der Terminologie von Nr. 12 liegt also nicht der reguläre Fall I, sondern der singuläre Fall II vor.

37. G. D. BIRKHOFF: *On the asymptotic character of the solutions of certain linear differential equations containing a parameter*. Trans. Amer. math. Soc. 9 (1908) S. 219 bis 231; *Boundary value and expansions problems of ordinary linear differential equations*. Ibid. S. 373–395. J. D. TAMARKIN: *Some general problems of the theory of ordinary linear differential equations and expansion of an arbitrary function in series of fundamental functions*. Math. Z. 27 (1927) S. 1–54.

38. MÄCHLER **1** hat in Ausführung einer Skizze von PLANCHEREL **2**, **3** die partielle Differentialgleichung von hyperbolischem Typ

$$a(x)\, \frac{\partial^2 U}{\partial t^2} + b(x)\, \frac{\partial U}{\partial t} - p(x)\, \frac{\partial^2 U}{\partial x^2} - q(x)\, \frac{\partial U}{\partial x} - r(x)\, U = F(x, t)$$

in $0 \leqq x \leqq 1$, $0 < t < \infty$ mit $a(x) > 0$, $p(x) > 0$ unter den Anfangsbedingungen

$U(x, 0) = U_0(x)$, $U_t(x, 0) = U_1(x)$ und homogenen linearen Randbedingungen durch $\mathfrak{L}$-Transformation auf eine gewöhnliche Differentialgleichung unter entsprechenden Randbedingungen zurückgeführt und auf diese die in Nr. 37 zitierten Ergebnisse angewendet. Die Lösung der partiellen Differentialgleichung wird dann durch das komplexe Umkehrintegral gewonnen.

39. Über die allgemeine Situation der Diffusionstheorie bis zum Jahr 1950 unterrichtet W. FELLER: *Some recent trends in the mathematical theory of diffusion*. Proc. internat. Congr. Math. 1950, Vol. II, S. 322–339.

40. Die Gleichungen (3), (4) wurden abgeleitet von A. KOLMOGOROFF: *Über die analytischen Methoden in der Wahrscheinlichkeitsrechnung*. Math. Ann. *104* (1931) S. 415–458.

41. Die Gleichung wird so genannt, weil sie in anderem Zusammenhang schon vorkommt bei A. FOKKER: *Die mittlere Energie rotierender. elektrischer Dipole im Strahlungsfeld*. Ann. der Physik (4) *43* (1914) S. 810–820 und M. PLANCK: *Über einen Satz der statistischen Dynamik und seine Erweiterung in der Quantentheorie*. S.-Ber. Preuss. Akad. Wiss. Phys.-math. Kl. 1917, S. 324–341.

42. Das Folgende stammt aus FELLER **4**.

43. Über weitere Diffusionsprobleme, bei denen die $\mathfrak{L}$-Transformation verwendet wird, siehe FELLER **5**. – Die Diffusionstheorie ist erfolgreich mit der Theorie der Halbgruppen behandelt worden, insbesondere von FELLER, HILLE und YOSIDA (siehe FELLER, l. c. Nr. 39 und *The parabolic differential equations and the associated semi-groups of transformations*. Ann. of Math. (2) *55* (1952) S. 468 bis 519 und die dort zitierte Literatur). Der Zusammenhang der beiden Theorien rührt daher, dass $U(y; t, x)$ als von dem Parameter t abhängende Transformierte der Anfangswerte $U_0(x)$ aufgefasst werden kann, und dass die so definierten Transformationen kraft der Chapman-Kolmogoroffschen Gleichung

$$U(y; t_1 + t_2, x) = \int\limits_{-\infty}^{+\infty} U(y; t_1, \xi)\, U(\xi; t_2, x)\, d\xi$$

(siehe einen Spezialfall S. 81–82) eine Halbgruppe bilden.

44. Die in § 2–5 dargestellte Theorie wurde für den allgemeineren Fall, dass U eine Funktion von x, y, z, t ist und demgemäss $\partial^2 U/\partial x^2$ durch ΔU ersetzt wird, von PICONE **3**, § 2 entwickelt.

45. Das Huygenssche Prinzip wurde formuliert von J. HADAMARD: a) *Sur un problème mixte aux dérivées partielles*. Bull. Soc. math. France *31* (1903) S. 208 bis 224; b) *Principe de Huyghens et prolongement analytique*. Ibid. *52* (1924) S. 241–278; c) *Conférence*, Cinquantenaire Soc. math., Ibid. S. 610–640; d) *Le problème de Cauchy et les équations aux dérivées partielles linéaires hyperboliques*. Paris 1932, Hermann & Cie Éditeurs, S. 75–79, 239–241, 324–325. – Über die Beziehung des Huygensschen Prinzips zur Theorie der Halbgruppen siehe HILLE **4**, S. 387–413.

46. Das reflexive Prinzip wurde von DOETSCH **29**, S. 614 formuliert.

47. Das Additionstheorem (1) wurde ursprünglich von E. CESÀRO: *Sur un problème de propagation de la chaleur*. Acad. roy. Belgique, Bull. Cl. Sci. 1902, S. 387–404 durch eine langwierige direkte Ausrechnung bewiesen und bei der Wärmeleitung in der Kugel benutzt. Dass es eine Folge des Huygensschen Prinzips ist, wurde von F. BERNSTEIN bemerkt (siehe DOETSCH **9**, S. 615, Fussnote).

48. Ableitung nach dem Huygensschen Prinzip in DOETSCH **29**, S. 618.

49. Siehe DOETSCH **32**, § 2.

50. Derartige Relationen für die Thetafunktionen siehe in DOETSCH **29**, S. 614–618.

51. Das Eulersche Prinzip wurde von DOETSCH **22**, S. 326 formuliert.

52. DOETSCH **29**, S. 620.

53. Dieser Zusammenhang wurde in DOETSCH **29**, S. 624–626 klargestellt, womit eine von HADAMARD (l. c. Nr. 45, b) S. 247 und c) S. 623–624) aufgeworfene Frage beantwortet wurde.

54. Siehe die ausführliche Darstellung in HILLE **4**, S. 400–408.

55. Siehe HILLE **4**, Chap. XI.

56. HILLE **4**, S. 400: This shows that the use of the Laplace transform is imperative: it is prescribed by the nature of the problem and is not an artifice.

57. Die Lösung einer Rekursionsgleichung durch Abbildung auf eine algebraische Gleichung vermittels der Potenzreihen-Transformation war für LAPLACE der Ausgangspunkt seiner in «Lit. u. hist. Nachw.» zu Band II, Nr. 181 geschilderten Untersuchungen. – Eine Ableitung vieler Gesetze und Korrespondenzen des Kalküls mit Anwendungen auf Differenzengleichungen, die Newtonsche Interpolationsformel, Berechnung der sog. Stirlingschen Zahlen usw. siehe bei CHAO **1**.

58. Der zugehörige Kalkül ist in STONE **1** entwickelt. Eine Anwendung auf eine spezielle Differenzengleichung aus der Baustatik siehe in STONE **2**.

59. Die Gesetze dieses Kalküls sowie Anwendungen siehe bei BERGE **1**. Hier wird ausserdem die Transformation betrachtet, die durch Hintereinanderschalten der Potenzreihen- und der $\mathfrak{L}$-Transformation entsteht. Diese führt die Differenzengleichung in eine algebraische über.

60. Hierfür siehe die ausführliche Darstellung in NÖRLUND **2, 4**.

61. Die im 22. bis 24. Kap. vorgeführten Methoden sind in NÖRLUND **2, 4** nicht behandelt. Um Missverständnissen vorzubeugen, sei darauf hingewiesen, dass diese Methoden nichts zu tun haben mit der manchmal auch als «Anwendung der Laplace-Transformation» bezeichneten Methode, die behandelt ist für inhomogene lineare Gleichungen mit konstanten Koeffizienten in NÖRLUND **2**, S. 403 und für homogene lineare Gleichungen mit Polynomkoeffizienten in NÖRLUND **2**, S. 316; **4**, Chap. III (Application de la transformation de Laplace aux équations linéaires etc.). Sie besteht darin, die Lösung als Integral der Gestalt $\int e^{xs} f(s)\,ds$ bzw. $\int z^{x-1} \varphi(z)\,dz$ mit komplexem Weg anzusetzen. Diese Methode sollte man nicht als Anwendung der Laplace-Transformation bezeichnen, sondern als «Methode von Laplace», weil dieser sie bei Differential- und Differenzengleichungen eingeführt hat, siehe «Lit. u. hist. Nachw.» zu Band II, Nr. 181.

62. Über die Behandlung von Differenzengleichungen im Intervall $(-\infty, +\infty)$ vermittels Fourier-Transformation siehe BOCHNER **1**, § 25, 34 und für einige spezielle Beispiele TITCHMARSH **2**, S. 298–302.

63. Das Anfangswertproblem für Differenzengleichungen und Systeme von solchen wurde mit $\mathfrak{L}$-Transformation zuerst von MALTI and WARSCHAWSKI **1** behandelt. In dieser Arbeit werden nur die Lösungen (4) und (10) ohne Mitteilung der Ableitung angegeben. Diese sowie der Zusammenhang mit der Differentialgleichung, die Darstellung der Lösung vermittels der Funktion $Q(t)$ und die Verifikation, dass $Y(t)$ wirklich Lösung ist, sind oben im Text neu hinzugefügt.

64. MALTI and WARSCHAWSKI **1**, S. 156 ohne die im Text angegebene explizite Ausrechnung.

65. MALTI and WARSCHAWSKI **1**, S. 156.

66. In NEUFELD **1** wird eine Gleichung dieses Typs mit $\mathfrak{L}$-Transformation behandelt, wobei aber $Y(t-v)$ an Stelle von $Y(t+v)$ steht und $Y(t) \Rightarrow 0$ für $t < 0$ vorausgesetzt wird. Infolgedessen handelt es sich um ein bedeutend einfacheres Problem. Die Rücktransformation der Lösung wird nicht explizit ausgeführt.

67. Inhalt von § 1 (ohne das Beispiel) nach PINCHERLE **3, 4**, § 5. In § 6, 7 werden spezielle Gleichungen betrachtet, deren Lösungen zu interessanten Transzendenten führen. Eine Verallgemeinerung der Theorie auf rationale Koeffizienten findet sich in PINCHERLE **5**.

68. Als erstes Beispiel der Lösung einer partiellen Differenzengleichung unter Randbedingungen vermittels $\mathfrak{L}$-Transformation hat HEINS **2** die einfachere

Gleichung $U(x+1, t) + U(x-1, t) = 2\,U(x, t+1)$ behandelt. Die Lösung der als Bildgleichung entstehenden gewöhnlichen Differenzengleichung wird nicht wie oben im Text durch $\mathfrak{L}$-Transformation und Umformung der Anfangswerte in Randwerte gewonnen, sondern durch Einführung von Randwerten in eine von NÖRLUND **2**, Kap. 10 angegebene allgemeine Lösung.

69. HEINS **1**. Hier werden die Randfunktionen $U(\{x\}, t)$ und $U(\{x\}+N-1, t)$ als identisch verschwindend vorausgesetzt.

70. Der Grund, warum Integralgleichungen dieser Art in der theoretischen Physik so häufig auftreten und warum die $\mathfrak{L}$-Transformation dabei eine wichtige Rolle spielt, ist in PUIG ADAM **3** auseinandergesetzt. – Die von der Differenz der Variablen abhängigen Kerne bilden auch in der Volterraschen Theorie der Komposition einen für Vorgänge mit Nachwirkung (hérédité) wichtigen Sonderfall (cas du cycle fermé), siehe V. VOLTERRA: *Leçons sur les fonctions de lignes*. Paris 1913, Chap. VII.

71. Nach einer Bemerkung von H. BATEMAN in einer Buchbesprechung in Bull. Amer. math. Soc. *48* (1942) S. 510–511 soll V. PARETO (einer der bedeutendsten Autoren aus der mathematischen Schule der Nationalökonomie) bereits 1892 den Faltungssatz zur Lösung von Integralgleichungen benutzt haben. In der eigentlichen mathematischen Literatur wurde die Methode der $\mathfrak{L}$-Transformation bei linearen Integralgleichungen vom Faltungstypus zuerst von HERGLOTZ **1** (1908) für einen speziellen Fall angewendet. Ein kurzer Hinweis darauf, dass die $\mathfrak{L}$-Transformation eine solche Integralgleichung in eine algebraische Gleichung verwandelt, findet sich bei BATEMAN **2** (1910) S. 393. Später ist die Methode häufig angewendet worden, meist ohne die Präzisierungen, wie sie in den Sätzen des Textes gegeben werden. Eine systematische Theorie findet sich zuerst in DOETSCH **4**.

72. Der Satz, dass für ein absolut konvergentes $\mathfrak{L}\{K\} = k(s)$ auch $k/(1-k)$ für hinreichend grosse $\mathfrak{R}s$ eine absolut konvergente $\mathfrak{L}$-Transformierte ist, wurde von PALEY and WIENER **1**, Theorem II und **2**, Theorem XVIII auf kompliziertem Weg aus tiefliegenden Resultaten über die Fourier-Transformation erschlossen. Dieses Ergebnis wurde in DOETSCH **34**, S. 282 an der entsprechenden Stelle des obigen Beweises benutzt, wobei es als wünschenswert bezeichnet wurde, jenen Satz rein mit den Mitteln der $\mathfrak{L}$-Transformation zu beweisen. Dies ist nunmehr in der im Text angegebenen Weise auf Grund des Satzes 3 [I 8. 3] von Amerio möglich.

73. PARODI **1** und ZOLLER **1**, S. 6, Formel (21).

74. Satz 6 und 7 stammt von RICHARD **1**. Hier werden die Funktionen reell angenommen, und es wird $\int\limits_0^\infty K^2(t)\,dt < 1/2$, $\int\limits_0^\infty G^2(t)\,dt < \infty$ vorausgesetzt [es würde genügen $\int\limits_0^\infty e^{-t} G^2(t)\,dt < \infty$]. Demgemäss werden die Funktionen nach den Laguerreschen Polynomen $L_n(t)$ und nicht wie oben im Text nach den Orthogonalfunktionen $e^{-t/2} L_n(t)$ entwickelt. Die Bestimmung der Koeffizienten erfolgt nicht in der Weise des Textes über die $\mathfrak{L}$-Transformierten, sondern aus der Integralgleichung. – Durch Spezialisierung werden Fälle abgegrenzt, in denen die Reihe für $F(t)$ punktweise konvergiert.

75. Ein etwas spezielleres Ergebnis, das auf anderem Weg (unter Benutzung des in I, S. 294 erwähnten Satzes über die Darstellbarkeit einer vollmonotonen Funktion durch ein Laplace-Stieltjes-Integral) hergeleitet wird, siehe bei FELLER **2**, S. 249.

76. Siehe hierzu ZOLLER **1**, S. 5.

77. Diese Darstellung von W_1 und W_2 siehe bei WAGNER **2**, S. 17, Formel (19h).

78. Weitere derartige Fälle siehe bei WAGNER **2**, S. 18.

79. Bei WAGNER **2**, S. 18, Formel (191) werden diese Ausdrücke ohne Einschränkung als gültig angegeben.

80. Siehe Wagner **2**, S. 35, Formel (38g) und (38h), ohne die einschränkenden Bedingungen. – Eine Darstellung von $V(t)$ durch $|W(\omega)|$ und $\mathrm{arc}\,W(\omega)$ siehe bei Zoller **1**, S. 8.

81. Widder **7**, S. 89, Theorem 11. 6b.

82. Hille **3**, S. 563–565. Das $\mathfrak{L}_S$-Integral wird hier in Gestalt eines Mellin-Integrals $\int_1^\infty u^{-s}\,dA(u)$ geschrieben. – Das Problem, $1/\tilde{k}(s)$ wieder als $\mathfrak{L}_S$-Transformierte darzustellen, steht in Analogie zu dem für die Zahlentheorie wichtigen Problem, das Reziproke einer Dirichletschen Reihe wieder als solche darzustellen.

83. Den sehr einfachen Beweis siehe in Widder **7**, S. 85, Theorem 11. 2b.

84. Die Umkehrung der Fourier-Transformation stellt zwar sachlich ein noch früheres Beispiel dar, doch wurde diese Umkehrung damals nicht als Lösung einer Integralgleichung aufgefasst.

85. N. H. Abel: *Solution de quelques problèmes à l'aide d'intégrales définies*; *Résolution d'un problème de mécanique*. Œuvres complètes, nouvelle édition, t. I, Nr. II, S. 11–27; Nr. IX, S. 97–101.

86. Abel behandelt ursprünglich das Problem der Tautochrone, d. h. die Bestimmung derjenigen Kurve in der Vertikalebene, längs deren die Laufzeit eines Massenpunktes unter dem Einfluss der Schwere von der Ausgangslage unabhängig ist; in diesem Spezialfall ist $\alpha = 1/2,\ G(t) \equiv \mathrm{const}$. Abel verallgemeinert dann das Problem dahingehend, dass die Laufzeit eine vorgeschriebene Funktion $G(t)$ der Höhe t des Ausgangspunktes sein soll. Die Gleichung mit beliebigem α lässt sich auf dieselbe Weise wie der Fall $\alpha = 1/2$ behandeln. – Eine sorgfältige Diskussion der Abelschen Gleichung unter Zugrundelegung Lebesguescher Integrale und mit besonderer Berücksichtigung des Problems der Tautochrone siehe bei L. Tonelli: *Su un problema di Abel*. Math. Ann. *99* (1928) S. 183–199. – Die Abelsche Gleichung mit komplexem Integrationsweg hat Pincherle **10**, S. 37–41 behandelt.

87. Die Lösung der Abelschen Gleichung vermittels $\mathfrak{L}$-Transformation wurde in Doetsch **4**, S. 203 angegeben.

88. Diese Gestalt der Lösung wurde angegeben von R. Rothe: *Zur Abelschen Integralgleichung*. Math. Z. *33* (1931) S. 375–387 [S. 376], die obige Ableitung von Doetsch **34**, S. 295.

89. Ebenfalls vermittels $\mathfrak{L}$-Transformation lösen lässt sich eine in praktischen Problemen auftretende und von Whittaker behandelte Integralgleichung erster Art (E. T. Whittaker: *On the numerical solution of integral equations*. Proc. Roy. Soc. London (A) *94* (1918) S. 367–383 und E. T. Whittaker and G. Robinson: *The calculus of observations*. London 1924, S. 376), bei der $t^{-\alpha}$ durch den Kern $K(t) = t^{-\alpha}(a_0 + a_1 t + \cdots + a_n t^n)$, $0 < \alpha < 1$, ersetzt ist, siehe Ky Fan **1**, S. 157 bis 158; ferner die Integralgleichung mit dem Kern $K(t) = \log t$, siehe Poli **1** und die Wiedergabe bei Ky Fan **1**, S. 158–159. Beide Typen sowie auch die von Whittaker behandelte Gleichung zweiter Art mit dem Kern $K(t) = \sum\limits_{\nu=0}^{n} a_\nu\, e^{\lambda_\nu t}$ wurden in V. Volterra et J. Pérès: *Leçons sur la composition et les fonctions permutables*. Paris 1924, S. 112–116, 135 vermittels Kompositionstheorie gelöst.

90. Die Sätze 5 und 6 nach Doetsch **34**, S. 296–298. Vgl. die Behandlung der Integralgleichung (18) nach anderen Methoden in J. D. Tamarkin: *On integrable solutions of Abel's integral equation*. Ann. of. Math. (2) *31* (1930) S. 219–229 und R. Rothe, l. c. Nr. 88. Das Ergebnis in letzterer Arbeit unter Abschnitt 2: $\Phi(t) = -\sin\beta\,\pi/(\pi\,t^{\beta+1})$ ist offenkundig unrichtig, denn für $\beta = 0, 1, \ldots$ wäre $\Phi(t)$ identisch 0 und für die übrigen $\beta > 0$ nicht integrabel. Der Fehler im Beweis besteht darin, dass l. c. S. 378, Z. 2 die Formel

$$\frac{d^{n+1}\,s^{\mu+1}}{ds^{n+1}} = \frac{\Gamma(\mu+2)\,s^{\mu-n}}{\Gamma(\mu-n+1)},$$

in der $n > \mu$ sein soll, auch für ganzzahlige μ in Anspruch genommen wird, wo sie sinnlos ist.

91. Die Ableitung nichtganzer Ordnung heisst auch Riemann-Liouvillesche Derivierte, weil diese Autoren zuerst diesen Begriff auf verschiedene Weise eingeführt haben, siehe B. RIEMANN: *Versuch einer allgemeinen Auffassung der Integration und Differentiation.* Ges. Werke, 2. Aufl. 1892, S. 353–366; J. LIOUVILLE: *Sur le calcul des différentielles à indices quelconques.* J. Éc. Polyt. 21. cah., *13* (1832) S. 71–162. Insbesondere an die Arbeit von Riemann hat sich eine weitschichtige Literatur angeschlossen. Erwähnt sei hier nur wegen der Beziehung zur $\mathfrak{L}$-Transformation die Arbeit von POST 1, wo nicht bloss D^μ, sondern allgemeiner $f(D)$ für gewisse Funktionen f definiert wird, u. a. für solche, die $\mathfrak{L}$-Transformierte sind (S. 771–781). – Die Aufgabe, die Ableitung und das iterierte Integral beliebiger Ordnung zu definieren, kann als ein Interpolationsproblem aufgefasst werden: als Funktion der Ordnung sind diese Begriffe für ganzzahlige Werte bekannt, und man soll sie für nichtganze Werte interpolieren.

92. Die Erkenntnis, dass es keine universelle Definition gibt, sondern dass die Definition je nach der zugrunde gelegten Funktionsklasse und nach dem Anfangspunkt der Integration (siehe S. 167) verschieden gewählt werden muss, hat sich verhältnismässig spät durchgesetzt. Die folgende Theorie für die Klasse der Originalfunktionen wurde in DOETSCH 34, S. 298–304 entwickelt.

93. Siehe hierzu HILLE 4, S. 439–443.

94. Versteht man das Integral nicht im Sinne des bestimmten Integrals, sondern der primitiven Funktion, so gibt es für die Funktionen der klassischen Analysis keinen einparametrigen linearen Operator I^μ, der für positiv ganze μ die iterierten Integrale, für negativ ganze μ die Ableitungen liefert und die Gruppeneigenschaft $I^{\mu_1} I^{\mu_2} = I^{\mu_1 + \mu_2}$ besitzt, weil beim Integrieren Konstante auftreten, beim Differenzieren solche verschwinden. Um auch für diesen Integralbegriff einen Operator I^μ mit den erwähnten Eigenschaften einführen zu können, hat HADWIGER 2 den Begriff der Ultrafunktion gebildet, indem in die abstrakte Definition der Funktion die bei den Integrationen auftretenden Konstanten mit aufgenommen werden, die aber latent bleiben und erst bei den Integrationen zum Vorschein kommen.

95. DOETSCH 11, S. 572.

96. Die Theorie, die dem Anfangspunkt $-\infty$ der Integration entspricht, ist von H. WEYL: *Bemerkungen zum Begriff des Differentialquotienten gebrochener Ordnung.* Vjschr. naturforsch. Ges. Zürich *62* (1917) S. 296–302 entwickelt worden, und zwar im besonderen Hinblick auf periodische Funktionen. Hier werden analog wie oben im Text D^μ und I^μ als eindeutige Umkehrungen voneinander definiert. Die Transformation, in deren Licht die Definitionen als sachgemässe Interpolationen erscheinen, ist hier die endliche Fourier-Transformation. – Die in 28. 1 (S. 202) angegebene Definition der Derivierten im Raum der $\mathfrak{L}$-Transformierten entspricht dem Anfangspunkt $+\infty$, denn diese Derivierte lässt sich für $\mu = n + \nu$ (n ganz $\geqq 0$, $0 < \nu < 1$) in der Form darstellen (siehe SMITH 1):

$$D^\mu f(s) = \frac{-1}{\Gamma(1-\nu)} \int\limits_s^\infty (\sigma - s)^{-\nu} f^{(n+1)}(\sigma) \, d\sigma.$$

97. Siehe z. B. die in Nr. 90 zitierte Arbeit von TAMARKIN..

98. DOETSCH 11, S. 573–578. Hier finden sich auch Bedingungen, unter denen die Vertauschung von Summe und Integral legitim ist.

99. Dass die Funktion $\vartheta_3(0, t)$ dieser Integralgleichung genügt, wurde zuerst von F. BERNSTEIN: *Die Integralgleichung der elliptischen Thetanullfunktion.* S.-Ber. Preuss. Akad. Wiss., Phys.-math. Kl. 1920, S. 735–747 durch Ausrechnen festgestellt. Die allgemeine Lösung vermittels $\mathfrak{L}$-Transformation wurde in F.

BERNSTEIN 1 gegeben. – Die Integralgleichung stellt einen Spezialfall einer allgemeineren Gleichung dar, die eine einfache wärmetheoretische Deutung zulässt, siehe DOETSCH 22, § 5.

100. S. BOCHNER: *Über eine Klasse singulärer Integralgleichungen.* S.-Ber. Preuss. Akad. Wiss., Phys.-math. Kl. 1930, S. 403–411.

101. Die folgende Theorie stammt von WIENER und HOPF 1.

102. Die Bedingung $\int_{-\infty}^{+\infty} K(t)\,dt \neq 1$ ist bei WIENER und HOPF 1 nicht genannt, wird aber benutzt.

103. Bei WIENER und HOPF 1, S. 701 wird angegeben, $l(s)$ sei auf der imaginären Achse reell, was aber i. allg. nicht der Fall ist.

104. Man kann die Gültigkeit der Formel (11) auch aus dieser quadratischen Integrabilität von $\log l(s)$ auf den Vertikalen $x = \text{const}$ erschliessen, so bei WIENER und HOPF 1, S. 700. Denn wenn eine Funktion in einem Streifen analytisch und auf jeder darin liegenden Geraden quadratisch integrabel ist, so gilt für sie die Cauchysche Formel mit den Randgeraden als Integrationsweg, siehe PALEY and WIENER 2, S. 5, Theorem II. Dies ist das Analogon für Funktionen in einem Streifen zu Satz 5 [I 12. 5], der sich auf Funktionen in einer Halbebene bezieht.

105. Von hier an konnte der Beweis au Grund der in I 12. 2 entwickelten Theorie gegenüber der Darstellung in WIENER und HOPF 1 abgekürzt werden.

106. Diese spezielle Gleichung ist von T. LALESCO: *Introduction à la théorie des équations intégrales.* Paris 1912, S. 121–123 mit einfacheren Mitteln gelöst worden und wird auch bei WIENER und HOPF 1, S. 705 als Beispiel erwähnt. In beiden Darstellungen wird der Fall $\lambda = 1/2$ nicht berücksichtigt. Bei WIENER und HOPF 1 wird noch das Beispiel $K(t) = (1/2)\, Ei\,(|t|)$ behandelt (Milnesche Gleichung). Die Lösung stellt die Temperaturverteilung in einer Sternatmosphäre im Strahlungsgleichgewicht dar.

107. Im Gegensatz dazu ist (ähnlich wie bei der $\mathfrak{L}_{I}$-Transformation, siehe Satz 1 [25. 3]), wenn man die $\mathfrak{L}_{II}$-Transformation bzw. die Fourier-Transformation in Stieltjesscher Gestalt schreibt, die Reziproke einer Transformierten unter gewissen Voraussetzungen wieder eine solche. Siehe hierzu und zu der Lösung der Integralgleichung (1) in Stieltjesscher Gestalt: für die Fourier-Transformation BEURLING 1, für die $\mathfrak{L}_{II}$-Transformation PITT 1, 2; für den Integraltypus $\int_{0}^{\infty} K(t\,\tau)\, F(\tau)\, d\tau$ und die Mellin-Transformation Fox 1.

108. Dieser Satz wurde von WIDDER 9 und unter teils engeren, teils allgemeineren Voraussetzungen von POLLARD 4 bewiesen. Die Umkehrung der Faltungstransformation (convolution transform) durch Differentialoperatoren ist von Widder und Hirschman weiter ausgebaut worden, siehe die zusammenfassende Darstellung HIRSCHMAN and WIDDER 1, wo ausser dem Umkehrproblem auch das Darstellungsproblem behandelt wird. Vgl. auch Nr. 134.

109. Diese Formel wurde ursprünglich von D. V. WIDDER: *The Stieltjes transform.* Trans. Amer. math. Soc. *43* (1938) S. 7–60 auf anderem Weg gefunden.

110. Über verschiedene Spaltformen, ihre Apparatefunktionen und deren Fourier-Transformierte, d. h. Spektren, welche die Durchlass- und Sperrbereiche für die Schwingungen verschiedener Frequenzen erkennen lassen, siehe MEYER-EPPLER 1. Vgl. ferner MEYER-EPPLER 2, 3, wo auch Realisierungen der Faltung durch Helligkeitsverteilung, gesehen durch ein Raster, bzw. durch Tonfilmabtastung angegeben sind.

111. Für die am häufigsten als Apparatefunktion auftretende Gaußsche Fehlerfunktion $e^{-t^2/4\alpha}/2\sqrt{\pi\,\alpha}$, die der Weierstrass- oder Gauss-Transformation entspricht, siehe die explizite Lösung vermittels Fourier-Transformation sowie eine weitere, besonders für die Praxis brauchbare Lösung in DOETSCH 32. Vgl.

auch die in «Lit. u. hist. Nachw.» zu Band II, Nr. 120 angegebene Literatur sowie Hirschman and Widder 1, Chap. VIII.

112. Vgl. hierzu die von Volterra, l. c. Nr. 70, auf analoge Weise vermittels der Kompositionstheorie abgeleiteten Additionstheoreme. Er nennt sie (S. 157) «la propriété la plus cachée et la plus importante des solutions».

113. Siehe hierzu Nr. 47. Obige Ableitung bei F. Bernstein 3, S. 48.

114. Cailler 1. Siehe auch Nr. 118.

115. Gleichung (5) wurde für den Spezialfall $\mu = 1/2$ von diesem Standpunkt aus behandelt bei W. O. Pennell: *The use of fractional integration and differentiation for obtaining certain expansions in terms of Bessel functions or of sines and cosines.* Bull. Amer. math. Soc. *38* (1932) S. 115–122, hieran anknüpfend bei H. P. Thielman: *Note on the use of fractional integration of Bessel functions.* Ibid. *40* (1934) S. 695–698. – Gleichung (6) siehe bei Fischer 1, S. 13.

116. Zuerst aufgestellt in Doetsch 5.

117. Mit der Aufgabe, Funktionenpaare F_1, F_2 zu bestimmen, die der Gleichung $F_1 * F_2 = 1$ genügen, hat sich N. Sonine: *Sur la généralisation d'une formule d'Abel.* Acta Math. *4* (1884) S. 171–176 im Anschluss an die Abelsche Integralgleichung beschäftigt. Sein Verfahren liefert aber nur solche Lösungen, die von der Gestalt $F_1(t) = t^{-p} \cdot$ ganze Funktion, $F_2(t) = t^{-q} \cdot$ ganze Funktion, $0 < p < 1$, $p + q = 1$ sind. Die Relationen (1) und (3) fallen also nicht darunter.

118. Als erster hat Pincherle 2 die Besselschen Funktionen systematisch vom Standpunkt der $\mathfrak{L}$-Transformation aus untersucht, doch behandelt er nicht die Funktionalrelationen, sondern die Korrespondenz zwischen transzendenten Funktionen, die linearen homogenen Differentialgleichungen genügen (wofür die Besselschen Funktionen ein Beispiel sind), und algebraischen Funktionen (ihren $\mathfrak{L}$-Transformierten). Funktionalrelationen für die J_μ vermittels des Faltungssatzes der $\mathfrak{L}$-Transformation hat zuerst Cailler 1 systematisch abgeleitet. Dieser Weg wurde fortgesetzt von Copson 1 und Fischer 1. Zur Ableitung der Eigenschaften der Besselschen Funktionen auf dem Weg über die $\mathfrak{L}$-Transformation siehe auch v. d. Pol 2, S. 878–889.

119. Fischer 1, S. 19.

120. In allgemeinerer Form von Hankel 1869 abgeleitet. Näheres siehe I, S. 202–203.

121. Cailler 1.

122. Beweis dieser schon früher bekannten Darstellung von $_1F_1$ auf obigem Weg bei Erdélyi 7, S. 206. – Über die allgemeine Theorie der Funktion $_1F_1$ unterrichtet H. Buchholz: *Die konfluente hypergeometrische Funktion mit besonderer Berücksichtigung ihrer Anwendungen.* (Ergebn. d. angew. Math. Nr. 2.) Berlin 1953, Springer-Verlag.

123. Von den unter den $M_{k,m}$ enthaltenen Funktionen wurden zuerst die Hermiteschen Polynome von Doetsch nach der Methode des Textes behandelt, dann in Analogie dazu die Laguerreschen Polynome von Tricomi, schliesslich die $M_{k,m}$ selbst von Erdélyi. Einzelangaben siehe unten.

124. Erdélyi 3, S. 135; Verallgemeinerung auf konfluente hypergeometrische Funktionen von mehreren Variablen siehe bei Erdélyi 8.

125. Tricomi 3, S. 335.

126. Tricomi 3, S. 335.

127. Doetsch 17, S. 594.

128. Doetsch 17, S. 595.

129. Doetsch 23.

130. Siehe Hadwiger 1, wo 16 Kerne dieser Art angegeben sind.

131. Nähere Angaben in Erdélyi 10.

132. Pincherle 10, S. 6–10.

133. Satz 2–4 neu.

134. Dieser Gesichtspunkt wird bei PINCHERLE **10** stark in den Vordergrund gestellt. Pincherle kommt das Verdienst zu, als erster allgemeine Integraltransformationen vom Faltungstypus (convolution transforms) betrachtet und vermittels $\mathcal{L}$-Transformation auf ihre Umkehrbarkeit untersucht zu haben.

135. Die Definitionen (8) und (9) bei PINCHERLE **10**, S. 24 und 30. Hier finden sich ausgedehnte Erörterungen über diese Definitionen, die allerdings infolge der zahlreichen Voraussetzungen, die dem damaligen Stand der Theorie der $\mathcal{L}$-Transformation entsprechen, keine durchsichtige Wiedergabe erlauben. – Es liegt nahe, allgemein für Funktionen, die in einem Kreis analytisch sind, die Derivierte beliebiger Ordnung durch Verallgemeinerung der Cauchyschen Formel

$$f^{(n)}(s) = \frac{\Gamma(n+1)}{2\pi i} \int \frac{f(\sigma)}{(\sigma-s)^{n+1}}\, d\sigma$$

auf beliebige n zu definieren. Siehe hierzu L. M. BLUMENTHAL: *Note on fractional operators and the theory of composition.* Amer. J. Math. *53* (1931) S. 483–492. – SMITH **1** hat, anscheinend ohne Kenntnis der Untersuchungen von Pincherle, die Definition (9) als Ausgangspunkt genommen und gezeigt, dass $D^\mu f(s)$ durch den in Nr. 96 angegebenen Ausdruck dargestellt werden kann.

136. PINCHERLE **10**, S. 7.

137. Neu.

138. Siehe die explizite Durchführung dieser Methode bei BOAS **4**. Sie gestattet, frühere Resultate von I. M. SHEFFER: *Concerning Appell sets and associated linear functional equations.* Duke math. J. *3* (1937) S. 593–609 und H. MUGGLI: *Differentialgleichungen unendlich hoher Ordnung mit konstanten Koefficienten.* Comment. math. Helv. *11* (1938) S. 151–179 zu verschärfen. Satz 3 ist eine auf diese Art von Boas gewonnene Verschärfung.

139. Dieses merkwürdige transzendente Additionstheorem für die Γ-Funktion wurde von MELLIN **4**, Formel (34) gefunden, aber auf ganz anderem, komplizierterem Weg. Obige Ableitung in DOETSCH **34**, S. 318.

140. DOETSCH **21**.

141. Über die physikalische Bedeutung von (8) siehe H. BUCHHOLZ, Z. angew. Math. Mech. *23* (1943) S. 47–58, 101–118; W. MAGNUS, Z. Phys. *118* (1943) S. 343–356. Der ursprüngliche, ziemlich komplizierte Beweis von (8) stammt von W. MAGNUS, Nachr. Akad. Wiss. Göttingen, math.-phys. Kl. 1946, S. 4–5, der einfachere Beweis des Textes von TRICOMI **14**; hier wird nicht der Faltungssatz 2 [I 6.4], sondern ein speziellerer, eigens abgeleiteter Satz benutzt.

142. OLDENBOURG and SARTORIUS **1**.

143. PARODI et POLI **1**. Hier auch die folgenden Beispiele.

144. PARODI **3**, S. 39, das folgende Beispiel S. 50. Über die Frage, welche Gestalt $K(t, x)$ für gewisse spezielle φ und ψ hat, siehe STANKOVIĆ **2**.

145. PARODI **3**, S. 45–47, 67–70; HEINHOLD **2**, hier eine ausführliche Diskussion der exakten Gültigkeitsgrenzen der Methode.

146. Dieses Beispiel und einige weitere siehe bei HEINHOLD **1**.

147. DOETSCH **41**.

148. Hilfssatz 1 und 2 sowie Satz 2 bisher nicht publiziert.

149. Satz 1 und 2 bisher nicht publiziert.

150. PLANCHEREL et PÓLYA **1**, S. 229–231 für Fourier-Integrale an Stelle von $\mathcal{L}_{II}$-Integralen. – Eine Ergänzung und Umkehrung von Satz 1 wird durch folgenden Satz von BOAS **2**, S. 283 geliefert: Die notwendige und hinreichende Bedingung dafür, dass eine ganze Funktion $f(s)$ vom Exponentialtypus ist, d. h.

$|f(s)| < A\, e^{a|s|}$, und die Eigenschaft $\int\limits_{-\infty}^{+\infty} |f(i\,y)|\, dy < \infty$ hat, besteht darin, dass

$f(s) = \int\limits_{-a}^{+a} e^{-st} F(t)\, dt$ ist, wo $F(-a+0) = F(+a-0) = 0$ ist und $F(t)$ eine absolut konvergente Fourier-Reihe in $(-a, +a)$ besitzt.

151. Vgl. hierzu die Umkehrformel für die Hilbert-Transformation in Gestalt eines Stieltjes-Integrals in A. WINTNER: *Spektraltheorie der unendlichen Matrizen.* Leipzig 1929, Verlag Hirzel, S. 97.

152. PLANCHEREL et PÓLYA **1**, S. 231–234 für Fourier-Integrale an Stelle von $\mathfrak{L}_{II}$-Integralen. Der Satz wird hier auf n-fache Fourier-Integrale erweitert.

153. Der folgende Beweis ist gegenüber der Ableitung in PLANCHEREL et PÓLYA **1** auf Grund der in I 12.2 entwickelten Theorie vereinfacht, wobei sich auch noch punktweise Konvergenz fast überall und nicht nur Mittelkonvergenz wie in der genannten Arbeit ergibt.

154. Die Sätze 1 und 2 (in der abgeschwächten Gestalt von Satz 3) wurden von MIKUSIŃSKI **4** auf Funktionen, die in einer Halbebene analytisch sind, übertragen und dahin verallgemeinert, dass von $f(i\,y)$ Integrabilität in p-ter Potenz $(1 \leqq p \leqq 2)$ vorausgesetzt wird: $f(s)$ sei analytisch in $\Re s > 0$, und $\lim\limits_{x \to +0} f(x + i\,y)$ $= f(i\,y)$ existiere für fast alle y. Es sei $e^{-a|s|}\,f(s)$ beschränkt in $\Re s > 0$ und $f(i\,y) \in L^p\,(-\infty, +\infty)\,\,(1 \leqq p \leqq 2)$. Dann lässt sich $f(s)$ für $\Re s > 0$ durch ein absolut konvergentes Integral

$$f(s) = \int\limits_{-a}^{\infty} e^{-st}\,F(t)\,dt$$

darstellen. Dabei ist

für $p = 1$: $F(t)$ stetig und beschränkt für $t \geqq -a$ und

$$F(t) = -\frac{1}{2\,\pi} \int\limits_{-\infty}^{+\infty} e^{ity}\,f(i\,y)\,dy\,,$$

für $1 < p \leqq 2$: $F(t) \in L^q\,(1/p + 1/q = 1)$ und

$$F(t) = \underset{\alpha \to \infty}{\text{l.i.m.}}^{(q)}\,\frac{1}{2\,\pi} \int\limits_{-\alpha}^{+\alpha} e^{ity}\,f(i\,y)\,dy.$$

Aus diesem Satz, dessen Beweis nicht wie oben im Text, sondern ähnlich wie der ursprüngliche Beweis von Satz 4 (siehe Nr. 155) geführt wird, folgen die Sätze 1 und 2, aber nicht umgekehrt.

155. Dieser Satz wurde ursprünglich von PALEY and WIENER **2**, S. 12–13 auf anderem Wege bewiesen und ist der Ausgangspunkt der oben geschilderten (und vieler weiterer) Untersuchungen gewesen.

156. Den ganzen Funktionen vom Exponentialtypus, für die $f(i\,y)$ zu $L^p\,(-\infty, +\infty)$ gehört, so dass nach dem folgenden Satz 1 (für $p = 2$) die Grössen

$$m_p(x) = \frac{1}{2\,\pi} \int\limits_{-\infty}^{+\infty} |f(x + i\,y)|^p\,dy$$

existieren, kann man diejenigen gegenüberstellen, für welche die Mittelwerte

$$\mu_p(x) = \lim\limits_{Y \to \infty} \frac{1}{2\,Y} \int\limits_{-Y}^{+Y} |f(x + i\,y)|^p\,dy$$

existieren. Für die μ_p gelten ähnliche Sätze wie die im folgenden für m_p abgeleiteten, z. B. $\mu_p(x) \leqq e^{p\,a\,|x|}\,\mu_p(0)$; siehe A. R. HARVEY: *The mean of a function of exponential type.* Amer. J. Math. **70** (1948) S. 181–202.

157. PLANCHEREL et PÓLYA **1**, S. 120.

158. Bei MARTIN 1, S. 674 im Gewand der Fourier-Transformation ausgesprochen und auf mehrfache Fourier-Integrale erweitert. Der im 2. Teil dieser Arbeit aufgestellte Satz über die Darstellung von Funktionen, die nur die erste der Bedingungen (1) erfüllen (S. 677), ist nicht neu, sondern folgt unmittelbar aus Satz 1 [I 12. 2].

159. Dies folgt leicht aus Satz 1 [I 12. 2], siehe auch BOCHNER 3, S. 733.

160. Auf anderem Wege bewiesen bei MARTIN 1, S. 676.

161. PLANCHEREL et PÓLYA 1, S. 115.

162. Diese Formel liefert das sogenannte diskontinuierliche Integral von Weber-Schafheitlin, siehe WATSON 1, S. 401; hier ist zu setzen $\lambda = \nu + (1/2)$, $\mu = 1/2$, $a = l$, $b = 1$.

163. PLANCHEREL et POLYA 1, S. 110.

164. Interpolationsformeln für ganze Funktionen vom Exponentialtypus, welche die Funktion an einer beliebigen Stelle aus den Werten in diskreten Punkten zu berechnen gestatten, wobei zum Beweis auch die $\mathfrak{L}$-Transformation benutzt wird, siehe bei MACINTYRE 1. Allerdings ist die dortige Herleitung der Hauptformel (17) aus (14) nicht ausreichend begründet, da in (14) unter den Zeichen $\lim\limits_{\delta \to 0}$ und $\sum\limits_{-\infty}^{+\infty}$ differenziert wird. In diese Ideenrichtung gehört auch M. L. CARTWRIGHT: *On certain integral functions of order one.* Quart. J. Math. (Oxford) 7 (1936) S. 46–55, wo gezeigt wird, dass eine ganze Funktion vom Exponentialtypus mit $c_t < \pi$, die an den Stellen $n = 0$, ± 1, ± 2, ... beschränkt ist, für alle reellen Werte der Variablen beschränkt ist.

165. PÓLYA 3, S. 577; T. BONNESEN und W. FENCHEL: *Theorie der konvexen Körper.* (Ergebnisse der Math.) Berlin 1934, S. 15, 16.

166. PLANCHEREL et PÓLYA 1, S. 128–129 ohne Ausführung des Beweises.

167. In PLANCHEREL et PÓLYA 1, S. 160–163 werden zwei wesentlich kompliziertere Beweise für einen entsprechenden Satz (mit $p > 0$) gegeben, bei dem spezieller die Integrabilität von $|F|^p$ auf einer vollen Geraden vorausgesetzt wird.

168. Zum Schluss dieses Kapitels sei noch auf eine weitere Möglichkeit aufmerksam gemacht, den Zusammenhang zwischen einer ganzen Funktion $F(t)$ vom Exponentialtypus und ihrer $\mathfrak{L}$-Transformierten nutzbar zu machen. Wenn man die Singularitäten einer für $|z| < R$ konvergenten Potenzreihe $\varphi(z) = \sum\limits_{n=0}^{\infty} a_n z^n$ studieren will, so kann man statt dessen dasselbe bei der für $|s| > 1/R$ konvergenten Reihe $f(s) = \sum\limits_{n=0}^{\infty} a_n / s^{n+1}$ machen. Über die in einer Richtung φ «am weitesten aussen» liegenden Singularitäten gibt die Stützfunktion $k(\varphi)$ der Singularitätenhülle von $f(s)$ Auskunft. Diese hängt mit dem Indikator $h(\varphi)$ der ganzen Funktion $F(t) = \sum\limits_{n=0}^{\infty} a_n\, t^n / n!$ vom Exponentialtypus, der durch

$$h(\varphi) = \limsup_{r \to \infty} \frac{\log |F(r\, e^{i\varphi})|}{r}$$

definiert ist, vermittels der Gleichung $k(\varphi) = h(-\varphi)$ zusammen (siehe Satz 1 [I 10. 4]). Mit Hilfe dieser Relation lassen sich manche klassische, aber auch weitere neue Resultate über die Singularitäten von Potenzreihen einfach beweisen. So lautet z. B. die notwendige und hinreichende Bedingung dafür, dass der Punkt $z_0 = R\, e^{i\varphi_0}$ des Konvergenzkreises von $\varphi(z)$, d. h. der Punkt $s_0 = (1/R)\, e^{-i\varphi_0}$ des Konvergenzkreises von $f(s)$ ein singulärer Punkt ist: $k(-\varphi_0) = 1/R$, also $h(\varphi_0) = 1/R$, wobei für h der obige Ausdruck zu setzen ist. Siehe einige Angaben zu dieser Methode bei REY PASTOR 3, S. 30–32. Es wäre eine dankbare Aufgabe, die Methode in grösserem Umfang durchzuführen.

Bücher

über die Laplace-Transformation einschliesslich ihrer Anwendungen

in der Reihenfolge des Erscheinens

(Ergänzung zu der Liste in Band I, S. 561)

H. W. Droste: *Die Lösung angewandter Differentialgleichungen mittels Laplacescher Transformation.* Berlin 1939, Verlag E. S. Mittler & Sohn, 35 S.

H. Schulz: *Über Wesen, Sinn und Zweck der Laplace-Transformation* (Eine Einführung für den Fernmeldetechniker). Berlin 1941, Verlag R. Dietze, 43 S.

R. Poitier et J. Laplume: *Le calcul symbolique et quelques applications à la physique et à l'électricité.* Actualités scientifiques et industrielles Nr. 947. Paris 1943, Hermann & Cie Éditeurs, 148 S.

P. Humbert et S. Colombo: *Le calcul symbolique et ses applications à la physique mathématique.* Mémorial des sciences mathématiques Nr. 105. Paris 1947, Gauthier-Villars Éditeur, 52 S.

N. W. McLachlan: *Modern operational calculus with applications in technical mathematics.* London 1949, Macmillan & Co., 218 S.

M. Denis-Papin et A. Kaufmann: *Cours de calcul opérationnel (Transformation de Laplace).* Paris 1950, Éditions Albin Michel, 237 S.

N. W. McLachlan et P. Humbert: *Formulaire pour le calcul symbolique.* Mémorial des sciences mathématiques Nr. 100. Deuxième édition. Paris 1950, Gauthier-Villars Éditeur, 65 S.

N. W. McLachlan, P. Humbert et L. Poli: *Supplément au formulaire pour le calcul symbolique.* Mémorial des sciences mathématiques Nr. 113. Paris 1950, Gauthier-Villars Éditeur, 62 S.

M. Parodi: *Équations integrales et transformation de Laplace.* Publications scientifiques et techniques du ministère de l'air Nr. 242. Paris 1950, Service de documentation et d'information technique de l'aéronautique, 125 S.

B. van der Pol and H. Bremmer: *Operational calculus based on the two-sided Laplace integral.* Cambridge 1950, University Press, 415 S.

W. T. Thomson: *Laplace Transformation. Theory and Engineering Applications.* New York 1950, Prentice Hall, Inc., 230 S.

V. A. Ditkin und P. I. Kuznecov: *Handbuch der Operatorenrechnung. Grundlagen der Theorie und Formeltafeln* (Russisch). Moskau und Leningrad 1951.

I. N. Sneddon: *Fourier transforms. Their uses in physics and engineering.* New York 1951, McGraw-Hill Book Comp., 531 S.

C. J. Tranter: *Integral transforms in mathematical physics.* Methuen's monographs on physical subjects. London 1951, Methuen & Co., 118 S.

G. Doetsch: *La solución de problemas de contorno y de valores iniciales en ecuaciones diferenciales mediante la transformación de Laplace y otras transformaciones funcionales.* Madrid 1952, Instituto nacional de Técnica aeronáutica Esteban Terradas, 110 S.

P. Funk – H. Sagan – F. Selig: *Die Laplace-Transformation und ihre Anwendung.* Wien 1953, Franz Deuticke Verlag, 106 S.

N. W. McLachlan: *Complex variable theory and transform calculus with technical applications.* Cambridge 1953, University Press, 388 S.

J. Mikusiński: *Rachunek Operatorów* (Polnisch). Monografje Matematyczne Tom 30. Warszawa 1953, Polskie Towarzystwo Matematyczne, 368 S.

G. Doetsch: *Teoria degli sviluppi asintotici dal punto di vista delle trasformazioni funzionali*. Consiglio nazionale delle Ricerche – Pubblicazioni dell' Istituto per le Applicazioni del Calcolo, Nr. 420, Roma 1954; Rosenberg & Sellier, Casa Editrice, Torino, 86 S.

A. Erdélyi – W. Magnus – F. Oberhettinger – F. Tricomi: *Tables of integral transforms*. New York 1954, McGraw-Hill Book Comp., Vol. I: 391 S., Vol. II: 451 S.

L. Poli et P. Delerue: *Le calcul symbolique à deux variables et ses applications*. Mémorial des sciences mathématiques Nr. 127. Paris 1954, Gauthier-Villars Éditeur, 77 S.

F. Salles: *Initiation au calcul opérationnel et à ses applications techniques*. Paris 1955, Dunod, 56 S.

E. J. Scott: *Transform calculus with an introduction to complex variables*. New York 1955, Harper & Brothers, 330 S.

Die Laplace-Transformation und ihre Anwendung in der Regelungstechnik. Vorträge gehalten bei einer Tagung des Fachausschusses Regelungsmathematik der Gesellschaft für angewandte Mathematik und Mechanik in Essen vom 6. bis 8. Oktober 1954, zusammengestellt von R. Herschel. München 1955, Verlag R. Oldenbourg, 142 S.

LITERATURVERZEICHNIS

—

L. Amerio

11. *Relazioni tra il metodo della trasformata multipla di Laplace e il metodo di M. Riesz per l'integrazione di equazioni di tipo iperbolico.* Atti Accad. naz. Lincei, Rend., Cl. Sci. fis. mat. nat. (8) *5* (1948) S. 313–319; *6* (1949) S. 48–52, 175–180.

D. B. Ames

1. *Certain inversion formulas for the Laplace transform.* Proc. Amer. math. Soc. *1* (1950) S. 99–106.

W. Andersson

1. *Short notes on Charlier's method for expansion of frequency functions in series.* Skand. Aktuarietidskr. *27* (1944) S. 16–31.

V. G. Avakumović

4. *Bemerkung über einen Satz des Herrn T. Carleman.* Math. Z. *53* (1950) S. 53–58.
5. *Einige Sätze über Laplacesche Integrale.* Acad. Serbe Sci., Publ. Inst. math. *3* (1950) S. 287–304.

D. H. Ballou

1. *Functions representable by two Laplace integrals.* Duke math. J. *2* (1936) S. 722–732.

R. C. F. Bartels and R. V. Churchill

1. *Resolution of boundary problems by the use of a generalized convolution.* Bull. Amer. math. Soc. *48* (1942) S. 276–282.

H. Bateman

1. *Solution of system of differential equations in theory of radio-active transformation.* Proc. Cambridge philos. Soc. *15* (1910) S. 423–427.
2. *Report on the history and present state of the theory of integral equations.* Report of the eightieth Meeting of the British Association for the Advancement of Science (Sheffield 1910). London 1911, S. 345–424.

Cl. Berge

1. *Sur un nouveau calcul symbolique et ses applications.* J. Math. pur. appl. (9) *29* (1950) S. 245–274.

B. Berkeš

1. *Fouriersche Reihe und Laplacesche Transformation.* Soc. Sci. natur. Croatica, Period. math.-phys. astron. (2) *8* (1953) S. 196–211.

Vl. Bernstein

1. *Leçons sur les progrès récents de la théorie des séries de Dirichlet.* Paris 1933, Gauthier-Villars Éditeur, 320 S.

F. Bertolini

1. *Il teorema della trasformata di Laplace d'ordine* $\alpha > -1$. Rend. Accad. Sci. fis. mat. Napoli (4) *18* (1951) S. 1–10.

A. Beurling

1. *Sur les intégrales de Fourier absolument convergentes et leur application à une transformation fonctionelle.* 9me Congr. Math. Scand. 1938, S. 345–366.

P. H. Bloch

2. *Ueber eine Laplace-Transformierte, welche in keiner Halbebene beschränkt ist.* Compositio math. *9* (1951) S. 289–292.

R. P. Boas, jr.

2. *Representations for entire functions of exponential type.* Ann. of Math. (2) *39* (1938) S. 269–286.
3. *Generalized Laplace integrals.* Bull. Amer. math. Soc. *48* (1942) S. 286–294.
4. *Differential equations of infinite order.* J. Indian math. Soc. *14* (1950) S. 15–20.
5. *Remarks on a moment problem.* Studia math. *13* (1953) S. 59–61.

S. Bochner

3. *Bounded analytic functions in several variables and multiple Laplace integrals.* Amer. J. Math. *59* (1937) S. 732–738.

B. N. Bose

1. *On certain theorems in operational calculus.* Bull. Calcutta math. Soc. *44* (1952) S. 93–110.

S. K. Bose

1. *Some sequences of Laplace transforms.* Bull. Calcutta math. Soc. *44* (1952) S. 127–131.

L. Brillouin

1. *Sur une méthode de calcul approchée de certaines intégrales, dite méthode de col.* Ann. sci. École norm. sup. (3) *33* (1916) S. 17–69.

T. J. Bromwich

1. *Normal coordinates in dynamical systems.* Proc. London math. Soc. *15* (1916) S. 401–448.

H. S. Carslaw and J. C. Jaeger

1. *Operational methods in applied mathematics.* Oxford 1941, University Press, 264 S.

J. R. Carson

1. *Electric circuit theory and the operational calculus.* New York 1926, McGraw-Hill Book Comp.
2. *Elektrische Ausgleichsvorgänge und Operatorenrechnung.* Erweiterte deutsche Bearbeitung von F. Ollendorff und K. Pohlhausen. Berlin 1929, Verlag J. Springer, 186 S. (Übersetzung von 1.)

R. F. H. Chao

1. *Power series transform.* Sci. Rep. nat. Tsing Hua Univ. (A) *5* (1948) S. 122–138.

R. V. Churchill

9. *Resolution of boundary problems by the use of a generalized convolution.* Bull. Amer. math. Soc. *48* (1942) S. 276–282.
10. *Integral transforms and boundary value problems.* Amer. math. Monthly *59* (1952) S. 149–155.

E. A. Coddington and A. Wintner

1. *On the classical existence theorem of analytic differential equations.* Amer. J. Math. *71* (1949) S. 886–892.

B. W. Conolly

1. *An application of the ,,Faltung" formula.* Ganita *2* (1951) S. 50–52.

E. T. Copson

1. *The operational calculus and the evaluation of Kapteyn integrals.* Proc. London math. Soc. (2) *33* (1932) S. 145–153.

H. Delange

2. *Remarque sur une formule d'inversion de l'intégrale de Laplace-Stieltjes.* Bull. Sci. math. (2) *75* (1951) S. 1–7.
3. *Sur un théorème de Widder.* Bull. Sci. math. (2) 76_{I} (1952) S. 10–17.
4. *Sur certaines intégrales de Laplace.* Bull. Sci. math. (2) *77* (1953) S. 1–28.
5. *Généralisation du théorème de Ikehara.* Ann. sci. École norm. sup. (3) *71* (1954) S. 213–242.

G. Doetsch

39. *Die zweidimensionale Laplace-Transformation.* Eine Einführung in ihre Anwendung zur Lösung von Randwertproblemen nebst Tabellen von Korrespondenzen. Basel 1950, Verlag Birkhäuser, 259 S. (gemeinsam mit D. Voelker).
40. *Charakterisierung der Laplace-Transformation durch ihr Differentiationsgesetz.* Math. Nachr. *5* (1951) S. 219–230.
41. *Über die endliche Laplace-Transformation.* Math. Ann. *123* (1951) S. 411–414.
42. *Beitrag zur Asymptotik der durch komplexe Integrale dargestellten Funktionen.* Ann. Scuola norm. sup. Pisa, Sci. fis. mat. (3) *5* (1951) S. 105–119.
43. *Sobre el problema de la convergencia en la teoría de la transformación de Laplace.* Revista Un. mat. Argentina *15* (1951) S. 19–23.
44. *La solución de problemas de contorno y de valores iniciales en ecuaciones diferenciales mediante la transformación de Laplace y otras transformaciones funcio-*

nales. Instituto nacional de Técnica aeronáutica Esteban Terradas, Madrid 1952, 110 S.

45. *Problemas no resueltos en la teoría de la transformación de Laplace.* Symposium sobre algunos problemas matemáticos que se están estudiando en Latino América, Punta del Este 19–21 diciembre 1951. Centro de cooperación científica de la Unesco para América Latina, Montevideo-Uruguay. S. 169 bis 176.

46. *Problemas resueltos y por resolver en la teoría de la transformación de Laplace.* Revista Acad. Ci. Madrid *46* (1952) S. 125–136.

47. *Desarollos asintóticos y transformación de Laplace.* Revista mat. Hisp.-Amer. (4) *13* (1953) S. 5–60.

48. *Die lineare Differentialgleichung im zweiseitig unendlichen Intervall unter Anfangs- und Randbedingungen.* Math. Ann. *126* (1953) S. 307–324.

49. *L'application de la transformation bidimensionelle de Laplace dans la théorie des équations aux dérivées partielles.* Centre Belge de Recherches math.; Premier Colloque sur les équations aux dérivées partielles, Louvain 17–19 décembre 1953. G. Thone Liège, Masson & Cie Paris 1954, S. 63–78.

50. *Caratterizzazione della trasformazione di Laplace mediante la relativa regola di derivazione negli spazi L^p e U.* Atti Accad. naz. Lincei, Rend., Cl. Sci. fis. mat. nat. (8) *16* (1954) S. 444–449.

51. *Über die Singularitäten der Mellin-Transformierten.* Math. Ann. *128* (1954) S. 171–176.

52. *Teoria degli sviluppi asintotici dal punto di vista delle trasformazioni funzionali.* Consiglio naz. delle Ricerche – Pubblicazioni dell'Ist. per le Appl. del Calcolo, Nr. 420 (Rosenberg & Sellier, Casa Editr., Torino). Roma 1954, 86 S.

53. *Das Anfangswertproblem für Systeme linearer Differentialgleichungen unter unzulässigen Anfangsbedingungen.* Ann. Mat. pura appl. (4) *39* (1955) S. 25–37.

54. *Einführung in die Laplace-Transformation.* Die Laplace-Transformation und ihre Anwendung in der Regelungstechnik. München 1955, Verlag R. Oldenbourg, 142 S. [S. 16–44].

55. *Stabilitätsuntersuchung von Regelungsvorgängen vermittels Laplace-Transformation.* Österreich. Ingenieur-Arch. 10 (1956) Heft 2-3.

H. W. Droste

1. *Die Lösung angewandter Differentialgleichungen mittels Laplacescher Transformation.* Berlin 1939, Verlag E. S. Mittler & Sohn, 35 S.

2. *Ein Satz der Laplaceschen Transformation über die Trennung von Dauer- und Ausgleichsvorgang.* Telegraphen-, Fernsprech-, Funk- und Fernsehtechnik 1939, S. 89–92, 122–127.

A. Erdélyi

10. *Über die Integration der Mathieuschen Differentialgleichung durch Laplacesche Integrale.* Math. Z. *41* (1936) S. 653–664.

11. *Bemerkungen zur Integration der Mathieuschen Differentialgleichung durch Laplacesche Integrale.* Compositio math. *5* (1938) S. 435–441.

12. *Integral representations for products of Whittaker functions.* Philos. Mag. (7) *26* (1938) S. 871–877.

13. *Inversion formulae for the Laplace transformation.* Philos. Mag. (7) *34* (1943) S. 533–537.

14. *Note on an inversion formula for the Laplace transformation.* J. London math. Soc. *18* (1943) S. 72–77.

15. *The inversion of the Laplace transformation.* Math. Mag., Pacoima Calif. *24* (1950) S. 1–6.

16. *Tables of integral transforms.* Vol. I: 391 S., Vol. II: 451 S. New York 1954, McGraw-Hill Book Comp. (gemeinsam mit W. MAGNUS, F. OBERHETTINGER, F. TRICOMI).

17. *On a generalisation of the Laplace transformation.* Proc. Edinburgh math. Soc. (2) *10* (1954) S. 53–55.

W. FELLER

2. *On the integral equation of renewal theory.* Ann. math. Statist. *12* (1941) S. 243–267.

3. *On probability problems in the theory of counters.* Courant Anniversary Volume 1948, S. 105–115.

4. *Two singular diffusion problems.* Ann. of Math. *54* (1951) S. 173–182.

5. *Diffusion processes in one dimension.* Trans. Amer. math. Soc. *77* (1954) S. 1–31.

H. FISCHER

1. *Die Laplace-Transformation in der Theorie der Besselfunktionen.* Dissertation Freiburg i. B. 1936, 40 S.

J. FOCKE

1. *Asymptotische Entwicklungen mittels der Methode der stationären Phase.* Ber. Verh. Sächs. Akad. Wiss. Leipzig, math.-naturw. Kl. 1955, 48 S.

C. FOX

1. *Applications of Mellin's transformation to integral equations.* Proc. London math. Soc. (2) *38* (1935) S. 495–502.

E. FUBINI-GHIRON

1. *Sopra alcuni procedimenti di calcolo operazionale.* Rend. Circ. mat. Palermo *61* (1937) S. 1–42.

M. FUJIWARA

2. *Asymptotic expansions in the Heaviside's operational calculus.* Proc. Acad., Tokyo, *15* (1939) S. 283–287.

R. FURCH

1. *Über die asymptotische Halbierung der Exponentialreihe und der Gamma-funktion bei grossem Argument.* Z. Phys. *112* (1939) S. 92–95.

H. GARNIR

1. *Sur la transformation de Laplace des distributions.* C. R. Acad. Sci. Paris *234* (1952) S. 583–585.

2. *Fonctions de Green de l'opérateur métaharmonique pour les problèmes de Dirichlet et de Neumann posés dans un angle ou un dièdre.* Bull. Soc. roy. Sci. Liège 1952, S. 119–140, 207–231.

3. *Sur la propagation de l'onde émise par un point dans un angle ou un dièdre parfaitement réfléchissant et le problème analogue pour la conduction de la chaleur.* Bull. Soc. roy. Sci. Liège 1952, S. 328–344.

4. *Fonctions de Green des opérateurs $\Delta - k^2$, $(k > 0)$, $\Delta - (1/c^2)\, \partial^2/\partial t^2$, $(c > 0)$, $\Delta - (1/k)\, \partial/\partial t$, $(k > 0)$ pour les problèmes de Dirichlet et de Neumann posés dans un segment, une bande ou une dalle.* Bull. Soc. roy. Sci. Liège 1953, S. 29–46.

5. *Propagation de l'onde émise par une source ponctuelle et instantanée dans un dioptre plan.* Bull. Soc. roy. Sci. Liège 1953, S. 85–100, 148–162.
6. *«Fonctions» de Green pour les problèmes aux limites de l'équation des ondes.* Centre Belge de Recherches math.; Second Colloque sur les équations aux dérivées partielles, Bruxelles 24–26 mai 1954. G. Thone Liège, Masson & Cie Paris 1954, S. 83–94.

A. Ghizzetti

1. *Sul'uso della trasformazione di Laplace nello studio dei circuiti elettrici.* Rend. Circ. mat. Palermo *61* (1937) S. 339–368.
2. *Calcolo simbolico.* Bologna 1943, N. Zanichelli Editore, 331 S.
3. *Sul metodo della trasformata parziale di Laplace a intervallo di integrazione finito.* Rend. Mat. e Appl. 1 (1947) S. 1–47.
4. *Sul teorema del prodotto integrale nella teoria della trasformazione di Laplace.* Univ. Politec. Torino, Rend. Sem. mat. *9* (1950) S. 251–261.
5. *Sopra un fondamentale teorema nella teoria della trasformazione di Laplace.* Rend. Sem. Fac. Sci. Univ. Cagliari *21* (1952) S. 103–115.

G. Giorgi

1. *Il metodo simbolico nello studio delle correnti variabili.* Atti Assoc. elettrotecn. Ital. *8* (1904) S. 65–141.
2. *Sul calcolo delle soluzioni funzionali originate dai problemi di elettrodinamica.* Atti Assoc. elettrotecn. Ital. *9* (1905) S. 651–699.
3. *On the functional dependence of physical variables.* Proc. internat. math. Congr. Toronto 1924. Vol. II, Toronto 1928, S. 31–56.

A. González Domínguez

4. *Sobre ciertas formulas de inversion.* Publ. Inst. mat., Fac. Ci. mat., Univ. del Litoral, Rosario, *6* (1945) S. 207–214.
5. *Sobre algunos puntos de la teoría matemática de los circuitos lineales.* Revista Un. mat. Argentina *14* (1950) S. 275–322.

E. Grünwald

1. *Lösungsverfahren der Laplace-Transformation für Ausgleichsvorgänge in linearen Netzen, angewandt auf selbsttätige Regelungen.* Arch. Elektrotechn. *35* (1941) S. 379–400.

H. Hadwiger

1. *Ein transzendentes Additionstheorem und die Neumannsche Reihe.* Mitt. Verein. Schweiz. Vers.-Math. *42* (1942) S. 57–66.
2. *Der Begriff der Ultrafunktion.* Vjschr. naturforsch. Ges. Zürich *42* (1947) S. 31–42.

G. Hamel

1. *Direkte Ableitung der Stirlingschen Formel aus dem Eulerschen Integral.* Deutsche Math. *6* (1941) S. 277–281.

Ph. Hartman and A. Wintner

1. *On the Laplace-Fourier transcendents.* Amer. J. Math. *71* (1949) S. 367–372.
2. *On non-linear differential equations of first order.* Amer. J. Math. *72* (1950) S. 347–358.

O. Heaviside

1. *Electromagnetic Theory* II. London 1899, Macmillan Comp., 547 S. Neudruck 1922 im Verlag Benn Brothers, London, und 1950 im Verlag Dover Publications, New York.

J. Heinhold

1. *Einige mittels Laplace-Transformation lösbare Integralgleichungen.* I. Math. Z. *52* (1950) S. 779–790.
2. *Zur Konstruktion involutorischer Kerne.* Arch. der Math. *3* (1952) S. 15–23.

A. E. Heins

1. *On the solution of linear difference differential equations.* J. Math. Physics *19* (1940) S. 153–157.
2. *On the solution of partial difference equations.* Amer. J. Math. *63* (1941) S. 435–442.

G. Hellwig

1. *Anfangs- und Randwertprobleme bei partiellen Differentialgleichungen von wechselndem Typus auf den Rändern.* Math. Z. *58* (1953) S. 337–357.

K.-H. Henke und W. Hans

1. *Reaktionskinetisch bedingte polarographische Stromstärke.* I. Mitt.: Theoretischer Teil. Z. Elektrochemie *57* (1953) S. 591–599.

G. Herglotz

1. *Über die Integralgleichungen der Elektronentheorie.* Math. Ann. *65* (1908) S. 87–106.

A. Herrmann

1. *Eine Anwendung der Poincaréschen Formel des Matrizencalcüls.* Ann. Univ. Saraviensis *1* (1952) S. 93–101.

E. Hille

3. *The inversion problem of Möbius.* Duke math. J. *3* (1937) S. 549–568.
4. *Functional analysis and semigroups.* Amer. math. Soc. Coll. Publ. XXXI, 1948, 528 S.
5. *Some extremal properties of Laplace transforms.* Math. Scand. *1* (1953) S. 227–236.

I. I. Hirschman, jr.

2. *Two power series theorems extended to the Laplace transform.* Duke math. J. *11* (1944) S. 793–797.

I. I. Hirschman and D. V. Widder

1. *The convolution transform.* Princeton 1955, Princeton Univ. Press, 268 S.

J. Horn

4. *Integration linearer Differentialgleichungen durch Laplacesche Integrale.* Math. Z. *49* (1944) S. 339–350, 684–701.

W. T. Howell

1. *On products of Laguerre polynomials.* Philos. Mag. (7) *24* (1937) S. 396–405.
2. *On some operational representations of products of parabolic cylinder functions and products of Laguerre polynomials.* Philos. Mag. (7) *24* (1937) S. 1082–1093.

T. E. Hull and C. Froese

1. *Asymptotic behaviour of the inverse of a Laplace transform.* Canadian J. Math. 7 (1955) S. 116–125.

T. E. Hull und W. A. Wolfe

1. *On inverting Laplace transforms of the form* $h(s)/(p(s) + q(s)\, e^{-\tau s})$. Canadian J. Phys. *32* (1954) S. 72–80.

V. S. Ignatovskij

1. *Zur Laplace-Transformation.* 8 Noten. Doklady Akad. Nauk SSSR *2 (11)* (1935) S. 5–11; *2 (11)* (1936) S. 171–174; *4 (13)* (1936) S. 107–110; *14* (1937) S. 167–171, 475–478; *15* (1937) S. 67–70, 163–165, 231–234.

S. Izumi

1. *Eine Bemerkung über asymptotische Entwicklungen von Funktionen.* Japanese J. *4* (1927) S. 141–145.

W. Jurkat und A. Peyerimhoff

1. *Über einen absoluten Fatou-Rieszschen Satz für Laplaceintegrale.* Acad. Serbe Sci., Publ. Inst. math. *7* (1954) S. 61–68.

Th. Kahan et G. Eckart

1. *Exposé d'ensemble des développements asymptotiques en physique ondulatoire.* Revue sci. *87* (1949) S. 3–24.

H. Kallmann und M. Päsler

1. *Neue Behandlungs- und Darstellungsmethode wellenmechanischer Probleme.* Ann. der Physik (6) *2* (1948) S. 292–304.
2. *Allgemeine Behandlung des H-Atoms mit beliebigen Anfangsbedingungen mittels der Laplace-Transformation und deren physikalische Bedeutung.* Ann. der Physik (6) *2* (1948) S. 305–320. Ergänzende Bemerkung ibid. (6) *4* (1948) S. 90–91.
3. *Behandlung des Oszillators und der Diracschen Gleichungen.* Ann. der Physik (6) *4* (1948) S. 46–56.
4. *Eine neue wellenmechanische Störungstheorie.* Ann. der Physik (6) *3* (1948) S. 305–316.
5. *Wellenmechanische Störungsrechnung im «Unterbereich» der Laplace-Transformation. (Mit einer Anwendung auf den Stark-Effekt.)* Z. Phys. *126* (1949) S. 734–748.
6. *Zur Integration der gestörten zeitabhängigen Schrödinger-Gleichung.* Z. Phys. *126* (1949) S. 749–759.
7. *Berechnung der Matrixelemente des H-Atoms mittels der Laplace-Transformation.* Z. Phys. *128* (1950) S. 347–365.

K. Knopp

2. *Über die Konvergenzabszisse des Laplace-Integrals.* Math. Z. *54* (1951) S. 291 bis 296.

C. H. Ku, M. I. Yüh and K. K. Chen

1. *The abscissa of uniform convergence of a Laplace integral.* J. London math. Soc. *27* (1952) S. 356–359.

K. Küpfmüller

1. *Regelvorgänge mit Laufzeit.* Die Laplace-Transformation und ihre Anwendung in der Regelungstechnik. München 1955, Verlag R. Oldenbourg, 142 S. [S. 90 bis 103].

S. K. Lakshmana Rao

1. *On the evaluation of Dirichlet's integral.* Amer. math. Monthly *61* (1954) S. 411 bis 413.

Y. W. Lee

1. *Synthesis of electrical networks by means of the Fourier transforms of Laguerre's functions.* J. Math. Physics *11* (1932) S. 83–113.

P. Legras

1. *Über das asymptotische Verhalten der Erneuerungsfunktion.* Mitt. Verein. Schweiz. Vers.-Math. *42* (1942) S. 183–204.

N. Levinson

1. *The Fourier transform solution of ordinary and partial differential equations.* J. Math. Physics *14* (1935) S. 195–227.

J. L. Lions

1. *Problèmes aux limites en théorie des distributions.* Acta math. *94* (1955) S. 13-153.

St. Lipka

1. *Über asymptotische Entwicklungen der Mittag-Lefflerschen Funktion $E_\alpha(x)$.* Acta Sci. math. Szeged *3* (1927) S. 211–223.

Ch. Loewner

1. *A topological characterization of a class of integral operators.* Ann. of Math. (2) *49* (1948) S. 316–332.

A. N. Lowan

1. *On the cooling of a radioactive sphere.* Phys. Review *44* (1933) S. 769–775.
2. *Heat conduction in a semi-infinite solid of two different materials.* Duke math. J. *1* (1935) S. 94–102.

H. V. Lowry

1. *The values of certain integrals and the relationships between various polynomials and series obtained by operational methods.* Philos. Mag. (7) *13* (1932) S. 1144 bis 1163.

G. G. Macfarlane

1. *The application of Mellin transforms to the summation of slowly convergent series.* Philos. Mag. (7) *40* (1949) S. 188–197.

288 Literaturverzeichnis

W. Mächler

1. *Laplacesche Integraltransformation und Integration partieller Differentialgleichungen vom hyperbolischen und parabolischen Typus.* Commentarii math. Helvet. *5* (1933) S. 256–304.

M. G. Malti and S. E. Warschawski

1. *Expansion theorems for ladder networks.* Trans. Amer. Inst. electrical Engineering *56* (1937) S. 153–158.

H. W. March

1. *The Heaviside operational calculus.* Bull. Amer. math. Soc. *33* (1927) S. 311 bis 318.

W. T. Martin

1. *Analytic functions and multiple Fourier integrals.* Amer. J. Math. *62* (1940) S. 673–679.

J. Mayer-Kalkschmidt

1. *Singularitäten von Laplace-Integralen an der Summierbarkeitsgrenze.* Arch. der Math. *4* (1953) S. 441–445.
2. *Zur Theorie der Laplace-Stieltjes-Integrale.* Mitteil. math. Sem. Giessen, Heft 47 (1954), 26 S.

N. W. McLachlan

1. *Modern operational calculus with applications in technical mathematics.* London 1949, Macmillan and Co., 218 S.
2. *Complex variable theory and transform calculus with technical applications.* Cambridge 1953, University Press, 388 S.

W. Meyer-Eppler

1. *Verzerrungen, die durch die endliche Durchlassbreite physikalischer Apparate hervorgerufen werden, nebst Anwendung auf die Periodenforschung.* Ann. der Physik (5) *41* (1942) S. 261–300.
2. *Die funktionalanalytische Behandlung des Schattenproblems.* Optik *1* (1946) S. 465–474.
3. *Ein Abtastverfahren zur Darstellung von Ausgleichsvorgängen und nichtlinearen Verzerrungen.* Arch. elektr. Übertrag. *2* (1948) S. 1–14.

W. Meyer-König

2. *Das Taylorsche Verfahren zur Limitierung von Funktionen.* Math. Z. *56* (1952) S. 179–205.

J. Mikusiński

1. *Sur les fondements du calcul opératoire.* Studia math. *11* (1949) S. 41–70.
2. *Sur les fonctions exponentielles du calcul opératoire.* Studia math. *12* (1951) S. 208–224.
3. *A new proof of Titchmarsh's theorem on convolution.* Studia math. *13* (1953) S. 56–58.
4. *On the Paley-Wiener theorem.* Studia math. *13* (1953) S. 287–295.
5. *Rachunek Operatorów* (Polnisch). Monografje Matematyczne Tom 30. Warszawa 1953, Polskie Towarzystwo Matematyczne, 368 S.

J. Mikusiński et CZ. Ryll-Nardzewski

1. *Sur le produit de composition.* Studia math. *12* (1951) S. 51–57.

C. Miranda

1. *Analisi esistenziale per i problemi relativi alle equazioni dei fenomeni di propagazione.* Accad. Ital. Memorie, Cl. Sci. fis. mat. nat. *7* (1936) S. 277–319.
2. *Sull'inversione della trasformata di Laplace.* Rend. Accad. Sci. fis. mat. Napoli (4) *7* (1937) S. 1–4.
3. *Su di un problema al contorno relativo all'equazione del calore.* Rend. Sem. mat: Univ. Padova *8* (1937) S. 1–20.

E. Mohr

1. *Integration von gewöhnlichen Differentialgleichungen mit konstanten Koeffizienten mittels Operatorenrechnung.* Math. Nachr. *10* (1953) S. 1–49.

J. Neufeld

1. *On the operational solution of linear mixed difference differential equations.* Proc. Cambridge philos. Soc. *30.* (1934) S. 389–391.

A. W. de Neufville

1. *The use of the Laplace transformation in concrete road design.* Dissertation Lehigh Univ., Bethlehem, Pennsylvania, 1952, 53 S.

N. E. Nörlund

1. *Sur les séries de facultés.* Acta math. *37* (1914) S. 327–387.
2. *Vorlesungen über Differenzenrechnung.* Berlin 1924, Verlag J. Springer, 551 S.
3. *Leçons sur les séries d'interpolation.* Paris 1926, Gauthier-Villars Éditeur, 236 S.
4. *Leçons sur les équations linéaires aux différences finies.* Paris 1929, Gauthier-Villars Éditeur, 153 S.

F. K. G. Odquist

1. *Beiträge zur Theorie der nichtstationären zähen Flüssigkeitsbewegungen.* I. Ark. Mat. Astr. Fys. *22* (1931) Nr. 28, 22 S.

R. C. Oldenbourg

1. *Der ausschlagabhängige Schrittregler.* Handbuch der Regelungstechnik, herausgeg. von Fa. Siemens. Springer-Verlag (erscheint 1957).

R. C. Oldenbourg and H. Sartorius

1. *A uniform approach to the optimum adjustment of control loops.* Trans. Amer. Soc. mech. Engineers *76* (1954) S. 1265–1279.

G. Palama

1. *Sulla trasformazione di Laplace di alcune notevoli funzioni e su alcuni noti sviluppi in serie.* Math. Z. *44* (1938) S. 347–353.
2. *Sulla trasformazione di Laplace e su alcuni sviluppi in serie di polinomi di Laguerre.* Math. Z. *45* (1939) S. 97–106.

M. Parodi

1. *Sur une propriété d'équations intégrales et intégrodifférentielles du type de Volterra.* C. R. Acad. Sci. Paris *217* (1943) S. 523–525.
2. *Applications physiques de la transformation de Laplace.* (Centre d'études math. en vue des appl., B. Méthodes de calcul, vol. 1.) Paris 1948, Centre nat. d. l. Recherche scient., 177 S.
3. *Équations intégrales et transformation de Laplace.* Publ. scient. techn. Minist. de l'Aire, No. 242. Paris 1950, Service de Documentation et d'Information technique de l'Aéronautique, 125 S.
4. *Sur quelques nouvelles conséquences d'un théorème de Laguerre.* Bull. Sci. math. (2) *75* (1951) S. 1–7.

M. Parodi et L. Poli

1. *Résolution d'équations intégrales par transformation en équations à noyaux réciproques.* C. R. Acad. Sci. Paris *230* (1950) S. 37–40.

M. Päsler

1. *Behandlung des Raumrotators im Unterbereich der Laplace-Transformation.* Ann. der Physik (6) *6* (1949) S. 365–374.

O. Perron

1. *Über die näherungsweise Berechnung von Funktionen grosser Zahlen.* S.-Ber. math.-naturw. Kl. Bayer. Akad. Wiss. München 1917, S. 191–219.

A. Peyerimhoff

1. *Über das Anwachsen der C_x-Mittel von Laplace-Integralen] auf vertikalen Geraden.* Math. Ann. *128* (1954) S. 138–143.

M. Picone

1. *Una proprietà integrale delle soluzioni dell'equazione del calore e sue applicazioni.* Giorn. Ist. Ital. Attuari *3* (1932) Nr. 3.
2. *Intorno al calcolo delle soluzioni di alcuni problemi di fisica.* Rend. Sem. mat. Roma 1933, S. 5–78.
3. *Formole risolutive e condizioni di compatibilità per alcuni problemi di propagazione.* Mem. R. Accad. Italia *5* (1934) S. 715–749.
4. *Sulla trasformata di Laplace.* Atti Accad. naz. Lincei, Rend., Cl. Sci. fis. mat. nat. (6) *21* (1935) S. 306–313.
5. *Recenti contributi dell'istituto per le applicazioni del calcolo all'analisi quantitativa dei problemi di propagazione.* Mem. R. Accad. Italia *6* (1935) S. 643–667.
6. *Nuovi metodi risolutivi per i problemi d'integrazione delle equazioni lineari a derivate parziali e nuova applicazione della trasformata multipla di Laplace nel caso delle equazioni a coefficienti costanti.* Atti Accad. Sci. Torino, Cl. Sci. fis. mat. nat. *75* (1940) S. 413–426.

L. A. Pipes

1. *An operational treatment of nonlinear dynamical systems.* J. acoust. Soc. Amer. *10* (1938) S. 29–31.
2. *A matrix generalization of Heaviside's expansion theorem.* J. Franklin Inst. *230* (1940) S. 483–499.

H. R. Pitt

5. *General Mercerian theorems.* Proc. Cambridge philos. Soc. *34* (1938) S. 510 bis 520.
6. Dasselbe. II. Proc. London math. Soc. (2) *47* (1942) S. 248–267.

M. Plancherel

3. *Sur le développement d'un couple de fonctions arbitraires en séries de fonctions fondamentales d'un problème aux limites du type hyperbolique.* Atti Congr. internat. Mat. Bologna 1928, T. III, S. 249–253.

M. Plancherel et G. Pólya

1. *Fonctions entières et intégrales de Fourier multiples.* Commentarii math. Helvet. *9* (1936/37) S. 224–248; *10* (1937/38) S. 110–163.

Å. Pleijel (I)

1. *Über asymptotische Reihenentwicklungen in der Operatorenrechnung.* Z. angew. Math. Mech. *15* (1935) S. 300–304.

A. Pleijel (II)

1. *Beitrag zur Theorie der Laplace-Transformationen.* 12. Skand. Math.-Kongr. Lund 1953 (1954) S. 217–221.

A. Plessner

1. *Über die Einordnung des Heavisideschen Operationskalküls in die Spektraltheorie maximaler Operatoren.* Doklady Akad. Nauk SSSR (2) *26* (1940) S. 10–12.

H. Poincaré

1. *Sur les intégrales irrégulières des équations linéaires.* Acta math. *8* (1886) S. 295–344.

B. van der Pol

1. *A simple proof and an extension of Heaviside's operational calculus for invariable systems.* Philos. Mag. (7) *7* (1929) S. 1153–1162.
2. *On the operational solution of linear differential equations and an investigation of the properties of these solutions.* Philos. Mag. (7) *8* (1929) S. 861–878.

B. van der Pol and H. Bremmer

1. *Operational calculus based on the two-sided Laplace integral.* Cambridge 1950, University Press, 415 S.

B. van der Pol and K. F. Niessen

1. *On simultaneous operational calculus.* Philos. Mag. (7) *11* (1931) S. 368–376.
2. *Symbolic calculus.* Philos. Mag. (7) *13* (1932) S. 537–577.

L. Poli

1. *Équations intégrales et calcul symbolique.* Ann. Soc. sci. Bruxelles (A) *55* (1935) S. 111–119.
2. *Intégrales et calcul symbolique.* Ann. Soc. sci. Bruxelles (1) *66* (1952) S. 21–26.

H. Pollard

5. *The Bernstein-Widder theorem on completely monotonic functions.* Duke math. J. *11* (1944) S. 427–430.

6. *The representation of e^{-x^λ} as a Laplace integral.* Bull. Amer. math. Soc. *52* (1946) S. 908–910.

P. Puig Adam

1. *Transformées de Laplace des fonctions empiriquement données.* Colloques intern. Centre nat. Recherche scient. XXXVII: Les machines à calculer et la pensée humaine. Paris 8–13 janv. 1951 (1953) S. 263–278.

2. *Les systèmes linéaires rétroactifs en chaîne et les fractions continues.* Ibid., S. 495–514.

3. *La transformación de Laplace en el tratamiento matemático de los fenómenos físicos.* Revista mat. Hisp.-Amer. (4) *11* (1951) S. 52–60.

A. Reuschel

1. *Fahrzeugbewegungen in der Kolonne bei gleichförmig beschleunigtem oder verzögertem Leitfahrzeug. Ein Beitrag zur Anwendung der Laplace-Transformation in der Technik.* Z. Österr. Ing.- u. Arch.-Ver. *95* (1950) Heft 7–10.

J. Rey Pastor

3. *Aplicaciones de los algoritmos lineales de convergencia y de sumación.* Rend. Sem. mat. fis. Milano 7 (1933) S. 1–32.

U. Richard

1. *Rapporti tra le equazioni di Volterra e le serie di polinomi di Laguerre.* Atti Accad. Sci. Torino, Cl. Sci. fis. mat. nat. *81/82* (1948) S. 316–331.

H. Richter

1. *Untersuchungen zum Erneuerungsproblem.* Math. Ann. *118* (1941) S. 145–194.

S. Rios

4. *Problemas de hiperconvergencia.* Revista Acad. Ci. Madrid *33* (1936) S. 27–87.

5. *La prolongación analítica de la integral de Dirichlet-Stieltjes.* Madrid 1944, Consejo Sup. de Invest. cient., 93 S.

6. *Teoria do prolongamento analítico das séries de Dirichlet.* Publ. Centro Estudos mat. Fac. Ciéncias Pôrto 1947, 113 S.

B. Rodriguez Salinas

1. *Sobre ciertos desarollos asintóticos de integrales de Laplace curvilineas.* Revista mat. Hisp.-Amer. *13* (1953) S. 120–127.

P. G. Rooney

1. *A new representation and inversion theory for the Laplace transformation.* Canadian J. Math. *4* (1952) S. 436–444.

2. *Some remarks on Laplace's method.* Trans. roy. Soc. Canada, Sect. III (3) *47* (1953) S. 29–34.

3. *A generalization of the complex inversion formula for the Laplace transformation.* Proc. Amer. math. Soc. *5* (1954) S. 385–391.

4. *On an inversion formula for the Laplace transformation.* Canadian J. Math. *7* (1955) S. 101–115.

N. N. Royall, jr.

2. *Bounded Laplace transforms.* Amer. math. Monthly *49* (1942) S. 600–604.

H. E. Salzer

1. *Tables of coefficients for the numerical calculation of Laplace transforms.* (Nat. Bureau of Standards Appl. Math. Ser. 30.) Washington 1953, Government Printing Office, 36 S.

R. San Juan

1. *Caractérisation de la transformation de Laplace par la loi de composition appelée règle de la «Faltung».* Portugaliae Math. *9* (1950) S. 177–184.

2. *Caractérisations fonctionnelles des transformations de Laplace.* Portugaliae Math. *10* (1951) S. 115–120.

3. *Caracterizaciones funcionales de las transformaciones de Laplace generalizadas en los espacios L, L′, R y U.* Revista mat. Hisp.- Amer. (4) *12* (1952) S. 41–62.

4. *Caractérisation directe sous forme exponentielle des transformations de Laplace généralisées.* Portugaliae Math. *11* (1952) S. 105–118.

5. *Charakterisierung der durch einfach konvergente Laplace-Integrale darstellbaren Funktionen.* Math. Nachr. *12* (1954) S. 113–118.

H. Schirmer

1. *Über Biegewellen in Stäben.* Ingenieur-Arch. *20* (1952) S. 247–257.

O. Schlömilch

1. *Über Fakultätenreihen.* Ber. Ges. Wiss. Leipzig, math.-phys. Kl. *11* (1859) S. 109–137.

2. *Über die Entwicklung von Funktionen komplexer Variablen in Fakultätenreihen.* Ber. Ges. Wiss. Leipzig, math.-phys. Kl. *15* (1863) S. 58–62.

F. Schoblik

1. *Bemerkungen zu einem Lemma von G. N. Watson.* J.-Ber. Deutsch. Math.-Verein. *48* (1938) S. 193–198.

I. J. Schoenberg

2. *On Pólya frequency functions. I. The totally positive functions and their Laplace transforms.* J. Analyse math. *1* (1951) S. 331–374.

H. Schulz

1. *Über Wesen, Sinn und Zweck der Laplace-Transformation (Eine Einführung für den Fernmeldetechniker).* Telegraphen-, Fernsprech-, Funk- und Fernsehtechnik *29* (1940) S. 95–100, 137–147, 235–245; *30* (1941) S. 95–108, 137–141. Auch als Sonderdruck erschienen.

L. Schwartz

4. *Théorie des distributions*. I. Actualités scient. industr. Nr. 1091 (1950), 148 S.
5. *Théorie des distributions*. II. Actualités scient. industr. Nr. 1122 (1951), 169 S.
6. *Transformation de Laplace des distributions*. Meddel. Lunds Univ. mat. Sem., Suppl.-Bd. M. Riesz (1952) S. 196–206.

H. Schwarz

1. *Zur «wahrscheinlichkeitstheoretischen Stabilisierung» beim Erneuerungsproblem*. Math. Ann. *118* (1943) S. 771–779.

J. Sebastião e Silva

1. *Le calcul opérationnel au point de vue des distributions*. Portugaliae Math. *14* (1955) S. 105–132.

C. V. L. Smith

1. *The fractional derivative of a Laplace integral*. Duke math. J. *8* (1941) S. 47–77.

B. Stanković

1. *Sur une fonction du calcul opérationnel*. Acad. Serbe Sci., Publ. Inst. math. *6* (1954) S. 75–78.
2. *Sur une classe d'équations intégrales singulières*. Recueil Travaux Acad. Serbe Sci. *43*, Inst. math. Nr. 4 (1955) S. 81–130.

W. M. Stone

1. *The generalized Laplace transformation with applications to problems involving finite differences*. Jowa College, J. Sci. *21* (1947) S. 81–83.
2. *Note on a paper by N. J. Durant*. Philos. Mag. (7) *39* (1948) S. 988–991.

W. G. Sutton

1. *The asymptotic expansion of a function whose operational equivalent is known*. J. London math. Soc. *9* (1934) S. 131–137.

S. Täcklind

1. *Fourieranalytische Behandlung vom Erneuerungsproblem*. Skand. Aktuarie-tidskr. 1945, S. 68–105.

Ch. Tanaka

1. *Note on Laplace-transforms*. Kōdai math. Sem. Reports 1951, II: S. 55–58; III: S. 59–60, IV: S. 64–66, V: S. 67–70, VI: S. 96–99, VII: S. 100–102; Japanese J. Math. *21* (1951), VIII: S. 29–35, IX: S. 37–42, X: S. 43–51; XI: Duke math. J. *19* (1952) S. 605–613; XII: Kōdai math. Sem. Reports 1952, S. 77–88.

D. L. Thomsen, jr.

1. *Extensions of the Laplace method*. Proc. Amer. math. Soc. *5* (1954) S. 526–532.

F. Tricomi

11. *Su la rappresentazione di una legge di probabilità mediante esponenziale di Gauss e la transformazione di Laplace.* Giorn. Ist. Ital. Attuari *6* (1935) S. 135 bis 140.
12. *Sul comportamento asintotico dei polinomi di Laguerre.* Ann. Mat. pura appl. (4) *28* (1949) S. 263–289.
13. *Asymptotische Eigenschaften der unvollständigen Gammafunktion.* Math. Z. *53* (1950) S. 136–148.
14. *Generalizzazione di un teorema d'addizione per le funzioni ipergeometriche confluenti.* Univ. Politec. Torino, Rend. Sem. mat. *10* (1950/51) S. 211–216.

F. Tricomi and A. Erdélyi

1. *The asymptotic expansion of a ratio of gamma functions.* Pacific J. Math. *1* (1951) S. 133–142.

T. Ugaheri

1. *On the abscissa of convergence of Laplace-Stieltjes integral.* Ann. Inst. statist. Math. Tokyo *2* (1950) Nr. 1.

J. C. Vignaux

1. *Sugli integrali di Laplace asintotici.* Atti Accad. naz. Lincei, Rend., Cl. Sci. fis. mat. nat. (6) *29* (1939) S. 396–402.

J. C. Vignaux y M. Cotlar

1. *Las integrales de Laplace-Stieltjes asintóticas.* Contribuciones Fac. Ci. fisicomat. La Plata *3* (1944) S. 345–400.

D. Voelker

1. *Die zweidimensionale Laplace-Transformation.* Eine Einführung in ihre Anwendung zur Lösung von Randwertproblemen nebst Tabellen von Korrespondenzen. Basel 1950, Verlag Birkhäuser, 259 S. (gemeinsam mit G. Doetsch).
2. *Sobre la convergencia de la integral de Laplace.* An. Soc. ci. Argentina *155* (1953) S. 119–133.

K. W. Wagner

1. *Über eine Formel von Heaviside zur Berechnung von Einschaltvorgängen.* Arch. Elektrotechn. *4* (1916) S. 159–193.
2. *Operatorenrechnung nebst Anwendungen in Physik und Technik.* Leipzig 1940, Verlag J. A. Barth, 448 S. (2. Aufl. 1950 unter dem Titel: *Operatorenrechnung und Laplacesche Transformation.*)

E. E. Ward

1. *The calculation of transients in dynamical systems.* Proc. Cambridge philos. Soc. *50* (1954) S. 49–59.

D. V. Widder

10. *A symbolic form of an inversion formula for a Laplace transform.* Amer. math. Monthly *55* (1948) S. 489–491.

11. *A symbolic form of the classical complex inversion formula.* Amer. math. Monthly *58* (1951) S. 179–181.

N. WIENER

2. *The operational calculus.* Math. Ann. *95* (1926) S. 557–584.

N. WIENER und E. HOPF

1. *Über eine Klasse singulärer Integralgleichungen.* S.-Ber. Preuss. Akad. Wiss., phys.-math. Kl. 1931, S. 696–706.

N. WIENER and Y. W. LEE

1. *Electrical network system.* United States Patent Office Nr. 2,024,900. Application Sept. 2, 1931. Patented Dez. 17, 1935. 16 sheets, 10 pages.

A. WINTNER

4. *The singularities of Cauchy's distributions.* Duke math. J. *8* (1941) S. 678–681.
5. *On the Laplace-Fourier transcendents occurring in mathematical physics.* Amer. J. Math. *69* (1947) S. 87–98.
6. *On the existence of Laplace solutions for linear differential equations of second order.* Amer. J. Math. *72* (1950) S. 442–450.
7. *On almost free linear motions.* Amer. J. Math. *71* (1949) S. 595–602.

A. H. ZEMANIAN

1. *An approximate method of evaluating integral transforms.* J. appl. Phys. *25* (1954) S. 262–266.

K. ZOLLER

1. *Die Entzerrung bei linearen physikalischen Systemen.* Ingenieur-Arch. *15* (1944) S. 1–18.

SACHREGISTER

Berichtigungen zu Band II (1955)

von G. Doetsch:

Handbuch der Laplace-Transformation

S. 342, Formel (26):	Statt $u(y)$ im zweiten Integral lies $v(y)$.
S. 416, Z. −10:	Statt 237–239 lies 337–339.
S. 422, Z. 22:	Statt **2, 3** lies **4, 5**.
Z. 24:	Statt **1, 4** lies **3, 6**.
S. 423, Z. 2:	Statt **3** lies **5**.
S. 427:	Ersetze den Nachweis 190 durch:

Wie Wintner **7** festgestellt hat, findet sich die Hinlänglichkeit dieser Bedingung schon bei M. Bôcher: *On regular singular points of linear differential equations of the second order whose coefficients are not necessarily analytic.* Trans. Amer. math. Soc. *1* (1900) S. 40–52, und die Notwendigkeit bei H. Weyl: *Über gewöhnliche lineare Differentialgleichungen mit singulären Stellen und ihre Eigenfunktionen.* Nachr. Ges. Wiss. Göttingen 1909, S. 37–63. In Wintner **7** wird für die Notwendigkeit ein neuer, sehr einfacher Beweis gegeben und eine allgemeinere hinreichende Bedingung aufgestellt.

300

Früher erschienen von diesem Werk:

Band I:

Theorie der Laplace-Transformation

I. Teil: Grundlegende analytische und funktionentheoretische Eigenschaften der Laplace-Transformation (Kapitel 1–3) – II. Teil: Die Umkehrung der Fourier- und Laplace-Transformation, die Parsevalsche Gleichung und verwandte Probleme (Kapitel 4–8) – III. Teil: Eine Verallgemeinerung der Laplace-Transformation (Kapitel 9) – IV. Teil: Die Laplace-Transformation spezieller Klassen von Funktionen (Kapitel 10–12) – V. Teil: Abelsche und Taubersche Sätze (Kapitel 13–16).

(1950) 581 Seiten mit 40 Figuren. In Ganzleinenband Fr. 83.20 (DM 83.20), broschiert Fr. 79.05 (DM 79.05).

Band II:

Anwendungen der Laplace-Transformation
1. Abteilung

Einleitung (Kapitel 1) – I. Teil: Asymptotische Entwicklungen (Kapitel 2–10) – II. Teil: Konvergente Entwicklungen (Kapitel 11, 12) – III. Teil: Gewöhnliche Differentialgleichungen (Kapitel 13–16).

(1955) 434 Seiten mit 48 Figuren. In Ganzleinenband Fr. 56.15 (DM 56.15), broschiert Fr. 52.– (DM 52.–).